JN441643

생활속의

유해물질사전

泉 邦彦 著
정 동 효 역

유한문화사

有害物質小事典

泉 邦彦 著

머 리 말

인류는 산업개발의 발전에 따라 일찍이 지하의 금속을 발굴하였고, 19세기 이후에는 지구상에 일찍이 존재하지 않았던 새로운 화학물질을 합성하여 다양하게 이용하기 시작하였다. 이들은 각종 화합제품 중에서 우리들의 생활을 윤택하게 하고 편리하게 하여 문명의 발전에 큰 역할을 한 것은 사실이다.

그러나 이들은 기본적으로는 생체물질이고 유해물질로 작용하는 것이 많아 인류와 생활환경에 새로운 문제를 가져오게 하였다. 특히 20세기 후반 이후에는 이들의 종류와 생산량이 급속히 증가하여 10만 종에 이르며, 인공 화공물질이 중금속과 함께 대량으로 사용되고 또한 폐기되는 것 중에서 유해물질로 되어 환경오염이 현저히 눈에 뜨이게 되었다.

이 책은 이와 같은 현실 속에서 우리 주위의 대기・물・식품 등이 어떤 화학물질에 의하여 오염되고, 또 이들이 체내에 들어가면 어떤 건강 장해를 일으키는 화학물질 오염의 실태와 영향에 대하여 구체적인 지식을 얻을 수 있게 편집하였다.

우선 용어편에서 화학물질의 오염, 독성과 건강 장해와 규제 등의 용어를 해설하였고, 물질편에서는 원소, 무기물질, 농약, 살균・살충・방부제, 플라스틱・섬유・고무질 성분, 용제・세정제, 기타 등을 선정하고 용도, 독성, 오염과 규제의 상황을 간결하게 설명하였다. 여기에서 표제어로 선정된 물질은 199종이나 일부의 항목 중에는 약 50종의 관련 물질이 부기되어 있고, 합하면 250종의 유해물질이 이 책에서 다루고 있다.

이들의 물질은 주로 일반 생활환경에 널리 오염될 가능성이 높고, 또한 생식독성・발생독성・발암성 등을 상당히 현저하게 나타내는 것을 우선하여 선정하였다. 이 때문에 천연물질・의약품・많은 산업용 화학물질・화학병기 관련 물질・오존층 파괴 물질 등은 하는 수 없이 할애되었다. 이에 대하여 일본에서 현재 사용되고 있는 농약이 약 50종이 포함되어 있어 큰 비중을 차지하고 있으나 이것은 오늘의 농업문제의 중요성을 그대로 반영한 것이다.

여하간 이 책에 게재된 유독물질은 개개의 독성에 관한 설명에서 나타낸 것과 같이 각각의 많은 문제점을 포함한 것이고, 전체로서 현대의 심각한 화학오염의 축도(縮圖)를 제공하고 있다고 본다. 그러나 일본의 대책 현황은 유감스럽게도 아주 불충분하고 규제란의 내용은 거의 유럽과 미국의 데이터로 채워져 있다. 여전히 일본에서는 기준치나 지침치가 설정되어 있는 경우에도 이들의 대부분은 느슨한 수치라는 것이 미국 각 주의 허용농도 등의 비교로써 밝혀질 것이다.

이와 같이 이 책에서는 무엇보다도 개개의 유해 오염물질에 대하여 필요에 따라 독성과 위해(risk)를 조사함과 동시에 대책 방안을 검토하는 작은 사전으로서 이용할 것을 기대한다. 또 종별(보기를 들면 중금속이나 농약)마다 오염과 독성의 문제점을 정리하였으므로 인식을 깊게 하는 데도 이용될 것이다. 특히 책 뒤편의 부록의 일람표를 적절히 활용하면 의의가 있을 것이다. 이 책이 여러 측면에서 폭넓게 사용되어 화학오염의 위해(risk)를 줄이고 사람마다의 건강과 안전을 지키기 위해서 큰 역할이 될 것을 끝맺음으로 바라는 바이다.

이 책의 출판에 있어서 시종일관 대단한 원조를 하여 주신 研究社의 시로자키(白岐) 씨에게 마음으로 깊이 감사하는 바이다.

이즈미 쿠니히코(泉 邦彦)

역자 서문

우리 인간이 살아가는 데는 토양에서 유래되는 원소와 화학공업, 산업에서 방출되는 무기물질들이 있다. 그리고 농민들이 농작물에 살포한 각종 잔류농약을 위시하여 우리들 생활에서 필수로 사용되는 살균제·방충제·방부제 뿐만 아니라 현대 문명사회에서 편리하게 사용되는 플라스틱제품·섬유류·고무질 성분에서 유출되는 수많은 새로운 유해물질, 그리고 이외에 새집의 건축 내장재료와 자동차 내장 시트재료에서 서서히 흘러 나오는 각종 용제·세정제 등의 유해물질들은 우리가 숨쉬고 마시고 먹고 있으며, 유해물질이 많은 환경에서 일하고 자고 생활하고 있으니 우리들은 항시 유해물질에 노출되어 있다.

지구상에는 유해·유익한 물질은 10만 종에 이른다고 하며 매년 2,000여 종이 증가되고 있다고 한다. 우리나라에서도 36,000여 종이 「화학물질 목록」에 등록되어 있고 매년 200여 종이 늘어나고 있다고 한다.

실제 농약의 경우를 보면 살균제·살충제·제초제·생장조정제·기타 농약 등의 2,600여 종이 농약사용 지침서에 등록되어 있다. 이 중 1/3 정도가 사용된다 해도 800여 종의 농약이 우리 농작물을 보호하고, 때로는 농작물에 잔류되어 우리가 먹을 수 있는 것이다. 실제 「식품공전」에는 농산물의 농약 잔류 허용기준이 370종, 축산물의 농약 잔류 허용기준이 87종, 인삼의 경우 26종, 차의 경우 24종, 여기에 동물용 의약품 잔류 허용기준 59종이 설정된 것으로 보아 얼마나 많은 유해물질이 우리를 도사리고 있다는 것을 알 수 있다.

이것 뿐이겠는가? 먹는 물에도 40여 종의 유해물질이, 그리고 대기중에도 60여 종의 유해물질이 설정되어 있다. 우리가 마시고, 숨쉬고, 먹거리에 유해물질이 잔류, 잔존하고 있다는 것을 재삼 알고 있어야 할 것이다. 이들의 물질은 우리들의 일반 생활환경을 널리 오염을 일으킬 가능성이 높고, 또한 생식독성, 일반 독성, 발암성도 아주 현저하다.

역자는 오랜 실험실 생활에서 화공약품을 많이 다루어 관심을 가져왔고 더욱이 식품 잔류농약은 최근에 와서 친환경농업·무공해 농작물·유기농이라는 개념으로 농사 재배·관리법이 변하고 있다.

불행하게도 잔류농약 등의 유해물질에 관한 단행본은 없는 실정이다. 때마침 이즈미 쿠니히코의 저서 「有害物質小事典」이 입수되어 번역을 하게 되었다.

이 책의 내용은 누구나 쉽게 읽을 수 있게 편집되어 권하고 싶은 책이다. 그러나 우리나라와 무관한 내용의 일부는 빼고 대신 우리나라의 관련 법규와 규정을 추가하였다. 그런데 물질편의 물질명은 「화학물질 명명법」에 따르지 못하고 상용명을 사용한 것은 비전공자에 편의를 제공한다는 뜻에서 사용한 것도 몇 개 있다. 더욱 중요한 것은 「有害物質小事典」을 「생활속의 유해물질사전」으로 약간 변경한 것은 많은 사람들이 읽을 수 있게 유도하기 위한 것이므로 원저자도 충분히 양해하리라 생각한다.

끝으로 이 책을 발간함에 있어서 편집 책임을 맡아준 조승현 양과 출판에 힘써주신 유한문화사 천승배 사장님과 편집부 여러분에게 진심으로 감사를 드리는 바이다.

칠순 네번째 생일아침

역자 정동효

차 례

제 1 편 용어편 / 19

제1편 [용어편]

제2편 [물질편]

I. 용어편

제 1 장

화학물질오염

1. 계통명(systematic name)

화학물질은 19세기까지는 천연에서 얻은 것이 많았으나, 그 후에는 명칭도 산출 모체에 의한 것이 자주 사용되었다(예로 초산 · 사과산 등). 그러나 20세기 이후에는 인공적으로 합성한 것을 포함하여 많은 종류의 화합물이 알려지게 되어 제각기 명명함으로써 혼란이 가중되게 되었다.

그래서 화합물에 함유되는 다양한 화학구조를 정확하게 반영하는 계통적인 명명법이 필요하게 되어 국제순정응용화학연합(國際純正應用化學聯合)에 의하여 검토가 되어 왔다. 따라서 20세기 후반이 되어 겨우 그 목적에 따라 새로운 규칙이 제정되었으며 이 규칙을 「IUPAC 명명법」이라 한다.

표 1-1. 유기화합물의 계통명에 사용되는 어간

탄소수	어 간	포화탄화수소의 경우의 한국어명
1	meth-	메탄
2	eth-	에탄
3	prop-	프로판
4	but-	부탄
5	pent-	펜탄
6	hex-	헥산
7	hept-	헵탄
8	oct-	옥탄
9	non-	노난
10	dec-	데칸

유기화합물의 계통명은 더 긴 탄소사슬(주간)의 탄소 수에 따라 어간(표 1-1)을 사용한 것을 기본으로 한다. 이 어간에는 먼저 포화탄화수소에는 -ane, 이중결합을 함유하는 탄화수소에는 -ene, 알코올에는 -anol이나 -enol 등 화합물을 특징짓는 어미가 붙여진다. 염화수소 화합물에는 chloro라는 접미어를 이용한다. 또 주간의 탄소에 한 끝에서 순서로 번호를 붙여 이 번호에 이중결합의 위치나 염소원자의 결합 위치가 나타난다. 또한 염소원자 등의 개수를 표시하는 데는 di-(2개), tri-(3개), tetra-(4개) 등의 접두어를 사용한다. 이름을 보면 화학구조를 알 수 있는 것이 계통명의 최대 장점이다.

2. 농약(pesticides)

농약은 주로 살균제(殺菌劑), 살충제(殺虫劑) 그리고 살초제(殺草劑)로 대별되며, 생물(해충·병균·잡초 등)을 사멸시키고자 하는 이들의 사용 목적은 농약이 원래 독성이 강한 극약성 화학약품에 속하는 것을 나타낸다. 예로서 우리나라는 원체(原體) 성분의 품목 수로 약 400여 종의 농약이 등록되어 있으나, 이들 중 30% 이상이 독물이나 극물로 지정되어 있는 것은 극독성이라는 특징을 나타낸다. 농약의 어미에도 병해충(pest)을 죽이는 것(cide)이라는 의미를 함유하여 본질을 정확하게 나타낸다.

한편, 농약은 개방계의 공간에 직접 살포하는 사용형태에서 보면 필연적인 환경 방출형의 화학상품에 속한다. 이 상품의 사용이 그대로 환경오염을 일으킬 가능성이 아주 높은 것을 의미한다. 그러나 세계 전체의 농약 사용량이 매년 증가하고 (1980년대에 연간 300만 톤을 돌파), 일본의 경우를 보면 매년 50만 톤(원체성분으로서 약 10만 톤)에 이르는 대량의 농약이 생산, 소비되고 있으므로 농약은 더욱

표 1-2. 농약의 단위 면적당의 사용량

나라와 지역	농약 사용량(kg/ha)
일본	10.8
유럽	1.9
미국	1.5
라틴아메리카	0.23
대양주	0.20
아프리카	0.13

출처 : WHO 「*Public Health Impact of Pesticides Used in Agriculture*」(1990)

더 중시하여야 할 환경오염 물질인 것이다. 그런데 일본에서의 농약의 단위 면적당 사용량이 표 1-2와 같이 구미에 비하여 아주 높은 것도 걱정이 된다. 우리나라의 경우도 거의 마찬가지일 것이다.

농약은 화학적으로 거의 대부분이 생체 이물질이다. 특히 분자 중에 인 원자를 함유하는 일련의 유기인계 농약이 살균제를 중심으로 널리 사용하고 있다. 또 염소원자에 많이 함유하는 유기염소계 농약도 모든 용도에서 볼 수 있다. 염소원자는 유기인계와 pyrenoid계의 살충제, phenoxy계, urea계 그리고 triazine계의 살충제 등에도 자주 함유된다. 이 외에 carbamate계(주로 살충제), dithiocarbamate계(살균제), dicarboxyimide계(살균제) 등도 포함하여 생명의 세계에는 보이지 않는 이물의 화학구조가 널리 분포하고 있는 것이 농약이다.

3. 대기오염(air pollution)

대기오염은 과거부터 공장 주변의 지역에서 많은 공해를 일으키고 있었으나 최근에는 여기에 더하여 자동차 가스에서 유래하는 오염이 일반 도시지역에서도 악화하여 넓혀지고 있다. 공장 등이 오염물질의 고정 발생원이라고 하면, 자동차(트럭을 포함) 등은 이동 발생원이라고 할 수 있다. 또 이것과는 별도로 오존층을 파괴하는 프레온 등에 의한 지구 규모의 대기오염이나 건물 내부에 특유의 옥내 대기오염도 아주 중요한 현대의 환경문제이다.

지구의 대기오염 물질로는 일산화탄소, 이산화황, 이산화질소, 아스베스트, 부유입자상 물질(suspended particulate matter ; 약칭 SPM), 가스상 유기물 등이 알려져 있다. 이 중 큰 도시에서 오염물질이 심각한 것은 이산화질소와 SPM이다. 또 가스상 유기물질로서는 미국에서는 200여 종 가까이가 규제 대상으로 지정되어 있으나, 일본에서는 환경기준이 설정이 되어 있는 것은 수종에 지나지 않으므로 오염의 전체적인 파악이 아주 불충분하다.

SPM은 입경 10 ㎛ 이하의 입자(PM_{10})를 의미하나, 최근 구미에서는 이 중 2.5㎛ 이하의 미세입자가 특히 $PM_{2.5}$로 불러 구별된다. 이것은 $PM_{2.5}$가 유해물질(중금속 화합물과 유기성분)을 많이 함유하고 폐렴 등에 의한 사망률을 현저히 높이는 것이 밝혀지고 있다. $PM_{2.5}$는 트럭(디젤차)에서 많이 배출되는 것이 특징이다. 한편, SPM의 건강 영향으로서는 이 외에 기관지염, 천식, 발암(쥐의 실험에서 폐암), 미숙아 출생 등이 알려져 있다, 또 화분증(花粉症)의 발증에도 관여하는 것으로 안다.

4. 물 · 토양 오염(water and soil pollution)

물 환경은 표류수(하천 · 호수 · 해역)와 지하수(우물물 등)로 크게 대별하는데, 이들은 해역을 제외하고는 생활용수(음료수 등), 공업용수 그리고 농업용수로 폭넓게 이용하고 있다. 이 때문에 수질오염 관련 환경기준으로서 사람의 건강보호에 관한 것(농약을 포함하여 20종의 화합물질의 허용기준)과 생활환경의 보전에 관한 것(pH, 유기물의 총 오염량을 나타내는 COD(화학적 산소요구량), 부유물질량 등의 허용기준의 2종류가 설정되어 있다.

전자는 대부분이 음료수(수돗물)의 수질기준(건강에 관한 항목)에도 그대로 적용되고 있으나 대상 물질 수가 적고 기준치도 느슨한 것이 문제이다. 덧붙여서 미국에서는 농약 이외에 100종 가까이의 화학물질에 의한 물 오염이 규제 대상으로 되어 있다.

물 오염은 공장폐수의 배출, 농약살포, 폐기물 처리 등을 통하여 진행되며, 일본에서는 COD 등의 환경기준의 달성률이 하천과 해역에서 70～80%, 또 호수에서는 40～50%로서 상당히 이전부터 개선의 징조가 보인다. 또 일본에서는 약 3,000만 명이 음료수로 이용하고 있는 지하수의 화학물질 오염은 미증유 규모로 넓혀 있고 지금까지 3,000건 이상(이 중 70%가 수질기준을 넘는 사례)이 모든 도시지역에 걸쳐 나타내고 있다(표 1-3 참조).

한편, 토양오염은 언제나 물 오염과 병행하여 진행하고 밀접한 관계를 가지고 있는 것으로 믿는다. 예를 들면, 하천 등의 오염은 그 저니(底泥)에도 넓혀지고 일반 토양의 오염은 심부에 이르면 지하수의 오염을 초래하는 것으로 안다. 토양오염의

표 1-3. 지하수 오염물질의 환경기준 초과 사례예

오염물질명(휘발성유기화합물)	초과 사례 수	오염물질명(중금속 등)	초과 사례 수
Tetrachloroethylene	629	비소	317건
Trichloroethylene	469	불소	80
bis-1,2-Dichloroethylene	275	납	35
1,1-Dicbloroethylene	74	붕소	33
4염화탄소	35	총 수은	28
1,1,1-Trichloroethane	23	육가크롬	23
1,2-Dichloroethane	23	총 시안	10
Benzene	15	카드뮴	1
1,1,2-Trichloroethane	6	셀렌	1
Dichloromethane	5	PCB	1

(주) : Dichloroethane류는 tetrachloroethylene과 trichloroethylene의 분해산물로 본다.

환경기준으로서는 토양에서 오염물질을 일정한 방법으로 용출한 검사용액에 대하여 수질기준을 거의 그대로 적용하는 것이 정해져 있다. 그런데 일본의 시·도의 토양에 있어서 공장에서 발생한 오염 실태가 속속 밝혀지고 있으며 그 기준을 넘는 오염사례가 이미 500건 가까이 되어 우려스러운 일이 아닐 수 없다.

5. 바이오사이드(biocides)

유해한 생물의 작용을 억제하는 것을 목적으로 하는 일련의 화학상품이 구미에서는 요약하여 '바이오사이드'라고 한다. 생물(bio)을 죽이는 것(cide)이라는 표현이 나타내는 것과 같이 그 극약성의 것이 많으므로 일괄하여 취급하는 것이 바람직하기 때문이다. 단, 의약품의 대부분과 농약은 본래는 여기에 포함되지 않는 것이었으나 독자의 관리시스템이 정비되어 있는 것이 많아 일반적으로 바이오사이드의 대상에서 제외되어 있다. 이 책의 물질편에서 마찬가지로 취급하였다.

바이오사이드는 유럽에서 사용되고 있는 것만도 900여 종에 이른다고 하나 그 목적에 따라 크게 세 가지로 나누는 것이 가능하다. 첫째는 유해한 미생물을 죽이는 것을 목표로 하는 살균, 소독제이고 냉각수, 풀장, 화장품, 치약 등에 많이 사용한다. 다음으로 유해한 균류(곰팡이)를 죽이거나 그 번식을 막는 것을 목표로 하는 것이 많고 섬유, 종이제품의 항균제, 마루나 벽의 곰팡이 방지제, 목재 방부제 등이 여기에 포함된다. 그리고 세 번째로는 유해한 곤충이나 다른 동물을 죽이거나 그 번식을 막는 것을 목표로 하는 것이고 바퀴, 흰개미의 구제지, 의료 방충제, 배 밑의 방오제(防汚劑) 등이 그 예이다. 유럽연합에서는 2000년 5월부터 바이오사이드(Biocidal Products Directive)에 의하여 이들의 상품을 일괄하여 규제를 시작하고 있다.

6. 생물농축(bioconcentration)

환경의 오염물질이 생물체 내에 침투될 때 생체내의 농도가 주위 환경의 농도보다 높게 되는 것을 **생물농축**이라 한다. 그 생물이 식용으로 먹는 수도 있으므로 생물농축은 식품오염을 크게 확대시키는 것이 된다. 농축의 정도는 **생물농축계수**(bioloconcentration factoer ; 약칭 BCF)에 따라 나타낸다. BCF는 평형상태에 있어서 환경 중의 농도에 대하여 생체내의 농도의 비를 의미하고 수생생물에 대해서는 요구되는 자료가 많다. 표 1-4에 패류가 해수 중에서 중금속 원소를 먹었을 때의 BCF이다.

표 1-4. 패류의 중금속에 관한 생물농축계수

중금속 원소	생물농축계수	
	가리비	굴
아연	28,000	110,300
카드뮴	2,260,000	318,000
은	2,300	18,700
크롬	200,000	60,000
구리	3,000	13,700
납	5,300	3,300
니켈	12,000	4,000
바나듐	4,500	1,500
망간	55,500	4,000

출처 : Ootake, C. : 「일본환경도보」 공립출판(1978)

생물농축은 일반적으로 물보다 유기용매에 녹기 쉬운 것이 많다. 이것은 생체내의 지방조직 중에 축적되기 쉽기 때문이다. 단, 중금속 원소의 경우는 특수한 단백질과의 결합이 높은 효과를 올리는 것으로 생각한다. 이들 오염물질의 예로서 물 환경에서는 식물 플랑크톤에서 식물연쇄(먹이사슬 ; food chain)를 통하여 순차 농축되어 축적이 진행되는 경우이다.

7. 생분해(biodegradation)

환경의 오염물질, 특히 유기화합물은 토양 등의 미생물의 작용으로 화학적으로 변화를 받는 것이 많다. 이 변화가 분해반응의 경우에는 이것을 **생분해**라고 한다. 생분해는 오염도를 저하시키는 중요한 역할을 담당하고 있으나 분해의 중간 생성물이 원래의 오염물질보다 독성이 강할 때도 있으므로 주의가 필요하다. 생분해의 빠르기를 보통 **반감기**(half time), 즉 원래 오염물질의 양이 반으로 감소될 때까지의 시간으로 표현된다. 그런데 오염물질의 분해는 빛의 분해(광분해)와 물과의 반응(가수분해)에 따라 진행하나 반감기라는 표현은 여기에 대해서도 사용된다.

8. 생체이물질(xenobiotics)

전 세계적으로 알려져 있는 화학물질의 총수(미국화학회에 등록된 수)는 1990년에 1,000만 종을 넘는다고 하며 이후에도 급속히 증가하여 현재는 2,000만 종을 상회한다고 한다. 이 중 압도적으로 많은 부분이 인공화학물질에 속하는 것이다.

인공화학물질은 자연계에는 존재하지 않지만 인류가 19세기 후반 이후에 새롭게 만들어낸 것이다. 유기화합물이 그 대부분을 차지하기 때문에 이들의 화학구조는 자연계에 분포하는 생체구성 성분과는 기본적으로 다른 것이 많으므로 인공화학물질은 간혹 생체이물질(xenobiotics)이라 부른다. xeno는 다른 것을, bio는 생물을 나타낸다.

생체이물질에는 생체에 대하여 유독한 성질을 나타내는 것이 많다. 이것은 35억년 이상의 긴 역사 동안 만들어온 생명이 19세기 이후에 등장한 새로운 물질(인공화학물질)에 대하여 아직 친숙할 기회가 적어 알려지지 않는 것으로 생각된다. 즉, 이들에 따라 체내의 질서가 교란되는 것을 막는 방법이 없는 경우가 많은 것이다.

9. 식품오염(food pollution)

식품의 오염은 살포된 농약의 잔류나 물·토양오염을 통하여 주로 신선한 식품에 생기는 타입과 가공식품의 제조·유통·소비과정에서 생기는 타입의 두 가지로 대별된다. 전자에는 농약오염에 유사한 경우로서 목축에 있어서 사료첨가물과 동물용 의약품 사용이 지적되고 있다. 즉, 항생물질이나 합성항균제가 가축의 질병을 예방하는 데 사용되어 결과적으로 우육이나 계란에 잔류한다. 양식어장이나 치어에 사용한 것이 고기에 남는 것도 같은 경우이다. 물·토양오염에서 유래하는 경우로서는 산업폐기물이나 도시 폐기물을 발생원으로 하는 중금속 오염이나 다이옥신(dioxin) 오염이 전형적인 예이다.

한편, 식품가공의 오염 예로서는 식품가공용 설비의 열매체로서 사용되어온 PCB가 식용유에 혼입하여 큰 피해가 난 카네미 기름 사건이 잘 알려져 있다. 또 플라스틱 용기나 포장 재료에서 오는 유해한 단량체(예를 들면 스티렌)나 첨가물이 식품중에 용출하는 경우가 주로 이 타입의 오염에 속한다. 그리고 식품 첨가물(보존료·산화방지제 등)의 사용도 엄밀하게는 오염은 아니나 유해한 것이 사용되면 그것은 오염식품의 경우와 같이 문제를 일으킨다.

10. 오염(pollution)

오염은 환경의 화학적인 요소의 질적인 변화를 의미한다. 특히 자연환경에 있어서는 원래 자연환경에 존재하지 않는 인공 화학물질이 방출되면 그것이 오염이라는 것은 의심의 여지가 없다.

오염은 이와 같은 질적인 오염 이외에 양적인 오염이 더 중요하다. 이것은 자연계에 존재하는 물질이라도 어느 양(혹은 농도)이 평상시의 수준(back ground 값)보다도 상당히 많은 경우를 의미한다. 중금속 원소의 한 지표의 오염은 주로 이 부분에 속한다.

11. 옥내 대기오염(indoor air pollution)

사람은 생활의 약 90%(가정에서 60%, 직장 등에서 30%)를 건물 안에서 지내는 것으로 보아 옥내 대기오염이란 이와 같은 건물 중의 공기가 특히 악화되는 환경을 의미하고, 최근 세계적으로 크게 클로즈업되고 있다. 이는 여러 가지 화학상품을 옥내에서 광범위하게 사용하게 된 것이 원인이 있고 오염물질의 대기중의 농도가 옥외와 비교하면 상당히 높은 것이 문제가 된다.

오염물질로서는 formaldehyde, 일군의 휘발성 유기화합물(volatile organic compound ; 약칭 VOC), 농약과 그 유사물질(바이오사이드), 아스베스트(무기섬유), house dust 등이 지적되고 있다. 이들이 가구・이불자리・의료・건재・벽지・도료・용매・세정제・살충제・방충제・흰개미 구충제 등에서 휘발 또는 비산하여 옥내 대기를 오염한다. 또 이들의 대부분은 석유스토브의 배기가스나 담배 연기에도 함유되어 있다. House dust는 페트・벼룩・곰팡이 등도 발생원으로 경시되어서는 안 된다.

이 중 VOC는 전체 수백 종의 화합물이 검출되고 있고 이들이 다른 오염물질과 함께 복합적으로 작용하여 사람의 건강에 악영향을 미친다. 예로서 두통・현기증・이명・목의 통증・피부의 가려움・집중력 저하・피로감 등이 생기는데, 이를 '식크하오스 증후군(sick house syndrome)'이라 부르고 있다. 또 발암물질에 의한 오염도 많이 발견되고 높은 위험도가 관찰되고 있다. 그런데 일본에서는 수십 종류의 화합물에 대하여 실내 대기중의 농도 지침치가 설정되어 있으나 기준이 아주 약하고, 건강을 보호하는 것으로는 충분치 않다고 한다. 우리나라에서도 기준 설정을 서두르고 있다.

12. 원소(elements)와 화합물(compounds)

물질은 구성하는 기본 단위 중 화학적인 방법으로 얻어지는 최소의 입자로서 원자가 알려져 있으나 원소란 이 원자의 종류를 나타내는 이름이고, 원자번호(atomic number)의 차이가 그대로 원소의 차이에 대응한다. 원자번호는 원자 내의 전자의 개수이고, 원소의 성질을 특징짓는다. 현재 원자번호가 1에서 114까지의 원소가 알려져 있고 각각을 나타내는 데 특정의 원소기호가 사용되고 있다. 이 중 천연에 존재하는 것의 원자번호는 92까지가 있다.

한편, 순수물질(혼합물이 아닌 것)은 단 1종의 원소로 된 단체(simple substance)와 2종 이상의 원소로 된 화합물로 나눈다. 단체에는 단원자(單原子)상의 것, 복수개의 원자가 모여 분지를 만들고 있는 것(보기 ; 오존), 다수의 원자가 큰 집단으로서 존재하는 것(보기 ; 금속) 등이 있고, 화합물인데도 분자로서 존재하는 것(보기 ; 물, H_2O)과 그렇지 않은 것(보기 ; 염화나트륨, NaCl)의 별도의 것도 있다.

13. 유기물질과 무기물질(organic and inorganic chemicals)

탄소원자가 연결된 사슬이나 고리(환)를 기본 골격으로 하여 여기에 수소·산소·질소·황·염소 등의 원자가 결합한 화합물을 유기화합물이라 한다. 숫자적으로는 10종이 채 안 되는(그 대부분은 탄소, 수소, 산소 그리고 질소의 4종) 원소로 2,000만 종을 넘는 화합물을 만들 수 있다는 유례가 없는 다양성이 유기화합물의 최대의 특징이다 이것은 탄소원자 고유의 성질에서 유래된다.

한편, 기타의 화합물을 합하여 무기화합물이라 부르지만, 각기 그 구성 원소의 종류가 100종 전후임에도 불구하고 10만 종 정도로만 알려져 있다. 무기화합물과 단체를 합하여 무기물질이라고 부르는 수가 많다. 여기에 대하여 유기화합물은 그대로 유기물질이라 하여도 좋다. 이 책의 2편 물질편에서는 1장 원소와 2장 무기물질 이외의 3장 농약에서 7장 기타의 장까지 모두 유기물질만을 포함하고 있다.

14. 유기용매(organic solvents)

유기용매란 유지 등 물에 녹기 어려운 물질을 잘 녹이는 일련의 액체 유기화합물에 대하여 사용하는 편의적인 명칭이다. 휘발성의 화합물이 많고 녹인 물질을 다시 회수하는 데 좋은 점이 있다. 이 책에서 휘발성이라는 표현은 원칙적으로 25℃의 증기압이 50 mmHg 이상의 경우에 사용한다.

녹일 대상의 물질로서는 유지 외에 도료, 인쇄잉크, 왁스, 래커, 플라스틱, 검, 의약품, 화장품, 농약, 니스(varnish), 접착제 등 다양하다. 희석제(thiner)도 역시 용매이다. 또 때나 불용물을 녹이기 위하여 의료의 드라이클리닝과 금속제품의 그리스 제거에 사용하는 경우에는 세정제라고 부르는 것은 이상하다.

유기용매에는 흡입에 의하여 급성 또는 만성의 신경장해를 일으키는 것과 피부에 직접 염증을 일으키는 것이 많으나 일본에서는 법 규제의 대상이 되고 있는 것은 겨우 수십 종에 지나지 않는다. 단, 노동안전위생법의 유기용매 중독 예방규칙에는 제 I 종(아주 독성이 강한 것)과 제 II 종(비교적 독성이 강한 것)을 합하여 47종의 유기용매에 대하여 몇 개의 관리법이 정해져 있다.

15. 이성체(isomers)

유기화합물에는 분자 내에 함유하는 원자의 종류와 개수(분자식)가 같은데도 불구하고 구조가 달라 여기에도 기초되는 성질도 일정 정도 다른 것이 수없이 많이 발견된다. 이들 화합물은 서로 이성체라고 표현하나 이것은 유기화합물의 다양성을 나타내는 전형적인 예이다.

이성체에는 주로 구조이성체, 기하이성체, 광학이성체, 회전이성체의 4종이 알려 있으나 이 중 알기 쉬운 것은 구조이성체이고, 원자의 결합 위치나 결합 순서의 차이에 따라서 생긴다. 예를 들면, ethanol(CH_3CH_2OH)와 ethylether(CH_3OCH_3)는 분자식은 다 같이 C_2H_6O이나 산소원자가 2개의 탄소원자의 외측에 결합하는가 또는 사이에 결합하는가에 따라 구조가 달라 있어 서로가 구조이성체이다.

또 benzene고리에 2개의 원자 또는 원자단이 결합할 때는 그림과 같이 3종의 구조이성체를 만드는 것이 가능하다. 이들은 *ortho*(*o*-), *meta*(*m*-) 그리고 *para*(*p*-)를 붙여 구별하지만 각각 1,2- 1,3- 그리고 1,4-라는 숫자의 조합으로 나타내는 수도 있다.

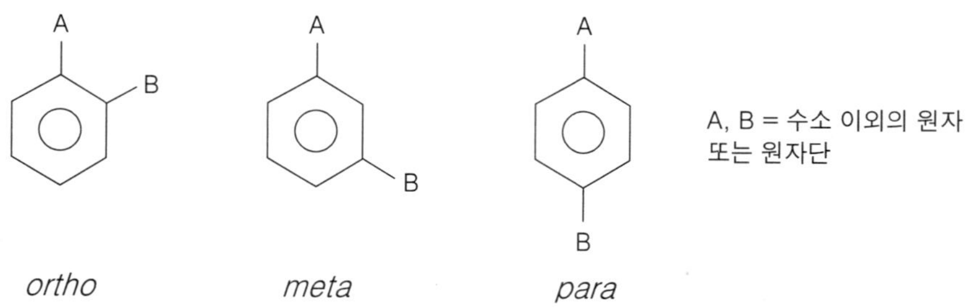

16. 노출(exposure)

화학물질을 체내에 취입하는 것을 노출이라 하고, 들어간 양을 노출**량**이라 한다. 이것은 실험동물에서 각각 **투여**(administration) 그리고 **투여량**이라 부르는 수가 많다. 화학물질의 독성은 노출의 경로, 즉 화학물질이 어느 경로를 거쳐 체내에 취입되는 경로에 따라 크게 좌우된다. 사람에서는 대기로부터 **흡입**(inhalation), 식품이나 음료수의 **섭취**(ingestion)에 의한 경구(oral) 노출, 그리고 피부에의 접촉에 의한 경피(dermal) 노출이 주된 경로이고, 동물실험에서는 여기에 더하여 피하, 정맥, 복강, 근육 등에의 주사에 의한 경로도 화학물질 투여를 위하여 자주 사용된다.

노출량은 흡입노출에서는 노출농도(화학물질의 대기중 농도에 노출기간 또는 노출시간)를 곱하여 나타낸다. 또 수생생물에 대한 독성을 조사하는 경우에는 화학물질의 수중 농도를 노출농도로 하는 이외는 흡입의 경우와 동일하다. 한편, 경구노출에서의 노출량은 사람과 실험동물의 체중 1 kg당의 양으로 나타낸다. 노출기간이 1일을 넘는 경우(아급성, 아만성 그리고 만성독성을 조사하는 경우)에는 1일당의 취입량이 노출의 척도로서 사용된다. 이 책에서는 예로서 1일에 체중 1 kg당 1 mg을 섭취(또는 투여)하는 케이스가 1 mg/kg/day로 표기되어 있다.

17. 플라스틱(plastics)

유기화합물 중에는 분자가 아주 크고 분자량이 수만에서 수백만에 이르는 일군의 것들이 알려져 있어 고분자(또는 중합체)라고 부른다. 고분자는 한편으로는 체내

표 1-5. 주요 플라스틱

	플라스틱	단위체
열가소성	Polyethylene	Ethylene
	Polystyrene	Styrene
	ABS 수지	Acrylonitrile, butadiene, styrene
	Polypropylene	Propylene
	Poly염화 vinyl	염화 vinyl
	Poly염화 vinylidne	염화 vinylidene
	메타크릴 수지	Methyl methacrylate
	Polycarbonate	Bisphenol A, phosgen
	Polyethylene phthalate	Ethylene glycol, terephthalic acid
열경화성	Phenol 수지	Phenol, formaldehyde
	Urea 수지	Urea, formaldehyde
	불포화 polyester 수지	Styrene, 무수프탈산 등
	Epoxy 수지	Bisphenol A, epichlorohydrin 등
	Polyurethane	TDI, ethylene glycol 등

단백질 등의 형태로 분포하고 있으나, 한편으로는 인공적으로 합성한 화학상품으로 널리 이용하고 있다. 이 중 특히 성형품을 만들기 쉬운 성질(가소성 ; plasticity)을 갖는 일련의 제품을 플라스틱(또는 합성수지)이라 부른다.

플라스틱은 반드시 작은 분자의 단량체를 다수 중합시킴으로써 만들어 낸다. 이것은 합성섬유나 합성 검 등과 마찬가지이다. 또 플라스틱은 성질에 따라 열가소성과 열경화성의 두 가지 타입으로 나눈다. 전자는 가열하면 연하게 되고, 냉각하면 다시 굳어지는 것이나, 후자는 합성 시에 가열로 단단하게 한 것으로 연하게는 되지 않는다. 표 1-5에 주된 플라스틱과 단량체를 나타내었다.

플라스틱은 성형품(가전제품, 자동차 부품, 문구, 가구, 식기, 파이프 등)을 만드는 데도 많이 사용되지만 필름, 시트류(식품포장, 주머니류, 의료품, 텐트 등)나 도료와 접착제(건물 재료, 섬유, 종이가공, 코팅 등)의 이용도 무시할 수 없는 양이다. 안전성 관점에서는 각종 첨가물(가소제, 열 안정제, 산화 방지제, 자외선 흡수제, 난연제(難燃劑), 착색제, 경화제 등)과 합성 시에 중합되지 않고 잔류하고 있는 단량체가 제품에서 용출 또는 휘발하여 생활환경을 오염시키는 것이 문제이다.

18. 화학상품(chemical commodities)

화학상품이란 화학공업으로 만들어진 물질을 원료로 하거나 이들의 특성을 이용한 상품이고, 의약품・농약・식품첨가물・화장품・세제・용매 등의 정밀 화학제품과 플라스틱・합성고무・합성섬유 등의 고분자 제품이 그 대표적인 예이다.

알려져 있는 화학물질의 총수가 증가됨에 따라 상품화되는 화합물질(화학상품) 종류도 증가하고 있으며, 1970년대 후반에 전 세계에 약 6만 종에 이르고, 현재에는 10만 종에 이르고 있다. 또 화학물질의 태반을 차지하는 합성유기화합물의 연간 생산량도 전 세계에서 1950년에 700만 톤이었으나, 1970년에는 6,000만 톤으로 증대하고, 현재에는 4억 톤을 넘는 것으로 추산하고 있다.

19. 환경(environment)

환경이란 어떤 주체를 둘러싸고 있는 주위의 상황을 나타내는 말이나 그 주체는 보통 인간을 의미하는 것으로 생각한다. 즉, 인간환경이 단지 환경이라 부르는 경우가 압도적으로 많다. 그래서 환경은 인간과의 상호작용을 통하여 인간의 생존과 생활을 지탱하고 있다. 이 상호작용의 내용은 물질과 에너지의 교환이고 호흡, 식물의 섭취, 배설 등이 그 예이다.

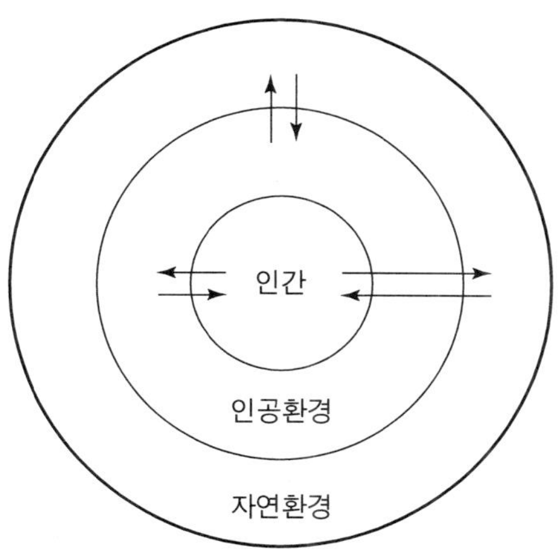

그림 1-1. 인간과 환경의 관계

또 환경은 반드시 자연 그대로가 아니고 인간에 의하여 어느 정도 만들어 바꾸는 것도 있다. 그래서 환경을 대기・하천・토양・산림・해양 등의 자연환경과 의복・식품・거주・도로・도시 등의 인공환경으로 대별할 수가 있다. 단, 양자는 결코 끊을래야 끊을 수 없고 서로 상호작용을 하고 있다. 특히 후자가 전자에 크게 의존하는 것에 유의할 필요가 있다. 그림 1-1에 인간과 환경과의 관계를 도식적으로 나타내었다.

그런데 환경은 대상이 되는 공간적인 스케일에 따라 지구환경・지역환경・옥내환경 등으로 분류함과 동시에 한편에서는 성인 1일에 보통 8시간 일하는 작업장을 중심으로 하는 노동환경과 모든 사람이 1일에 24시간을 원칙으로 생활하는 일반 환경으로 구별되는 경우가 많다.

20. 환경오염(environmental pollution)

환경오염은 질적・양적의 차이에 따라 다르고 오염물질의 발생원이나 오염환경의 차이에 따라 성격이 다른 것이 많다. 발생원에 대하여는 산업활동이나 일반 도시생활 중에서 발생되는 폐기물에 의한 오염을 종래부터 인식하고 있었으나, 최근에는 이외의 상품으로서(특히 화학상품) 자체 사용 시 그대로 환경으로 방출됨으로써 오염에 대하여 많이 클로즈업되었다.

한편, 오염되는 환경의 차이에 따라 대기오염・물오염・토양오염・식품오염 등으로 구별한다. 물오염은 필요에 따라 하천, 호수, 지하수, 그리고 해양의 오염으로

세분된다. 또 식품오염은 동식물의 체내 오염이 넓혀져 있다는 것을 반영하나, 일반적으로 화학상품의 사용에 의하여 직접 생성되고 동시에 자연환경의 오염을 통하여 간접적으로도 진행하는 특징이 있다.

그런데, 이들 환경오염은 어느 정도 지속하면 결과적으로 인체오염을 야기한다. 인체오염은 환경오염으로서도 위치하고 있으나 몸의 이상이 있다는 것을 중시하면 아마도 건강장해의 시작 혹은 전조로 보아야 할 것이다.

21. 흡수(absorption)와 배설(excretion)

흡수는 노출을 받은 생체내로 들어간 화학물질이 혈액 중에 이동하는 것을 말한다. 혈액은 전신을 순환함으로써 흡수에 의하여 비로소 화학물질이 여러 기관이나 조직에 영향을 미칠 가능성이 있다.

흡입노출의 경우에는 화학물질이 아주 효율 있게 폐포(肺胞)에서 흡수되지만, 경구섭취(투여)의 경우에는 위 장벽에서 흡수되는 일부이고, 대부분은 분변(feces)과 함께 밖으로 배출(배설)되는 것도 많다. 이것은 특히 무기물질에 대하여는 맞으나 유기물질(단, 저분자화합물)은 경피(經皮) 노출도 포함하여 일반적으로 흡수의 비율이 높다고 한다. 한편, 배설은 상기의 것 외에 흡수 후에도 신장을 통하여 소변으로서도 가능하다는 것은 말할 나위도 없다. 또 간장부터 담즙과 함께 십이지장으로 방출되는 타입도 알려져 있다.

22. CAS 등록번호(CAS registry number)

미국화학회는 매주 1만 건에 이르는 세계 속의 화학논문 요지를 게재하여 초록지(Chemical Abstract)를 발행하고 있으며, 이 일을 담당하고 있는 부문이 CAS(Chemical Abstract Service)이다. CAS는 또 화학구조나 조성이 확정된 화학물질(혼합물을 포함)의 등록제도가 확립되어 등록에 있어서 각기 고유의 번호를 주고 있는데, 이것이 CAS 등록번호(약하여 CAS번호)이다.

예를 들면, 물의 CAS번호는 7732-18-5이지만, 이와 같이 CAS번호는 2개의 하이픈을 포함하여 11단위까지의 숫자로 표시한다. 이 경우에는 숫자와 화학구조 사이에는 어떤 관계도 없고, 숫자는 단지 등번호와 같은 것이다. 그러나 인터넷에서 조사할 때는 이 번호를 사용하면 정확한 검색이 가능하다.

제 2 장

독성과 건강장해

1. 괴사(necrosis)

괴사란 생체에 있어서 일부의 세포 또는 조직의 죽음(불가역적인 상해)을 의미한다. 산소의 결핍, 영양물질의 부족, 대사의 이상 등에 의하여 세포가 변질하면 세포 내의 가수분해효소의 작용이 활성화되어 조직의 파괴가 촉진한다. 결과적으로 조직이 응고하는 경우와 융해하는 경우 등이 관찰된다. 예를 들면, 간세포의 괴사가 넓어짐에 따라 간 경변이 생기고, 신세포(腎細胞)의 같은 변화에 따라 신부전이 진행한다. 또 괴사성의 혈관염, 식도염, 척추염 등도 알려져 있다.

2. 급성독성(acute toxicity)

화학물질에 의한 노출을 받고서 수일 이내에 나타나는 독성을 말한다. 증상은 여러 가지이나 그 강도는 일반적으로 **반수치사량**(median lethal dose ; 약칭 LD_{50}), 즉 실험동물의 반수(50%)를 사망시키는 데 필요한 1회 투여량에 의하여 나타낸다. 쥐에 대해서는 경구투여 할 때의 값이 표준에 사용하는 경우가 많고, 일본에서는 원칙적으로 이 값이 체중 1 kg당 30 mg 이하의 것이 독성, 30～300 mg의 것이 극물로 지정되어 있다. 또 구미에서는 이 값의 크기에 따라 표 1-6에 나타낸 독성 표현이 사용되고 있다.

한편, 흡입노출의 경우나 수생생물의 경우에는 **반수치사농도**(median lethal concentration ; 약칭 LC_{50}), 즉 공시생물의 반수가 사망하는 대기중의 농도나 수중농도가 역시 급성독성을 목표로 하여 자주 사용한다. 단, 이들의 경우에는 노출시간을 지정할 필요가 있는데 대기중에서는 수시간, 또 수중에서는 48～96시간으로 하는 것이 많다. 이와 같은 조건으로 흡입노출의 LC_{50}이 2,500 ppm 이하, 또 수중노출의 LC_{50}이 1 mg/ℓ 이하라면 급성독성은 상당히 강하다고 한다.

표 1-6. LD_{50}의 독성 표현

LD_{50}(경구)	독성 표현
5 mg/kg 이하	supertoxic(이 이상 없는 유독)
5～50 mg/kg	extremely toxic(아주 유독)
50～500 mg/kg	highly toxic(상당히 유독)
0.5～5 g/kg	moderately toxic(약간 유독)
5～15 g/kg	slightly toxic(아주 약간 유독)
15 g/kg 이상	particcally nontoxic(사실상 무해)

출처 : F. C. Lu : 「Basic Toxicology」 Taylor & Francis(1996)

3. 내분비계 장애(endocrine-disrupting effect)

화학물질이 생체 내에서 내분비계의 작용에 악영향을 미치는 작용을 의미한다. 이것은 신경독성이나 면역독성과 같이 본래 내분비계 장애라고 부르는 것이 원칙이나, 일본에서는 내분비 교란이라고 부르고 있다.

내분비계 장애를 나타내는 물질, 즉 **내분비계 장애물질**(endocrine disrupters)은 일반적으로 정상 호르몬의 생산, 분비, 수송, 대사, 배출, receptor에의 결합, 작용 등을 저해하고, 그것을 통하여 생체에 건강장해를 일으키는 외래성의 화학물질로 정의된다. 그리고 일본에서는 이것을 보통 **환경호르몬**이라 부르고 있다. 이것은 현 단계에서는 내분비계 장애물질이 정상호르몬과 같이 거동함에 함에 따라 결과적으로 건강장해를 일으키는 경우가 많이 알려져 있기 때문이다.

환경호르몬의 이와 같은 거동(행동) 중 더욱더 대표적인 것은 정상호르몬의 작용을 방해하는 것을 의미한다. 이 경우 환경호르몬이 정상호르몬의 단순한 파괴자로서 거동(행동)하는 경우(antagonist, 길항물질 작용)와 또한 그 후의 작용(유전정보의 발현의 경우, agonist 작용)의 두 가지가 구별된다. 단, 이 모방은 작용량이나 작용시점에 관하여는 정상호르몬의 경우와 같지는 않으므로 대부분은 결과적으로 악영향을 가지게 한다.

내분비계의 장애에 의하여 생기는 건강장해는 생식독성・발생독성・면역독성・행동독성・발암성 등의 다양한 형태로 나타내는 것이 특징이다. 이것은 호르몬의 작용이 다양성을 반영한 것이다. 그러나 내분비계 장애를 검출하기 위한 지표로서는 receptor의 결합성, 혈액 중의 각종 호르몬 농도의 증감, 호르몬 분비기관 장해(위축이나 변질) 등이 중시된다.

4. 돌연변이(mutation)

유전자나 염색체의 구조가 어떤 원인에 의하여 변화하는 것을 돌연변이라고 한다. 돌연변이는 DNA의 복제 오류가 원인으로 자연으로 일어나는 수가 있으나 외부에서의 물리적 또는 화학적인 작용에 의하여 야기되는 수도 많다. 변화하는 부위에 따라 큰 영향을 주지 않는 것도 있으나, 대개의 경우 생물의 생존에 있어서 유해한 결과를 초래하는 것으로 생각하고 있다. 돌연변이는 변화의 양식에 따라 크게 유전자 돌연변이(gene mutation)와 염색체 이상(chromosomal aberration)으로 나눈다.

유전자 돌연변이는 DNA의 염기서열의 수준으로 생기는 변화를 의미하고, 단지 유전자변이 또는 점 돌연변이라고 한다. 예를 들면, DNA의 유전자 작용을 나타나는 부위에 함유되는 염기 1개가 다른 염기로 치환되었을 때가 이것에 상당한다. 이 경우에는 변이를 받은 유전자의 지배에 따라 합성되는 단백질도 아미노산이 1개만 변화한 것이 된다. 그러나 유전정보나 형질은 이것에 의하여 크게 변한다.

염색체 이상은 세포내의 염색체 수나 염색체의 형태의 변화를 의미하고, 현미경으로 관찰되는 것이다. 염색체 수가 변화하여도 내부의 DNA에 화학적인 변화가 생긴다는 것은 관계없으나 염색체의 형태가 변화한 것(일부가 탈락한 것, 역으로 여분의 단편이 붙은 것, 일부가 절단된 것, 절단 후 다른 부위에 재결합한 것 등)에 대하여는 대개 경우에 내부의 DNA의 화학구조에도 상당히 큰 변화가 생긴 것으로 보인다.

5. 만성독성(chronic toxicity)

미량의 화학물질에도 장시간에 걸쳐(극단으로 수명 가까이까지) 반복되는 노출을 받을 때 생기는 건강장해, 급성독성의 경우와는 전혀 다른 형태의 것이 간혹 보인다. 또 일반적으로 노출기간이 길면 1일당에서는 보다 적은 노출량으로 독성이 나타난다.

보통은 급성독성과 만성독성의 사이에 노출기간의 장단에 따라 아급성 독성(subacute toxicity)과 아만성 독성(subchronic toxicity)의 구별이 설정되어 있다. 쥐나 마우스를 사용하는 동물실험에서는 이들의 독성에 대응하는 노출기간은 각각 2~4주간 그리고 3개월간 정도(일반적으로 수명의 10분의 1)이고, 만성독성의 1~2년과 구별된다. 그런데 이들의 구분은 독성에 대한 것만이 아니고 그것을 생기게 하는 노출이나 투여의 조건에 대해서도 사용된다(예로서 아급성 흡입노출이나 아만성 경구투여).

6. 면역(immunity)

면역은 기본적으로는 외래의 병원미생물에 대한 방어의 시스템이다. 구체적으로는 소화기 이외의 통로로 체내에 침입한 이물(단백질 등의 고분자물질이나 세포와 같은 것에 한하지 않음)의 표면의 부분화학구조가 먼저 **항원**(antigen)으로서 인식되어 이어서 이것과 특이적으로 결합하는 단백질성 또는 세포성의 **항체**(antibody)의 작용에 따라 이물의 분해가 촉진된다. 전자는 체액성 면역이라 부르고, 가용성의 면역글로불린(일련의 아주 닮은 구조의 단백질)이 항체로서 활약한다. 또 후자는 세포성 면역이라 부르고 각종의 **림프구**(lymphocytes)가 그대로 항체로서의 역할을 발휘한다.

또한 이들 외에 macrophage(대식세포)라 부르는 큰 세포가 이물을 무차별적으로 둘러싸서 역시 분해로 유도하는 것도 알려져 있다. 그런데 면역글로불린은 특정의 림프구로 만들어진다. 또한 이것을 포함하여 각종의 림프구나 macrohage는 골수(bone marrow)나 흉선(thymus)에서 생산되어 혈중에 방출한다. 또 비장이나 림프절에는 많은 림프구가 모여 면역의 작용의 효율을 높인다.

7. 면역독성(immunotoxicity)

화학물질이 면역의 작용을 저하시키거나 역으로 비정상으로 높여 악영향을 미치는 작용을 말한다. 우선 면역억제에 의한 악영향은 병원미생물 등에 대한 저항력이 약해지는 결과로서 이들의 감염률의 증대(예로서 유산이 되기 쉬운 것 등)로서 나타난다. 물론 이에 앞서 면역계조직(골수·흉선·비장 등)의 장해나 면역담당 세포로서의 각종 림프의 감소가 관찰되는 수가 많다.

또 암세포는 그 표면에 정상세포는 보이지 않는 독특의 항원구조를 가지고 있고 어떤 종의 이물과 인식되어 면역작용의 대상으로 된다. 특히 생성되어 순식간 암세포의 대부분은 일반적으로 림프구 등과 결합하여 소멸하는 것으로 본다. 그런데 면역의 작용이 저하하면 이와 같은 기회가 감소하여 결과로서 조직의 본격적인 암화가 촉진되는(발암률이 증대한다) 일이 있다.

다음으로 화학물질에 따라 면역의 작용이 지나치게 강하여 장해가 생기는 케이스로서 각종의 알레르기 증상이 잘 알려진 예가 있다. 한편, 이물은 아니지만 정상 화학성분이나 정상세포(예로서 DNA나 적혈구)에 대하여도 항체를 만들어 반응하고 분해나 조직파괴를 초래하는 **자기면역병**(autoimmune disease)도 이 케이스에 속한다. 결과적으로는 피부염, 관절염, 간경변, 신장장해, 용혈성 빈혈, 근육의 통증과 탈력감 등 다양한 증상이 나타난다. 갑상선, 부신, 정소, 난소 등에 대해서도 자기항체의 형성에 의한 장해의 발생 예가 알려져 있다.

8. 발생독성(developmental toxicity)

수정란이 성숙한 생물 개체로 되기까지의 모든 발생기간에 화학물질이 미치는 악영향을 의미한다. 발생기간은 출생 전[배기(胚期)와 태아기(胎仔期)], 출생 전후(周産期), 그리고 출생 후(사람에서는 18세 정도까지)로 크게 나눈다. 이 주 배기는 기관 형성이 크게 발전하는 단계이고 쥐나 마우스에서는 임신 14일째 정도까지로 그리고 사람에서도 마찬가지로 8주일째까지로 본다.

한편, 발생독성을 건강장해의 재용에서 보면 치사작용, 성장의 지연(예를 들면 체중의 저하), 기형발생 등이 구별된다. 치사작용은 배기에서는 배(胚)의 흡수(사망한 초기의 배의 융합과 모체에 의한 흡수) 또는 유산(abortion) 또 태아기에서는 주로 사산(stillbirth)으로서 나타난다.

또 어느 경우에도 원칙으로써 성인(성숙 동물), 특히 모친[모수(母獸)]에 대해서는 독성이 거의 나타나지 않는 노출 수준에 있어서 장해가 대상이 된다. 또 노출은 배기와 태아기에는 태반을 통하여 생기고 유아기에는 모유를 통하여 경로가 큰 비중을 차지하는 것이 특징이다.

9. 발암성(carcinogenicity)

좁은 의미의 악성종양이 아니고 양성종양을 포함하여 일반으로 종양을 체내에 생기게 하는 작용을 의미한다. 이것은 양성종양이라고도 하며, 악성종양으로 전환하는 가능성이 높기 때문이다(화학발암 참조).

종양의 세포는 정상세포의 유전정보가 변화함으로써 생기나 이 변화를 유도하는 발암인자로서는 일련의 화학물질이 큰 위치를 점유한다. 이러한 화학물질에 의한 작용은 화학발암이라고 하며 이와 같은 작용을 나타내는 화학물질을 **발암물질**(carcinogen)이라고 한다. 그리고 발암인자로서는 방사선이나 바이러스도 잘 알려져 있다.

10. 변이원성(mutagenicity)

유전정보를 당당하고 있는 DNA는 손상(화학구조의 변화)을 가지게 하고 돌연변이를 일으키는 작용을 한다. 유전자 독성(genotoxicity)이라고도 한다.

표 1-7. DDVP의 변이원성

시험생물계	유전자변이	염색체 이상	DNA의 손상
세균	살모넬라균 대장균		고초균 대장균
곰팡이류 고등식물	고지곰팡이 효모	고지곰팡이 보리	
곤충		초파리	
포유류의 배양세포	쥐의 기관세포 마우스의 림프종세포	햄스터의 난소세포	사람의 림프구
포유류		햄스터(복강 내) 마우스(피부)	마우스(흡입)

체세포에 생기는 돌연변이는 암세포를 생기게 하는 계기가 되는 수가 있으나 차세대에는 영향을 미치지 않는다. 그러나 생식세포에 돌연변이가 생기면 차세대의 유전적 형질이 변화하는 가능성이 있고 이 때에는 변이원성이 유전자 독성으로서 성격을 띤다.

변이원성은 보통 세균(*Salmonella*균, 대장균 등), 식물(효모 등의 곰팡이도 포함), 곤충(집신벌레 등), 포유류의 배양세포(햄스터의 난소세포, 사람의 림프구 등) 또는 포유류 그 자체(마우스의 골격세포에의 영향 등)의 5종의 대상 생물계에 있어서 유전자 변이, 염색체 이상, 그리고 DNA의 손상이 생기는가 안 생기는가를 검출함으로써 조사한다.

국제암연구기관(IARC)은 이 경우에 포유류에 관한 것을 포함한 3개 이상의 생물계에 대하여 2개 이상의 타입의 돌연변이가 인식되면 변이원성의 확증이 충분이라고 보고 있다. 이 경우에 상당하는 DDVP(농약)의 변이원성의 예를 표 1-7에 나타내었다. 5종의 생물계에 대하여는 3개 타입의 변화가 모두 인정되어 있고, DDVP는 아주 현저한 변이원 물질이라는 것도 안다.

11. 상승독성(synergistic toxicity)

동시에 2종 이상의 화학물질에 의한 노출을 받았을 때 각각 단독으로 나타내는 독성을 단순히 가산한 것보다 상당히 높은 독성이 나타나는 경우를 의미한다. 예를 들면, 농약의 NAC 또는 마라톤(어느 것이나 1 mg/kg/day)를, 쥐(암컷)에 대해서는 단독으로 교배 전 3개월간과 총 임신기간에 경구투여하여도 배(胚)나 태아에는 거의 영향을 미치지 않으나, 양자를 같은 조건으로 동시에 투여하면 배의 흡수나 유산이 현저히 증가하고 태아의 생존이 60% 이하로 감소하는 것을 알 수 있다.

그러나 상승독성의 연구는 이론적·실험적으로도 아직까지 명확하지 않고, 화학오염의 확대 중에 현대 독성학의 금후의 큰 과제이다.

12. 생식독성(reproductive toxicity)

좁은 의미는 임신 이전에 체내에 들어간 화학물질이 생식기능에 악영향을 주고 임신이나 임신율(fertility)의 저하를 초래하는 작용을 의미한다.

생식의 작용은 **정소**(testis)에서 형성되는 **정자**(sperm)와 **난소**(ovary)에서 형성되는 **난자**(ovum)의 활동에 기초한다. 즉, 배란 시에 정자의 침입을 받은 난자(수정란)는 증식을 개시하면서 자궁벽에 접착(착상)하고 다시 배기와 태아기의 발육을 거쳐 출생을 이른다. 또 정소상체, 정낭(seminal vesicle), 전립선 등도 정자의 활동을 유지하는 역할을 하고 있다. 여기에서 생식독성의 지표로서는 임신에의 악영향과 함께 이것을 가지는 난소의 위축, 정소의 감소, 정낭의 이상, 월경불순, 배란이나 착상의 저해 등도 중시된다.

한편, 임시기간도 포함하여 실험동물의 다세대에 걸쳐 화학물질이 투여되어 생식이나 발생에 미치는 영향이 장기간에 조사되는 경우도 많다. 따라서 생식독성은 넓은 의미로는 발생독성을 포함한 것으로 취급하였다. 다세대 생식독성 시험에서 먼저 쥐 등의 교배 전에는 화학물질이 수컷에서 약 70일간, 암컷에서 약 14일간 경구투여한다. 투여기간은 각각 정자의 형성과 난자의 숙성에 필요한 기간에 상당하다.

이어 교배 후 암컷에 대해서는 임신기간과 수유기간에도 투여가 계속된다. 그래서 전 기간에 걸쳐 정자, 난자, 성주기 등의 이상, 임신율, 배나 태아에의 악영향, 신생아의 수와 생존율 등이 조사된다. 또한 신생아(제 2세대)끼리를 성장 후에 교배한 다음, 태어난 제 3세대의 새끼가 다시 성장할 때까지의 전 기간에 대해서도 같은 것이 조사된다. 또 제 3세대 이후에도 필요에 따라 마찬가지 시험이 계속된다.

13. 생태독성(ecotoxicity)

화학물질이 환경에 생식하는 각종 생물에 대하여 악영향을 미치고 생태계를 파괴를 하는 작용을 한다. 개개의 생물 종에 직접 미치는 영향만이 아니고 그 생물 종과 밀접한 관계(예로서 식물 연쇄)를 가지는 다른 생물 종에도 간접적으로 영향을 미치는 것이 중시된다. 그러나 현 단계에서는 아직 생태계 전체에의 영향을 평가하는 방법은 확립되지 않아 우선 개별의 생물 종에 관한 데이터를 정비하여 검토를 깊게 할 것을 강조하고 있다.

구체적으로 포유류 이외에 조류(鳥類)・양서류・어류・물벼룩・지렁이・조류(藻類) 등에 대한 독성시험이 필요하다고 하나, 지금까지 어느 정도 조사되어 있는 것은 수생생물에 대한 독성(특히 치사작용)에 한정되어 있는 것 같다. 이 책에서는 무지개송어의 LC_{50}값이 전형 예로 우선적으로 기재되어 있다.

14. 수용체(receptor)

호르몬은 언제나 표적기관의 세포에 대하여 작용을 개시할 때에는 먼저 수용체(receptor)라고 하는 단백질 분자와 결합한다. 수용체는 각 호르몬 마다 고유의 것이 준비되어 있고, 바꿔 말하면 열쇠와 자물쇠 구멍과 같은 관계로 결합이 생긴다. 수용체의 존재 부위도 호르몬의 종류에 따라 다르고 세포막상에 위치하는 경우와 세포내(특히 세포핵 내)에 분포하는 경우가 알려져 있다. 어느 것이나 호르몬과 수요체에의 결합에 따라 세포 내에 미리 화학반응이나 변화가 유도되어 또 염색체에의 작용을 통하여 특정의 유정정보의 발현(특정 단백질의 합성 등)이 가능하다.

15. 수컷의 암컷화(feminization of male)

지금까지 잘 조사된 내분비계 장애물질은 estrogen 등의 여성호르몬, 즉 수컷의 **에스트로겐**(estrogen)의 agonist로서 행동(거동)하는 것과 testosterone 등의 남성호르몬, 즉 **안드로겐**(androgen)의 antagonist로서 행동(거동)하는 것이 많다. 이 때문에 이들을 수컷의 실험동물에 특히 발생단계에 투여하면 수컷에 특유의 기관의 발육이 억제되는 경향이 나타난다. 정소의 위축과 하강부전(기형의 일종), 정자의 감소와 형상의 이상, 페니스의 단소화(短小化) 등이 그 전형의 예이다.

또 동시에 수컷인데도 불구하고 암컷에 특유한 기관(난소 등)이 만들어지는 경향이 나타난다. 이것이 부분적인 수컷화이고, 내분비 교란성의 아주 현저한 발현이라 볼 수 있다. 요도하열(기형의 일종), 항문 성기간 거리의 단축, 유방의 성숙, 난황의 생성 등이 그 예로서 알려져 있다.

16. 신경장해(neurologic disorders)

몸 전체의 조화를 유지하고 있는 신경계의 작용에 이상이 생겨 지능・운동・감

표 1-8. 신경장해의 주요 증상

정신상태에의 영향	불면, 불안감, 우울증, 신경과민, 집중력 저하, 환각, 혼수, 헛소리
지능에의 영향	기억력 저하, 학습능력 저하, 언어장해, 착란상태, 의식저하・소실
운동능력에의 영향	현기증, 떨림, 운동실조, 탈력감, 보행이상, 근육의 마비, 경련, 반사이상
감각에의 영향	시각장해(시야혼탁, 동공수축 등), 청각장해, 수족의 떨림, 방향감각 소실
기타	두통, 구역질, 설사, 발한, 피로감, 식욕 저하

각 등에 악영향을 미치는 것이다. 신경계는 **중추신경계**(central nervous system ; 약칭 CNS)와 **말초신경계**(peripheral nervous system ; 약칭 PNS)로 대별한다. CNS는 뇌와 척추(spinal cord)로 되었고, 정신활동(고차신경활동)을 담당하는 손인 동시에 PNS와 정보를 교환하면서 생명활동 일반을 조절하는 역할을 하고 있다. PNS는 뇌(특히 뇌간)이나 척추와 근육, 혈관, 감각기 등을 연결하는 조직이다.

신경장해의 증상은 표 1-8에 나타낸 바와 같이 정신상태・지능・운동능력・감각 등에의 영향으로 분류된다. 이 중 정신상태와 지능에의 영향은 중추신경의 장해만에 의한 것으로 이것에 대하여 운동능력과 감각에의 영향(그리고 기타)에는 말초신경의 장해에 기초하여(예로서 근육의 마비, 탈력감, 수족의 떨림, 동공수축, 발한 등) 몇 개가 나타나나 중추신경장해 유래의 것은 여기서도 상당히 많이 포함된다. 그런데 화학물질에 의한 지능과 운동능력에의 영향의 일부(예를 들면, 학습능력 저하, 반사이상 등)는 행동독성으로서 취급하고 있다.

17. 알레르기(allergy)

어느 화학물질(항원)의 노출에 따라 체내에 특수한 항체가 준비된 감작(感作)상태에 있어서 동일 물질에의 2번째의 노출에 의한 심한 면역반응이 나타나는 일련의 유해한 증상을 말한다. 원인 화학물질(allergen)에는 무기물질이나 저분자의 유기화합물도 함유된다. 이것은 이들이 체내에서 단백질 등과 결합하여 항원성을 나타내는 것이 가능하기 때문이다.

알레르기는 그 발증 메커니즘에 따라 4개의 형(I ~ IV형)으로 분류하고 있으나 자주 나타나는 것은 I형과 IV형이다. I형(즉시형)의 알레르기는 체내에 E형의 면역 글로불린이 준비되어, 이것과 항원과의 결합이 열쇠가 되어 일련의 반응이 진행되는 것에 의하여 증상은 보통 2번째의 노출 후 15분 이내에 비염·천식·두드러기(urticaria), anaphylaxis 등의 형태로 나타난다. Anaphylxis는 근육의 수축이나 모세혈관의 확장에 의한 전신성의 쇼크 증상을 의미하고 간혹 죽음을 초래한다.

한편, IV형(지연형)의 알레르기는 항원과 특유의 세포성 항체의 반응에 의하여 노출에서 12～48시간 후에 각종의 염증이 발생한다. 특히 접촉피부염으로서 나타나는 경우가 많다.

18. 어독성(fish toxicity)

화학물질, 특히 농약이 어패류에 대하여 나타내는 치사작용의 강도를 나타내나 일본의 기준에서는 붕어에 대한 48시간의 노출 또는 물벼룩에 대한 3시간의 노출에 의하여 공시생물의 반수가 사망하는 수중농도(LC_{50})가 이 목적에 사용된다. 즉, 표 1-9에 나타난 것과 같이 이 값의 다소에 따라 어독성은 세 가지로 분류한다. A는 어독성이 그렇게 강하지 않은 것, B는 약간 강한 것, 그리고 C는 상당히 강한 것을 의미한다. 그런데 이외에 B 중 붕어에 대하여 LC_{50}이 2 mg/ℓ 이하로 특히 주의를 요하는 것이 B-s에, 또한 C 중에 특히 어독성이 강하여 사용금지 지역이 정해져 있는 것이 D로 분류되어 있다.

표 1-9. 어독성의 기준

어독성	LD_{50}(mg/ℓ)	
	붕 어	물벼룩
A	10 이상	0.5 이상
B	10 이상	0.5 이하
	0.5～10	-
C	0.5 이하	-

19. 염색체(chromosome)

고등생물에는 보통 서로 상보적인 2개의 DNA분자(구성염기 A와 T 그리고 G와

C를 모두 치환하여 있는 것)가 느슨하게 결합한 이중나선을 휘감고 있다. 그리고 여기에 다시 이것이 고차의 나선을 점차 휘감아 특유의 단백질 성분과 함께 최종적으로 염색체라고 부르는 구조체를 형성한다.

염색체는 세포의 핵에 함유되어 있으나 그 세포당의 개수는 생물 종에 따라 정해져 있고 사람에서는 22쌍의 상염색체와 1쌍의 성염색체가 발견된다. 이들 염색체에는 각각 약 5만종의 유전자가 함유되어 있다. 또 사람의 염색체를 형성하는 DNA는 약 30억의 nucleotide 단위를 함유하고 있으며 늘리면 약 1m의 길이로 된다.

20. 운동실조(ataxia)

근육의 저하나 마비는 생기지 않았는데 각종 운동이 서로의 조화와 균형을 가질 수 없게 되고 기립 시에 흔들리거나 보행이 비정상으로 비틀거리는 상태이다. 전형적인 신경장해의 일종으로 소뇌, 뇌간, 척추, 말초신경계 등의 병변을 유래한다. 그 증상을 확인하기 위하여 예로서 단추를 잠그게 하거나 일직선 위를 걷게 하거나 또는 발끝을 맞추고 눈을 감고 기립하는 것이 가능한가를 조사하는 것이다. 협조운동장해(incoordination)라고 한다.

21. 위축(atrophy)

생물의 기관이나 조직의 체적이 감소하는 것을 말한다. 현실적으로 중량도 감소하는 경우가 많으므로 이것이 검사의 대상이 된다. 국부적으로는 빈혈과 영양부족, 호르몬의 이상 등에 의한 세포의 죽음이나 증식의 억제가 직접적인 원인으로 생각한다. 화학물질의 노출로 유래되는 것으로는 뇌・간장・신장・비장・흉선・정소・난소・전립선・근육 등의 위축이 간혹 발견된다. 위축은 당연히 기능 저하를 초래하므로 이들은 일반독성・면역독성・생식독성 등의 출현을 의미한다.

한편, 화학물질의 노출에 의한 위축의 역의 증상으로서는 비대(hypertrophy)도 간혹 생기나, 역시 기능의 저하를 초래하고 건강장해의 발현으로 본다. 그러나 비대라는 표현에는 보통 종양이 형성되는 경우는 포함되지 않는다.

22. 유전자와 DNA

유전자는 어버이의 특정 형질(외부로 나타나는 생물학적인 특징)을 자손에게 전하기 위한 정보를 함유하는 최소의 물리적인 단위이다. 이 어버이에서 자식에게의 정보전달은 생식세포(난자와 정자)의 유전자를 통하여 이루어진다.

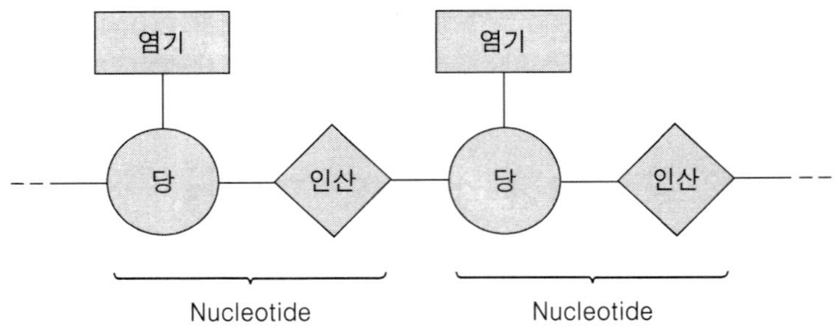

그림 1-2. DNA의 기본구조

유전자는 생화학적으로 deoxyribonucleic acid ; 약칭 DNA)라 부르는 고분자 물질의 부분구조이다. DNA는 어느 종의 염기(질소를 함유하는 환상의 염기성 물질), 당(deoxyribose) 그리고 인산 성분이 그림 1-2와 같이 연결된 긴 사슬을 형성한 것이다. 염기, 당 그리고 인산을 각 1개씩 함유하는 단위구조를 nucleotide라고 한다.

염기로서 사용되는 것은 오직 adenine(A), guanosine(G), cytosine(C), 그리고 thymine(T)(괄호 안은 약호)의 4종이다. 이들 염기의 DNA 사슬 내에 있어서의 배열순서가 그대로 유전정보를 나타난다. 1개의 유전자에는 보통 수천의 nucleotide 단위가 함유되어 있으나 이 중에는 정보로서 무효한 부분도 상당히 발견된다.

유전정보는 어버이에서 자식에게 전하는 것만이 아니고 생식세포 이외의 일반 세포(체세포)에서는 특정의 단백질 합성을 통하여 형질 발현의 구실을 한다. 이 경우 이웃끼리의 3개의 염기(또는 nucleotide 단위)의 서열이 단백질 중의 특정 아미노산 성분 1개에 대응한다. 예를 들면, 유효한 정보를 함유한 부분이 600개의 nucleotide 단위로 된 유전자는 200개의 아미노산을 함유하는 단백질의 합성을 지배한다.

23. 일반 독성(general toxicity)

독성(toxicity)이란 화학물질이 생물의 체내에 들어갔을 때 미치는 유해한 작용이고, 보통 일반 독성과 기타의 독성으로 분류한다. 일반 독성이란 보통의 동물실험에서 밝히는 것이 가능한 것이고 체중의 감소, 장기(간장·신장·폐 등)의 이상, 일반적인 신경, 지각, 운동장해, 피부, 점막장 등의 보통으로 자주 발견되는 신체의 이상을 의미한다. 급성독성과 만성독성의 구분도 이 일반 독성에 대하여 행하는 것이 보통이다.

한편, 기타의 특수한 독성에는 생식독성・발생독성・면역독성・행동독성・내분비 교란성・발암성・변이원성 등이 포함된다. 이들은 독성의 표현을 보통의 실험동물에서 검출할 수 없으므로 별도로 고유의 독성시험을 행하는 것이 특징이다. 단 발암성은 만성 일반독성의 동물실험을 그대로 이용하여 조사한다.

24. 잠복기(latent period)

생체에 악영향을 미치는 인자(유해 화학물질 등)가 체내에 침입하고 나서 구체적인 형태로 건강장해가 나타나기까지는 보통 일정 시간이 필요하다고 한다. 이러한 적어도 외견상은 변화가 발견되지 않는 기간을 잠복기라고 한다.

화학발암의 경우에는 잠복기가 상당히 긴 것이 특징이고 생물의 수명에 가까운 경우도 많다. 특히 노출량이나 투여량이 적을수록 잠복기가 길어지는 경향이 일반적으로 나타난다. 이 때문에 발암성을 조사하는 동물실험은 실험동물의 생애의 대부분에 걸치는 기간에 대하여 행하는 것이 원칙이고 쥐에서는 24개월 이상 그리고 마우스에서는 18개월 이상으로 한다.

마찬가지로 사람에 있어서도 화학발암의 잠복기는 수십 년에 걸치는 것이 보통으로 보고 있다. 예를 들면, 환경오염 물질의 아스베스트에 의한 폐암 그리고 중피종(中皮腫)의 발증의 잠복기는 각각 20～25년 및 30년 이상으로 추정하고 있다.

25. 정자의 감소(reduced sperm counts)

정자는 정소에서 정원(精原)세포로부터 3단계로 만들어낸다. 이 정자 형성은 쥐에서 48일간, 또 사람에서는 62일을 필요로 하고 이 사이에 화학물질에 의한 어떤 악영향을 받으면 결과적으로 정자의 축적량의 감소를 일으킨다. 정자의 감소는 수컷 동물에 대한 생식독성의 지표로서 호적이고 자주 조사대상으로 한다. 정확하게는 일정량의 정액 중에 함유되는 정자의 수(소위 농도)의 감소를 위미한다.

최근 표 1-10에 나타낸 바와 같이 세계 각지(특히 유럽)에서 사람의 정자가 현저히 감소하는 경향이 관찰되어 화학오염의 확대에 의한 영향이 나타나는 것이 아닌가 걱정이 된다. 젊은 층의 사람일수록 정자의 농도가 낮다는 보고도 같은 경향을 나타내고 있다. 이와 같은 경향이 발견되지 않는다는 조사보고(미국・덴마크 등)도 몇 개를 보고하고 있고 종합적인 판단을 포함하여 금후의 중요한 검토과제가 될 것이다.

표 1-10. 최근 관찰된 사람의 정자의 감소 경향

나라(지역)	조사년도	조사인수	정 자	보고년도
프랑스(파리)	1973～1992	1,351	19년 간에 33% 감소	1995
영국(스코틀랜드)	1984～1995	577	10 수년 동안 젊은 사람에서 30% 적음	1996
프랑스(쓰루스)	1977～1992	302	연령이 10세 젊은 사람에서는 33% 적음	1996
벨기에	1977～1995	416	정상안 정자가 18년 간에 30～40% 감소	1996
핀란드	1981～1991	528	정소의 정자형성 능력이 10년 간에 52% 저하	1997
유럽과 호주 (16건의 조사를 정리)	1971～1990		20년 간에 평균 62% 감소	1997

출전 : *Environ. Health Perspect.,* 15권, p.1228(1997)

26. 종양(tumor)

생체의 각 조직은 보통 그 크기나 작용이 생물의 존재에 알맞게 잘 조절되어 있으나 어떤 원인으로 일부의 세포가 왕성한 분열능력을 가지게 하여 비정상 증식을 개시하는 것을 종양이라 한다.

종양은 **양성종양**(benign tumor)과 **악성종양**(malignant tumor)으로 대별한다. 양성종양은 세포의 형태나 배열이 원래의 정상세포에 아주 닮아 있고 증식도 주위의 조직에 그렇게 영향을 미치지 않는 범위로 진행한다. 이에 대하여 악성종양은 세포의 형태가 원래의 세포와는 여러 가지로 다르고 그 배열도 규칙성을 잃고 혼란을 일으키고 있다. 또 주위의 조직에 사양도 없이 이것을 억압하여 증식을 계속하거나 혈관을 통하여 멀리 있는 조직에도 전이하고 여기에서 새로운 증식을 개시함으로써 바라지 않는 상태가 발생하게 된다. 이 악성종양을 일반적으로 **암**(cancer)이라고 한다.

악성종양은 상피성(上皮性) 조직(피부의 표피・소화관의 점막・간장 등)에 생기는 **암종**(癌腫, carcinoma), 비상피성 조직(골・근육 등)에 생기는 **육종**(肉腫, sarcoma), 조혈조직(골수 등)에 생기는 **백혈병**(白血病, leukemia) 등으로 분류한다. 백혈병의 경우는 이상으로 증식한 백혈구가 혈액 중에 대량으로 방출되는 것이 특징이다. 그리고 암종(癌腫)은 사람의 악성종양의 80～90%를 차지한다.

27. 천식(asthma)

숨쉬기가 어렵거나 목이 걸걸하여 소리가 나고 호흡이 곤란의 상태가 발작하여 일정의 빈도로 나타나는 호흡기 장해. 알레르기적 방법으로 기관지가 수축하고 기도에 점액이 차는 것으로 유래되는 것으로, 정확하게는 기관천식(bronchial asthma)이라 부른다. 발작은 30분에서 수시간(중증에서는 2～3일) 계속하는 수가 많다. 오랫동안 발작을 반복하는 사이에 만성기관염이나 폐기종을 함께 발생하는 수도 있다.

천식은 최근 세계적으로(특히 아이 등) 증가되고 있다. 예를 들면, 미국에서는 아이들의 천식환자가 약 500만 명이 이르고 그 사망률도 1980～1993년 사이에 78% 증대하였다. 또한 남미에서는 아이들의 환자수가 20%를 넘는 나라가 많다. 일본에서는 그림 1-3과 같이 마찬가지의 증가 경향이 있다. 특히 초등학생의 천식환자 비율은 현저히 증가하고 있다. 이와 같은 증가의 원인은 불명이나 대기오염의 악화에 유래하는 가능성이 높은 것으로 본다.

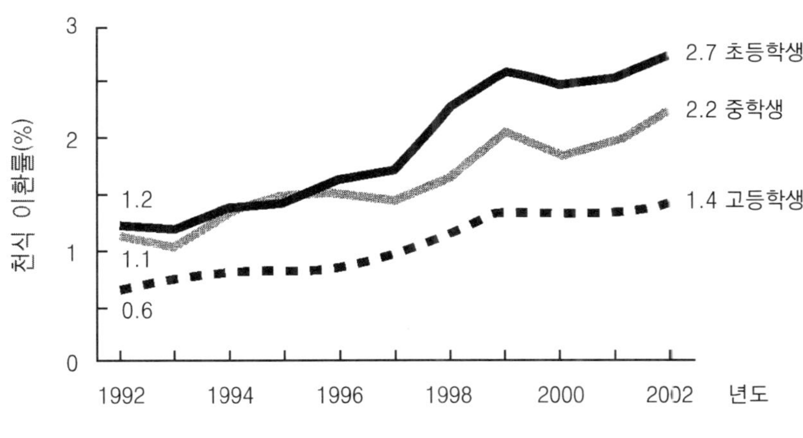

그림 1-3. 일본에서의 천식 이환률의 추이(전국 평균)

28. 기형발생(teratogenicity)

임신기간에 체내로 침입한 화학물질에 의하여 배(胚)나 태아의 발생이 영향을 받아 **기형**(malformation)이 생기게 하는 독성을 말한다. 기형은 보통 생물형태의 선천적인 이상을 나타내는 구조기형을 의미하나, 최근에는 기능(예를 들면 운동신경)의 이상도 행동기형으로 중시하는 경우가 많다.

우선 구조기형으로는 구개열(口蓋裂 ; 상악의 균열), 소악증(小顎症 ; 하악의 발

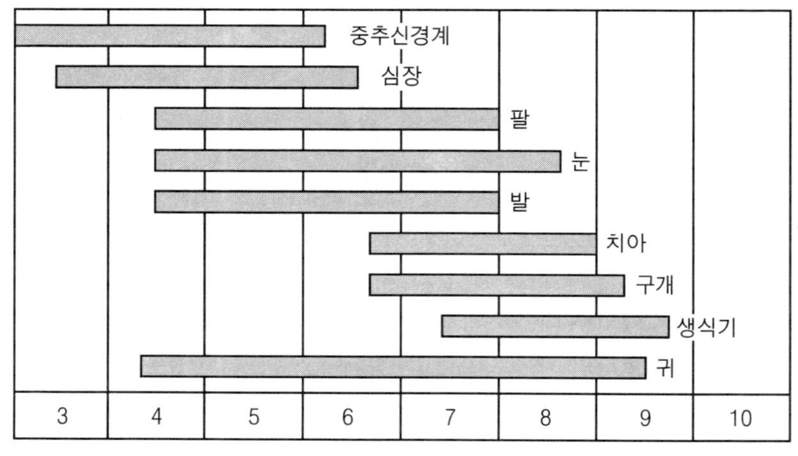

그림 1-4. 사람의 구조기형의 임계기

육부전), 무안구증(無眼球症), 다지증(多指症) 등의 외표기형(안면·사지·골격 등의 이상)과 뇌탈출증(腦脫出症 ; 뇌가 두개골 외로 노출), 수두증(水頭症 ; 두개골 내에 다량의 뇌척수액이 모이고 뇌실이 이상으로 확대), 수현증(水腎症 ; 신장의 상부 요로가 이상으로 확장), 장폐쇄 등의 내장기형이 여러 가지의 화학물질에 의하여 생기는 것으로 안다.

먼저 생기는 구조기형의 종류는 임신중의 어느 시기에 화학물질에의 노출을 받는가에 따라 크게 다르다. 이것은 기형발생을 나타내는 화학물질에 대하여 더욱 감수성이 높은 시기(임계기)가 발육 중의 기관의 종류에 따라 다르기 때문이다. 사람에서는 그림 1-4와 같이 중추신경계·심장·수족·눈 그리고 귀의 임계기가 빨리 시작하고, 이빨·구개 등은 약간 뒤지나 그래도 전체로서는 임신 3~8주째의 배기(胚期)가 구조기형이 생기기가 더욱 쉬운 시기이다.

여기에 대하여 학습능력이나 운동능력이 선천적으로 저하하는 행동기형 등의 기능 이상은 임계기가 늦고, 사람에서는 임신 9주째 이후의 태아기 그리고 생후 2년째까지의 유아기에 대해서도 생기는 것이 가능하다. 중추신경만이 아니고 면역계나 생식기관의 기능 이상도 포함된다.

29. 피부장해(dermal disorders)

화학물질에 의한 피부의 장해는 먼저 직접 접촉된 부위에 국부적으로 생기는 경우와 혈액 중에 흡수된 것의 작용으로 많은 부위에서 간접적으로 생기는 경우로 나눈다. 전자는 **접촉피부염**(contact dermatitis)이라 부르고 피부장해의 대부분을 차지한다. 발증(發症) 방식에 따라 다시 1차 자극성의 것(직접 자극작용에 의하여 염증이 생기는 것)과 알레르기성의 것(면역적인 방식을 통하여 염증이 생기는 것)으로 구분한다. 또 후자에도 알레르기성의 염증(심마진 등)이 포함된다.

그러나 피부염의 증상은 일반적으로 어느 경우에도 유사하고 자주 나타나는 것은 홍반・발적(혈관이 확장하여 충혈되어 피부 면이 적미를 띤 상태), 수포・농포(膿疱; 표피 또는 그 직하에 액상물이 대량으로 물 부풀음 상태), 구진(丘疹; 작은 부글부글한 피부면에서 약간 올라온 상태) 등이다. 이들 모두를 습진(eczema)이라고 부르는 경우가 많다. 이들이 심하게 되면 다시 미란(糜爛; 짓무름), 결절(結節, 큰 융기), 박리(剝離, 벗겨져 떨어짐), 궤양(潰瘍; 조직파괴), 부스럼딱지, 색소침착 등의 증상도 생기게 된다.

30. 행동독성(behavioral toxicity)

화학물질의 노출이 생물의 행동에 악영향을 미치는 작용이다. 행동이란 생물계가 외계에 대하여 나타내는 움직임이나 그 패턴에 따라 본능적인 것과 일정의 **학습**(learning)을 거쳐 가능으로 되는 것으로 대별된다. 어느 것이나 내외의 자극에 대한 응답(response)으로서 나타나는 것이 특징이다. 그 방식은 중추신경계(특히 대뇌)의 작용에 의하는 것이 많으나 내분비계가 관여하는 경우도 알려져 있다.

실험동물에 대하여는 행동독성을 밝히는 것은 일반적으로 외부로부터의 자극에 대한 응답능력의 저하가 조사된다. 예를 들면, 쥐가 위를 향한 상태에서 정상인 자세로 되돌리는 행동(다시 서는 행동)이 순하게 되는가 아닌가 혹은 회전하는 차 안에서 쥐가 수평의 자세를 능숙하게 지속하는가 안하는가가 관찰된다.

또한 학습행동에의 영향을 조사하기 위하여 미로(迷路) 테스트 등이 실시되어 실험동물이 미로에서 탈출하여 사료가 있는 곳에 도달하는 데 요하는 시간이 학습능력의 척도라고 한다. 사람의 경우에도 지능(인식능력이나 기억능력)의 저하가 행동독성의 전형적인 표현으로 본다. 그러나 행동독성은 사실상 정신독성의 일부이기도 하고 신경행동독성이라고 부르는 수가 많다.

31. 호르몬(hormone)

생체 내 특정의 기관에서 혈액 중에 분비되어 혈관을 통하여 전신으로 운반된 후 특정 표적기관의 세포에 대하여 일정 생리작용의 발현을 일으키는 물질이다. 따라

표 1-11. 중요 호르몬과 그 작용

호르몬	기관명	작용(보기)
갑상선자극호르몬(TSH)	하수체	Thyroxin의 분비촉진
난포자극호르몬(FSH)	하수체	Estrogene의 분비촉진, androgen의 분비촉진
황체호르몬(LH)	하수체	배란촉진과 황체형성, androgen의 분비촉진
황체자극호르몬(prolactin)	하수체	유즙의 분비촉진
Thyroxine(T_4)	갑상선	산소 소비의 촉진, 뇌의 정상 발육
Adrenaline(epinephrine)	부신	맥박 증가, 혈압 상승
Insulin	췌장	혈당 저하
Androgen(남성호르모)	정소	남성 성징의 성숙
Estrogen(여성호르몬)	난소	여성 성징의 성숙
Progesterone(황체호르몬)	난소	임신의 준비와 유지

서 호르몬은 고등생물에 있는 기관에서 기관에로의 정보전달 역할을 담당하는 것으로 본다. 표 1-11에 잘 알려진 호르몬의 예를 들었다. 이 표에서 보는 바와 같이 호르몬의 분비는 일반적으로 다른 호르몬의 작용에 의하여 억제되고 있다. 예를 들면, thyroxine의 갑상선에서의 분비는 TSH에 의하여 촉진되고, 이 TSH의 뇌하수체에서의 분비는 뇌의 시상하부에서 분비되는 TSH 방출호르몬에 의하여 촉진된다.

호르몬의 작용은 다양하고, 크게는 몸 전체의 조화를 하는 작용과 발생단계에 있어서 건전한 몸을 만들어 내는 작용의 두 가지로 나눈다. 후자의 경우에는 특히 일반적인 조직이나 기관의 형성만이 아니고 성의 분화(유전자대로 수컷을 암컷의 몸에, 또 암컷을 수컷의 몸으로 성장시키는 것)도 호르몬의 중요한 지배를 받고 있다. 이들 호르몬의 방식은 전체로서 **내분비계**(endocrine system)이라 부르고 있으나, 신경계나 면역계와 함께 고등생물에 특유하고 또한 불가결의 조절메커니즘이다.

32. 호흡기장해(respiratory disorders)

호흡기계의 조직이나 세포에 손상이 생기고 호흡작용(산소의 취입과 이산화탄소의 배출)에 악영향을 주는 것. 호흡기계는 공기를 도입하는 코(비강), 목(인두와 후두), 기관, 기관지(bronchi), 모세관지 등, 기체(산소와 이산화탄소)를 교환하는 폐포, 즉 폐(lung)로 되어 있다. 비강·인두·기관 등은 입자상 물질의 침입을 어느 정도 방어하는 역할을 하고 있으나 미세한 입자나 기체는 폐까지 도달한다.

호흡기장해는 흡입된 공기중의 유해물질에 의한 직접적인 영향에 유래하는 경우가 많으나 혈액 중의 오염물질에 의한 중독도 무시할 수 없다. 증상으로는 점막의 자극에 의한 염증(비염・기관지염・폐렴 등), 특히 폐에서는 액상물질이 괴는 수종(edema)이나 같은 기체가 괴는 기종(emphysema)이 잘 알려져 있다. 기침이나 담이 증가하여 숨쉬기가 어렵게 되거나 중증으로는 호흡곤란을 초래한다. 또 입자상 물질은 폐에 침착하고 다시 조직의 섬유 성분을 증가시켜 역시 호흡을 방해한다.

33. 화학물질 과민증(chemical sensitivity)

최근, 화학물질의 접촉에 의하여 야기되는 새로운 형태의 건강장해가 특히 구미에서 증가되고 있는데 이를 화학물질 과민증이라 한다. 원인으로 되는 화학물질은 농약・용제・연소생성물・의약품 등 여러 가지이나 알레르기성의 장해와 마찬가지로 최초에 비교적 다량의 화학물질과 접촉하여 감작(感作)을 받으면 과민으로 되고 다음의 기회에는 상당히 미량의 화학물질에 의해서도 영향을 받고서 여러 가지의 증상이 나타난다.

더욱이 이 발증 단계에서는 감작을 받은 화학물질과 전혀 무관계의 다종류의 것에 의하여도 영향이 생기는 것이 큰 특징이고 알레르기와는 근본적으로 다르다. 이 때문에 이 병은 정식으로는 다발성 화학물질 과민증(multiple chemical sensitivity ; 약칭 MCS)이라고 이름 짓고 있다.

MCS의 증상은 두통, 현기증, 집중력 저하, 우울병 상태, 기억력 저하, 피로감 등의 중추신경계의 장해 이외에도 근육통, 관절통, 설사, 피부의 가려움 등도 나타나고 다양하다. 특히 화학물질의 여러 가지 냄새에 견딜 수 없게 된다. 그러나 영향을 미친다고 생각하는 화학물질을 생활환경에서 제거하면 증상이 가볍게 되므로 현상면에서의 인과관계가 상당히 밝혀지는 경우가 많다. 일본의 환자 수는 100만 명에 가까운 것으로 추정하고 있다.

그러나 감작은 미량의 화학물질에 장기간 접촉함으로써 생긴다. 감작과 발증의 방식은 현 단계에서 전혀 불명이나 특수한 신경장해가 생긴다는 설이 유력시 되고 있다.

34. 화학발암(chemical carcinogenesis)

화학발암은 그림 1-5와 같이 적어도 세 단계, 즉 initiation(발암개시), promotion(발암촉진), 그리고 progression(발암완성)을 거쳐 진행하는 것이 알려져 있다.

먼저 initiation은 발암물질이 정상세포의 DNA에 직접 작용하여 돌연변이를 일으키고, 잠재적인 암세포를 1개 생기는 단계이다. 이 단계에서 작용하는 발암물질은

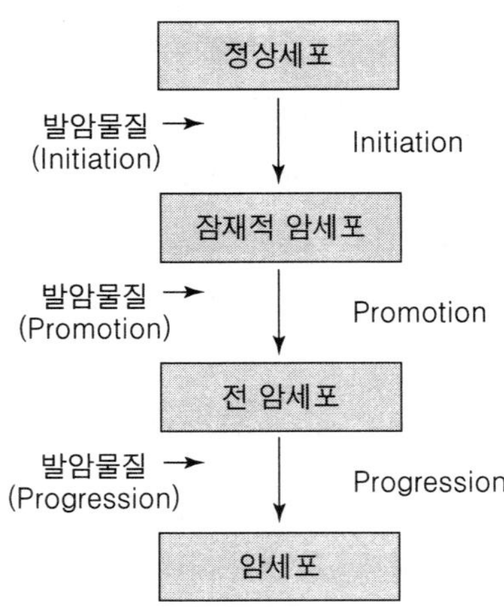

그림 1-5. 화학발암물질의 발암 메커니즘

특히 initiator(발암개시물질)이라 부른다. Initiator로서는 그대로의 형태로 DNA에 작용하는 것 외에 생체 내에서 일정의 화학변화를 받고서 DNA에 작용하는 것이 많다. 그러나 어느 것이나 이들의 작용은 세포에 불가역적인 변화를 가지게 한다(그림 1-5).

다음에 promotion은 initiator 그 자신이나 또는 다른 발암물질이 initiation에 의하여 생긴 잠재적인 암세포의 증식을 촉진하여 전 암상태의 종양을 생기게 하는 단계이다. 이 종양은 암의 병소를 형성하나, 단일 종류의 세포집단으로 되어 양성종양에 속하는 것이 많다. 이 단계에서 작용하는 발암물질은 특히 promoter(발암촉진물질)라고 부른다. Promoter의 작용은 유전정보의 변화를 일으키는 것이 아니고 적어도 초기에는 거역적인 성격을 나타내는 것이 특징이다.

최후에 progression은 전 암상태의 양성종양 등의 세포가 발암물질(progressor)의 작용에 의하여 어떤 유전적인 변화를 받은 후에 무제한으로 증식을 반복하여 악성종양을 생기게 하는 단계이다. 이 progression의 단계는 몇 개의 단계로 이룬 것으로 보고 있으며, 이들이 새삼스럽게 initiation과 progression을 수회 반복하는 것에 상당하는 것은 아닌지 생각하고 있다. 따라서 어느 것이나 이 단계는 전체로서는 불가역적으로 진행한다.

제 3 장

위해(risk)와 규제

1. 노동환경 대기중의 허용농도

노동환경의 대기오염 물질에 대하여는 각국의 각종 기관에서 허용농도가 지정되어 있으나 미국의 국립노동안전위생연구소(National Institute of Occupational Safety and Health ; 약칭 **NIOSH**), 노동안전위생국(Occupational Safety and Health Administration ; 약칭 **OSHA**) 그리고 산업위생전문가회의(American Conference of Governmental Industrial Hygienists ; 약칭 **ACGIH**)에 의한 설정치는 미국만이 아니고 국제적으로도 널리 이용되고 있다.

이들은 일반적으로 성인이 1일에 8시간(또는 10시간), 그리고 주 40시간 흡입을 계속하여도 일단 건강장해가 생기지 않는 농도로 정의되고 있다. 8시간(또는 10시간)의 평균 농도이고, NIOSH에서는 REL(recommended exposure limit), OSHA에서는 PEL(permissible exposure limit), 그리고 ACGIH에서는 TLV(threshold limit value)라고 부르고 있다. 이 책에서는 이들 중에 더욱 엄하게 설정된 값이 기록되어 있으나, 일반 환경 대기중 허용농도와 비교하여 노출시간의 차이를 고려하드라도 너무나 느슨한 기준이 많다. 이것은 발암성·면역독성 등의 리스크가 도외시되어 일반 독성만에 무게를 두었기 때문으로 생각된다.

2. 독물과 극물취급법

급성독성이 강한 물질을 **극물**(劇物), 아주 강한 물질을 **독물**(毒物)로 지정하고 특별히 관리하는 것을 정한 법률을 말한다. 극물과 독물은 그 제조·수입·판매·저장·운반 등에 등록이 필요하고 취급이 일정의 제재를 받는다. 지정의 기준은 치사량의 크기에 따른다(급성독성의 항 참조). 그런데 독물 중에서도 특히 독성이 강한 것은 특정 독물로 지정되어 있다.

이 법률은 일본에서는 20세기 후반을 지날 때까지는 위생행정의 중심적인 기준이었다. 즉, 당시의 유독물질이라는 것은 급성독성(특히 치사작용)이 강한 것만을 의미하고, 그 이외의 것은(즉, 독물과 극물이 아닌 것) 억지로 「보통물」이라 하여 「안전」이 강조되었다. 이와 같은 생각이 잘못된 것은 말할 나위도 없으나, 현재에도 농약은 의연으로서 「보통물」이라는 이름이 사용되고 있는 것은 부적절하므로 개정되어야 할 것이다.

3. 동물실험(animal test)

화학물질의 독성은 일반적으로 동물실험, 즉 주로 포유동물에 검체(대상 화학물질)를 투여하여 건강장해가 나타나는 것을 검출함으로써 확인한다. 실험동물은 2종 이상을 사용하는 것이 바람직하나, 보통 수컷 쥐나 암컷 쥐 그리고 토끼가 별도로 선정된다. 1그룹의 동물 수는 50마리가 표준으로 된다.

화학물질의 투여 경로는 원칙적으로는 경구투여, 즉 사료 또는 음료수에 혼합하는 방법이 바람직하나 대기오염물질 등의 경우에는 흡입실험도 실시되고 있다. 투여량에 대하여는 화학물질을 주지 않는 대조실험과는 달리 3단계 이상의 다른 양의 실험이 실시되는 수가 많다. 이것은 특히 독성이 강한 것을 구하는 경우에 필요하다.

4. 위해(리스크 ; risk)

리스크는 일반적으로 위해도라고 번역하고 있으나 독성학 분야에서는 화학물질의 노출에 의하여 생기는 건강장해의 정도 또는 발생빈도를 의미한다. 그래서 그 크기는 2개의 원인, 즉 화학물질에 고유의 독성의 세기와 사람(또는 야생동물)에의 노출량에 따라 좌우된다. 따라서 독성이 강한 물질에서도 노출량이 적으면 리스크는 낮고, 역으로 독성이 비교적 약한 것으로 다량의 노출을 받으면 리스크는 높게 된다.

위해 평가(risk assessment)는 그림 1-6에 나타낸 바와 같이 먼저 독성의 정량적인 확인(hazard의 인정)에서 출발한다. 발암물질의 그룹지정은 그 예이다. 이어서 독성의 세기와 노출량이 밝혀지면 양자에서 리스크의 정량적인 산정, 평가가 가능하다. Hazard(위험)의 인정과 독성의 세기의 대략적인 계산은 동물실험의 데이터나 역학적인 지견에 기초한다.

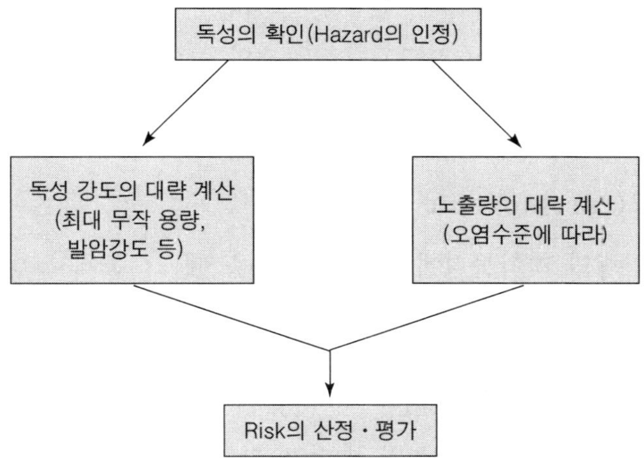

그림 1-6. 화학물질의 risk assessment(위해 평가)

5. 바젤 조약(Basel Convention)

정식 이름은 「유해폐기물의 월경(越境) 이동 및 그 처분의 규제에 관한 Basel 조약」이다. 유해폐기물의 국경을 넘는 이동과 부적절한 처분에 의한 환경오염을 방지하기 위하여 1989년 3월에 스위스의 Basel에서 채택되어 1992년 5월에 발효되었다. 월경 이동에 있어서는 사전 통보 등의 수속이나 폐기물 관리수법이 정해져 있다.

대상이 되는 유해폐기물의 범위에는 폐기물의 발생경로에 관하여 정의되는 것(예를 들면, 의료 폐기물)과 성분에 관하여 정의된 것이 포함된다. 또한 성분에 관해서도 12종의 원소와 그 화합물, PCB, dioxin 등과 같이 특정되어 있는 것과 유기인화합물, 유기할로겐 화합물, 유기용제 등과 같은 폭넓은 표현으로 나타내는 것도 혼재하고 있다. 따라서 일본에서는 이 조약에 대응하여 「특정 유해폐기물 등의 수출입 등의 규제에 관한 법률」이 1992년에 제정되어 있다.

6. 발암강도인자(carcinogenic potency factor)

경구투여의 동물실험에 의하여 단위 투여량(1mg/kg/day)당의 발암의 비율(사람의 경우는 추정 발암률)을 의미한다. Q*(Q star)값, q_1*값 혹은 경구 구배인자(oral slope factor)로 부르는 수가 많다. 물론 이 값이 클수록 발암성이 강한 것을 나타낸다. Q*값의 기준이 되는 상기의 단위 투여량은 비교적 낮은 수준의 노출량이고, 대개의 경우 이 수준의 발암률을 동물실험에 의하여 직접 구하는 것은 어렵다. 그래서 실제적으로는 보다 높은 수준의 복수의 투여량를 포함한 동물실험의 데이터에서 수식모델을 사용하여 Q*값이 산출된다. 몇 개의 실험결과에서 얻은 값의 평균치가 사용되는 수가 많은 것 같다.

7. 발암 리스크(carcinogenic risk)

사람의 집단이 특정의 화학물질에 노출을 받았을 때 그 중에서 생애(生涯)에 몇 사람의 암 환자가 발생하는가의 확률(생애 발암률)을 의미한다. 생애란 보통 70년으로 본다. 발암 리스크의 평가는 먼저 발암성의 확인에서 시작된다. 국제암연구기관(International Agency for Research on Cancer ; 약칭 **IARC**)이나 미국의 EPA는 이 목적을 위한 독특한 그룹지정의 방법이 확립되어 있다.

다음으로 발암성의 강도와 노출량이 밝혀지면 양자에서 리스크가 구해진다. 이 경우의 리스크는 양자에 비례하는 것으로 생각하고 산정한다. 발암성의 강도로서는 흡입노출에서는 **단위 리스크**(unit risk), 또 경구노출에서는 발암강도인자가 자주 사용된다. 흡입단위 리스크는 1 $\mu g/m^3$의 대기중 오염농도의 노출이 가지는 추정 발암률이다.

8. 발암물질의 그룹지정(grouping of carcinogens)

지금까지 국제암연구기관(IARC) 등에 의하여 약 400종의 화학물질이 발암성을 나타내는 것이 확인되어 있다. 또 의심나는 것도 포함하면 그 수는 아마 600～800종이 이른다. IARC는 이것을 표 1-12와 같이 사람에 대한 발암성을 중시하는 입장에서 그룹 1, 2A, 2B, 3 등으로 분류하였다.

우선 그룹 1(약 30종)은 역학적 데이터에 의하여 사람에 대한 발암성이 충분히 확인된 것이다. 또 그룹 2A와 2B(합하여 약 250종)는 사람에 관한 데이터가 어느 정도 알려져 있거나 또는 동물실험에서 발암성이 충분히 확인된 사실에서 사람에 대해서는 발암성을 나타낼 가능성이 높은 것이다. 그룹 2A가 그룹 1에 보다 가까운 것은 말할 나위도 없다. 그리고 그룹 3(약 400종)은 사람에 관한 데이터나 동물실험의 데이터도 불충분하나 역시 사람에 대한 발암성의 의심을 나타내는 것이다. 이 그룹 3에 속하는 화합물 중, 약 150종에 대해서는 동물실험으로 발암성이 어느 정도 확인되어 있다.

한편, 미국의 EPA도 표 1-13에 나타낸 것과 같이 발암물질을 독자적으로 그룹 A, B1, B2 등으로 분류하고 있다. 그룹 A는 사람에 대한 발암성이 충분히 확인된

표 1-12. IARC에 의한 발암물질의 그룹 지정

그룹기호	지 정 기 준
1	사람에 대한 발암성이 충분히 확인되어 있다.
2A	사람에 대한 발암성이 어느 정도 확인되어 있고 또한 동물실험에서도 발암성이 충분히 확인되어 있다.
2B	사람에 대한 발암성이 어느 정도 확인되어 있고 또한 동물실험에서도 발암성이 충분히 확인되어 있다.
3	사람에 대한 발암성의 의심이 있다(동물실험에서 발암성이 어느 정도 확인되고 있는 경우가 이 그룹의 약 40%를 차지한다).

표 1-13. EPA에 의한 발암물질의 그룹 지정

그룹기호	지 정 기 준	해당하는 IARC의 그룹
A	사람에 대한 발암성이 충분히 확인되어 있다.	1
B1	사람에 대한 발암성이 어느 정도 확인되어 있다.	2A, 2B
B2	동물실험에서 발암성이 충분히 확인되어 있다.	2A, 2B
C	사람에 대한 발암성이 어느 정도 확인되어 있다.	2B, 3
D	동물실험에서 발암성이 명확하게는 확인되어 있지 않다.	3

것이고, IARC의 그룹 1에 상당한다. 또 그룹 B1과 B2는 각각 사람에 대한 발암성이 어느 정도 확인된 것, 그리고 사람에 관한 데이터의 유무에 관계없이 동물실험에서 발암성이 충분히 확인된 것을 의미한다. 이들은 IARC의 그룹 2A 그리고 2B에 상당한다. 그리고 그룹 C는 동물실험에서 발암성이 어느 정도 확인된 것이고 IARC의 그룹 3의 전기 약 150종에 상당한다.

9. 빼앗긴 미래(Our Stolen Future)

내분비계 장애의 개념이 처음으로 구체적인 형태로 제창된 것은 1991년에 미국의 윈구스프렛트에서 개최된 광범한 분야의 과학자 회의에서 시작되었다. 이 회의에서는 참가자(약 20명)가 합의에 달한 확인 사항이 6항목의 성명(윈구스프렛트 선언)으로서 채택되었다. 그리고 나서 그 후 다시 연구가 진행되어 회의 참석자인 콜

본 여사에 의하여 1996년에 「Our Stolen Future(빼앗긴 미래)」가 출판되어 이 개념의 중요성이 세계적으로 차차 크게 대두되기 시작하였다.

이 출판의 의의는 첫째로 이 새로운 독성 개념의 제창에 있으나 이외에 두 번째로 이 제창을 가능하게 한 배경으로서 실험 데이터만이 아니고 야생동물의 세계에 현실로 보는 수많은 생식이상 현상을 포괄적으로 나타낸 것이 높이 평가된다. 또 셋째로 이들의 인식에 기초하여 내분비계 장애물질에 의하여 사람의 건강 파괴에의 엄한 경고가 발표된 것도 한층 더 중시하지 않으면 안 된다.

「Our Stolen Future(빼앗긴 미래)」의 저자들은 그 후 그들의 홈페이지에 내분비계 장애가 알려져 있거나 또는 의심나는 화학물질(약 90종)의 리스트를 공표하였다. 영향을 받은 호르몬의 종류가 기재되고 또한 최저한의 문헌도 인용하다. 그래서 본 서에서는 이것이 OSF(Our Stolen Furniture)의 내분비계 장애물질 리스트로서 소개되어 있다. 한편, 일본의 환경성(구 환경청)도 1998년에 내분비계 장애가 의심나는 화학물질(약 70종)의 리스트를 공표하고 있으므로 이것도 편의상 같은 표현으로 소개하였다.

10. 생식 · 발생 독성물질 리스트

미국의 캘리포니아주에서는 1986년 제정된 독자(獨自)의 법률(통칭 Proposition 65)에 기초하여 생식 · 발생독성을 나타내는 것으로 알려져 있는 화학물질(의약품 포함)의 리스트가 아래의 3가지로 분류하여 작성되어 공표되었다.

수컷의 생식 독성물질	약 50종
암컷의 생식 독성물질	약 40종
발생 독성물질	약 250종

이 법률에는 이들 화학물질에의 노출을 가능한 적게 할 것을 기업이나 행정에 엄하게 의무화하고 있다. 또 이들에 대해서는 RfD나 RfC를 산출할 때에는 불확정계수로서 1000의 값을 사용하는 것도 정해져 있다. 마찬가지로 발암물질의 리스트(약 450종)도 작성되어 있고 수록된 화학물질을 전부 합하면 아마 700종이 이른다.

11. 스톡홀름 조약(Stockholm Convention)

정식 이름은 「잔류성 유기오염물에 관한 Stockholm 조약」. 잔류성 유기오염물질(persistent organic pollutants ; 약칭 **POP**)이란 환경에 방출되면 쉽게 분해하지 않는 유기화합물(특히 독성이 강한 것)을 의미한다.

표 1-14. 스톡홀름 조약에 의하여 당면 규제의 대상으로 되는 잔류성 유기오염물질(POP)

종 별	POP	규제내용
농약 (어느 것이나 살충제)	Aldrin Endrin Dieldrin Toxaphen Heptachlor	A
	Hexachlorobenzene	A, C
	DDT	B
흰개미 구제제(驅除劑)	Chlorden Myrex	A
절연유(絕緣油), 열매체(熱媒體)	PCB	A, C
소각로 등의 배기가스	PCDD(dioxin) PCDF(dioxin)	C

A : 생산 · 사용 · 수출입을 원칙적으로 금지
B : 상동. 단, 말라리아 대책에 대하여는 생산 · 사용을 용인
C : 배출을 전면적으로 삭감

POP에 의한 오염은 지구 규모의 확대를 나타내는 것으로 국제적인 대책이 필요하게 되어 표 1-14에 나타낸 것과 같이 12종의 POP의 생산, 사용 그리고 배출을 원칙적으로 금지하는 조약이 2002년 5월에 스톡홀름에서 91개국의 조인으로 성립되었다. 이것이 스톡홀름 조약이고, 화학병기를 별도로 하면 유독화학물질의 생산 등을 국제적으로 규제하는 사상 최초의 조약이다. 그 후 조인국은 약 150개 국으로 증가하여 2004년 5월에 발효가 되었다.

상기의 대상물질은 모두가 발암성을 나타내고 내분비계 장애도 확인된 것이 거의 대부분이다. 또 기타의 독성에 대하여도 여러 가지의 발현 사례가 밝혀지고 있다. 더욱이 토양 등에 잔존하는 기간이 짧은 것으로는 1년에서 수년, 긴 것으로는 10년 이상 이른다. 이 때문에 일본을 포함한 선진공업국에서는 이들 dioxin을 별도로 하고, 모든 생산이나 사용이 금지 혹은 엄한 제한이 된 것이 많다. 그러나 이 조약에서는 대상물질을 이들 12종에 한정하지 않고 대폭으로 확대하는 것도 정해져 있으므로 금후의 전개가 기대된다.

12. 실질적 안전용량(virtually safe dose ; VSD)

많건 적건 간에 유용한 화학물질이 발암성을 나타내는 것이 확인되면 그 생산이나 소비를 규제할 필요가 있으나, 일반적으로는 규제를 어느 정도 엄하게 하여도 노출량이 제대로 되지 않고 따라서 발암 리스크도 제대로 되지 않는 경우가 많은 것으로 생각한다. 그래서 어느 정도의 리스크에서 받아들이면 좋은가가 문제로 되나 이것은 물론 아주 작고 거의 안전하다고 보는 수준이 아니면 안 된다. 실질적 안전용량(약칭 VSD)이란 이와 같은 리스크를 받는 노출량을 의미한다.

미국의 EPA나 식품의약품국(FDA)에서는 VSD에 상당하는 리스크(생애 발암률)의 크기가 100만분의 1로 설정하는 것이 보통이다. 이것은 즉 100만명 중 1명의 생애 중에 암이 되는 정도라면 실질적으로 안전하다고 보는 것을 의미한다(무시되는 위험). 이 책의 발암성의 난에서도 마찬가지로 발암 리스크를 100만분의 1로 억제하는 기준치로서 나타낸다.

13. 역학(epidemiology)

어떤 화합물이 사람에 대하여 발암성 등의 만성 건강장해를 나타내는가를 단정적으로 밝히는 것은 그 화학물질에의 노출을 받았다고 생각되는 사람의 집단과 노출을 받지 않는 다른 대조의 집단과를 비교하여 전자에는 상당히 많은 건강장해가 발생하는 것을 확인하는 이외의 방법은 없다. 이와 같은 통계적인 수법을 사용하여 병의 원인을 찾아내는 학문 분야를 역학이라 한다.

역학적 방법이 효과적으로 적용되는 대상은 특정의 화학물질을 체내에 취입하는 기회를 많이 가지는 사람의 집단이지만 이것은 끽연자 등의 집단을 별개로 하면 일반적으로 의료의 장(특정 의약품 복용)이나 노동환경에서 생기는 것이 많다. 따라서 소위 직업병의 인과관계를 밝히는 것은 역학적인 방법이 아주 유용하다. 예를 들면, 직업 암은 특정 직업에 종사하는 사람의 집단에 일반사회의 경우보다 더욱 높은 비율로 발생하는 암을 의미하나 그 직업에 관련한 화학물질 등을 원인물질로 하여 규명하여 밝혀내는 것이 비교적 용이하다.

14. 유해 오염물질 · 폐기물 지정

미국에서는 대기정화법(Clean Air Act), 수질정화법(Clean Water Act), 음료수안전법(Safe Drinking Water Act) 그리고 자원보전회수법(Resource Conservation and Recovery Act)에도 기초하여 각각 유해대기 오염물질이 약 200종, 유해수질

오염물질이 약 100종, 유해음료수 오염물질이 약 70종, 그리고 유해폐기물이 약 700종 지정되어 여러 규제의 대상이 되고 있다. 특히 유해폐기물에는 급성 유해물질(P형)과 만성 유해물질(U형)의 구별을 포함하여 정리번호가 주어지고 거의 대부분이 PRTR의 대상물질로서 배출과 이동의 보고를 의무화하고 있는 것이 주목된다.

15. 잔류 기준과 등록 보류기준

어떤 농약이라도 농작물에의 잔류를 규제하는 기준이다. 잔류 기준(또는 잔류 허용기준)은 식품위생법에 의하여 정해진 식품의 규격 기준이고 식품 중에 잔류하는 것이 허용되는 농약의 한계농도를 의미하고 있다. 따라서 이 기준을 넘게 잔류하는 것이 있으면 식품은 판매 금지된다. 100종 이상의 식품과 200종 이상의 농약에 대하여 개개의 조합으로 허용량이 정해져 ppm으로 나타내고 있다. 주로 농약의 ADI 값과 당해 식품의 평균 섭취량을 기초로 하여 산출한다. 그런데 2006년부터 잔류기준이 설정되지 않은 농약에 대해서도 미리 일률 기준(0.01 ppm)을 적용하여 잔류가 규제되고 있다.

한편, 등록 보류기준은 농약의 등록 시에 적정한 사용의 기초에서는 그 기준을 넘는 농작물에의 잔류가 생기지 않는 것을 실험데이터에 의하여 나타내지 않으면 안 될 허가조건이다. 따라서 이 기준을 넘는 잔류의 걱정이 있다고 판단되면 등록은 인정되지 않고 보류하게 된다. 역시 200종 이상의 농약에 대하여는 몇 개의 식품 그룹(쌀・과실・야채・서류 등) 마다에 기준치가 ppm으로 나타나 있다. 단, 이 기준은 농약관리법에 기초하여 등록이 일단 허가된 다음에 개개의 식품에 이 기준을 넘는 잔류가 검출되어도 규제(예로서 판매금지) 대상은 되지 않는다.

그러나 일부 농약에 대하여는 등록 보류기준으로서 논에 현저한 오염이 생기지 않는 범위에서 허가조건(논 농도 지침치)이 설정되어 있다.

16. 한계값(threshold)

화학물질이 실험동물이나 사람에 대하여 독성을 미칠 때 노출량과 독성이 나타나는 비율의 사이에는 보통 그림 1-7의 (A)와 같이 곡선으로 나타내는 관계가 보인다. 즉 노출량이 감소됨에 따라 독성의 비율(또는 발현률)도 점차로 작아지고, 어느 양 이하에서는 독성이 전혀 인정되지 않게 된다. 이 노출량을 특히 한계값이라 부른다. 동물실험에서 얻어진 한계값은 **최대 무작위용량**(또는 최대 무독량)이라 한다.

그러나 대개의 발암성과 변이원성에 대하여는 노출량과 독성발현의 관계가 이 그림의 (B)와 같이 곡선으로 나타나고, 한계값이 존재하지 않는 것 같이 보여진다. 즉

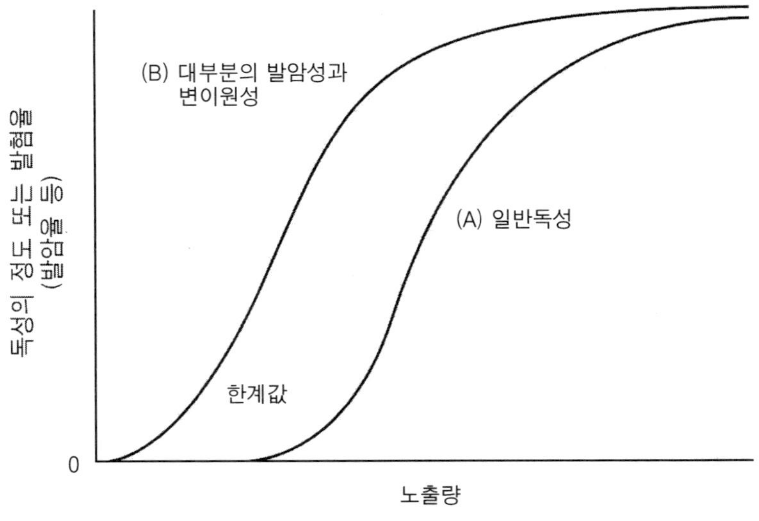

그림 1-7. 노출량과 독성발현의 관계

노출량이 감소하면 발암률 등은 물론 저하하나 노출량이 제로로 되지 않는 한 발암률 등도 제로로 되지 않는 것이다. 따라서 대개의 발암물질의 경우에는 거의가 미량의 체내 오염 수준에서도 일정 비율로 암을 발생시킨다고 생각하지 않으면 안 된다.

이 생각은 대개의 발암물질이나 변이원 물질이 이론적으로는 분자 1개의 수준(즉 초미량)에서도 DNA에 손상을 주어 화학발암, 유전자 변이, 염색체 이상 등의 원인으로 되는 가능성을 갖은 것에도 기초가 된다.

17. 화심법

화심법(化審法)은 「화학물질의 심사와 제조 등에의 규제에 관한 법률」의 약칭. PCB에 의한 환경오염이 심화하는 중에서 이 타입의 공해를 방지하기 위하여 1973년 일본 정부에서 제정된 법률. 그 후 1980년대에 들어와서 trichloroethylene 등에 의한 지하수 오염의 확대가 밝혀져 여기에 대처할 수 있게 1987년에 일부 개정되었다. 또 2003년에는 사람만 아니고 동식물에 대한 독성을 고려의 대상으로 하여 재개정하였다.

화심법은 인공화학물질의 일반을 규제 대상으로 하나 규제의 제1조건은 환경에서 아주 분해하기 어려운 것(난분해성)이라는 것이다. 따라서 미생물 등에 의하여 어느 정도 분해되는 물질은 거의 독성이 강하여 전혀 규제하지 않는 시방이다. 즉 이

표 1-15. 일본의 일반 화학상품과 폐기물에 관한 주된 규제 대상물질

화심법의 제I종 특정 화학물질※	Chlorden kelthane 산화 트리부틸주석 DDT Drin제(aldrin, endrin, dildrin) PCB Hexachlorobutadiene Hexachlorobenzene Poly염화naphthalene	사람의 건강보호에 관한 수질환경 기준 설정물질※※	Alkyl 수은 염화 vinylidene 카드뮴 크롬(육가) 시안화물 사염화탄소 1,2-Dichloroethane Dichloromethane cis-1,2-Dichloroethylene 질산염과 아질산염 수은 셀렌 Tetrachloroethylene 1,1,1-Trichloroetnane 1,1,2-Trichloroetnane Trichloroethylene 납 PCB 비소 불소 Benzene 붕소
대기환경 기준 설정물질	일산화탄소 Dichloromehane TCDD(Dioxin) Tetrachloroethylene Trichloroethylene 이산화황 이산화질소 Benzene		

※ 이 외에 독사펜, 마이렉스 등(4종)이 포함된다.

※※ 이 외에 농약이 4종(CAT, 1,3-dichloropropene, thiuram, thiobencalb)이 포함된다.

법률은 원래 유해물질의 구제를 목적한 것이 아닌 것에 주의할 필요가 있다.

구체적으로는 먼저 난분해성이고 또한 생체에 축적하기 어렵고 만성적인 독성을 나타내는 것이 **제 I 종 특정 화학물질**로 지정되어 원칙적으로 제조, 수입 그리고 사용이 금지되어 있다. 그러나 현재까지는 표 1-15에 나타낸 15종이 이 그룹에 지정되어 있는 것에 지나지 않는다.

다음에 난분해성이라도 생체에 의한 축적이 그렇게 현저하게 보이지 않는 경우에는 이 중 만성적인 독성을 나타내고 또한 환경오염이 그렇게 확대되는 것으로 보이지 않는 것이 **제 II 종 특정 화학물질**로, 또 독성이 의문나는 것과 환경오염의 확대가 현저하지 않는 것이 감시 화학물질로 지정된다. 전자에 대하여는 필요에 따라 제조·수입량의 규제조치가 가능하지만, 현재 trichloroethylene, 사염화탄소 등의 사실상 5종만이 지정된 것에 지나지 않는다. 또 후자에 대하여는 제조·수입량의

계출이 필요하고 감시의 대상이 되지만, 이 외에는 어떤 조치를 받지 않으므로 이것은 규제되지 않는다.

그러나 이 법률이 규제되고 나서 약 30년간에 이 법류에 대조하여 「규제가 필요 없음」으로 판정되는 신규 화학물질은 8,000종에 이른다.

18. 환경기준

일본에서는 환경기본법을 기본으로 하여 일련의 화학물질에 대하여 대기나 수질의 환경기준(소위 허용농도)이 정해져 있다. 대기에 대해서는 표 1-15에 나타난 8종, 또 수질(하천 등의 공공수역과 지하수)에 대해서는 「사람의 건강보호에 관한 기준」으로서 같은 표 1-15에 나타난 26종이 대상물질로 된다. 이 외에 대기에 대해서는 부유입자상 물질과 광화학 옥시단트의 기준, 그리고 수질에 대해서는 생활환경의 보전에 관한 기준이 설정되어 있다.

한편, 수질에 관한 수도법에 기초하여서도 20수종의 화학물질에 대하여 「건강에 관한 수도 수질기준」이 정해져 있으나 이들의 대부분은 환경기준과 거의 같은 것이다. 따라서 표 1-15에 나타난 합계 약 40종의 화학물질은 결국 일본에서 일반 환경의 오염을 방지하기 위한 화학상품이나 폐기물에 관하여 법규제의 대상으로 될 수 있는 모든 것이나 구미제국 특히 미국에 비하여 적다고 할 수 있다.

이와 같은 법규제의 불비를 보충하기 위하여 일본에서는 지방에서 대기나 수질에 관하여 몇 개의 지침치가 설정되어 있다. 먼저 대기에 관해서는 공중살포가 많이 보이는 농약(10종)에 대하여는 「대기중 농도 평가치」 그리고 옥내 대기를 오염하는 화학물질(13종)에 대하여는 「옥내 대기중 농도 지침치」가 그 예이다. 또 수질환경의 오염이 증대하는 위험이 있는 화학물질(27종)에 대하여 「수질감시 지침치」, 골프장에서 사용하는 농약(45종)에 대하여는 「골프장 배수농도 지침치」, 공중살포가 보이는 농약(27종)에 대하여는 「공공 용수역 등에 있어서 수질평가 지침치」 등이 설정되어 있다.

이들의 지침치(또는 평가치)는 법률에 기초한 규제치가 아니고 어디까지나 오염을 그 이하로 억제하는 것이 바람직하다는 가이드라인이고, 행정에 의한 지도나 감시를 하기 위한 목적에 지나지 않는다. 우리나라의 유해물질, 환경관련 법규 등은 부록 I, 부록 II를 참고하기 바란다.

19. ADI

1일 섭취 허용량(acceptable daily intake)의 약칭. 특정의 화합물에 대하여 사람이 매일 경구 섭취하여도 생애 동안 건강에 대한 일반적인 악영향이 생기지 않는다고 추정하는 최대 한계량을 의미한다. 따라서 여러 경우에 만성 일반독성의 강도를 나타낼 것을 목표로 한다. 세계보건기관(WHO)의 전문가 회의 등에서는 동물실험의 결과에 기초하여 다음의 식으로 산출을 한다.

$$\text{ADI} = \frac{\text{최대 무작위 용량}}{\text{안전계수}}$$

최대 무작위 용량(독성이 나타나지 않는 범위에서의 최대 느출량)은 쥐나 마우스에 당해 화학물질을 장기간(원칙으로는 만성적으로) 경구투여 할 때의 것이 일반적으로 사용된다. **안전계수**(safety factor)로서는 동물실험의 데이터를 사람에 적용하는 것에서 유래하는 불확정 인자(10)와 사람의 집단에 있어서 개개인의 감수성이 다른 것에서 유래하는 불확정 인자(10)를 합하여 보통 100의 값이 사용된다.

그러나 유용성이 없는 오염물질(예로서 dioxin)에 대하여는 ADI와 같은 성격의 것이 내용(耐容) 1일 섭취량(tolerable daily intake ; 약칭 **TDI**)이라고 부른다.

20. ppm

백만 분률[part(s) per million]의 약 기호. 어느 양이 전체 양의 100만 분에 얼마나 있는가를 나타내는 수치. 기체의 경우에는 용적비가 사용되나, 기타의 경우에는 질량비가 사용된다. 예를 들면 1 m^3의 대기중에 2 mℓ 존재하는 기체의 농도는 2ppm이고, 1 kg(또는 근사적으로 1 ℓ)의 배수 중에 3 mg 존재하는 물질의 농도(3mg/ ℓ)는 3 ppm이다.

또 유사의 기호로서 **ppb**[part(s) per billion]과 **ppt**[part(s) per trillion]는 각각 10억 분의 얼마가 있는가 그리고 1조 분의 얼마가 있는가를 나타내는 수치이다. 따라서 1 ppb = 0.001 ppm 그리고 1 ppt = 0.001 ppb의 관계가 성립된다.

한편, 미소량을 나타내는 질량 단위로는 아래의 것이 사용된다.

1 μg(마이크로그램) = 0.001 mg
1 ng(나노그램) = 0.001 μg
1 pg(피코노그램) = 0.001 ng
1 ng(나노그램) = 10억분의 1 g
1 pg(피코노그램) = 1조분의 1 g

21. PRTR

환경오염물질 배출・이동등록(Pollutant Release and Transfer Register)의 약칭. 유해화학물질의 환경에의 배출량 그리고 폐기물로서의 이동량을 사업자가 정기적으로 보고하여 행정기관이 이것을 정리하여 공표하는 제도를 의미한다. 이와 같은 제도는 미국에서는 이미 1986년에 시민의 '알 권리'를 보장하는 입장에서 유독물질 배출목록(TRI)으로서 제정되어, 현재에는 600종 이상의 대상 화학물질에 대하여 사업소마다에 배출량이 공표되어 있다. 또 캐나다, 네덜란드, 영국 등에서 이전부터 유사한 제도가 운영되고 있다.

일본에서는 1999년에 겨우 「특정 화학물질의 환경에의 배출량 파악 등 그리고 관리의 개선의 촉진에 관한 법률」이 정해져 PRTR의 제도화가 시작되었다. 이 법률에서는 대상물질은 **제 I 종 지정화학물질**이라 불리고, 각 사업소에서도 도(都), 도(道), 부(府), 현(縣)을 거쳐 소관 성(省), 청(廳)(경제산업성, 농수성, 후생노동성 등)에 배출량 등이 보고된 다음 소관 성(省), 청(廳)은 이것을 환경성과 경제산업성에 통지하는 것으로 한다. 이 양 성(省)은 이 데이터를 물질마다 집계하여 비점원(가정・농지・자동차 등)에서의 배출량의 추계치와 합하여 결과를 발표하는 것을 의무화하였다.

일본에서는 이미 제 I 종 지정화합물로서 354종이 선정되어 이들에 관한 2001년도 그리고 2002년도의 배출・이동 데이터가 정리되어 각각 2003년 3월 그리고 2004년 3월에 공포되었다.

22. RfD

참조 용량(reference dose)의 약칭. 용량은 노출을 의미한다. 미국의 환경보호청(Environmental Protection Agency ; 약칭 **EPA**)은 ADI가 용어로서 부적당하다는 것을 지적하고 거의 같은 내용의 기준(즉, 경구투여에 의한 만성 일반독성의 강도를 나타내는 목적)에 대하여 대신으로 이 용어가 사용된다. 그 이유는 ADI라는 표현이 이 값 이하라면 섭취가 허용되고, 100%의 안전이 보증되는 것 같은 인상을 주는 것이 바람직하지 않기 때문이다. 또 안전계수도 마찬가지 이유로 **불확정 계수**(uncertainty factor)라는 용어로 바꾸고 있다. 따라서 RfD는 다음의 것에 기초하여 산출한다.

$$\text{RfD} = \frac{\text{최대 무작위 용량}}{\text{불확정 계수}}$$

EPA는 불확정 계수의 설정 값에 대하여 일률로 100으로 하는 것은 부적당이라는 것을 지적하고 예를 들면, 최대 무작위 용량이 아만성의 동물실험에 의한 것이거나 실험동물의 수가 적을 때는 계수를 다시 10배로 하여 1,000의 값을 사용하고 있다. 즉, 여러 가지 불확정 요소를 고려하면 ADI, RfD도 결코 절대적으로 안심되는 양은 아니고 행정적인 필요성에 따라 참조되게 편의적으로 설정된 것이라야 한다. 따라서 리스크의 평가에서는 간혹 실제의 노출량과 이들의 값과의 비를 구하여 그 대소가 검토되고 있다.

ADI나 RfD는 한계값이 존재한다는 것을 전제로 하여 산출됨으로써 많은 발암성과 변이원성은 대상 외로 된다. 그러나 생식독성, 발생독성 등에 대하여 한계값이 존재한다는 전제로 최대 무작위 용량으로 보는 데이터에서 ADI나 RfD가 구해지는 수가 있다(실제로는 일반 독성에서 구한 것과 비슷하여 낮은 쪽의 값이 채용된다). 단, 안전계수나 불확정 계수의 설정에 대하여는 엄격한 규정이 정해져 있지 않으므로 이것은 반드시 안전을 보증한다고는 할 수 없다. 또한 흡입노출의 경우에도 마찬가지로 일단 안전으로 보는 대기중 농도의 기준이 다음 식을 기초로 하여 산출되어 **RfC**(reference concentration ; 참조 농도)로 약기된다.

$$\text{RfC} = \frac{\text{최대 무작위 용량농도}}{\text{불확정 계수}}$$

II. 물질편

제 1 장

원 소

중금속

인체에는 여러 가지 금속들이 일정한 비율로 존재하면서 특정한 기능을 발현한다. 무기질 중에서도 금속은 극히 미량만 존재하지만 그 존재 비율이 깨지면 심각한 기능장해가 발생한다. 또 필요량보다 많은 양이 체내로 들어오면 역시 균형이 깨어져 기능장해가 나타난다. 특히 비중이 4 이상인 중금속이 식품에 오염되어 인체에 들어올 경우 인체에 장해를 줄 가능성이 크다.

이러한 중금속에 대해 인체는 자체 방어기구를 가지고 있다. 인체에 중금속이 들어간다 하여 그 양이 모두 흡수되는 것은 아니며 흡수, 대사, 배설의 차이에 의하여 달라진다. 아무리 독성이 강한 물질이라도 장관에서 흡수되지 않고 대변으로 배출되면 인체 장해는 나타나지 않는다. 유해 중금속의 특성에 따라 즉, 수용성이냐 지용성이냐의 차이에 따라 장관에서 흡수율이 달라지며, 함께 섭취한 식품성분에 따라서도 흡수율이 다르다. 또 두 가지 이상의 중금속이 동시에 섭취된 경우 서로 반응하여 상승역할을 하기도 한다.

금속원자가 탄소원자가 결합한 유기금속화합물(메틸수은, 에틸납 등)은 액상의 휘발성, 지용성 물질로 장관에서 흡수가 잘 된다. 금속염류는 물에 대한 용해성이 클수록 잘 흡수되며, 물에 잘 녹지 않는다 하여도 체내의 단백질이나 지질과 결합하여 용해도가 높아져 흡수율이 커지기도 한다. 또 중금속이 체내에 흡수되면 체내에서 중금속의 독성을 약화시키는 고분자 물질이 생성되기도 한다. 이 경우 중금속의 독성은 고분자 물질과의 결합의 정도에 따라 영향을 받는다.

흡수된 물질은 체액에 의해 체내 조직으로 운반되어 대사된다. 대사에 의해 유독화되기도 하고 무독화되기도 한다. 대사 후 일부는 체내에 축적되고 일부는 체외로 배설된다. 불소, 셀레늄, 요오드, 코발트 등은 주로 신장에서 소변으로 배출되고 철, 아연, 구리, 망간, 크롬 등은 담즙을 통해 대변으로 배설된다. 그러나 카드뮴 같은 축적성 금속은 잘 배설되지 않으며 특정 조직에 작용하여 장해를 일으킨다.

1. 구리(copper)

- CAS번호 : 7440-50-8
- 원소기호 : Cu(원자번호 29 ; 중금속 원소)

▷ 용도 : 전선과 전기제품, 주물과 화폐, 건축재료, 도금과 합금 등에 이용된다. 화합물은 농약(살균제), 목재 보존제(保存劑), 사료첨가제, 석유의 정제, 유리와 도기의 착색, 염료와 불꽃의 제조 등에 이용한다.

▷ 생산량 : 세계 전체에서 1930년에는 약 160만 톤이었으나 현재에는 연간 약 900만 톤이다. 일본 생산량은 연간 약 150만 톤이다.

▷ 급성독성 : 화합물의 흡입 또는 경구섭취에 의한 경우는 상당히 강하다(황산동($CuSO_4$)의 쥐의 경구 LD_{50} = 300 mg/kg). 사람에서는 먼저 위장염이 생기고 구토, 복통, 토혈 등의 증상이 나타난다. 또 용혈성 빈혈, 황저(黃疸)와 신장, 간장의 장해를 수반하는 수가 많다. 아래의 설명은 주로 화합물을 대상으로 한 것이다.

▷ 만성 일반독성 : 구리는 생원소로서 미량은 생물에 있어서 몇 효소의 구성성분으로서 필요하나 과잉으로 섭취하면 상기의 급성증상 이외에도 신경장해(운동실조, 발성장해, 연하곤란 등), 피부와 모발의 녹변, 비공(鼻孔)의 수축과 괴양 등이 나타난다(황산동의 ADI = 0.5 mg/kg/day).

▷ 발생독성 : 비교적 낮은 수중 농도에서 어느 종의 작은 새우의 유생(幼生) 눈에 기형이 생긴다.

▷ 면역독성 : 염화동($CuCl_2$) 등은 피부에 대하여 알레르기 증상을 일으킨다.

▷ 변이원성 : 대장균과 햄스터의 배양 배세포에 유전자 변이를 일으키고 쥐의 배

양 간세포에 염색체 이상을 일으킨다.

▷ 생태독성 : 수생생물에 대해서는 상당히 강한 독성을 나타낸다(어류의 LC_{50}(96시간) = 0.3～3 mℓ/ ℓ).

▷ 환경오염 : 구리는 비철금속 정련소의 배기가스, 대개의 공장의 폐액, 각종 화학 상품의 사용과 폐기 후의 처리(연소나 매립) 등을 통하여 환경에 배출된다. 그 양은 세계 전체에서 연간 100만 톤에 이르고 오염이 점차 증가하고 있다. 특히 수중에서 생물농축이 현저하고(굴에 있어서는 14,000배), 식품의 오염을 확대하고 있다. 또 옥내의 하우스 더스트의 구리함량이 옥외보다 높다는 것도 알려져 있다.

이 때문에 일반 사람이 체내에 취입하는 구리의 양은 1일당 약 1 mg에 이른다. 그 결과 인체오염도 진행되고 있는데, 예를 들면 멕시코에서는 폐의 구리함량이 1980년대에 30년 전에 비하여 4배 이상으로 증가하였다는 보고도 있다.

▷ 규제 : NIOSH의 노동환경 대기중 허용농도는 금속구리의 미세분말에 대하여 0.1 mg/m^3이다. 미국에서는 유해수질 오염물질 그리고 유해폐기물로 지정되어(EPA의 음료수 중 허용농도는 1 mℓ/ ℓ) 있다. 또 노스다코타주에서는 일반 환경 대기중 허용농도를 2 ㎍/m^3로 설정하고 있다. Basel 조약의 대상물질이다. 일본에서는 PRTR의 대상물질(제Ⅰ종)로 지정되어 있고, 또 화합물의 대부분은 극물로 지정되어 있다.

▷ 우리나라의 규제 : 먹는 물 관리법(시행령 및 시행규칙)에서 먹는 물(수돗물) 중의 구리의 허용기준은 1 mg/ ℓ 이하로 규정되어 있다. 토양환경보전법(시행령 및 시행규칙)에서 토양 중의 구리의 허용기준은 농경지에서 50 mg/kg 이하 그리고 공장, 산업지역에서 200 mg/kg 이하로 규정되어 있다.

2. 납(lead)

▸ CAS번호 : 7439-92-1

▸ 원소기호 : Pb(원자번호 82 ; 중금속 원소)

▷ 특성 : 납은 토양에 많이 함유되어 있어 식물에 2.7 ppm, 동물에 2.0 ppm, 어류에 0.5 ppm 가량이 포함되어 있으며 지역별, 식품별로 그 함량이 달라진다. 사람들이 식품으로 섭취하는 평균적인 납 섭취량은 60～150 ㎍ 가량이며, 물이나 차 등의 음료를 통해 섭취되는 납 섭취량은 10～20 ㎍에 달한다. 소화관에서의 흡수율은 5～10%이며, 기도를 통해 노출된 경우의 흡수율은 50%이다. 따라서 납중독은 공장

표 2-1. 납의 사람에 대한 독성과 이들로 발현되는 최저 혈중 농도

혈중 납 농도	성 인	아 이
100～200	위장장해	
80～100	뇌질환	뇌질환, 만성신장장해
60	난소의 이상	위장장해
50	빈혈	
40	만성신장장해 중추신경장해 정소의 기능장해	말초신경장해 빈혈
30	말초신경장해	
25～30	혈압 상승	
10～15	출산 이상	중추신경장해(태아도 포함)

의 증기 등을 통하여 기도로 흡수되는 경우가 많다.

오래 전 중세시대에는 수도관이 납으로 만들어져 이로 인해 오염된 물, 납용기로 양조된 포도주, 납그릇 등을 통해 중독이 발생한 경우가 많았다. 납 성분이 든 농약, 페인트, 휘발유 등이 사용된 적이 있어 이런 납이 환경에 배출되고 이를 통해 식품으로 이행되어 만성중독을 일으키기도 한다.

▷ 용도 : 축전지의 극판, 각종 연관과 연판(방사선 방어벽 등), 전선의 피복, 합금(바인더, 활자용, 축받이용 등), 산탄, 낚시의 추 등에 이용된다. 화합물은 안료·도료, 도자기의 유약, 유리 성분, 검이나 플라스틱(폴리염화비닐)의 안정제, 염색조제, 가솔린 첨가제(안티 녹킹제) 등에 이용한다.

▷ 유독성 : 납중독, 식욕부진, 근육통을 일으키며 급성중독 시는 우울증, 구토, 불안, 무기력, 변비, 설사, 소화기관 그리고 신경계통 장애를 일으키며 만성중독 시는 환각작용, 실명, 뇌 장애를 일으키고 결국 사망에 이른다.

▷ 급성독성 : 상당히 독성이 강하다(비들기에 대한 최소 경구치사량 = 160 mg/kg). 사람에서는 일반적으로 위장장해(식욕저하, 구토, 복통 등), 신장장해 그리고 신경장해(두통, 흥분상태, 불면, 근육 경련 등)가 나타난다. 중중에서는 뇌질환이 악화되어 사망한다. 또 금속연의 미세분말을 흡입하면 코나 목이 강하게 자극된다.

▷ 만성 일반독성 : 사람의 경우에는 중추신경장해(상기의 급성증상 이외에도 피로감, 우울증, 집중력 조하, 기억력 저하 등)와 말초신경장해(수족의 탈력감 등)가 많이 나타난다. 특히 아이들에 대하여는 혈중 농도가 10～15 ㎍/dℓ의 낮은 수준으로도 학습능력의 저하, 청각장해, 행동이상 등을 일으킨다. 한편, 빈혈이나 혈압 상승도 잘 알려진 만성증상이다. 표 2-1에 납의 사람에 대한 독성이 발현하는 최저 혈중 농도를 나타내었다. 그리고 동물실험에서도 유사한 독성이 관찰된다(ADI = 7 ㎍/kg/day).

▷ 생식동성 : 현장에서 노출을 받은 노동자에 정자의 감소, 전립선과 정소의 기능저하 그리고 난소의 이상이 나타나고 불임이 증가하는 것이 알려져 있다.

▷ 발생독성 : 현장에서 노출을 받은 노동자에 유산과 사산이 다발한다. 또 임부의 혈중 납 농도가 10 ㎍/dℓ 부근의 낮은 수준에서 출산 이상(조산 등)이나 신생아의 지능 저하가 나타난다. 한편, 임신동물(쥐, 마우스 그리고 햄스터 등)에의 화합물의 복강 내 또는 정맥 내 투여에서 태아에 각종 골격기형이 생긴다. 아래의 설명은 주로 화합물을 대상으로 한 것이다.

▷ 내분비계 장애 : 쥐에게 아만성 경구투여로 혈청 중의 testosterone(대표적인 androgen)의 농도가 저하한다(OSF와 환경성의 내분비계 장애물질 리스트에 수록).

▷ 발암성 : 쥐와 마우스에 초산연[$(CH_3COO)_2Pb$] 등의 경구투여로 신장암이 생긴다(IARC는 화합물 전체로 그룹 2B로 지정하고, EPA는 같은 그룹 B2로 지정).

▷ 변이원성 : *Salmonella*균 그리고 쥐와 햄스터의 배양 배세포에 유전자 변이를 일으키고 양파의 세포, 사람의 배양림프구 그리고 마우스의 배양 골수세포에 염색체 이상을 일으킨다. 또 림프구의 염색체 이상은 노출을 강하게 받은 노동자에 다발한다고 보고하고 있다.

▷ 생태독성 : 무지개송어에 대하여는 상당히 강한 독성을 나타낸다(LC_{50}(48시간) = 0.3 mg/ ℓ).

▷ 환경오염 : 납은 정련소의 배기가스와 폐액, 자동차 배기가스, 각종 화학상품의 사용과 폐기 후의 처리(연소, 매립 등) 등을 통하여 환경으로 배출된다. 이 양은 세계 전체로서 연간 100만 톤에 가깝다. 지금까지의 총 방출량은 3억 톤에 이른다고 추산한다. 이 때문에 환경의 납 오염은 매년 증대하고, 도시지역에서는 대기중에 0.1～1 ㎍/m^3, 하천수 중에 3～30 ㎍/ ℓ , 식품 중에 0.05～0.5 ppm 수준이다.

그 결과 일반 사람이 인체에 취입하는 납의 양은 1일 200 ㎍ 전후로 보고 있고 혈중 납 농도가 2～5 μg/dℓ에 달한다. 이 농도는 산업혁명 이전의 사람에 비하여 100～300배의 수준이고, 더욱이 표 2-1에 나타낸 바와 같이 독성이 발현하는 수준에 도달하므로 납 오염의 현상은 세계적으로 아주 심각하다 할 수 있다. 또한 멕시코에서는 폐의 납 함량이 1980년대에 30년 전에 비하여 약 11배(건조중량 1 g당 약 130 mg)로 증가되었다고 보고하였다.

▷ 규제 : OSHA의 노동환경 중 허용농도는 금속 납의 미세분말에 대하여 6 ppb (0.05 mg/m^3)이다. 미국에서는 유해대기, 수질 오염물질 그리고 유해폐기물로 지정되어(메사추세츠주의 일반 환경 대기중 허용농도는 0.068 μg/m^3) 있다. 그리고 EPA는 음료수 중 허용농도를 5 μg/ℓ로 설정하고 있다. Basel 조약의 대상물질이다. 일본에서는 PRTR의 대상물질(제 I 종)로 지정하고, 또 건강보호를 위한 수질환경기준(0.01 mg/ℓ)로 설정하고 있다. 그리고 화합물의 대부분은 극물로 지정되어 있다.

▷ 우리나라의 규제 : 식품공전에서는 해산 어・패류(연체류 포함) 그리고 담수어의 총 수은의 잔류 허용기준(생물로 기준할 때)은 0.5 mg/kg 이하(심해성 어류 및 참치류 제외)로 되어 있다. 먹는 물 관리법(시행령 및 시행규칙)에서 먹는 물(수돗물) 중의 납의 허용기준은 0.05 mg/ℓ 이하로 규정되어 있다. 토양환경보전법(시행령 및 시행규칙)에서 토양 중의 납의 허용기준은 농경지에서 100 mg/kg 이하 그리고 공장, 산업지역에서 400 mg/kg 이하로 규정되어 있다.

▷ 위해성 및 건강영향 : 납중독은 급성중독은 거의 없고 대부분이 만성중독이다. 식품을 통해 흡수된 납이 간으로 들어가 대부분은 담즙을 통해 대변으로 배설되지만 일부는 혈액을 통해 뼈 등의 조직에 침착한다.

납은 신체의 거의 모든 기관, 특히 중추신경계에 가장 많은 영향을 미치며 심한 경우 사망에 이른다. 소량씩이라도 혈액, 신장, 골수, 간, 뇌 등과 같은 연조직(軟組織)에 흡수・축적되며 혈액 속의 납은 뼈 속에 평생 동안 축적된다.

뼈에 침착한 납은 특정 조건에서 혈액으로 녹아나오거나 침착되지 않은 납이 혈액으로 들어가 혈중 납 농도가 높아지면 표적조직인 골수에 대해 독성을 나타낸다. 혈중농도가 400 ng/mℓ(정상치 100～300 ng/mℓ)을 넘으면 빈혈 등의 장해가 발생한다.

혈액으로 유입된 납은 헤모글로빈 합성을 저해하여 빈혈을 유발하고, 고혈압이나 신장기능 부전 등의 순환계 장해를 일으킨다. 특히 중추신경계에 영향을 미쳐 반응시간 단축・기억력 감퇴 등과 같은 신경장해, 과민반응, 뇌 손상, 정신장해 등을 일으킨다.

어린이들이 각종 납 오염원에 노출될 경우 어른들에 비해 흡수가 빠르기 때문에 체내에 쉽게 축적되어 어린이들의 중추신경계에 영향을 미쳐 지능저하, 성장 감소, 학습 부진, 청력 장해 등을 일으킨다. 또한 어린이와 마찬가지로 칼슘을 많이 필요로 하는 임산부가 납에 노출될 경우 일반 성인보다 더 많은 양의 납을 흡수하게 되며, 납은 태반을 통과하기 때문에 태아의 신경계 발달에 치명적인 영향을 미치며 미숙아, 저체중아 출산 등의 원인이 되기도 한다. 아울러 뼈 속에 축적되어 있던 납은 수유 시 젖으로 분비되며 이를 유아가 섭취함으로써 유아의 뇌염을 유발시키기도 한다.

▷ 국내외 관리동향 : 납은 독성이 강하므로 국제적으로 납의 사용을 규제하려는 움직임이 활발한 금속이다. UN에서 납 함유제품에 대한 수출입 제한을 추진하고 있는 것을 비롯하여 납 허용 규제 움직임은 세계적으로 활발하다.

특히 미국의 경우 식품 캔에 납땜하는 것이 금지되어 있으며, 식품 캔 제조업체들은 자발적으로 캔 재질에 납이 함유되지 않은 것을 사용하고 있다. FDA는 과즙, 넥타류 등 과일음료 중의 납 함유량을 0.08 ppm으로 제한하고, 기타 모든 식품에 대하여는 0.25 ppm 이하로 규제하기로 1993년 4월 1일 부로 공표하였다. 이 규제의 직접적인 동기는 유아의 납중독 사건으로 생후 18개월 유아의 혈중 납 수치가 이상하게 높아져서 위독 상태에 빠진 사건이었다. 이 유아의 경우 납 땜 캔에 들어 있는 과일주스를 마신 것이 그 원인으로 지적되어 사회적으로 큰 물의를 일으켰다. FDA는 태어나 젖먹이에 대한 납의 독성이 종래 생각되어 왔던 것 이상으로 크다는 판단 아래, 지금까지 사용해 온 도자기제 식기로부터의 납 용출한도를 강화하고, 포도주병 마개의 호일 캡슐에 납 사용을 금지할 것과 병조림 시 물의 규격에서 납 한도 값을 저하(0.005 ppm)할 것을 제안하였다. 또한 식용 통조림의 납 땜을 금지할 것도 제안하였다.

칼슘은 뼈와 치아를 튼튼하게 할 뿐 아니라 몸에 들어온 납의 흡수를 차단, 납중독을 막아주는 효과도 있는 것으로 밝혀져 있으므로 칼슘섭취를 충분히 하는 것도 납중독을 막는 좋은 방법이다.

관련 법규 : 산업안전보건법(유해위험물)
수질환경보전법(수질오염물)
대기환경보전법(대기오염물질, 특정 대기유해물)
산업안전기준에 관한 규칙[발화성 물질(가연성 고체)]

3. 니켈(nickel)

▸ CAS번호 : 7440-02-0

▸ 원소기호 : Ni(원자번호 28 ; 중금속 원소)

▷ 용도 : 화폐, 장신구, 통신기기, 전지 등의 재료, 합금(스테인리스 스틸, 크롬선 등), 각종 도금에 이용한다. 화합물은 도자기나 유리의 착색, 촉매 제조 등에 이용한다.

▷ 급성독성 : 화합물을 경구 섭취할 때 그다지 강하지 않다(예로서 초산니켈로서 쥐의 경구 LD_{50} = 1,620 mg/kg). 그러나 휘발성의 nickel carbonyl의 증기를 흡입한 경우에는 독성은 상당히 강하고 두통, 현기증, 불면, 피로감 등의 증상과 함께 폐와 신장에 수종이 생긴다.

▷ 만성 일반독성 : 비교적 다량의 미세분말을 흡입한 노동자에 대하여는 만성기관지염과 폐의 기능 저하가 관찰된다. 또 동물실험에서는 흡입이나 경구투여(쥐)에 의하여 폐, 간장, 신장 그리고 비장이 장해를 받는다(RfD = 8 ㎍/kg/day).

▷ 생식독성 : 상기 동물실험에서는 정소에 장해가 생기고 동시에 임신율과 출산율이 저하한다.

▷ 발생독성 : 미세분말을 흡입한 임부에 대하여는 유산과 태아의 기형이 증가한다. 임신동물에의 경구투여 또는 복강투여에 의하여 배의 흡수나 태아의 기형(무두증, 사지의 이상 등)이 다발한다.

▷ 면역독성 : 상기 노동자에 대하여 알레르기 증상이 나타나고, 감작을 받은 후에는 미량의 노출로도 피부염(발진과 가려움)이나 천식의 발작(호흡부전, 기침, 흉통 등)이 생긴다.

▷ 발암성 : 화합물의 미세분말을 쥐나 마우스에 흡입시키거나 피하주사를 하면 폐암이 발생한다. 또 니켈의 정련공장의 노동자에 폐암과 비강암이 다발하는 것이 알려져 있다. IARC는 화합물 전체로 하여 그룹 1로 지정하고, 또 EPA는 마찬가지로 그룹 A로 지정하고 흡입단위 리스크를 0.00048(실질 안전 대기중 농도 0.002 ㎍/m^3)로 산정한다.

▷ 변이원성 : 화합물은 포유동물의 배양세포와 사람의 배양림프구에 염색체 이상을 초래한다.

▷ 생태독성 : 수생생물에 대한 독성은 약간 강하고, 연어의 LC_{50}(28일간)은 0.05 mg/ℓ 이다.

▷ 환경오염 ; 니켈은 이것을 취급하는 공장의 작업장을 오염시킴과 동시에 비철금속의 제련소의 폐액, 화석연료(특히 석유)의 연소 등을 통하여(표 2-1 참조) 일반 환경으로 방출된다. 이 양은 세계 전체에서 연간 40만 톤 이상에 이르고, 도시의 대기중 농도는 최근 증대하는 경향을 나타내고 있다. 또 옥내의 하우스 더스트의 니켈 함량이 옥외보다 높은 경우도 알려져 있다.

이 때문에 오염된 대기, 음료수 그리고 식품에서 일반 사람이 체내로 취입하는 니켈의 양은 1일당 적어도 0.2 mg(3 μg/kg/day)에 달하고 있다. 그 결과 인체 오염도 진행되고 있는데 예를 들면 멕시코에서는 폐의 니켈 함량이 1980년대에 30년 전에 비하면 약 20배(건조중량 1 g당 약 60 mg)로 증가되었다는 보고도 있다.

▷ 규제 : NIOSH의 노동환경 대기중 허용농도는 15 μg/m^3이다. 미국에서는 유해대기, 수질 오염물질 그리고 유해폐기물로 지정되어(예로서 로드아일랜드주의 일반환경 대기중 허용농도는 0.002 μg/m^3) 있다. 일본에서는 대기오염의 리스크 저감을 위한 지침치(0.025 μg/m^3)와 수도수의 오염을 감시하기 위한 수질관리 목표치(0.01mg/ℓ)를 설정하고, 또 PRTR의 대상물질(제Ⅰ종)로 지정되어 있다.

▷ 우리나라의 규제 : 토양환경보전법(시행령 및 시행규칙)에서 토양 중의 니켈의 허용기준은 농경지에서 40 mg/kg 이하 그리고 공장, 산업지역에서 160 mg/kg 이하로 규정되어 있다.

4. 망간(manganese)

▸ CAS번호 : 7439-96-5

▸ 원소기호 : Mn(원자번호 25 ; 중금속 원소)

▷ 용도 : 합금(제강용 페로망간 등), 용접봉 등에 이용한다. 화합물은 건전지, 성냥, 불꽃, 착색유리, 염료, 가솔린의 안티 노크제, 농약(살균제), 비료 등의 제조나 유약, 촉매, 산화제 등에 이용한다. 이외에 표 2-2에 나타낸 바와 같이 휴대전화와 같은 기기류에도 망간은 다른 많은 중금속 원소와 함께 성분으로 함유되어 있다.

▷ 급성독성 : 약간 강하다(염화망간($MnCl_2$)의 쥐의 경구 LD_{50} = 275～804 mg/kg). 사람의 실험에서도 비교적 고농도의 금속망간 또는 그 화합물의 미세분말을 흡입하면 먼저 폐에 염증이 생긴다. 특히 산화망간(MnO)에 의한 금속열(두통, 피로감, 기침, 호흡곤란 등)이 직업병으로 알려져 있다.

또 마우스의 염화망간의 경구투여에 의하여 신경장해가 생기고 자극에 대한 근육

표 2-2. 휴대전화에 함유된 중금속 원소성분

중금속 원소성분	함 량
구리와 그 화합물	15%
철	3%
니켈과 그 화합물	1%
아연과 그 화합물	1%
은과 그 화합물	1%
기타(주석, 납, 망간, 크롬, 코발트 등)	각 1% 이하

의 응답능력이 저하한다. 그리고 칠가(七價)의 망간을 함유하는 과망간산칼륨($KMnO_4$)은 경구섭취에 의하여 소화기계나 호흡기계의 조직을 심하게 침식하고 구토, 복통, 흉통, 내출혈, 호흡곤란 등을 초래한다. 아래의 설명은 주로 화합물을 대상으로 한다.

▷ 만성 일반독성 : 망간은 생원소이고 그 미량은 생물에 있어서 몇 개 효소의 구성성분으로 필요하지만 과잉으로 섭취하면 중추신경계, 폐와 기관지, 간장 등에 장해를 일으키고 또 빈혈을 일으킨다.

특히 직장에서 장기간 흡입노출을 받은 노동자에 특유의 망간중독(신경장해)의 발증이 알려져 있다. 즉 두통, 탈력감, 식욕부진, 의식저하 등에서 시작하여 떨림, 평형감각의 소실, 눈의 표정의 고정화, 언어장해, 근육의 경련, 보행장해 등의 증상이 이어져 발현된다. 또 환각, 착란상태, 기억손실, 정신불안정 등을 동반하는 경우도 많다(RfC = 0.05 $\mu g/m^3$; RfD(음료수) = 5 $\mu g/kg/day$).

▷ 생식독성 : 마우스에의 아급성 경구투여로 정자의 모양이 이상이 생기고 쥐(수컷)에의 아만성 경구투여에서는 임신율이 저하한다. 또 쥐와 토끼에의 기관내 투여 그리고 쥐와 마우스에의 복강 내 투여에서 정소가 변질하고 임신도 되지 않는다. 한편 상기 망간중독의 노동자에서도 성적 불능증이 나타난다.

▷ 발생독성 : 임신 마우스의 흡입노출로 신생아의 체중이 감소하고 피하투여에서는 유산의 증가와 늑골의 기형이 생긴다. 또 복강 내 투여에서는 뇌의 기형(뇌탈출증)이 생긴다. 한편 임신 쥐에의 경구투여와 정맥 내 투여에서도 태아의 기형(사지의 골격이상)이 관찰된다.

▷ 행동독성 : 쥐에 미량(0.36 mg/kg/day)의 아급성 경구투여로 학습능력이 저하한다. 또 마우스에의 아만성 흡입노출 그리고 경구투여에서도 기억능력과 운동능력

(보행능력 등)의 저하를 초래한다.

▷ 변이원성 : 고초균, 효모 그리고 마우스의 배양 림프종 세포에 유전자 변이를 일으키고, 만두콩의 근 단세포에 염색체 이상을 초래한다. 또 사람의 배양림프구의 DNA를 손상한다.

▷ 생태독성 : 과망간산칼륨은 금붕어 대하여 약간 강한 독성을 나타낸다(LC_{50}(96시간) = 3.6 mg/ ℓ).

▷ 환경오염 : 망간은 공장의 작업장 대기 등을 오염시킴과 동시에 석탄 연소 시(표 2-3 참조), 비철금속 야금공장 그리고 자동차의 배기가스, 도시의 하수, 산업폐기물의 오니 처리, 농약살포 등을 통하여 일반 환경으로도 방출된다. 그 양은 세계 전체에서 연간 200만 톤에 이르고, 오염이 증대되고 있다. 일본에서의 2001년도의 PRTR에도 망간의 폐기물로서의 계출 이동량은 약 19,000톤에 이르고 모든 조사화학물질 중 제2위를 차지하는 것에 주목하고 있다.

이 때문에 미국에서는 지하수에 2 mg/ ℓ 의 오염이 검출되어 일반 도시의 대기중 농도(0.01～0.1 $\mu g/m^3$)도 지역에 따라서는 RfC의 값을 넘는다. 또 일반 사람이 주로 식품에서 1일에 섭취하는 망간의 양이 2～9 mg의 수준에 달하는 것으로 추산하고 있다. 그리고 해수 중에서는 패류에의 생물농축이 현저하다(가리비에서는 55,500배).

▷ 규제 : ACGIH의 노동환경 대기중 허용농도는 원소에 대하여 0.09 ppm(0.2mg/m^3)이다. 미국에서는 유해대기, 음료수 오염물질 그리고 유해폐기물로 지정되어 있다. EPA는 음료수 중 허용농도를 원소에 대하여는 0.05 mg/ ℓ 로 설정하고, 또 EU는 마찬가지로 0.02 mg/ ℓ 로 설정하고 있다. 일본에서는 노동안전위생법의 특정 화학물질(제II 류)와 PRTR의 대상물질(제I 종)로 지정하고 또한 일반 환경의 수질감시 지침치(0.2 mg/ ℓ)를 설정하였다.

▷ 우리나라의 규제 : 먹는 물 관리법(시행령 및 시행규칙)에서 먹는 물(수돗물) 중의 망간의 허용기준은 0.3 mg/ ℓ 이하로 규정되어 있다.

5. 몰리브덴(molybdenum)

▸ CAS번호 : 7439-98-7

▸ 원소기호 : Mo(원자번호 42 ; 중금속 원소)

▷ 용도 : 합금(특수강, 스테인리스 등), 진공관 재료, 기계부품 등에 이용한다. 화

합물은 안료, 도료(특히 도자기용), 내열성 윤활제, 방청제, 화학분석용 시약, 비료, 사료첨가물, 촉매 등에 이용한다.

▷ 급성독성 : 화합물에 대하여는 상당히 강하다(예를 들면 산화몰리브덴(MoO_3)의 쥐의 경구 LD_{50} = 125 mg/kg). 금속 몰리브덴 또는 그 화합물의 미세분말을 흡입하면 코, 목, 폐 등이 자극되어 기침, 숨가쁨, 흉통 등이 생긴다. 또 화합물의 경구섭취에 의하여 설사, 두통, 근육과 관절의 통증, 운동실조 등이 나타난다. 아래의 설명은 주로 화합물을 대상으로 한 것이다.

▷ 만성 일반독성 : 몰리브덴은 생원소이고, 그 미량(1일당 2 ㎍/kg 체중)은 생물에 있어서는 몇 가지 효소의 성분으로서 필요하나 과잉으로 섭취하면 피로감, 식욕부진, 빈혈, 간장장해, 신장장해 등이 생긴다. 사람에서는 혈중 요산농도가 증대하고 통풍의 증상도 나타난다(RfD = 5 ㎍/kg/day).

▷ 생식독성 : 쥐에의 아만성 경구투여로 발정주기가 길게 되고 정소의 변질과 임신률의 저하를 초래한다. 또 마우스에의 3세대 경구투여로 신생아의 사망률이 증대한다.

▷ 내분비계 장애 : 토끼에의 아급성 경구투여로 갑상선에 장해를 일으킨다.

▷ 변이원성 : 어느 종의 식물세포와 햄스터의 배양 배세포에 유전자 변이를 초래하고, 사람의 배양림프구와 복강 내에 투여한 마우스의 골수세포에 염색체 이상을 일으킨다.

▷ 환경오염 : 몰리브덴은 공장의 작업장 대기 등을 오염시킴과 동시에 석탄 연소시의 배기가스, 제철공장의 폐액, 각종 화학상품의 사용과 폐기 후의 처리(연소나 매립) 등을 통하여 일반 환경으로도 방출된다. 그 양은 세계 전체에서 연간 10만톤에 이른다고 보고, 일반 사람이 주로 오염식품에서 섭취하는 양은 1일당 0.1∼0.5mg에 이른다.

▷ 규제 : 가용성 화합물에 관한 ACGIH의 노동환경 대기중 허용농도는 원소에 대하여 0.5 mg/m^3이다. 미국에서는 유해음료수 오염물질로 지정되어(EPA의 음료수중 허용농도는 0.04 mg/ℓ) 있다. 그리고 네바다주에서는 가용성 화합물의 일반 환경 대기중 허용농도를 0.12 mg/m^3으로 설정하고, 일본에서는 일반 환경의 수질감시지침치(0.07 mg/ℓ)를 설정하고 있다. 또 PRTR의 대상물질(제Ⅰ종)로 지정되어 있다.

관련 법규 : 산업안전보건법(유해위험물)

수질환경보전법(수질오염물)
대기환경보전법(대기오염물질, 특정 대기유해물)
산업안전기준에 관한 규칙[발화성 물질(가연성 고체)]
행정자치부고시(제89-8호 유해위험물)
산업안전기준에 관한 규칙(인화성 물질, 특정 화학물질)
고압가스안전관리법(자연성 가스, 독성가스)
유해화학물질관리법(유독물질)

6. 바나듐(vanadium)

▸ CAS번호 : 7440-62-2

▸ 원소기호 : V(원소번호 23 ; 중금속 원소)

▷ 용도 : 철과 합금(고속도강, 용수철, 공구용 등)에 이용한다. 화합물은 촉매(황산, 합성고무 제조용 등), 안료와 잉크, 저융점 유리와 자외선 불투과 유리의 성분, 사진현상 등에 이용한다.

▷ 급성독성 : 상당히 강하다(오산화바나듐(V_2O_5)의 쥐의 경구 LD_{50} = 86~137mg/kg). 사람에서는 금속바나듐 또는 화합물의 미세분말을 흡입하면 코, 목, 기관지 등이 강하게 자극을 받아 기침, 숨가쁨, 호흡곤란 등을 일으킨다. 또 혀의 녹변이나 결막염도 발견된다. 동물실험에서는 화합물의 경구투여로 설사, 운동실조, 후지(後肢)의 마비, 간장장해 등이 관찰된다. 아래의 설명은 주로 화합물을 대상으로 한다.

▷ 만성 일반독성 : 흡입 또는 경구섭취에 의하여 상기의 급성증상이 지속화하여 폐렴, 신장장해, 빈혈 등도 생긴다(오산화바나듐에 대하여는 RfD = 9 ㎍/kg/day).

▷ 생식독성 : 마우스(수컷)에의 아만성 경구투여로 정자가 감소한다. 암컷 마우스에서는 임신율이 낮아진다.

▷ 발생독성 : 임신 마우스의 경구투여로 유산이 증가하고 태아의 기형[구개열(口蓋熱), 소악증(小顎症) 그리고 수두증(水頭症) 등]이 생긴다. 임신 쥐에서 마찬가지 실험에서는 골격의 이상과 골격화가 늦어진다.

▷ 면역독성 : 쥐 또는 마우스의 아만성 경구투여로 비장의 비대와 마크로파지(식세포)의 활성 저하가 나타난다. 쥐의 아급성 흡입실험에서도 유사한 결과가 얻어지고 있다. 또 노출을 받은 근로자에 알레르기성의 천식이나 접촉피부염의 발증이 관

찰된다.

▷ 변이원성 : 고초균, 대장균 그리고 효모에 유전자 변이를 초래하고 사람의 배양 림프구, 햄스터의 배양 난소세포, 경구투여한 마우스의 골수세포 등에 염색체 이상을 일으킨다.

▷ 생태독성 : 수생생물에 대하여 약간 독성을 나타난다[무지개송어의 LC_{50}(96시간)은 5.2～13.2 mg/ℓ, 또 물벼룩의 LC_{50}(48시간)은 3.1 mg/ℓ].

▷ 환경오염 : 바나듐은 이것을 취급하는 공장의 작업장을 오염시킴과 동시에 화석연료(특히 석유)의 연소 등을 통하여(표 2-3 참조) 일반 환경으로 방출된다. 그 양은 세계 전체에서 연간 16만 톤에 이르고, 대기・물・식품 등의 오염이 넓혀지고 있다. 특히 미국에서는 음료수에 50～100 ㎍/ℓ의 오염이 검출되는 예가 있는 것으로 알려져 있다. 또 해수 중에 있어서 패류에의 생물농축도 약간 현저하다(가리비에서는 4,500배). 이 때문에 일반 사람이 식품 등에서 1일에 섭취하는 바나듐의 양은 11～30 ㎍에 이른다.

▷ 규제 : NIOSH의 노동환경 대기중 허용농도는 원소에 대하여 0.05 mg/m^{3}이다. 미국에서는 바나듐을 유해음료수 오염물질, 또 오산화바나듐을 유해폐기물로 지정되어(예로서 애리조나주의 음료수 중 허용농도는 7 ㎍/ℓ) 있다. 일본에서는 오산화바나듐이 노동안전위생법의 특정 화학물질(제II 류)로 지정되어 있다.

관련 법규 : 산업안전기준에 관한 규칙[발화성 물질(가연성 고체)]

7. 바륨(barium)

- CAS번호 : 7440-39-3
- 원소기호 : Ba(원자번호 56 ; 경금속 원소)

▷ 용도 : 합금(진공관이나 브라운관의 잔류 기체 제거용, 엔진의 점화전용 등), X선관의 양극재료 등에 이용한다. 화합물은 X선 조형제(황산바륨 만), 종이・고무・수지의 충전제, 광학유리의 성분, 안료・인쇄잉크, 불꽃 등에 이용한다.

▷ 급성독성 : 가용성의 화합물에 대하여는 상당히 강하다. 다량을 경구투여하면 구토, 설사, 탈력감, 떨림, 혈압상승, 맥박의 혼란, 근육의 수축과 마비 등의 증상이 생기고 중증이면 사망하는 수도 있다. 또 접촉하면 피부나 눈이 강하게 자극을 받는다.

▷ 만성 일반독성 : 불용성의 화합물도 포함하여 미세분말의 흡입노출이 반복되면 코, 목, 폐 등이 자극되어 기침, 숨가쁨, 기관지염, 진폐증 등이 생긴다. 또 경구섭취를 계속하면 신장이 비대하고 기능에 악영향을 미친다(RfD = 0.07 mg/kg/day).

▷ 생태독성 : 가용성 화합물의 수생생물에 대하여 독성은 상당히 강하다(섬게의 수정이나 성육을 저해하고 어느 종의 2매패에 기형이 생긴다).

▷ 환경오염 : 사람에의 노출은 주로 공장에서 이들을 취급하는 작업 시에 발견되나 일반 환경에서도 바륨을 함유하는 화학상품의 폐기 후의 처리(연소나 매립)를 통하여 생긴다. 일반 사람의 1일 섭취량은 1.3 mg으로 본다.

▷ 규제 : NIOSH의 노동환경 대기중 허용농도는 0.5 mg/m^{3}이다. 미국에서는 유해 폐기물로 지정되어 있고, 또 뉴욕주에서는 일반 환경 대기중 허용농도를 0.67 μg/m^{3}로 설정되어 있다. 한편 유럽연합에서는 음료수 중 허용농도를 0.1 mg/ ℓ 로 설정하고, 일본에서는 PRTR의 대상물질(제I 종)로 지정과 함께 화합물의 대부분을 극물로 지정되어 있다.

관련 법규 : 대기환경보전법(대기오염물질, 특정 대기유해물)

8. 베릴륨(beryllium)

- CAS번호 : 7440-41-7
- 원소기호 : Be(원자번호 4 ; 경금속 원소)

▷ 용도 : 항공기, 자동차, 원자로 그리고 X선관의 재료. 합금(베릴륨구리)으로서 용수철이나 공구에 널리 이용된다. 산화물은 도가니 등의 내화재, 네온관의 전극과 반도체 재료에도 이용된다.

▷ 유독성 : 증기·분진 등을 흡입시 호흡기 질환 그리고 폐 조직이 변질되며 중독증상이 나타난다. 베릴륨 화합물은 매우 유독하며, 피부 접촉시 피부병을 일으키며 눈에 들어가면 결막염을 일으킨다.

▷ 급성독성 : 화합물의 경구섭취의 경우에는 그다지 강하지 않으나 미세분말을 단시간에 비교적 많이 흡입할 때는 폐의 기능저하가 일어나고 호흡곤란, 기침, 흉통 등의 증상이 나타난다. 중증의 경우에는 사망하는 수도 있다. 이외에 접촉피부염과 눈의 자극에 의한 결막염도 알려져 있다. 아래의 설명은 주로 화합물을 대상으로 한 것이다.

▷ 만성 일반독성 : 미세분말을 소량이라도 장기간 흡입을 계속하는 경우에는 베릴륨증(beryllliosis)이라 부르는 악성 폐장해가 생기고 호흡부전, 관절통, 피로감, 탈력감, 체중 감소, 식욕감퇴 등의 증상이 오래 지속된다. 간장, 신장, 심장 등에도 악영향이 미친다(RfD = 5 μg/kg/day).

▷ 발생독성 : 임부(妊婦)의 염화베릴륨의 노출에 의하여 태아의 체중이 감소한다.

▷ 면역독성 : 전기의 만성 폐 장해는 베릴륨에 의한 면역독성의 발현이라고 보고 있고, 알레르기성의 염증이 관찰되는 수가 많다.

▷ 발암성 : 베릴륨과 그 화합물을 취급하는 공장의 근로자에 폐암이 다발한다. 또 산화베릴륨 등을 흡입시킨 쥐와 원숭이에도 역시 폐암이 생기고, 이들을 정맥 내에 투여한 토끼는 골육종이 생긴다. IARC는 화합물 전체로서 그룹 1로 지정하고 또 EPA는 같은 그룹 B1로 지정하여 흡입단위 리스크를 0.0024(실질 안전 대기중 농도는 0.0004 μg/m^3)로 산정한다.

▷ 변이원성 : 포유류의 배양세포에 유전자 변이와 염색체 이상을 일으킨다.

▷ 생태독성 : 어독성은 상당히 강하고, LC_{50}(96시간)이 0.15 mg/ℓ의 경우도 나타난다.

▷ 환경오염 : 사람에의 노출은 우선 공장 등의 작업장에 있어서 미세분말의 흡입과 피부에의 접촉에 의하여 생긴다. 또 베릴륨은 석탄의 연소를 통하여 일반 환경에 방출되어 그 양은 세계 전체에서 연간 5,000톤을 넘는다. 또한 제련공장의 배기가스나 폐액에 의한 오염도 국지적으로 무시되지 않는다. 따라서 대기, 음료수 그리고 식품의 오염이 점차로 진행되어 일반 사람의 1일당의 베릴륨 섭취량은 대략 20 μg에 달하고 있다.

▷ 규제 : NIOSH의 노동환경 대기중 허용농도는 0.5 μg/m^3이다. 미국에서는 유해대기, 수질 오염물질 그리고 유해폐기물로 지정되어(예로서 매사추세츠주의 일반환경 대기중 허용농도는 0.0042 μg/m^3) 있다. 또 애리조나주에서는 음료수 중 허용농도를 0.007 μg/ℓ로 설정되어 있으며, Basel 조약의 대상물질이다. 일본에서는 노동안전위생법의 특정 화학물질(제Ⅰ류)이며, 그리고 PRTR의 대상물질(제Ⅰ종)로 지정되어 있다.

관련 법규 : 대기환경보전법(대기오염물질, 특정 대기유해물)
산업안전기준에 관한 규칙(인화성 물질, 특정 화학물질)

9. 붕소(boron)

- CAS번호 : 7440-42-8
- 원소기호 : B(원자번호 5 ; 비금속 원소)

▷ 용도 : 원자로의 중성자 흡수재, 합금의 첨가제(고융점화, 철의 경도 증가, 황동의 산화방지 등), 태양전지의 코팅재. 화합물은 유리나 도자기의 에나멜, 가죽 무두질, 안료, 사진약품, 방부제, 건조제, 경수연화제, 난연제(難燃劑), 촉매 등에 이용된다.

▷ 급성독성 : 약간 강하다[붕산(H_3BO_3)의 쥐의 경구 LD_{50} = 2,660 mg/kg ; 이것은 붕산 성분에 대하여는 465 mg/kg에 상당]. 사람에서는 경구섭취에 의하여 구토, 설사, 복통, 피부의 발적, 맥박 증가, 경련, 혼수 등의 증상이 나타난다. 동물실험에서는 이외에 다뇨(多尿), 흑색뇨 등의 신장장해도 나타난다.

▷ 만성 일반독성 : 붕소는 식물에 대하여는 생원소이고 미량이 성장에 필요하나 동물에 대하여는 불명이고 과잉 섭취로 유해한 작용을 초래한다. 쥐나 마우스에 붕산의 아만성 경구투여로 눈, 후지(後肢), 꼬리 등에 염증이 생기고 호흡곤란이나 흥분상태를 겸한다. 또 간장, 신장, 폐 등에 충혈도 나타난다. 아래의 설명은 주로 화합물을 대상으로 한 것이다.

▷ 생식독성 : 쥐나 마우스에 아급성 또는 아만성 경구투여로 정소의 변질과 위축 그리고 정자의 감소와 운동성의 저하가 생기고 불임을 초래한다. 개에 경구투여로도 마찬가지의 유해작용이 발견된다(RfD = 0.09 mg/kg/day).

▷ 발생독성 : 임신 마우스나 임신 쥐에 경구투여로 태아의 체중 저하 그리고 골격과 내장에 기형이 생긴다. 토끼에 대하여도 같은 유해작용이 나타난다.

▷ 환경오염 : 붕소는 공장의 작업장 대기 등을 오염시킴과 동시에 석탄 연소 시의 배기가스, 각종 함유 상품의 사용과 폐기 후의 처리 등을 통하여 일반 환경에도 방출된다. 이 때문에 각지에서 오염이 진행하고 있고, 미국에서는 지하수에서도 검출되고 있다. 일반 사람이 주로 식품에서 섭취하는 양은 1일당 10～20 mg에 이른다.

▷ 규제 : 산화붕소(B_2O_3)에 관하여는 UNEP(국제연합환경계획)의 노동환경 대기 중 허용농도는 5 mg/m^3이다. 미국에서는 유해음료, 수질 오염물질로 지정되어(EPA의 음료수 중 허용농도는 43 μg/ℓ) 있다. 또 노스다코타주에서는 산화붕소의 일반 환경 대기중 허용농도를 10 μg/m^3으로 설정되어 있다. 일본에서는 건강보호를 위하

여 수질환경 기준(1 mg/ℓ)을 설정하고, 또 PRTR의 대상물질(제Ⅰ종)로 지정되어 있다.

▷ 우리나라의 규제 : 먹는 물 관리법(시행령 및 시행규칙)에서 먹는 물(수돗물) 중의 붕소의 허용기준은 0.3 mg/ℓ 이하로 규정되어 있다.

10. 비소(arsenic)

▸ CAS번호 : 7440-38-2

▸ 원소기호 : As(원자번호 33 ; 비금속 원소)

▷ 특성 : 비소는 환경과 식품 중에 미량으로 널리 존재하나 살인이나 자살의 목적으로 사용되어 왔기 때문에 매우 유독한 성분으로 알려져 있다. 그러나 식품 중의 비소가 독성학적으로 어떤 영향을 미치는지는 아직 분명치 않다.

지각(crust) 중의 비소 농도는 평균 1.8 ppm 정도이다. 우리나라 논 토양 중 자연 함유량을 조사한 결과 평균 0.56 ppm(가용성), 현미 중 함유량은 0.088 ppm으로 나타났으며(1988), 농작물에 영향을 주는 농도는 10～20 ppm으로 알려져 있다.

비소는 지구상의 어떤 시료를 취하여 분석하여도 어디서나 검출된다. 토양에서는 3～10 ppm(국소적으로는 자연 함유량으로 500 ppm가 검출되었다는 보고도 있음)이 검출된다. 해수에서는 3～10 ppb, 빗물은 0～14 ppb, 대기에서는 0～수백 분의 1 $\mu g/m^3$(주로 분진에 포함)이 검출되었다.

광산, 제련소, 아비산, 비산염 등의 제조공장, 사용공정(반도체 제조, 유리공업 등), 광산, 제련소, 공장 등에서 나오는 폐수, 광재, 분진 등의 비소 뿐만 아니라 수목, 농작물에 사용된 살충제 중의 비소가 주변 지역의 토양과 우물, 하천 등에 오염된다.

일반 식품에는 0.5 ppm 정도로 존재하나 해산물의 함량이 높아 오징어나 새우에는 10 ppm 이상으로 존재하기도 한다. 다시마 등에서 50 ppm 이상 검출된 예도 있다.

▷ 용도 : 합금(구리나 납에 첨가), 바인더, 반도체 성분(칼륨비소 등) 등에 이용한다. 화합물은 목재 방부제, 가축의 기생충 예방제, 유리의 탈색, 안료(녹색), 촉매 등에 이용한다.

▷ 급성독성 ; 아주 강하다(사람의 경구 치사량 = 70～180 mg). 사람에서는 경구섭취로나 흡입노출로도 두통, 구토, 발열, 식욕저하, 간장비대, 피부의 흑변, 부정

맥, 말초신경 장해, 빈혈, 백혈구 감소 등의 증상을 일으킨다. 아래의 설명은 주로 화합물을 대상으로 한 것이다.

▷ 만성 일반독성 : 사람에의 흡입노출이나 접촉에 의하여 피부염, 결막염, 인두염, 비염(특히 점막의 궤양) 등이 생긴다. 또 경구섭취로는 중추와 말초신경 장해(수족의 감각이상, 마비와 탈력감), 순환기계 장해(말단 동맥의 폐쇄와 괴사 등), 피부장해(흑변이나 각질화), 간장해(간경변) 등이 나타난다(RfD = 0.3 μg/kg/day).

▷ 생식독성 : 음료수가 고농도의 비소로 오염된 지역의 주민에서 유산, 사산 그리고 조산이 다발한다.

▷ 발생독성 : 임신 중의 쥐, 마우스 그리고 햄스터에 경구 또는 복강 내 투여로 태아의 발육이 지연되고, 기형(뇌탈출증, 눈의 이상, 신장 결손, 소악증, 늑골 이상 등)이 생긴다(캘리포니아주의 발생 독성물질 리스트에 수록).

▷ 내분비계 장애 : 아비산염은 쥐의 배양 간암세포의 부신피질호르몬 수용체에 작용하여 정상 호르몬의 작용을 방해한다(OSF의 내분비계 장애물질 리스트에 수록).

▷ 발암성 : 비소를 함유하는 광산의 분진을 장기간 흡입한 근로자에 폐암이 다발하고, 음료수가 고농도의 비소로 오염된 지역의 주민에 피부악, 간장암, 신장암, 폐암, 방광암 등이 다발하는 것으로 알려져 있다. 동물시험에서는 기도에의 주입에 의하여 역시 폐암이 생긴다.

IARC는 비소와 그 화합물을 전체로 하여 그룹 1로 지정하고, 또 EPA는 같은 그룹 A로 지정하고 흡입단위 리스크를 0.0043(실질 안전 대기중 농도는 0.0002 μg/m^3)으로 산정한다. 한편, 미국 과학아카데미는 50 μg/ ℓ 의 비소를 함유하는 음료수를 1일에 1 ℓ 씩 마시므로 발암 리스크를 0.0165로 산정한다(실질 안전 수중농도는 0.003 μg/ ℓ).

▷ 변이원성 : 마우스의 배양림프종 세포에 유전적 변이를 초래하고, 햄스터의 배양 난소세포, 사람의 배양림프구 그리고 경구투여한 마우스의 골수세포에 염색체 이상을 일으킨다. 또 사람의 배양 섬유아세포의 DNA를 손상한다. 또한 구리의 정련소에서 장기간 비소의 노출을 받은 근로자 등에 염색체 이상이 많이 발견된다.

▷ 생태독성 : 수생생물에 있어서 패류와 무지개송어에 대하여 독성이 약간 강하다(가라비의 LC_{50}(96시간) = 3.5 mg/ ℓ).

▷ 환경오염 : 비소는 이것을 함유하는 상품의 폐기, 비철금속 정련소의 배기가스나 폐액, 석탄의 연소 등을 통하여 환경으로 방출된다. 그 양은 세계 전체로서 연간

약 12만 톤(화산 등에서의 방출량의 약 15배)에 달한다. 이 때문에 세계적으로 최고 10 mg/ ℓ 에 이르고, 지하수의 고농도 비소 오염이 넓혀져 있어 그 대책이 시급하다. 또 일반 사람이 1일에 섭취하는 비소의 양도 많아 0.3 mg에 이른다.

일본에서는 큐슈(九州)의 남방 광산의 주변에서 환경오염으로 인한 만성 비소중독이 다발하고, 또 1955년에 비소가 혼입된 드라이밀크에 의한 대규모의 급성중독 사건(피해자 12,000명 이상)이 발생한 것은 유명하다.

▷ 규제 : NIOSH의 노동환경 대기중 허용농도는 원소에 대하여 2 $\mu g/m^3$이다. 미국에서는 유해대기, 수질 오염물질 그리고 유해폐기물로 지정되어(예로서 로드아일랜드주의 일반 환경 대기중 허용농도는 0.0002 $\mu g/m^3$) 있다. Basel 조약의 대상물질이다.

일본에서는 화합물을 포함하여 독물 그리고 PRTR의 대상물질(제 I 종)로 지정하고, 또 건강보호를 위한 수질환경기준(10 $\mu g/ℓ$)을 설정하고 있다. 그리고 삼산화비소(As_2O_3)는 노동안전위생법의 특정 화학물질(제 II 류)로 지정되어 있다.

▷ 우리나라의 규제 : 먹는 물 관리법(시행령 및 시행규칙)에서 먹는 물(수돗물) 중의 비소의 허용기준은 0.05 mg/ ℓ 이하로 규정되어 있다. 토양환경보전법(시행령 및 시행규칙)에서 토양 중의 비소의 허용기준은 농경지에서 6 mg/kg 이하 그리고 공장, 산업지역에서 20 mg/kg 이하로 규정되어 있다. 또 대기환경보전법(시행령 및 시행규칙)에서 비소의 대기오염 배출 허용기준은 배출시설에 따라 0.5～3 ppm으로 규정되어 있다.

▷ 위해성 및 건강영향 : 비소의 인체 중독량은 5～50 mg/70 kg, 치사량은 100～300 mg/70 kg이다. 급성 중독시 심한 구토와 설사를 동반하거나 혈관 호흡중추가 마비되기도 한다. 또 영양장애, 신경염, 흑피종 등이 유발된다. 비소화합물의 독성영향은 화합물의 화학적, 물리적 성질에 따라 좌우된다.

비소가 피부에 닿으면 피부가 헐거나 염증이 생기며 눈에 들어가면 눈이 아프고 결막염과 같은 염증이 일어난다. 급성중독 증상으로는 식도가 따갑고 화끈거리고 침을 삼킬 수 없고 위와 배가 심하게 아프며 토하거나 설사를 하게 된다. 특히 몸속의 물이 다 빠지게 되어 입이 마르고 혈관이 마비되어 피부가 차가워지며 혈압과 맥박수가 내려간다. 심하면 심장장애 등의 쇼크증상이 나타나 사망하게 된다.

살충, 살균제에 이용되고 있는 비산, 아비산염은 만성중독의 원인이 된다. 또한 비소화합물을 장기간 취급하면 피부가 흑변 또는 각화하며 신경이나 근육의 섬유에 이상을 주는 수가 있다. 만성적으로 중독이 되었을 경우에 처음에는 식욕이 떨어지고 힘이 없어지며 설사, 변비, 구역질이 나타나다가 눈꺼풀이 붓거나 눈에 염증이 생기고 목구멍이 아프며 때로는 콧속에 구멍이 뚫린다. 비소는 동, 납, 철 등의 많은 황화광물 속에 함유되어 있기 때문에 제련공장 등에서 작업중에 비소가 들어 있는 먼지나 증기 등을 마시게 되면 만성중독이 발생할 가능성이 있다.

▷ 중독 사례 : 우리나라에서는 1970년대 초 충북 영동에 있는 한 아비산 제조공장의 근로자 중에 비소중독에 의한 피부염 등이 발생한 예가 있으나 그 밖의 비소중독사고는 별로 알려진 바가 없다. 그러나 일본에서는 비소를 비롯하여 금, 구리 등의 광석을 채굴하는 광산이나 이를 정제하는 제련소 주변 지역에 살고 있는 주민들과 이들 광산이나 공장에서 일하는 사람에게서 중독피해가 일어나는 경우가 있었다. 또한 공장에서 제품을 제조하는 과정에서 실수로 비소에 오염되거나 음식물 등에 오염되어 집단적으로 피해가 발생된 경우도 있었다.

1990년과 1991년 영국에서는 6,000명이 비소에 중독되고, 그 중 70여 명이 사망한 사건이 있었다. 조사 결과 비소에 오염된 맥주 때문인 것으로 밝혀졌는데 문제의 맥주 속에는 15 ppm의 비소가 함유되어 있었다. 맥주에 비소가 들어가게 된 원인은 맥주 발효원료인 포도당이 비소에 오염되어 있었기 때문이었다. 포도당은 설탕이나 전분을 가수분해하여 제조되는데, 이때 사용되는 황산이 아비산을 함유하고 있었으므로 결국 포도당에 비소가 혼입되었다. 또한 황산에 아비산이 함유된 원인은 다량의 비소를 함유하고 있는 황철광을 사용하여 제조되었기 때문이었다. 정제되지 않은 기초 원료의 사용으로 대형사고가 발생하게 된 예였다.

1955년 일본에서는 비소에 오염된 우유를 마신 어린아이들이 집단적으로 발병하는 사건이 있었다. 이들 대부분은 열이 나고 식욕을 잃었으며 심하게 토하거나 설사를 할 뿐만 아니라 종기가 나거나 피부가 검게 변하는 증상을 나타내었고, 임상적으로 빈혈과 간이 커지는 것을 발견할 수 있었다. 발병한 어린이들은 모두 모리나가 유업주식회사의 도쿠시마 공장에서 만든 우유를 먹었음이 밝혀져 이 공장의 우유제품을 조사한 결과 비소가 들어 있음이 확인되었다. 이 공장의 우유제품은 전량 회수되어 더 이상의 피해가 나타나지 않게 되었지만 계속된 조사를 통하여 우유제품의 유질안정제로 사용된 제2인산나트륨에 비산나트륨이 불순물로 들어 있었음이 밝혀졌다. 이 오염사고로 12,131명의 중독환자가 발생하였으며, 그 중 130명이 사망하였다. 그 후에도 중독된 어린이들을 대상으로 검진한 결과 대부분이 당시의 중독으로 인한 후유증으로 고생하고 있음이 밝혀졌으며, 후유증으로는 시력저하, 난청, 학업성적 불량, 뇌파 이상, 간질과 같은 발작, 두통, 현기증, 수족냉증 등이 있는 것으로 알려졌다.

▷ 국내외 관리동향 : 비소는 대다수의 상수도 수질 중에 10 ㎍/ℓ 미만으로 존재한다. 심하게 오염된 우물물의 경우 수십 ppm으로 나타난 보고도 있다. 인체에 노출되는 섭취량은 식료품의 섭취에 의한 것과 비슷한 양으로 알려지고 있다.

대부분의 식료품에 비소가 1 mg/kg(건조물) 이하로 존재하는 것으로 알려져 있고, 해양 물고기 중에는 식료품보다 더 높은 농도로 존재할 수 있다. 조개와 같은 갑각류에는 50 mg/kg 이상의 수준으로 함유하기도 하며 주로 유기상태의 비소로 존재한다. WHO는 음식섭취로부터 평균 성인 1일 체중 kg당 약 30 ㎍의 비소를 섭취한다고 발표한 바 있다(WHO, Technical Report Series, No.532, 1973).

1988년 FAO/WHO의 합동 식품첨가물 전문가 회의(JECFA)에서는 무기비소에 대한 1주당 잠정 섭취 허용량(PTW1)을 15 ㎍/kg(체중)로 평가하였다.

우리나라에서는 각종 환경 및 산업보건관련 법령에서 비소의 규제치를 설정하고 있으며, 특히 먹는 물관리법에 의한 음용수 중 비소의 규제치는 0.05 mg/ℓ 이하이다.

11. 셀렌(selenium)

- CAS번호 : 7782-49-2
- 원소기호 : Se(원자번호 34 ; 비금속 원소)

▷ 특성 : 셀레늄은 우리 몸에 필수적인 미량원소(무기질)이다. 번식력 저하 회복이나 비타민 결핍시 셀레늄이 대용될 수 있으며 수은의 독성을 완화시키기도 한다. 면역체계와 갑상선의 정상적인 기능을 위해서도 셀레늄은 필수적이다.

최근 셀레늄이 암 및 기타 질병을 예방하는 효과가 있다고 보고되면서 셀레늄에 대한 관심이 크게 증가하여 우유 등의 식품에 첨가하거나 건강기능식품 형태로 널리 판매되고 있다. 그러나 셀레늄을 너무 많이 섭취하면 상당한 위험성이 있다. 혈액 중 셀레늄 농도가 너무 높으면 셀레늄 중독 증상이 나타난다. 증상으로 위장관 장애, 탈모, 손톱의 흰 반점, 그리고 가벼운 신경손상이 나타난다. 미국에서는 셀레늄 중독이 드물고 산업재해나 영양제를 만들 때 셀레늄이 너무 많이 들어가서 생기는 제조상의 잘못과 관련된 소수의 경우가 보고되어 있다. 셀레늄은 대개 동물의 장기, 어패류, 근육이 많은 육류, 곡물, 낙농식품(우유, 버터, 치즈류), 야채 및 과일 등에 들어 있다. 보통 식품 중에 0.01～0.04 ppm, 수육 및 조육에서는 0.1 ppm, 어육에서는 0.4 ppm이 검출되며, 내장에는 4 ppm 정도로 높게 검출된다. 보라색 강낭콩에서도 고농도의 셀레늄이 검출된다.

▷ 용도 : 반도체 재료(정류기, 텔레비전용 카메라, 코피기의 감광체 등), 적색안료(유리의 착색제 등), 합금과 검의 첨가제, 촉매, 사료첨가제, 샴푸 등에 이용한다.

▷ 급성독성 : 원소상의 셀렌의 독성은 그다지 강하지 않으나 사람이 그 증기나 미세분말을 다량으로 흡입하면 코나 목의 점막이 자극되어 기침, 코피, 호흡곤란, 기관지 경련 등이 일어난다. 한편 화합물은 일반적으로 급성독성이 강하고 흡입에 의하거나 경구투여에 의하여도 위장장해(구토, 설사 등), 심혈관계에의 영향 그리고 신경장해(두통, 현기증, 오한 등)를 일으킨다(예로서 아셀렌산나트륨(Na_2SeO_3)의 쥐의 경구 LD_{50} = 7 mg/kg).

▷ 만성 일반독성 : 셀렌은 생원소이고 그 미량(1일당 약 1 ㎍/kg)은 동물에 있어서 몇 효소의 성분으로 필요하나 과잉으로 섭취하면 피부의 변색, 탈모, 손톱의 변형과 탈락, 위장장해, 간장장해, 감각이상, 주의력 저하, 우울상태 등의 증상이 나타난다. 이것은 토양이나 식품의 오염이 특히 심한 지역의 주민에 대하여 알려져 있다(RfD = 5 ㎍/kg/day). 그리고 가축에 대하여도 마찬가지의 증상을 나타내는 중독예가 보고되어 있는데 알칼리병이라고 한다. 이 경우에는 별도로 관절의 짓무름이나 빈혈도 나타난다.

▷ 생식독성 : 마우스의 만성 경구투여로 임신율이 저하하여 신생아의 사망률이 증대한다.

▷ 발생독성 : 임신 햄스터의 아셀렌산염의 경구투여로 태아에 기형[뇌 헤르니아(hernia)증 등]이 생긴다. 또 임신 마우스의 셀렌산나트륨(Na_2SeO_4)의 경구투여로 태아의 발육이 저해되어 사망률이 증대된다.

▷ 발암성 : 황화셀렌(selenium sulfate)은 쥐와 마우스에의 경구투여로 간암이 생기고, 마우스에 대하여는 달리 폐암을 생성한다(IARC는 이 화합물을 그룹 3에, 또 EPA는 같은 그룹 B2로 지정).

▷ 변이원성 : 사람의 배양림프구에 염색체 이상을 일으킨다.

▷ 환경오염 : 셀렌은 공장의 작업장 대기 등을 오염시킴과 동시에 석탄 연소 시의 배기가스, 비철금속 정련소의 폐액 등을 통하여 일반 환경으로도 방출된다. 이 양은 세계 전체에서 연간 8만 톤을 넘는 것으로 알려져 있다. 미국에서는 작업장에서 원소상 셀렌 그리고 그 화합물에 의한 노출 가능성이 있는 근로자는 5만 명에 이르는 것으로 추산하고 있다. 또 해수 중에서 어류나 새우류에서의 생물농축도 상당히 현저하다(수백 배에서 수만 배).

▷ 규제 : NIOSH의 노동환경 대기중 허용농도는 0.06 ppm(0.2 mg/m^3)이다. 미국에서는 유해대기, 수질 오염물질 그리고 유해폐기물로 지정되어(예로서 매사추세츠주의 일반 환경 대기중 허용농도는 0.27 ㎍/m^3) 있다. 한편 WHO는 음로수 중 허용농도를 0.01 mg/ℓ로 설정하고, 일본에서는 주된 화합물을 포함하여 독물 그리고 PRTR의 대상물질(제Ⅰ종)로 지정되어 있다. 또 건강보호를 위하여 수질환경기준(0.01 mg/ℓ)을 설정하고 있다.

▷ 우리나라의 규제 : 먹는 물 관리법(시행령 및 시행규칙)에서 먹는 물(수돗물) 중의 셀렌의 허용기준은 0.01 mg/ℓ 이하로 규정되어 있다.

▷ 위해성 및 건강영향 : 셀레늄은 여러 가지 기능을 하지만 결핍되거나 과량 섭취시 다른 중금속과 마찬가지로 독성을 나타낸다. 지금까지의 연구결과로는 셀레늄 결핍은 고혈압, 당뇨병, 근육통증, 관절염, 용혈성 빈혈, 악성 빈혈, 알코올성 간경변, 각종 암, 에이즈, 남성불임, 아토피성 피부염과 어느 정도 관련이 있다. 또 과다 섭취한 경우에는 '알칼리병' 같은 질환이 나타날 수 있다. 알칼리병에 걸린 동물은 탈모, 관절이 굳어지는 증세, 무기력 등의 증세를 보이며 심한 경우 사망에 이르기도 한다. 사람도 800 ㎍ 이상 섭취하면 머리와 치아가 빠지고 피로감이 오는 등 부작용이 발생한다.

12. 수은(mercury)

▸ CAS번호 : 7439-97-6

▸ 원소기호 : Hg(원자번호 80 ; 중금속 원소)

▷ 특성 : 수은은 인체에 누적될 경우 신경계통 등에 치명적인 피해를 주는 중금속의 하나로 온도계, 압력계, 형광등, 아말감에 사용되며, 각종 수은화합물은 살균제, 살충제, 건전지, 곰팡이 제거제, 방청 페인트, 안료 등의 재료로 쓰인다. 또 펄프나 종이, 아세트산, 염소, 가성소다의 제조공정에 이용되기도 한다.

수은에는 무기수은과 유기수은이 있다. 수은의 대부분은 무기수은으로 온도계와 기압계에 많이 사용된다.

생물농축의 주범인 수은은 유기수은의 한 종류인 메틸수은이다. 메틸수은은 물고기 체내에서 쌓이기 때문에 바다나 호수가 약간의 수은으로 오염되더라도 이 물고기들은 쉽게 오염될 수 있다.

수은은 우리의 주변 환경에서 오랜 기간 잔류하는 동안 유기수은이 무기수은으로 되기도 하고, 반대로 무기수은이 흙과 물 속에서 미생물과 바이러스의 생화학적 작용에 의해 천천히 유기수은으로 바뀌기도 한다.

▷ 용도 : 온도계, 압력계 등의 계기, 형광등, 치과용 아말감(합금), 염화나트륨의 전기분해의 음극, 금의 채광에 이용한다. 화합물은 안료, 전지의 전극, 촉매, 폭약, 의약품(살서제), 피부표백용 크림 등의 제조에 이용된다.

▷ 급성독성 : 아주 강하다(사람의 경구 치사량은 화합물에 대하여 14～57 mg/kg). 화합물의 경구섭취에 의하여 구토, 심한 복통 등이 생기고 입 안에 금속미가 지속된다. 한편 금속 수은증기의 흡입노출에서는 환각, 헛소리 등의 증상을 포함하여 중추신경계의 장해가 보인다. 이외에 호흡기계의 장해도 나타나고 기침, 흉통, 폐렴, 호흡곤란 등의 증상이 관찰된다.

▷ 만성 일반독성 : 금속 수은증기의 흡입에 의하여 사람에서 역시 중추신경 장해가 일어나고 수족의 떨림과 불면증, 기억력과 집중력의 저하, 불안감, 타액의 분비과다가 나타난다. 이 외에 신장장해도 중요한 증상이다(RfD = 0.3 μg/kg/day, RfC = 0.3 $\mu g/m^3$). 그리고 아이들의 수은중독은 특히 발의 경련, 피부의 변색과 고통을 동반한다.

▷ 생식독성 : 쥐(암컷)에의 금속수은의 아급성 흡입노출에 의한 발정주기가 길어진다. 또 마우스에의 화합물의 아급성 경구투여에서 임신율이 저하하고 태아의 사망률이 증대한다.

▷ 발생독성 : 체내의 수은함량이 높은 여성에서는 유산이 많고, 마찬가지로 이것이 높은 아이도 학습능력의 저하가 나타난다. 또 임신 마우스 등의 동물실험으로도 노출 후에 유산이 증가하고 기형이 다발하는 것이 알려져 있다(캘리포니아주의 발생 독성물질 리스트에 수록).

▷ 면역독성 : 금속수은에의 노출이 많은 노동자에 면역담당 세포의 종류와 양의 이상이 보인다. 또 화합물에의 만성노출에 의한 자기면역성의 신장장해가 생긴다. 또 피부에 알레르기 증상을 일으킨다.

▷ 내분비계 장애 : 금속수은 증기에의 만성적인 흡입노출에 의하여 갑상선이 비대한다(OSF와 환경성의 내분비계 장애물질 리스트에 수록).

▷ 변이원성 : 직장에서 금속수은 증기 흡입을 계속한 근로자에 백혈구나 림프구의 염색체 이상이 다발한다. 또 화합물을 복강 내 투여한 마우스의 생식세포에도 염색체 이상이 생긴다.

▷ 생태독성 : 수생생물에 대한 화합물의 독성이 상당히 강하고, 여러 어류의 LC_{50}

은 0.05～0.5 mg/ ℓ 이다.

▷ 환경오염 : 단체의 수은은 상온에서 액체의 유일한 금속으로 공장의 작업장 등에서 증발하여 대기를 오염하기 쉽다. 또 석탄과 도시 폐기물의 연소 시의 배기가스나 화력발전소 등의 폐액을 통하여 일반 환경에도 방출된다. 이 양은 세계 전체에서 연간 1만 톤을 넘는다. 일반 사람이 주로 오염식품에서 섭취되는 양(총 수은)은 1일당 5～7 μg(일본 사람은 약 8 μg)에 이른다. 한편 치아의 충전제에 사용하는 아말감에서 수은의 용출도 무시할 수 없다. 그리고 화합물은 환경 중에서 미생물의 작용에 의하여 30～50일간에 독성이 보다 강한 메틸수은으로 변화하는 것이 많다.

▷ 규제 : ACGIH의 노동환경 대기중 허용농도는 2.5 ppb(25 $\mu g/m^3$)이다. 미국에서는 유해대기, 수질 오염물질 그리고 유해폐기물로 지정되어(예로서 캔사스주의 일반 환경 대기중 허용농도는 0.024 $\mu g/m^3$) 있다. 또 EPA는 음료수 중 허용농도를 0.002 μg/ ℓ 로 설정하고, Basel 조약의 대상물질이다.

일본에서는 독물, 노동안전위생법의 특정 화학물질(제 II 류) 그리고 PRTR의 대상물질(제 I 종)로 지정되어 있고, 또 대기오염의 리스크 저감을 위한 지침치(0.04 $\mu g/m^3$)와 건강보호를 위한 수질환경기준(0.5 μg/ ℓ)을 설정하고 있다.

▷ 우리나의 규제 : 식품공전에서는 해산어 · 패류 그리고 단수어의 납의 잔류 허용기준은 2.0 mg/kg 이하로 되어 있다. 먹는 물 관리법(시행령 및 시행규칙)에서 먹는 물(수돗물) 중의 수은의 허용기준은 0.001 mg/ ℓ 이하로 규정되어 있다. 토양환경보전법(시행령 및 시행규칙)에서 토양 중의 수은의 허용기준은 농경지에서 4 mg/kg 이하 그리고 공장, 산업지역에서 16 mg/kg 이하로 규정되어 있다. 또 대기환경보전법(시행령 및 시행규칙)에서 수은화합물(Hg로서)의 대기오염 배출 허용기준은 배출시설에 따라 0.1 mg/m^3으로 규정되어 있다.

▷ 위해성 및 건강영향 : 수은은 다른 중금속과 마찬가지로 한 번 몸 안에 들어오면 빠져 나가지 않고 계속 누적된다. 이것이 몸 안에 축적되어 총 수은량이 30 ppm 이상이 되면 수은중독 현상을 일으키게 된다. 수은은 상온에서 천천히 증발하여 호흡기로 흡수될 수 있다. 또한 수은과 그 화합물은 드물지만 소화기 계통으로 흡수될 수도 있다. 이렇게 호흡기 및 소화기 경로로 인체에 침입하면 80% 정도가 신장 및 간 등에 축적되어 소뇌의 기능을 마비시킨다. 액체 상태의 수은이 피부에 닿으면 단백질 속으로 직접 침투하여 국소적으로 피부염을 유발한다. 수은의 축적에 의한 중독은 만성 신경계의 질환으로 인해 운동장애, 언어장애, 난청, 심하면 사지가 마비되어 죽음에까지 이르기도 한다. 뿐만 아니라 산모가 이 병에 걸리게 되면 태

아가 이와 같은 신경계 질환으로 인해 지체부자유자로 태어나기도 한다. 수은으로 인한 사람의 중독량은 5 mg/70 kg이며, 150～300 mg/70 kg 이상에 노출되면 사망한다. 독성은 무기수은에 비해 메틸수은 같은 유기수은이 훨씬 강하다.

▷ 중독 사례 : 1950년대 일본 구마모토현 미나마타만에서 대규모 수은중독이 발생하여 미나마타병을 일으킨 사건은 유명하다. 미나마타병은 메틸수은에 의한 중독증의 예로 1956년 일본의 미나마타현의 아세트알데히드 초산공장이 배출한 폐수로 인해 발생한 미나마타병 환자가 처음으로 사망하였고, 이후 해를 거듭할수록 환자가 증가해 미나마타병은 중대한 사회문제가 되었다.

우리나라에서도 1988년 당시 15세의 나이로 형광등 제조회사인 협성계공에 취업하여 3개월간 신나와 수은 주입 작업을 하던 문송면이라는 소년이 수은·유기용제 중독으로 사망하여 국민들에게 충격을 주었다.

▷ 국내외 관리동향 : 각 국가별로 식품에 대한 수은의 규제기준이 설정되어 있다. 미국은 1977년에 1.0 ppm으로 설정하였다. 일반식품 중에서 곡류, 채소, 과일에서는 0.02 ppm, 어패류는 0.1～0.4 ppm 정도가 검출되며, 다랑어류에서는 0.4 ppm을 초과하기도 한다. 식품 중의 수은으로 인해 불임이 될 가능성이 있으며, 태아의 수은 중독을 유발할 수 있으므로 미국이나 영국은 임신부들이 수은 함유량이 높은 참치 등의 식품을 제한적으로 섭취하도록 권고하고 있다. 실제 미국 FDA는 임신여성이 참치를 얼만큼 먹는 게 안전한지는 분명치 않지만 생선 중 참치만 먹을 경우 일주일에 참치 통조림 2개, 다른 해산물을 섞어 먹을 경우 참치 통조림 1개가 적당할 것이라고 권고하였으며, 영국 식품표준청은 임신부나 임신 예정에 있는 사람들 그리고 모유를 수유할 계획이 있는 사람들에 대해서 수은 함유량이 높은 생선(상어, 황새치, 청새치)을 피하고 되도록이면 일정량의 수은을 함유한 참치는 자주 먹지 말 것을 권고하고 있다.

13. 아연(zinc)

- CAS번호 : 7440-66-6
- 원소기호 : Zn(원자번호 30 ; 중금속 원소)

▷ 용도 : 철제품의 방청도료, 건전지의 음극재료, 주석(구리와 합금) 제품, 치과용 합금에 이용된다. 화합물은 백색안료, 고무, 농약, 목재 방부제, 금속비누, 연고, 촉매 등의 제품에 이용된다.

▷ 유독성 : 분진 흡입시 두통, 불쾌감, 손발 통증을 일으킨다.

▷ 급성독성 : 화합물의 흡입 또는 경구섭취에 의한 경우는 상당히 강하다(염화아연($ZnCl_2$)의 쥐의 경구 LD_{50} = 350 mg/kg). 아래 설명은 주로 화합물을 대상으로 한다. 사람에서는 미세분말 흡입 시에 코 등의 자극 이외에도 폐에 장해가 생기고 호흡곤란을 초래한다. 또 다량의 경구섭취에 의하여 위장장해(설사 등)가 생긴다.

▷ 만성 일반독성 : 아연은 생원소이고 그 미량은 생물에 있어서 여러 효소의 성분으로서 필요하나, 과잉 섭취에 의하여 적혈구의 작용률에 이상이 생긴다. 빈혈이나 간장, 췌장 장해를 초래한다(RfD = 0.3 mg/kg/day).

▷ 생식독성 : 쥐 또는 마우스에의 아만성 경구투여로 임신율의 저하 그리고 신생아의 사망률의 증대와 체중 감소가 관찰된다.

▷ 발생독성 : 임신 쥐에의 태아의 발육이 늦어지고 골격화의 이상이 발견된다.

▷ 행동독성 : 음료수(5 mg/ ℓ 함유)에 의하여 경구투여한 모친 쥐에서 출생한 새끼가 3개월 후 미로(迷路) 테스트에서 학습능력의 저하를 나타내었다.

▷ 변이원성 : 염화물은 *Salmonella*균에 유전자 변이를 초래한다. 또 사람의 배양 림프구에 염색체 이상을 일으킨다.

▷ 생태독성 : 수생생물에 대한 독성은 약간 강하다[예를 들면, 황산아연($ZnSO_4$)에 대하여 무지개송어의 LC_{50}(48시간) = 4.8 mg/ ℓ].

▷ 환경독성 : 아연은 비금속 정련소에서나 석유, 석탄 화력발전소의 배기가스(표 2-3 참조), 제철공장의 폐액, 각종 화학상품의 사용과 폐기 후의 처리(매립이나 연소 등) 등을 통하여 환경으로 배출된다. 그 양은 세계 전체에서 연간 250만 톤에 이르고, 오염이 급속히 증대되고 있다. 특히 수중에의 생물농축이 현저하다(어류에서는 2,000배, 굴에서는 24,000배). 이 때문에 일반 사람이 주로 식품에서 1일 섭취하는 아연의 양은 체중 1 kg당 대체로 0.2 mg에 이른다.

▷ 규제 : 염화물에 관한 OSHA의 노동환경 대기중 허용농도는 1 mg/m^3이다. 미국에서는 유해수질, 음료수 오염물질 그리고 유해폐기물로 지정되어(EPA의 음료수중 허용농도는 2 mg/ ℓ) 있다. 또 뉴욕주에서는 금속아연에 관한 일반 환경 대기중 허용농도를 0.03 $\mu g/m^3$으로 설정하고 있다. Basel 조약의 대상물질이다. 일본에서는 PRTR의 대상물질(제 I 종)로 지정되어 있고, 또 화합물의 대부분이 극물로 지정되어 있다.

표 2-3. 석유와 석탄의 유해원소 함유량

유해원소	석유(ppm)	석탄(ppm)
아연	30	50 (3～300)
안티몬	0.05	1 (0.1～9)
카드뮴	0.03	0.2 (< 0.01～22)
크롬	0.05	10 (2～400)
코발트	0.05	4 (1～90)
수은	0.05	3 (0.01～21)
주석	0.01	2 (1～47)
셀렌	0.3	3 (0.04～10)
구리	1.3	15 (3～180)
납	-	10 (2～370)
니켈	10	10 (1～80)
바나듐	50	20 (2～130)
비소	0.26	5 (0.3～93)
베릴륨	-	1 (0.1～7)
만강	0.6	50 (3～900)
몰리브덴	0.03	3 (0.3～30)

▷ 우리나라의 규제 : 먹는 물 관리법(시행령 및 시행규칙)에서 먹는 물(수돗물) 중의 아연의 허용기준은 1 mg/ℓ 이하로 규정되어 있다. 토양환경보전법(시행령 및 시행규칙)에서 토양 중의 아연의 허용기준은 농경지에서 300 mg/kg 이하 그리고 공장, 산업지역에서 800 mg/kg 이하로 규정되어 있다.

관련 법규 : 수질환경보전법(수질오염물)
대기환경보전법(대기오염물질, 특정 대기유해물)
산업안전기준에 관한 규칙[발화성 물질(가연성 고체)]

14. 안티몬(antimony)

▸ CAS번호 : 7440-36-0

▸ 원소기호 : Sb(원자번호 51 ; 중금속 원소)

▷ 용도 : 반도체 재료와 베어링・전극(납 등의 합금)에 이용한다. 화합물은 플라스틱이나 섬유제품의 난연제(難燃劑), 유리의 탈색제, 안료, 고무의 첨가제, 의약품

(최토제), 촉매, 불꽃, 석양 등에 이용된다.

▷ 급성독성 : 상당히 강하다(쥐 복강내 LD_{50} = 100 mg/kg). 사람에서는 화합물과의 접촉에 의하여 피부에 화농성의 발진이 생기거나 비염이나 결막염이 생긴다. 경구섭취하면 위장에 장해가 생긴다. 동물실험에서는 흡입노출로 폐, 심혈관계 그리고 간장에 악영향이 나타난다. 아래의 설명은 주로 화합물을 대상으로 한 것이다.

▷ 만성 일반독성 : 사람에의 흡입노출로 폐의 염증, 기관지염, 혈압 상승, 심근 이상, 위장장해 등이 생긴다. 동물실험에서는 이들 외에도 간장, 신장 그리고 중추신경계의 장해가 나타난다(RfD = 0.4 ㎍/kg/day).

▷ 생식독성 : 쥐(암컷)에의 흡입포로로 자궁의 조직에 이상한 변화가 생기고 난자의 성숙이 교란된다. 또 안티몬화합물을 취급하는 직장의 여성근로자에 유산과 월경불순이 증대된다는 보고가 있다.

▷ 발생독성 : 임신 쥐에 있어서 흡입노출로 태아의 성장 늦어지고 유산의 증가가 관찰된다. 또 근육 내 투여의 실험에서는 여기에 더하여 여러 가지의 골격과 내장 기형도 나타난다.

▷ 발암성 : 산화 안티몬(III)(Sb_2O_3)의 미세분말을 쥐(암컷)에 장기간 흡입시키면 폐암이 생긴다(IARC는 같은 화합물을 그룹 2B로 지정).

▷ 변이원성 : 염화물이나 산화물은 경구투여 후에 마우스의 골수세포, 햄스터의 배양 폐세포 그리고 사람의 배양백혈구에 염색체 이상을 일으키고 고초균의 DNA를 손상한다.

▷ 환경오염 : 안티몬은 공장의 작업장 대기 등을 오염시킴과 동시에 석탄 연소시의 배기가스, 비철금속 정련소와 각종 공장의 폐액, 각종 화학상품의 사용과 폐기 후의 처리(연소와 매립) 등을 통하여 일반 환경에도 방출된다. 그 양은 세계 전체에서 연간 4만 톤에 이른다고 알려져 있다. 이 때문에 일반 사람이 식품에서 섭취하는 안티몬의 양은 1일당 평균 약 5 ㎍에 이른다.

▷ 규제 : NIOSH의 노동환경 대기중 허용농도는 0.1 ppm(0.5 mg/m^3)이다. 미국에서는 유해대기, 수질 오염물질 그리고 유해폐기물로 지정되어(예로서 뉴욕주의 일반 환경 대기중 허용농도는 0.67 $㎍/m^3$) 있다. 또 EPA는 음료수 중 허용농도를 6 ㎍/ ℓ 로 설정. Basel 조약의 대상물질이다. 일본에서는 수도수의 오염을 감시하기 위한 수질관리 목표치(15 ㎍/ ℓ)를 설정하고, 또한 PRTR의 대상물질(제Ⅰ종)로 지정. 그리고 화합물의 대부분이 극물로 지정되어 있다.

관련 법규 : 대기환경보전법(대기오염물질, 특정 대기유해물)
산업안전기준에 관한 규칙[발화성 물질(가연성 고체)]

15. 알루미늄(aluminum)

▸ CAS번호 : 7429-90-5

▸ 원소기호 : Al(원자번호 13 ; 경금속 원소)

▷ 용도 : 건축재료와 각종 합금, 항공기나 자동차의 부품, 부엌 용품과 음료캔, 도료의 성분 등에 이용한다. 화합물은 촉매, 정수제, 세라믹의 원료(내화벽돌 등), 연마제, 가죽 무두질, 매염제, 식품첨가물, 화장품, 치약, 위장약, 지혈제 등에 이용된다.

▷ 유독성 : 분말을 다량 흡입하면 만성적으로 피부염증, 기관지 손상, 식욕부진, 호흡곤란을 일으킨다. 눈의 점막을 자극하고 피부의 상처에 침투하면 피부염을 일으킨다.

▷ 급성독성 : 그다지 강하지 않으나 사람이 화합물의 미세분말을 흡입하면 폐, 목, 코 등이 자극되어 기침이 생긴다. 또 신장염 환자에서는 의료의 목적으로 다량의 화합물을 경구섭취함으로써 뇌 장해(언어장해, 경련 등)가 생기는 경우가 알려져 있다. 아래의 설명은 주로 화합물을 대상으로 한 것이다.

▷ 만성 일반독성 : 상기와 마찬가지로 신장환자에 대하여 경구섭취 혹은 혈액투석에서 유래되는 다량의 체내에의 취입에 의하여 뇌 장해(특히 치매), 골연화증 그리고 빈혈이 생긴다. 혈중 알루미늄 농도가 최저 50 μg/ℓ 의 수준에서도 약간의 인식능력 저하가 발견된다. 그러나 어느 종의 뇌 장해는 소위 알츠하이머병에는 병리학적으로 다르다고 한다.

한편, 음료수 중의 알루미늄 함량이 높은 지역에 알츠하이머병이 다발한다는 역학조사가 몇 개 알려져 있으나 이들 음료수에서의 섭취량보다 약간 많은 양의 알루미늄을 일반 사람이 식품에서 섭취하고 있는 것이 현실이고, 인과관계를 의문시하고 있다.

▷ 생식독성 : 마우스에의 아급성 복강내 투여에서 정소의 의축, 정자의 감소 그리고 임신율 저하가 나타난다. 또 쥐에의 아만성 경구투여에서도 전자의 활동에 악영향을 미친다.

▷ 발생독성 : 임신 쥐의 경구투여로 신생아 발육이 저하하고 사망률이 증대한다.

▷ 행동독성 : 임신 쥐의 경구투여에서 신생아에 행동이상(바로서기 반사의 능력 저하 등)이 나타난다. 피하투여에서도 학습·기억능력 저하가 관찰된다. 또 임신 마우스의 경구투여에도 신생아가 유사한 행동이상을 나타낸다.

▷ 변이원성 : 염화물을 복강 내에 투여한 포유류의 골수세포에 염색체 이상이 생긴다.

▷ 생태독성 : 수용성 화합물은 수생생물에 대하여 독성이 강하고 0.14 mg/ℓ의 농도에서 어류에 대하여 치사작용을 나타낸다.

▷ 환경오염 : 식품 중의 알루미늄 함량은 1∼20 ppm, 또 음료수 중의 함량은 0.01∼0.2 mg/ℓ(ppm)이고, 일반사람이 1일에 섭취하는 알루미늄의 총량은 약 20mg로 본다. 이 중 식품에서의 섭취량은 음료수에서의 이들의 약 100배로서 압도적으로 많다. 그리고 알루미늄의 제철소나 이것을 함유하는 상품의 생산 공장에서 미세분말의 흡입 등에 의한 과잉 노출이 생길 염려도 있다. 또 의약품의 복용에 의하여 1일에 100∼200 mg을 섭취하는 수가 많다. 또한 최근에는 산성비의 증가로 토양의 알루미늄 성분이 보다 많이 녹아 내려 하천수 등의 알루미늄 농도를 높이는 것이 걱정된다.

▷ 규제 : 가용성의 화합물에 관한 NIOSH의 노동환경 대기중 허용농도는 원소에 대하여 2 mg/m^3이다. 미국에서는 유해음료수 오염물질 그리고 유해폐기물로 지정되어(예로서 애리조나주의 음료수 중 허용농도는 73 μg/ℓ) 있다.

▷ 우리나라의 규제 : 먹는 물 관리법(시행령 및 시행규칙)에서 먹는 물(수돗물) 중의 알루미늄의 허용기준은 0.2 mg/ℓ 이하로 규정되어 있다.

관련 법규 : 대기환경보전법(대기오염물질, 특정 대기유해물)
산업안전기준에 관한 규칙[발화성 물질(가연성 고체)]

16. 은(silver)

▸ CAS번호 : 7440-22-4

▸ 원소기호 : Ag(원자번호 47 ; 중금속 원소)

▷ 용도 : 장식품, 화폐, 거울, 치과용품, 전기부품 등의 재료, 도금용 극판과 건전지, 촉매, 바인더용 합금 등에 이용된다. 화합물은 사진감광용 유제, 잉크, 의약품, 화장품(방취제), 항균 의료(衣料) 등의 제조에 이용된다.

▷ 급성독성 : 수용성의 화합물에 대하여 상당히 강하다(사람이 미세분말을 흡입하면 코, 목, 폐 등이 자극을 받아 기침이나 호흡곤란을 초래한다). 경구섭취의 경우에도 구강이나 위장이 아프고 혈변, 현기증, 경련, 혼수 등의 증상을 거쳐 사망하는 수도 있다. 특히 질산은($AgNO_3$)의 수용액은 피부에 접촉하면 염증을 일으키고 흑변을 한다. 아래의 설명은 주로 화합물을 대상으로 한 것이다.

▷ 만성 일반독성 : 사람의 경우 호흡기계나 피부와 점막에 악영향이 나타나는 것은 상기의 급성증상과 마찬가지이나 생긴 변화(조직의 흑변 등)가 회복되지 않는 것이 많다(RfD = 5 ㎍/kg/day). 이 외에도 시력 저하나 신장장해도 나타난다.

▷ 발생독성 : 임신 쥐에의 경구투여로 유산과 신생아 사망률이 증가한다.

▷ 생태독성 : 수생생물에 대하여는 독성이 아주 강하다(질산은 경우는 무지개송어의 LC_{50}(96시간) = 9.2 ㎍/ ℓ). 예로서 은 이온에 대하여는 0.17 ㎍/ ℓ 의 농도로 무지개송어의 발육에 악영향을 미친다.

▷ 환경오염 : 은(銀)은 그 화합물을 취급하는 공장의 작업장 등을 오염시킴과 동시에 이들 공장의 폐액이나 각종 폐기물 처리(연소와 매립)를 통하여 일반 환경으로 방출된다. 그 양은 세계 전체로서 연간 약 2,500톤에 달한다. 특히 패류에의 생물 농축이 현저하다(굴에서는 약 2만 배). 이 때문에 일반 사람이 오염된 식품에서 섭취하는 은의 양은 1일당 1～16 ㎍에 이른다.

▷ 규제 : 가용성 화합물에 관하여는 NIOSH의 노동환경 대기중 허용농도는 원소에 대하여는 0.01 mg/m^3이다. 미국에서는 유해수질 오염물질 그리고 유해폐기물로 지정되어(미네소타주의 음료수 중 허용농도는 0.03 mg/ ℓ) 있다. 또 코네티컷주에서는 일반 환경 대기중 허용농도를 0.2 $㎍/m^3$으로 설정되어 있다. 일본에서는 PRTR의 대상물질(제 I 종)로 지정하고, 또 몇 개의 화합물은(질산은 등)은 극물로 지정하고 있다.

관련 법규 : 산업안전기준에 관한 규칙[발화성 물질(가연성 고체)]

17. 주석(tin)

▸ CAS번호 : 7440-31-5

▸ 원소기호 : Sn(원자번호 50 ; 중금속 원소)

▷ 용도 : 합금(청동・바인더・축수용・치과용 등), 철제품의 도금(함석판), 구리제품의 코팅, 주석상자 등에 이용된다. 화합물은 염료(매염제), 안료, 감광지, 유백

색 유리, 향수, 촉매 등의 제조에 이용한다.

▷ 급성독성 : 화합물의 경구섭취의 경우는 약간 강하다(염화제일주석($SnCl_2$)의 쥐의 경구 LD_{50} = 700 mg/kg). 사람에서는 두통, 구토, 설사, 복부의 경련, 발열, 떨림 등이 나타난다. 또 쥐에의 아급성 경구투여에서 빈혈과 발육의 억제가 관찰된다. 한편 미세분말의 흡입이나 접촉에 의하여 피부나 점막(눈·코·목 등)이 강하게 자극된다. 아래의 설명은 주로 화합물을 대상으로 한 것이다.

▷ 만성 일반독성 : 주석은 쥐에 대하여 생원소이고, 미량(사료 중에 1～2 ppm)이 성장에 필요하다고 보고하고 있다. 이보다 과잉의 경구투여에 의하여 체중 저하, 혈중 헤모글로빈의 감소, 간장과 신장장해 등을 일으킨다. 중추신경계의 악영향도 알려져 있다.

▷ 생식독성 : 쥐의 아만성 경구투여로 정소의 변질(괴사)이 생긴다.

▷ 발생독성 : 임신 쥐에의 경구투여로 태아에 기형(혀의 이상)이 생긴다는 예가 보고되고 있다.

▷ 내분비계 장애 : 쥐에의 아급성 경구투여로 혈중 인슐린 농도가 저하한다.

▷ 변이원성 : 햄스터의 배양 난소세포의 DNA를 손상한다.

▷ 환경오염 : 주석은 공장의 작업장 대기 등을 오염시킴과 동시에 석탄 연소 시의 배기가스, 각종 화학상품의 사용과 폐기 후의 처리(연소와 매립) 등을 통하여 일반 환경으로도 방출된다. 특히 통조림 등의 함석판제의 캔에서 식품 중에 50～500ppm의 주석이 용출하는 것으로 알려져 있으며 안전상 무시할 수 없는 것으로 본다. 미국사람이 체내에 취입되는 주석량은 1일당 평균 17 mg에 이른다.

▷ 규제 : 무기주석 화합물에 관하여는 NIOSH의 노동환경 대기중 허용농도는 원소에 대해서는 2 mg/m^3(스웨덴에서는 이 값을 0.1 mg/m^{3}으로 설정)이다. 미국의 버지니아주에서는 일반 환경 대기중 허용농도를 1.6 μg/m^{3}으로 설정하고, 또 미네소타주에서는 음료수 중 허용농도를 4 mg/ℓ로 설정하고 있다. 일본에서는 일부 화합물($SnCl_2$ 등)을 극물로 지정하고 있다.

관련 법규 : 수질환경보전법(수질오염물)
대기환경보전법(대기오염물질, 특정 대기유해물)
산업안전기준에 관한 규칙[발화성 물질(가연성 고체)]

18. 카드뮴(cadmium)

▸ CAS번호 : 7440-43-9

▸ 원소기호 : Cd(원자번호 48 ; 중금속 원소)

▷ 특성 : 카드뮴은 지각에서 흔히 발견되는 원소로서 은백색의 광택이 많이 나는 금속이다. 순수한 카드뮴은 부드러운 은색 금속이지만, 자연환경에서는 산소, 염소, 황과 같은 원소와 결합하여 여러 가지 화합물 형태로 존재한다. 이런 화합물들은 대부분 안정한 고체이지만, 가끔 산화 카드뮴은 작은 입자로서 공기중에 존재하기도 한다. 산업에서 사용되고 있는 대부분의 카드뮴은 아연, 납, 구리 광석을 녹일 때 부산물로 얻어진 것이다. 주로 배터리, 색소, 금속 도금, 플라스틱 등에도 많이 사용된다. 진노란 색 카드뮴 증기나 먼지를 흡입하면 카드뮴에 중독된다.

카드뮴은 공기, 물, 토양, 음식물 등에 아주 약간씩은 들어 있다. 인산 비료나 하수 폐기물을 사용하여 토양에 거름을 주게 되면 토양 속으로 카드뮴이 많이 들어가게 된다. 식물은 토양으로부터 카드뮴을 흡수하고, 물고기는 물 속에 있는 카드뮴을 섭취하기 때문에 이런 것들을 음식으로 섭취할 때 우리는 카드뮴에 오염된다. 석탄이나 석유와 같은 화석 연료를 연소시키거나 쓰레기를 소각할 경우 상당히 많은 양의 카드뮴이 환경으로 방출되는데, 이런 공기를 흡입하므로써 카드뮴에 오염된다. 대부분의 식물처럼 담배도 카드뮴을 함유하고 있으므로 담배를 피우면 체내에 카드뮴이 농축된다. 흡연자는 비흡연자보다 약 2배 정도로 많은 카드뮴을 체내에 가지고 있다.

▷ 용도 : 전지(특히 니켈카드뮴 전지) 전극, 합금(전차의 가선이나 보일러의 휴즈), 도금 등에 이용된다. 화합물은 안료와 도료(적색 또는 황색), 플라스틱의 안정제 등에 이용한다. 일본에서는 전지 사용이 대부분이다.

▷ 유독성 : 눈과 피부에 접하면 염증을 유발하고 분진 흡입 시 기관지염, 호흡곤란, 폐염, 두통, 발열을 일으키며 급성중독 시는 위장장애를 일으키며 만성중독 시는 코 혈궤양, 혈액장애, 폐 그리고 골육장애, 대소변의 흑변, 장염 그리고 결국 사망에 이르는 전형적인 직업병을 유발시킬 수 있다.

▷ 급성독성 : 상당히 강하다(쥐의 경구 LD_{50} = 225 mg/kg). 사람에서는 미세분말의 흡입에 의하여 폐에 염증이 생기고 호흡곤란을 초래한다. 또 화합물의 경구섭취에 의하여도 두통이나 발열을 겸한 인플루엔자 같은 증상이 나타나고 구토나 복부의 경련도 나타난다. 아래의 설명은 주로 화합물을 대상으로 한 것이다.

▷ 만성 일반독성 : 체내에서는 주로 간장과 신장에 축적된다. 사람이나 실험동물에서도 장기간의 경구섭취에 의하여 우선 신장장해(요혈관의 기능저하)가 생기고 (RfD = 0.5 ㎍/kg/day), 또 골의 발육 불량, 치아의 변질, 후각 저하 등도 관찰된다. 소위 이따이이따이병은 이들 증상의 전형적이 예이다. 동물실험에서는 고혈압, 동맥경화, 빈혈, 간장장해 등의 발증도 알려져 있다. 한편 흡입노출로 세기관지염이나 폐기종이 생긴다.

▷ 생식독성 : 쥐나 마우스에의 미량 경구, 복강 내 또는 피하투여에 의하여 정소의 변질과 위축, 정자형성의 저해, 임신율의 저하, 불임 등이 생긴다. 사람에서도 경구섭취와 흡입노출의 경우에 같은 영향이 관찰된다(캘리포니아주의 수컷의 생식 독성물질 리스트에 수록). 또 마우스에의 피하투여에서는 난소의 출혈과 배란 저해도 나타난다.

▷ 발생독성 : 임신 쥐나 임신 마우스에의 미량 경구, 정맥 내 또는 복강 내 피하투여에 의하여 태아 발육의 저하를 초래하고 기형(수두증, 구개열, 무안구증, 항문폐쇄 등)을 일으킨다. 또 신생아의 행동이상이나 학습능력 저하도 관찰된다(행동독성). 사람에서도 경구노출로 태아의 발육불량을 보고하고 있다(캘리포니아주의 발생 독성물질 리스트에 수록).

▷ 면역독성 : 마우스에의 경구 또는 복강 내 투여로 항체 생산능력이 저하한다.

▷ 내분비계 장애 : 낮은 농도에서는 사람의 배양 유방암세포(MCF-7)의 증식을 촉진하고 estrogen 같은 작용을 나타난다. 특히 수용체에 결합하여 정상 estrogen의 작용을 방해한다. 또 쥐에의 피하투여로 혈중 androgen 농도가 저하한다(OSF와 환경성의 내분비계 장애물질 리스트에 수록).

▷ 발암성 : 카드뮴을 취급하는 직장의 근로자에 폐암과 전립선암이 다발하는 것이 확인되었다. 또 염화카드뮴($CdCl_2$) 등을 흡입시킨 쥐에 역시 폐암이 생기고, 경구투여한 쥐에서는 전립선암, 정소암, 그리고 백혈병이 생긴다. 또 쥐에의 기관 내 투여로 유방암의 생성도 확인되고 있다. IARC는 화합물 전체로서 그룹 1로 지정하고, 또 EPA는 같은 그룹 B1에 지정하며, 흡입단위 리스크를 원소에 대하여 0.0018(실질 안전 대기중 농도는 0.0006 ㎍/m^3)로 지정되어 있다.

▷ 변이원성 : 마우스의 배양 림프종세포에 유전자 변이를 초래하고 햄스터의 배양 난소세포와 초파리에 염색체 이상을 일으킨다. 그리고 쥐의 배양 간세포나 경구투여한 쥐의 신장세포의 DNA를 손상한다.

표 2-4. 일본식품 중의 카드뮴오염

식 품	오염농도(최고치) (ppm)	EU의 허용기준치	왼쪽 기준치를 넘는 오염식품의 비율(%)
쌀(현미)	1.20	0.2	3.3
밀	0.47	0.2	3.1
콩	0.66	0.2	16.7
시금치	0.49	0.2	3.0
토란	0.33	0.1	11.1
우엉	0.23	0.1	5.7
가지	0.17	0.05	7.6
가리비	0.51	1.0	0
가자미	0.77	1.0	0
오징어	1.30	1.0	5.4

(자료 : 2002년도 농수산성 실태 조사에서)

▷ 생태독성 : 수생생물에 대한 독성은 아주 강하다{예를 들면, 질산카드뮴 $[Cd(NO_3)_2]$에 대하여 무지개송어의 LC_{50}(48시간) = 0.055 mg/ℓ}.

▷ 환경오염 : 카드뮴은 아연의 정련소나 도금공장의 폐액, 불용된 전지나 플라스틱제품의 연소 등을 통하여 환경으로 방출된다. 그 양은 세계 전체에서 연간 3만 톤에 이른다. 특히 수중에 있어서 패류에의 생물농축이 현저하고(굴에 대하여는 약 30만 배), 식품오염을 확대하고 있다. 표 2-4에 일본에서의 식품오염 예를 나타내었다. 유럽연합(EU)의 허용 기준치를 넘는 오염이 상당히 넓혀 있는 것이 걱정된다.

이와 같은 식품의 섭취를 주로 하는 원인으로서 일반 사람이 체내로 취입되는 카드뮴 양은 1일당 세계 평균으로 10～35 μg(일본에서는 20～50 μg)으로 본다. 일본 사람의 섭취량을 체중 1 kg당으로 환산하면 0.4～1 μg/kg/day인데, 여기에서도 이미 허용기준(RfD)을 넘고 있는 것이 걱정이다. 또 사람의 신장(피질) 중의 카드뮴 함량도 20세기 전반의 약 1 ppm(습윤 중량당)에서 현재에는 10～50 ppm(일본에서는 50～100 ppm)으로 증가하고 있다. 따라서 이 값이 200 ppm에 이르면 인구의 10%에 신장장해가 발증되는 것으로 추정한다.

▷ 규제 : ACGIH의 노동환경 대기중 허용농도는 원소에 대하여 2 μg/m^3(NIOSH는 가능한 한 낮은 농도가 바람직하다고 권고한다)이다. 미국에서는 유해대기, 수질오염물질 그리고 유해폐기물로 지정되어 있다. WHO는 음료수 중 허용농도를 3 μg/ℓ로 설정하고, Basel 조약의 대상물질이다. 일본에서는 노동안전위생법의 특정 화

학물질(제Ⅱ류) 그리고 PRTR의 대상물질(제Ⅰ종)로 지정하고, 다시 건강보호를 위하여 수질환경기준(10 ㎍/ℓ)을 설정하고 있다. 또 화합물의 대부분이 극물로 지정되어 있다.

한편, 쌀(현미)에 대하여는 허용기준(1 ppm)이 설정되어 현실에는 0.4 ppm 이상의 쌀이 준오염미(準汚染米)로 하여 출하가 금지되고 있다. 그러나 표 2-4에서 보는 바와 같이 EU에 의하여 설정되고 있는 허용 기준치(0.2 ppm)를 넘는 쌀은 유통량의 3～4%에 이른다. 또 호주나 태국에서보다 엄한 허용기준치(0.1ppm)가 설정되어 있으나 일본의 쌀의 카드뮴 함량은 유통량의 20% 가까이가 이 값을 넘고 있다.

▷ 우리나라의 규제 : 식품공전에서는 담수어의 카드뮴의 잔류 허용기준(생물로 기준 할 때)은 2.0 mg/kg 이하이고, 쌀 중의 카드뮴은 0.2 mg/kg 이하로 되어 있다. 먹는 물 관리법(시행령 및 시행규칙)에서 먹는 물(수돗물) 중의 카드뮴의 허용기준은 0.01 mg/ℓ 이하로 규정되어 있다. 토양환경보전법(시행령 및 시행규칙)에서 토양중의 카드뮴의 허용기준은 농경지에서 1.5 mg/kg 이하, 그리고 공장, 산업지역에서 12 mg/kg 이하로 규정되어 있다.

▷ 위해성 및 건강영향 : 카드뮴은 대부분 호흡기를 통해 흡수되는데, 갓 생성된 카드뮴 증기는 흡입될 경우 폐에 침착이 잘 된다. 또한 카드뮴은 위장을 통해서도 5% 정도가 흡수되며 카드뮴으로 처리한 용기에 담긴 산성 음식이나 음료수를 섭취하여도 카드뮴에 중독될 수 있다. 체내에 들어온 카드뮴은 간으로 이동되어 주로 간과 신장에 저장된다.

카드뮴 중독의 초기 증상은 뚜렷한 것이 없기 때문에 위험을 느끼지 못하며, 간혹 오한·두통·구토·설사 등이 나타나 몸살 감기 등으로 오인할 수 있다. 카드뮴에 장기간 노출되었을 때 가장 먼저 이상이 나타나는 기관은 신장으로 소변에서 뇨단백이 검출된다. 심한 만성 중독의 경우 드물지만 뼈에 병변(골연화증, 골조송증, 특발성골절)이 나타날 수 있다.

기타 다른 증상으로는 냄새를 제대로 맡을 수 없고, 코점막에 궤양이 생기며, 치아가 누렇게 변하는 현상 등이 있다.

카드뮴 중독은 임상적인 증상과 신장의 손상 때문에 나타나는 저분자 단백뇨로 진단한다. 혈중 카드뮴 농도는 최근 2～3개월 동안의 카드뮴 노출량을 나타내는 것으로 진단에 참고할 수 있다. 카드뮴 중독에서는 다른 중금속 중독에서 사용하는 약이 오히려 더 큰 해를 줄 수 있기 때문에 함부로 쓰지 않고, 일반적으로 에데트산 칼슘을 경구투여하거나 보조적인 치료를 실시한다.

▷ 중독 사례 : 1910년대 후반부터 일본 토야마현 주민들은 허리, 팔, 다리의 뼈마디가 아프다며 병원을 찾기 시작했다. 50년이 지나도록 어느 의사도 '원인불명'이라는 말 외에는 시원한 답을 주지 못했다. 1968년 드디어 일본 정부는 '카드뮴에 의해 뼈 속 칼슘분이 녹아 신장장애와 골연화증이 일어난 것'이라고 공식발표했다. 1968년 5월 8일에 일본 후생성이 공해병으로 인정한 이 병은 1945년 일본의 도야마현 진쯔으천(신통천) 상류지역에 위치한 미쓰이 금속 주식회사 광업소에서 선광, 정련 공정에서 배출된 폐광석에 함유된 카드뮴(Cd)이 고원천을 통하여 신통천에 흘러내려와 농작물, 어패류, 상수원을 오염시켜 이따이이따이병을 발생시켰다고 공식발표했다. 증상은 카드뮴이 체내에 흡입되어서 신장의 기능이 나빠지고, 인체에 필요한 칼슘(Ca)과 인(P)을 체외로 배출하여 통증을 호소해 이따이이따이병이라 명명했다.

한편 전신의 통증과 뼈 속에서 칼슘과 인이 계속 배출되면서 골연화증과 같은 병적인 골절이 수반됐으며 심한 경우는 얼굴에 경련이 일으키면서 사망하였다.

이따이이따이병은 중년의 다산 경험이 있는 여성에게 많이 나타났으며, 처음에는 요통 및 등줄기의 통증, 사지 근육통, 관절통을 호소하다 이 통증이 점점 심해져 이윽고 뼈에 금이 가고 결국 전신의 뼈가 부러진 경우까지 있었다. "아프다, 아프다(이따이, 이따이)"라고 괴로워하는 모습에서 이런 병명이 붙여졌다.

1979년 3월까지 130명의 환자 중 90%가 65세 이상이고, 남자 3명 외에는 모두 여자였다. 이 중 81명이 사망했으며, 환자의 발병은 모두 20~30년 이상 신통천 유역에 거주한 자가 대부분이었다. 하지만 아직도 미인정 환자에 대해 심사 중이다. 지금까지 총 208명의 환자 중 128명이 사망한 것으로 추정된다.

▷ 국내외 관리동향 : 2004년 10월 국립농산물품질관리원은 2001년 쌀 카드뮴 잔류 허용기준(0.2 mg/kg)을 정한 이래 카드뮴이 초과 검출돼 폐기한 벼가 78.8 t에 이른다고 밝혔다. 농산물품질 관리원에 따르면 카드뮴 오염 우려 지역인 전국 26개 광산 주변 벼 재배지를 대상으로 안전성 조사를 실시한 결과 2001년 165필지(158건) 중 39필지(38건)에서 카드뮴이 초과 검출돼 41.68 t을 소각했다. 2002년에는 57필지(54건) 중 36필지(33건)에서 카드뮴이 초과 검출돼 30.12 t을 소각했고, 2003년에는 93필지(93건) 중 6필지(6건)에서 재배된 벼 7 t을 폐기했다.

관련 법규 : 수질환경보전법(수질오염물)
대기환경보전법(대기오염물질, 특정 대기유해물)
산업안전기준에 관한 규칙[발화성 물질(가연성 고체)]

19. 코발트(cobalt)

▸ CAS번호 : 7440-48-4

▸ 원소기호 : Co(원자번호 27 ; 중금속 원소)

▷ 용도 : 합금(특수강・초합금・영구자석용・치과용 등), 도금용 극판, 반도체와 연마제의 재료 등에 이용된다. 화합물은 안료(특히 도자기용), 유리의 탈색제, 보건용 의료약품, 촉매 등의 제조에 이용한다. 또 원자로 중에서 생성되는 방사성의 코발트 60은 의료의 분야에서 감마선의 조사의 목적으로 사용된다.

▷ 급성독성 : 상당히 강하다(쥐에 대한 복강 내 투여의 치사량은 375 mg/kg). 특히 미세분말의 흡입노출에 의하여 사람에서나 동물에서도 폐에 충혈, 출혈, 수종 등이 생기고 호흡작용이 현저히 저하한다.

▷ 만성 일반독성 : 코발트는 생원소이고 그 미량은 동물에 있어서 비타민 B_{12}의 성분으로서 필요하지만 과잉으로 경구섭취하면 위장장해(구토증・설사 등)나 간장장해를 초래한다. 1960년대에 미국이나 캐나다에서 맥주의 안정제로서 첨가한 황산코발트($CoSO_4$)를 반년 이상 섭취를 계속한 사람에게서 악성 심근장해(심장의 변형이나 쇼크 증상)가 다발하여 사망한 예가 있는 것으로 알려져 있다.

또 화합물(미세분말)의 흡입노출에 의한 만성적인 영향에 대하여도 천식이나 폐렴 이외에도 심장의 비대, 간장과 신장의 충혈, 결막염 등이 관찰된다. 이하의 설명은 주로 화합물을 대상으로 한 것이다.

▷ 생식독성 : 미세분말을 마우스 등에 약간 장기간 흡입시킨 결과 수컷에서는 정소가 위축하고, 정자의 운동성이 저하한다. 또 암컷에서는 발정주기가 길어진다.

▷ 발생독성 : 이가(二價)의 코발트 화합물은 임신 쥐에의 경구투여로 유산의 증가, 태아의 발육불량 그리고 신생아의 생존률 저하를 초래하고 마우스에서도 같은 결과가 관찰된다.

▷ 면역독성 : 사람의 만성적인 흡입노출에 의하여 알레르기 증상(천식이나 접촉피부염 등)이 생긴다. 동물실험에서도 흡입노출에 의하여 흉선의 괴사가 나타난다.

▷ 내분비계 장애 : 비교적 다량의 만성 경구섭취에 의하여 갑상선이 비대한다.

▷ 발암성 : 금속코발트 또는 이가(二價)의 코발트 화합물[산화코발트(CoO) 등]을 쥐의 피하 또는 근육에 투여하면 투여부위에 육종이 생긴다. 또 본 원소를 취급하는 근로자에 폐암이 발생하는 것이 알려져 있다. IARC는 코발트와 그 화합물을

전체로 하여 그룹 2B로 지정되어 있다.

▷ 변이원성 : 고초균과 효모에 유전자 변이를 초래하고 고등식물(완두콩 등)의 세포에 염색체 이상을 일으킨다.

▷ 환경오염 : 코발트는 관련 공장의 작업장의 대기 등을 오염하고 또 석탄 연소시의 배기가스, 각종 화학상품의 사용과 폐기 후의 처리(연소나 매립 등) 등을 통하여 일반 환경으로 방출된다. 이 때문에 오염된 대기, 음료수 그리고 식품에서 일반 사람이 체내에 취입하면 코발트의 양은 1일당 약 0.3 mg에 달한다. 그 결과 인체오염도 진행되고, 예로서 멕시코에서는 폐의 코발트 함량이 1980년대에 30년 전에 비하여 약 12배(건조중량 1 g당 약 40 mg)로 증가한다고 보고하였다.

▷ 규제 : ACGIH의 노동환경 대기중 허용농도는 원소에 대하여 0.008 ppm(0.02 mg/m^3)이다. 미국에서는 유해대기 오염물질 그리고 유해폐기물로 지정되어(뉴욕주의 일반 환경 대기중 허용농도는 0.33 ㎍/m^3) 있다. 또 애리조나주에서는 음료수 중 허용농도를 0.7 ㎍/ ℓ 로 설정하고, 일본에서는 PRTR의 대상물질(제 I 종)로 지정되어 있다.

20. 크롬(chromium)

▸ CAS번호 : 7440-47-3

▸ 원소기호 : Cr(원자번호 24 ; 중금속 원소)

▷ 용도 : 합금(스테인리스강 · 니크롬선 등), 각종 도금에 이용한다. 화합물은 목재 방부제, 도료, 인쇄잉크, 물감, 복사기의 토너, 도자기의 유약, 염색 조제, 가죽 무두질, 촉매, 내화벽돌, 보일러의 부식방지 등에 이용한다.

▷ 유해성 : 육가(六價)크롬화합물을 만든다.

▷ 급성독성 : 육가(六價)의 크롬화합물(크롬산염 등)의 독성은 급성 · 만성 모두 다 상당히 강하나(삼산화크롬(CrO_3)의 쥐의 경구 LD_{50} = 80 ~ 100 mg/kg) 삼가화합물(질산크롬 등)의 경우에는 그다지 강하지 않다. 사람이 육가화합물의 미세분말을 흡입하면 주로 호흡기계에 영향을 미치고 기침이나 호흡곤란이 생긴다.

▷ 만성 일반독성 : 크롬산염의 제조공장 등의 근로자에 피부의 가려움이나 비중격천공(鼻中隔穿孔, 코의 점막에 구멍이 열리는 질환)이 많이 발견되고, 육가의 크롬화합물의 만성적인 흡인(또는 접촉)에 의한 장해로 보고 있다. 이 외에도 폐렴, 기관지염, 천식 등도 생긴다(육가크롬에 대하여 RfC = 0.008 ㎍/m^3). 경구투여에서

는 간장, 신장, 위장 등의 장해가 눈에 뜨인다. 또 동물실험에서도 유사의 결과가 관찰되고 있다(육가크롬에 대하여는 RfD = 3 ㎍/kg/day). 한편 삼가크롬은 생원소이고, 그 마량은 동물에서는 필요한 것이나 과잉 섭취하면 신장장해 등의 유해한 성질을 나타낸다(삼가크롬에 대하여 RfD = 1 mg/kg/day).

▷ 생식독성 : 삼가크롬화합물의 마우스의 아만성 경구투여로 수컷의 임신율이 저하하고, 암컷의 임신 후의 유산이 증가한다. 한편 육가크롬화합물의 쥐에서의 경구투여로 암컷의 발정주기가 변화하고, 역시 임신 후의 유산이 증가한다.

▷ 발생독성 : 삼가 또는 육가의 크롬화합물을 임신한 토끼에 경구투여하면 유산이나 사산이 증가함과 동시에 태아의 기형[폐와 흉골의 이상, 단미(短尾) 등]이 다발한다. 또 육가의 화합물은 임신 마우스에의 경구투여로도 유산의 증가와 태아의 발육불량을 초래한다.

▷ 면역독성 : 사람이 육가의 크롬화합물에의 만성적인 노출(흡입 또는 접촉)를 받으면 알레르기 증상(anaphylaxisis, shock나 접촉피부염)이 생긴다. 쥐에의 아만성 흡입노출에서도 비장이 비대하고 면역기능에 변화가 나타난다.

▷ 발암성 : 육가의 크롬화합물을 제조 또는 사용하는 공장에서 이들을 장기간 흡입한 것으로 보이는 근로자에 폐암・비강암・위암・신장암・골수종・백혈병 등이 다발한다. 또 동물실험에서도 크롬산칼슘($CaCrO_4$) 등이 쥐에 대하여 투여부위(근육・피부 등)에 종양이 생김과 동시에 흡입노출 후에 폐암을 다발한다. IARC는 육가의 크롬화합물을 그룹 1로 지정하고, 또 EPA는 같은 그룹 A로 지정하고 흡입단위 리스트를 0.012(실질 안전 대기중 농도는 0.00008 ㎍/m^3)로 산정한다.

▷ 변이원성 : 육가의 크롬화합물은 대장균과 효모에 유전자 변이를 초래하고, 햄스터의 배양 난소세포와 사람의 배양백혈구에 염색체 이상을 일으킨다. 또 포유류의 배양세포의 DNA를 손상한다. 그런데 상기 염색체 이상은 삼가의 크롬화합물에 의하여도 생긴다.

▷ 환경오염 : 크롬은 공장의 작업장 대기 등의 오염과 함께 석탄 연소 시의 배기가스(표 2-3 참조), 제철공장의 폐액, 각종 화학상품의 사용과 폐기 후의 처리(연소나 매립 등) 등을 통해 일반 환경으로 방출된다. 그 양은 세계 전체에서 연간 150만 톤에 달하고 있다. 일본의 2001년도의 PRTR에서도 크롬의 폐기물로서의 계출이동량이 약 13,000톤에 이르고 있으며, 모든 조사 화학물질 중 제3위를 차지한다.

이 때문에 도시의 대기중에 0.01～0.03 ㎍/m^3, 음료수 중에 0.4～4 ㎍/ℓ, 식품중에 0.03～0.3 ppm의 크롬오염이 보인다. 또 일반 사람이 1일에 섭취하는 양은

200～300 ㎍에 이른다. 또 해수 중에서는 패류의 생물농축이 현저하다(굴에 대하여 약 6만 배).

▷ 규제 : NIOSH의 노동환경 대기중 허용농도는 삼가와 육가의 크롬화합물에 관하여 원소에 대하여 각각 0.5 mg/m^3, 1 ㎍/m^{3}이다. 미국에서는 크롬과 그 화합물 일반에 대하여 유해대기, 수질 오염물질 그리고 유해폐기물로 지정되어(예로서 매사추세츠주의 일반 환경 대기중 허용농도는 0.068 ㎍/m^3) 있다. 또 WHO는 크롬 총량의 음료수 중 허용농도를 50 ㎍/ ℓ 로 설정되어 있다. 육가의 화합물은 Basel 조약의 대상물질이다.

일본에서는 PRTR의 대상물질(제 I 종)로 지정되어 있다. 또 육가의 크롬화합물만에 대하여 극물과 노동안전위생법의 특정 화합물(제 II 류)로 지정하고, 다시 건강보호를 위하여 수질환경기준(50 ㎍/ ℓ)을 설정하고 있다.

▷ 우리나라의 규제 : 먹는 물 관리법(시행령 및 시행규칙)에서 먹는 물(수돗물) 중의 크롬의 허용기준은 0.05 mg/ ℓ 이하로 규정되어 있다. 토양환경보전법(시행령 및 시행규칙)에서 토양중의 크롬의 허용기준은 농경지에서 4 mg/kg 이하 그리고 공장, 산업지역에서 12 mg/kg 이하로 규정되어 있다.

관련 법규 : 수질환경보전법(수질오염물)
대기환경보전법(대기오염물질, 특정 대기유해물)
산업안전기준에 관한 규칙[발화성 물질(가연성 고체)]

21. 탈륨(thallium)

▸ CAS번호 : 7440-28-0

▸ 원소기호 : Tl(원자번호 81 ; 중금속 원소)

▷ 용도 : 살서제, 합금(저온 온도계용, 특수 휴즈 등), 보석 등에 이용한다. 화합물은 촉매, 유리의 착색, 광전지나 적외선 분광계 제조 등에 이용한다.

▷ 급성독성 : 아주 강하다(쥐의 경구 LD_{50} = 약 30 mg/kg). 사람에서는 먼저 위장의 출혈, 두통, 구토, 설사 등이 생기고, 이어서 불면, 피로감, 환각, 헛소리, 경련, 혼수 등의 신경증상이 나타난다. 또 중증으로 호흡마비에 의하여 사망한다.

▷ 만성 일반독성 : 먼저 수족의 떨림과 통증, 운동실조 등의 다발성 신경염이 생긴다. 노출량이 많은 경우에는 여기에 상기의 급성증상이 더해진다. 또 탈모, 손톱의 변질, 피부의 위축, 혈압상승, 맥박의 이상, 시각장해, 청각장해 등도 자주 나타

난다. 동물실험에서는 신장장해도 나타난다(RfD = 0.08 ㎍/kg/day).

▷ 생식독성 : 쥐에의 화합물의 아만성 경구투여로 정자 수와 운동성이 저하한다.

▷ 발생독성 : 임신 쥐에의 화합물의 공복내 투여로 신생아에 기형[수신증(水腎症)이나 척추골의 이상]과 간장장해가 관찰된다.

▷ 변이원성 : 햄스터의 배양 배세포에 유전자 변이를 초래하고 양파의 근 단세포에 염색체 이상을 일으킨다.

▷ 환경오염 : 탈륨은 그 화합물을 취급하는 작업장에서 미세분말이 대기 등을 오염시킴과 동시에 시멘트 제조공장, 석탄화력 발전소 그리고 구리나 아연의 정련소의 배기가스를 통하여 일반 환경으로 방출된다. 그 양은 세계 전체로 연간 약 5,000톤에 달한다. 이 때문에 사람이 1일에 섭취하는 탈륨의 양은 2 ㎍에 이른다.

▷ 규제 : NIOSH의 노동환경 대기중 허용농도는 0.1 mg/m^{3}이다. 미국에서는 유해수질 오염물질 그리고 유해폐기물로 지정되어(EPA의 음료수 중 허용농도는 0.5 ㎍/ℓ) 있다. 또 캔자스주에서는 일반 환경 대기중 허용농도를 0.24 ㎍/m^{3}로 설정되어 있다. Basel 조약의 대상물질이다. 일본에서는 PRTR의 대상물질(제II종)로 지정하고, 또 화합물의 대부분은 극물로 지정되어 있다.

관련 법규 : 산업안전기준에 관한 규칙[발화성 물질(가연성 고체)]

제 2 장

무기물질

1. 과산화수소(hydrogen peroxide)

- CAS번호 : 7722-84-1
- 별명 : 옥시풀(소독용 3% 수용액)
- 화학식 : H_2O_2

▷ 성상 : 무색의 유상액체(비점 151℃)이며, 상온에서 심하게 분해한다. 약한 특유의 냄새를 가지고 물에 잘 녹는다. 수용액은 비교적 안정하고, 보통 이 상태에서 판매된다.

▷ 용도 : 종이・펄프・피혁・섬유 등의 표백제, 의료용 소독제, 금속 표면과 반도체의 세정제, 정수・폐수처리, 사진현상, 로켓 연료, 화학합성(농약・플라스틱 등)에서 산화제로 이용된다. 일본에서는 1948년에 식품첨가물로서 지정되어 국수・어묵 등을 포함한 많은 식품에 사용되어 왔으나, 1980년에 안전상의 이유로 사용기준이 개정되어 최종 식품에 잔류하지 않는 조건에서만 사용이 인정하게 되었다. 현실에는 청어 알의 표백・살균 그리고 long life(LL) 우유용기의 살균에만 사용된다.

▷ 유독성 : 농도 25% 이상의 과산화수소에 접촉하면 피부나 점막에 염증을 일으킨다. 흡입하면 호흡기계통을 자극하고 식도・위점막에 염증을 일으키고 출현한다. 진한 과산화수소 용액에 피부가 접촉하면 표백되며 심한 화상을 입는다. 눈에 들어가면 심한 통증과 침해를 받으며 심한 경우에는 실명한다.

▷ 급성독성 : 상당히 강하다. 사람에서는 증기의 흡입에 의하여 코나 목의 자극되어 기침이나 숨가쁨이 생긴다. 중증에서는 폐수종도 나타난다. 또 고농도의 수용액은 접촉에 의하여 눈의 각막을 손상하고 시력을 저하시킨다. 또한 피부에 수포 등

의 염증을 일으킨다.

한편 상당히 낮은 농도의 수용액에서도 경구섭취에 의하여 구토를 일으키고 위장을 자극한다. 위장 점막의 짓무름으로 혈관의 폐쇄상태가 생기는 수가 있다.

▷ 만성 일반독성 : 증기의 반복 흡입노출에 의하여 기관지염이나 폐렴이 생기고 기침과 담이 심하게 난다. 또 피부에의 접촉이 계속하면 적색의 발진이 나타난다.

▷ 발암성 : 마우스의 경구투여로 십이지장에 종양이 생긴다(IARC는 그룹 3으로 지정).

▷ 변이원성 : 효모와 붉은곰팡이에 유전자 변이를 초래하고 사람의 배양림프구에 염색체 이상을 일으킨다. 또 대장균과 사람의 배양 섬유아세포의 DNA를 손상한다.

▷ 환경오염 : 사람의 노출은 주로 공장 등의 작업장에 있어서 증기의 흡입과 수용액에의 접촉에 의하여 생기나 일반 가정에서도 소독액 사용 시에도 같은 경우로 생각됨으로 주의가 필요하다.

▷ 규제 : NIOSH의 노동환경 대기중 허용농도는 1 ppm(1.4 mg/m^3)이다. 미국의 노스다코타주에서는 일반 환경 대기중 허용농도를 15 μg/m^{3}으로 지정하고 일본에서는 극물로 지정되어 있다.

관련 법규 : 행정자치부고시(제 89-8호 유해위험물)
산업안전기준에 관한 규칙(인화성 물질, 특정 화학물질)
유해화학물질관리법(유독물질)

2. 과염소산암모늄(ammonium perchlorate)

▸ CAS번호 : 7790-98-9

▸ 화학식 : NH_4ClO_4

▷ 성상 : 백색의 결정성 고체로서 조해성이 있고 물에 잘 녹는다.

▷ 용도 : 제트기, 로켓 그리고 미사일의 고형연료(추진약)로서 폭약・조명탄・불꽃・성냥 등의 성분이 있다. 에칭(etching) 그리고 화학분석용 시약이다.

▷ 급성독성 : 경구섭취에서는 그다지 강하지 않으나(마우스 경구 LD_{50} = 1,900 mg/kg), 피부나 점막에 접촉하면 자극작용을 나타난다. 다량을 섭취하면 혈중 글로불린이 산회되어 산소운동 능력이 저하하고 두통, 현기증, 피로감, 운동실조, 경련, 호흡곤란, 혼수 등의 중추신경 장해를 일으킨다.

▷ 만성 일반독성 : 위염, 신장장해, 재생 불량성 빈혈 등이 생긴다.

▷ 발생독성 : 흰발쥐에의 임신 그리고 수유기간의 경구투여로 신생아의 발육이 억제되어 임신률이 저하된다.

▷ 행동독성 : 미국의 EPA의 보고서(2002년)에 의하면 과염소산염으로 오염된 음료수를 계속 섭취한 모친에서 태어난 새끼(7～9세)도 지능지수(IQ값)가 대조그룹에 비교하여 평균 7점 낮은 것이 확인되었다.

▷ 내분비계 장애 : 쥐에의 아만성 경구투여로 갑상선이 비대하고 혈중 thyroxine 농도가 저하한다. 또 임신 그리고 수유기간의 미량(0.01 mg/kg/day) 경구투여한 신생아에 대하여도 혈중 thyroxine 농도가 저하되었다(요오드의 취입 저해가 유래). 마찬가지 결과로 정맥 내 1회 투여에서도 나타난다.

▷ 환경오염 : 사람에의 노출은 우선 본 물질을 취급하는 공장에서 미세분말의 흡입이나 피부에의 접촉에 의하여 생긴다. 또 본 물질이 이들 공장의 폐액을 통하여 일반 환경을 오염하는 것도 무시할 수 없다. 미국에서는 최근 남서부의 광대한 지역의 물 환경(특히, 코로라도 천의 하류와 주변의 지하수)이 군사기지와 관련 로켓 제조공장의 폐액에 함유되는 과염소산염으로 오염되어 큰 문제가 되었다. 예로서 음료수 중에 4～16 μg/ℓ 가 검출되어 토양을 통한 농작물(레타스 등)의 오염도 나타나고 있다.

▷ 규제 : 미국의 매사추세츠주나 메릴랜드주에서는 음료수 중 허용농도는 과염소산이온(ClO_4^-)에 대하여 1 μg/ℓ 로 설정되어 있다. EPA도 독자의 수질의 규제를 준비 중이다.

3. 불화수소(hydrogen fluoride)

- CAS번호 : 7664-39-3
- 별명 : 불화수소산(hydrofluoric acid)
- 화학식 : HF

▷ 성상 : 무색의 기체 또는 발연성의 액체(비점 19℃)로서 강한 자극성의 냄새가 있고 물에 잘 녹는다.

▷ 용도 : 전자공업에 있어서 유리의 에칭, 석유공업에 있어서 촉매, 알루미늄 제조, 우라늄의 동위원소 분리, 불소함유 플라스틱 제조 등에 쓰인다.

▷ 급성독성 : 아주 강하다(마우스 흡입 LC_{50}(1시간) = 500 ppm). 사람이 흡입하

면 기침, 목의 통증, 기관지염, 폐수종 등의 호흡기계 장해가 생긴다. 또 눈이나 피부에의 직접 영향도 현저하다. 경구섭취 후에는 경련과 부정맥이 생겨서 사망하는 수도 있다. 동물실험에서는 흡입노출에 의하여 폐・간장・신장 등의 장해가 발견된다.

▷ 만성 일반독성 : 사람의 흡입노출에 의하여 호흡기계 장해 외에 뼈의 이상(밀도의 증가 등)이 생긴다(캘리포니아주의 RfC 상당치 = 0.03 mg/m^3). 한편 불소화합물을 다량으로 경구투여하면 신장이나 갑상선의 장해, 빈혈 등과 함께 치아의 착색과 팬 곳의 형성이 나타난다.

▷ 생식독성 : 개의 흡입노출에 의하여 정소가 변질한다. 또 직업적으로 불소화물의 노출을 받은 여성근로자에 월경불순이 많이 나타난다는 보고도 있다.

▷ 발생독성 : 임신중에 다량의 불소화합물을 섭취한 모친에서 태어난 새끼에도 치아 이상이 생긴다. 동물실험에서도 불소화물의 경구투여에 의하여 태아에 뼈와 치아의 기형이 관찰된다.

▷ 변이원성 : 초파리에서 유전자 변이를 초래한다.

▷ 환경오염 : 불소에의 노출은 주로 이것을 사용하는 공장 등의 작업장에서 생기나, 일반 환경에서도 공장배기가스를 통하여 오염된 대기를 흡입하는 가능성도 생각된다. 한편 불소화물에 대하여는 충치예방을 목적으로 하여 음료수나 치약 등에 첨가하는 수가 있고, 그 양은 엄하게 조사하지 않으면 안 된다.

▷ 규제 : NIOSH의 노동환경 대기중 허용농도는 3 ppm(2.5 mg/m^3)이다. 미국에서는 유해대기 오염물질 그리고 유해폐기물로 지정되어(예로서 매사추세츠주의 일반 환경 대기중 허용농도는 3.4 μg/m^3) 있다. 일본에서는 독물, 노동안전위생법의 특정 화학물질(제 II 류) 그리고 PRTR의 대상물질(제 I 종)로 지정, 또 불소화물에 대하여는 건강보호를 위하여 수질환경기준(불소로서 0.8 mg/ℓ)로 설정되어 있다.

▷ 우리나라의 규제 : 대기환경보전법(시행령 및 시행규칙)에서 불화수소(F로서)의 대기오염 배출 허용기준은 배출시설에 따라 2～5 ppm으로 규정되어 있다.

4. 시안화칼륨(potassium cyanide)

- CAS번호 : 151-50-8
- 별명 : 청산칼륨(청산칼리)
- 화학식 : KCN

▷ 성상 : 백색의 입상 분말(융점 634℃)로서 흡습성이 강하고, 무색의 수용액으로서 존재하는 것이 많다. 수용액은 약간의 아몬드 같은 냄새가 난다.

▷ 용도 : 금속의 정련(특히 금과 은), 전기도금(특히 은도금), 강철의 경화, 훈증제(과수 · 선박 · 차량 · 창고 등), 살충제, 화학분석용 시약, 의약품과 농약 제조원료 등에 이용한다.

▷ 유독성(청산, HCN) : 맹독성 물질로서 증기를 직접 흡인하면 치명적이다. 두통, 메스꺼움, 구토, 경련, 티아노제, 마비, 의식불명, 사망에 이른다.

▷ 급성독성 : 아주 강하다(쥐의 경구 LD_{50} = 5 mg/kg). 사람에서는 경구투여에 의하여 두통, 현기증, 구토, 등이 생긴다. 이어서 호흡과 맥박의 증가, 불안감, 교란상태, 의식소실, 혼수, 경련 등을 거쳐 사망하는 수가 많다. 피부나 눈의 접촉에 의하여 강한 염증을 일으킨다.

▷ 만성 일반독성 : 급성 중독증상과 마찬가지로 신경장해가 눈에 뜨이고 두통, 구토, 수족의 피로감과 마비, 떨림, 운동실조, 시야의 혼탁, 의식저하, 뇌조직의 변질 등이 나타난다(RfD = 0.05 mg/kg/day). 또 간장과 신장의 장해와 코의 짓무름도 관찰된다.

▷ 내분비계 장애 : 만성노출에 의하여 갑상선이 비대하고 그 기능이 저하한다.

▷ 변이원성 : 완두콩의 세포에 염색체 이상을 일으킨다.

▷ 환경오염 : 사람에의 노출은 우선 정련소나 도금공장의 근로자에 대하여 생기기 쉽고, 이들 시설의 폐액에 의한 일반 환경의 오염을 통하여 생길 가능성도 생각할 수 있다. 또 훈제 산포 등에 의한 흡입노출도 경시할 수 없다. 시안화물로서는 공장, 폐기물 소각로 그리고 자동차의 배기가스나 담배연기 중에도 많고 적음을 떠나 함유되어 있다.

▷ 규제 : NIOSH의 노동환경 대기중 허용농도는 시안화물 일반에 대하여 5 mg/m^3이다. 마찬가지로 미국에서는 시안화물을 전체로 하여 유해대기, 수질 오염물질 그리고 유해폐기물로 지정되어(예로서 뉴욕주의 일반 환경 대기중 허용농도는 16.7 $\mu g/m^3$) 있다. 또 WHO는 음료수 중 허용농도를 시안화물 이온(CN^-)으로 하여 10 $\mu g/\ell$로 설정되어 있다. Basel 조약의 대상물질이다.

일본에서는 독물과 노동안전위생법의 특정 화합물질(제II 류)로 지정하고, 또 무기시안화합물로 하여 PRTR의 대상물질(제I 종)로 지정되어 있다. 또 시안화물 이온에 대하여 건강보호를 위한 수질환경기준(10 $\mu g/\ell$)을 설정하고 있다.

▷ 관련물질 : 시안화물은 간혹 일괄하여 규제의 대상이 되지만 이것은 이들이 당연 유사의 독성을 나타내기 때문이다. 이 중 우선 **시안화수소**(hydrogen cyanide ; 74-90-8)는 무색의 기체 또는 액체(화학식 HCN ; 비점 26℃)이고, 아몬드 같은 냄새가 난다. 이전에는 살충제로서 많이 사용하였으나, 현재에는 합성섬유나 플라스틱 원료의 제조가 주된 용도이다.

급성독성(쥐에서의 흡입 LD_{50}(30분) = 142 ppm)도 만성 일반독성(RfD = 0.02 mg/kg/day ; RfC = 3 ㎍/m^3)도 아주 강하고 중추신경계의 장해가 많이 나타난다. 수생생물에 대한 독성도 아주 강하다(무지개 송어의 LC_{50}(96시간) = 0.057 mg/ℓ).

NIOSH의 노동환경 대기중 허용농도는 4.7 ppm(5.2 mg/m^3)이다. 일본에서는 역시 독물 그리고 노동안전위생법의 특정 화합물(제 II 류)로 지정되어 있다. PRTR의 대상물질(제 I 종)의 무기시안화합물에도 포함되는 것은 당연하다.

다음으로 **시안화나트륨**(sodium cyanide ; 143-33-9)도 시안화칼륨과 같은 목적으로 사용되는 백색의 분말(화학식 NaCN)이고 마찬가지로 강한 독성을 나타낸다(쥐의 경구 LD_{50} = 6.4 mg/kg). 일본에서는 독물과 노동안전위생법의 특정 화학물질(제 II 류)로 지정되어 있다.

▷ 우리나라의 규제 : 대기환경보전법(시행령 및 시행규칙)에서 시안화수소의 대기오염 배출 허용기준은 모든 배출시설에서 10 ppm으로 규정되어 있다.

관련 법규 : 산업안전보건법(유해위험물)
수질환경보전법(수질오염물)
대기환경보전법(대기오염물질, 특정 대기유해물)
산업안전기준에 관한 규칙(인화성 물질, 특정 화학물질)
고압가스안전관리법(자연성 가스, 독성 가스)

5. 아스베스트(asbestos)

▸ CAS번호 : 1332-21-4

▸ 별명 : 석면

▸ 화학구조 : 자연에서 산출되는 일군의 특수한 광물의 총칭. 산출량의 90% 이상은 주성분으로 규산마그네슘을 함유하는 사문암계(蛇紋岩系)의 chrysotile이다.

▷ 성상 : 미세한 섬유로 된 고체(융점(분해) 약 600℃)이다. Chrysotile(흰 석면)은 백색 또는 약간 녹색이다. 이외에도 각선석계에 속하는 청색의 crocidolite나 회

록색의 amosite도 잘 알려진 것이다. 어느 것이나 굽히기와 인장이 강하고, 열이나 화학약품에 대하여 안정하다. 또 단열성이나 전기 절연성이 크다.

▷ 용도 : 벽, 천정, 상, 지붕의 건축재료(시멘트나 타일과 섞어서 사용)로 쓰인다. 파이프류(오수처리 등), 방화복과 방화막, 보일러의 배관의 보온테이프, 자동차의 브레이크와 클러치 판, 패킹재료 등에 이용된다.

▷ 급성독성 : 쥐에서의 복강 내 투여에서는 약간 강하고, 최소 치사량은 300 mg/kg이다.

▷ 만성 알반독성 : 작업장 등에서 아스베스트의 미세한 섬유를 비교적 많이 흡입을 계속한 근로자에 석면증(폐의 일부가 굳어져 호흡의 기능이 억제되는 병)이 생기고 기침, 숨가쁨, 흉통, 호흡곤란 등이 나타난다. 또 폐의 고혈압과 흉막염도 관찰된다.

▷ 발생독성 : 미국에서 사산아의 태반, 폐, 골격근 등의 아스베스트 섬유함량이 정상아의 것보다 상당히 많은 것이 알려져 있고 모친에의 노출이 사산을 증가하는 것으로 본다.

▷ 발암성 : 석면증의 환자나 아스베스트 광산과 관련공장의 근로자에 폐암과 중피종(흉막과 복막의 암)의 발생률이 높은 것을 알 수 있다. 중피종(中皮腫)에 대하여는 chrysotile보다도 각선석계의 아스베스트에 의한 발생률이 높은 것이다(일본에서는 1995～2004년 사이에 아스베스트 유래의 중피종에 의하여 7,013명이 사망하고 연간 사망자 수는 이 10년 사이에 거의 배나 증가). 그런데 사람에의 흡입노출로 위장암의 다발도 나타난다.

IARC는 그룹 I로 지정되어 있다. 또 EPA는 그룹 A로 지정하고 실질 안전 대기중 농도를 길이 5 ㎛ 이상의 섬유에 대하여 4본/m^3으로 산정한다. 한편 실험동물에서도(쥐에서의) 흡입노출에 의하여 이들의 암이 발생한다(아스베스트의 종류가 달라도 폐암이나 중피종의 발생률에 큰 차이는 없다).

▷ 변이원성 : 햄스터의 배양 난소세포에 염색체 이상이 나타난다.

▷ 환경오염 : 사람에의 노출은 본 물질을 취급하는 공장이나 작업장만이 아니고 일반 환경에서도 널리 볼 수 있다. 즉 오래된 건물의 파손・해체・개수 시의 건재에서 비산하여 주변의 대기를 오염한다. 특히 파손한 그대로의 천정이나 벽에서 비산하여 옥내의 대기를 현저히 오염하는 것이 많다. 또 자동차의 브레이크에서 비산도 무시할 수 없을 것이다. 또 일반의 주택에서도 오염은 상당한 수준(100본(섬

유)/m^3 이상)에 달하고 있으나 건물의 해체현장이나 간선도로 주변에서는 실질 안전 농도를 훨씬 넘는 심각한 오염이 간혹 생긴다.

▷ 규제 : OSHA의 노동환경 대기중 허용농도는 길이 5 ㎛ 이상의 섬유에 대하여 10만 본/m^3이다. Basel 조약의 대상물질이다. 미국에서는 유해대기, 수질 오염물질로 지정함과 동시에 1989년부터 신규 사용을 전면적으로 금지하고(예로서 코네티컷주의 일반 환경 대기중 허용농도는 0.001 ㎍/m^3) 또 EPA는 음료수 중 허용농도를 700만본(섬유)/ ℓ 로 설정되어 있다.

한편 유럽에서도 네덜란드・핀란드・이태리・독일・프랑스・영국 등의 많은 나라가 1999년까지 사용을 전면적으로 금지하였다. 일본에서는 1995년에 각선석계의 아스베스트 사용이 금지되고, 이어서 2004년에 겨우 chrysotile도 원칙적으로 금지되다가 일부의 제품 사용이 인정되고 있다. 노동안전위생법의 특정 화학물질(제Ⅱ류) 그리고 PRTR의 대상물질(제Ⅰ종)로 지정되어 있다.

6. 암모니아(ammonia)

- CAS번호 : 7664-41-7
- 화학식 : NH_3

▷ 성상 : 무색의 기체(비점 -33℃)로서 특유의 강한 냄새를 가진다. 액체 암모니아로서 시판되고 있으나 물에 녹기 쉽다. 수용액(암모니아수)으로서 사용하는 것이 많다.

▷ 용도 : 냉매, 염색조제, 모직물의 유분 세정제, 정수처리제, 각종 화학공업에 있어서 촉매・안정화제・중화제, 의약품(국소 자극제), 곰팡이 방지제, 각종 질소화합물(비료, 합성섬유, 플라스틱, 농약, 계면활성제, 폭약 등)의 제조 원료로 이용된다.

▷ 급성독성 : 상당히 강하다(쥐의 경구 LD_{50} = 350 mg/kg ; 마우스 흡입 LC_{50}(2시간) = 3,310 mg/m^3). 사람에서는 흡입에 의하여 코・목・폐 등에 강하게 자극되어 기침과 숨가쁨에 이어 중증으로 호흡곤란, 폐수종 등이 생긴다. 또 두통, 구토, 후각의 소실, 혈압상승 등이 나타나고 접촉하면 눈과 피부에 심한 염증을 일으킨다.

▷ 만성 일반독성 : 호흡기계의 질환이 지속적으로 생겨 상기 급성증상 이외에 담의 발생이나 기관지염도 나타난다. 또 쥐에의 아만성 흡입노출에서는 비염과 폐렴이 관찰된다(RfC = 0.1 mg/m^3). 또 모르모트의 흡입실험에서는 간장, 신장 그리고 비장에도 장해가 미친다.

▷ 행동독성 : 임신 쥐에의 흡입노출에 의하여 신생아의 학습능력이 저하한다.

▷ 생태독성 : 어류에 대하여는 상당히 강한 독성을 나타낸다(황어의 경우에는 1mg/ℓ(24시간)에서 80%가 사망한다).

▷ 환경오염 : 사람에의 노출은 주로 공장 등의 작업장에 있어서 흡입과 피부나 눈으로의 접촉에 의하여 생긴다. 미국에서는 이와 같은 노출의 가능성이 있는 근로자는 약 1,250만에 이르는 것으로 추산하고 있다.

▷ 규제 : NIOSH의 노동환경 대기중 허용농도는 25 ppm(17 mg/m^3)이다. 미국의 매사추세츠주에서는 일반 환경 대기중 허용농도를 24 ㎍/m^{3}으로 설정되어 있다. 일본에서는 노동안전위생법의 특정 화학물질(제 III 류)로 지정하고, 또 10% 이상의 암모니아수를 극물로 지정되어 있다.

▷ 우리나라의 규제 : 대기환경보전법(시행령 및 시행규칙)에서 암모니아의 대기오염 배출 허용기준은 배출시설에 따라 50～100 ppm으로 규정되어 있다.

7. 염소(chlorine)

▸ CAS번호 : 7782-50-5

▸ 화학식 : Cl_2

▷ 성상 : 황록색의 기체(비점 -34℃)로서 강한 자극취를 가지며 물에 약간 녹는다. 액화염소로서 시판되고 있다.

▷ 용도 : 펄프・섬유 등의 표백제로 이용되고 있다. 정수・폐기처리(살균), 소독제(식품공업 등), 금속 회수, 각종 염소화합물(의료품, 농약, 플라스틱, 세제, 부동액 등)의 제조 원료로도 이용되고, 제1차 세계대전에서는 독가스로도 사용되었다.

▷ 급성독성 : 아주 강하다(마우스 흡입 LC_{50}(1시간) = 137 ppm). 표 2-5에 나타낸 바와 같이 사람에서는 흡입에 의하여 우선 코, 목 그리고 결막이 자극을 받는다. 이어 두통, 흉통, 숨가쁨, 기관지 경련 등이 생기고 중증에서는 폐렴에 의하여 사망한다.

▷ 만성 일반독성 : 사람에서는 상기 급성증상(코나 호흡기계 기관의 장해)의 지속 이외에도 치아의 부식이나 피부의 발진이 나타난다. 동물실험에서는 간장과 신장의 장해도 관찰된다(RfD = 0.1 mg/kg/day).

▷ 발생독성 : 임신 쥐에의 수용액의 경구투여로 태아에 기형(심장의 이상과 부신의 결손)이 생긴다.

표 2-5. 염소의 대기중 농도와 흡입 등에 의한 사람의 급성독성의 증상

대기중 농도(ppm)	증 상
0.014～0.054	코와 목의 가벼운 자극
0.06～0.3	기침, 코 등의 통증
0.35～0.72	결막의 염증과 통증
1～3	두통, 숨가쁨
30	흉통, 구역질, 호흡곤란
46～60	폐렴, 폐수종
430	사망(30분 후)
1000	사망(수분 후)

▷ 면역독성 : 쥐에의 아만성 경구투여로 비장이 위축하고 어느 종의 세포성 면역부활 활성이 저하한다. 사람에 있어도 직업적인 만성노출에 의하여 병원균(결핵균 등)에의 저항력이 감소되는 것으로 알려져 있다.

▷ 발암성 : 쥐(암컷)에의 경구투여로 백혈병이 생긴다.

▷ 변이원성 : *Salmonella*균에 유전자 변이를 초래하고 사람의 배양림프구에 염색체 이상을 일으킨다.

▷ 생태독성 : 수생생물에 대하여는 독성이 상당히 강하다(무지개송어의 LC_{50}(96시간) = 0.1～0.3 mg/ℓ).

▷ 환경오염 : 사람에의 노출은 주로 공장 등의 작업장에 있어서 흡입에 의하여 생기나, 일반 가정에서도 차아염소산 나트륨(NaClO) 등을 주성분으로 하는 표백제에 산성의 세제 등을 가하면 염소가스가 발생하여 중독을 일으키는 수가 있다. 또 풀장 등의 소독에 사용된 것도 노출로 생각할 수 있다. 미국에서는 도시의 대기중에 평균 58 $\mu g/m^3$, 또는 수돗물에 0.8～2.8 mg/ℓ가 검출된 예가 보고된 바 있다.

▷ 규제 : NIOSH의 노동환경 대기중의 허용농도는 0.5 ppm(1.5 mg/m^3)이다. 미국에서는 유해대기, 음료수 오염물질에 지정하고, 또 EPA는 음료수 중 허용농도를 4 mg/ℓ로 설정하고, 일본에서는 극물과 노동안전위생법의 특정 화학물질(제II 류)로 지정되어 있다.

▷ 우리나라의 규제 : 대기환경보전법(시행령 및 시행규칙)에서 염소의 대기오염 배출 허용기준은 모든 배출시설에서 10 ppm으로 규정되어 있다.

▷ 관련물질 : 염소가 표백・살균・소독작용을 나타내는 것은 수용액 중에서 산화

력이 강한 차아염소산(HClO)을 생성하는 것이 기인한 것이다. 따라서 **차아염소산나트륨**(sodium hypochlorite ; 7681-52-9)도 표백제(가정용 또는 공업용), 유리 등의 곰팡이 방지제, 냉각수의 방오제, 정수처리(살균), 소독제 등에 널리 이용된다. 일본에서는 식품첨가물(살균제)로서 지정되어 음료수나 식품 제조용수의 살균에 사용된다.

차아염소산나트륨(황록색의 결정)은 물에 녹기 쉽고 보통 수용액(황색)의 상태로 시판된다. 피부나 눈에 접촉하면 강한 자극작용에 의하여 염증(습진·각막염 등)을 일으킨다. 또 약간 다량을 경구섭취하면 목에 수종이 생기고 위장의 점막이 현저히 허물어진다. 그 결과 정신착란 상태나 혼수를 거쳐 사망하는 수도 있다. 또한 본 물질은 사람의 배양림프구에 염색체 이상을 일으킨다.

8. 오존(ozone)

- CAS번호 : 10028-15-6
- 화학식 : O_3

▷ 성상 : 연한 청색의 기체(비점 -112℃)로서 특이한 냄새를 가진다. 태양에서 유해한 자외선을 잘 흡수한다.

▷ 용도 : 종이·섬유·전분 등의 표백제, 정수·폐수처리(살균), 소독제(식품저장 시), 탈취제, 유기합성에 있어서 산화제·촉매로 이용한다.

▷ 급성독성 : 상당히 강하다. 사람에서는 흡입노출에 의하여 최저 0.1 ppm의 대기중 농도에서 코나 목이 약간의 자극을 받는다. 또 그 이상의 농도에서는 기침이나 숨가쁨이 생긴다. 또 두통, 구토, 폐수종, 호흡곤란 등의 증상이 생긴다.

▷ 만성 일반독성 : 호흡노출에 의하여 천식증상, 기관지염, 폐렴 등이 생긴다. 또 병원균에 대한 저항력이 감소한다.

▷ 행동독성 : 임신 마우스에의 흡입노출에 의하여 신생아의 행동 패턴에 변화가 생긴다.

▷ 발암성 : 동물실험에서는 폐암을 발생한다는 보고도 있다.

▷ 변이원성 : 자주 닭의장풀에 유전자 변이를 초래하고 완두콩에 염색체 이상을 일으킨다.

▷ 환경오염 : 오존은 성층권의 하층부에 오존층으로서 비교적 많이 존재하고 유

해한 자외선에서 지구 표면을 수호하는 역할을 하고 있으나 대류권에서도 소나무수풀, 해안, 고산 등의 공기중에 아주 미량으로 함유되어 있다. 또 번개의 작용에 의하여 약간은 생성되고 마찬가지로 건조한 공기중에서 방전시킴으로써 발생한다. 따라서 고전압이 발생하면 각종 장치, 수은살균등, 아크용접 현장 등의 가까이에서 노출될 가능성이 높다.

한편 자동차의 배기가스 등에 함유하는 이산화질소나 탄화수소류나 빛의 작용에 의하여 오존 등의 산화력이 강한 물질(oxidant)을 생성하는 수도 있으므로 대기오염이 현저한 도시에서 햇빛이 강한 주간 등에 오존의 대기중 농도가 일시적으로 높아질 수 있는데, 이것을 광화학 스모그라고 부른다. 구미에서는 봄에서 여름에 걸쳐 간혹 0.2 mg/m^3 전후의 고농도의 오존이 일반 환경의 대기중에서 검출되며 일본에서도 일시적으로 oxidant로서 0.06 ppm을 넘는 경우가 많이 알려져 있다.

▷ 규제 : NIOSH의 노동환경 대기중 허용농도는 0.1 ppm(0.2 mg/m^3)이다. 미국의 네바다주에서는 일반 환경 대기중 허용농도를 5 μg/m^3으로 설정되어 있다. 일본에서는 대기오염에서 걸리는 환경기준으로서는 oxidant의 총량(1시간 평균의 오존 환산치)을 0.06ppm(120 μg/m^3)로 설정되어 있다.

9. 이산화질소(nitrogen dioxide)

▸ CAS번호 : 10102-44-0

▸ 화학식 : NO_2(일산화질소(NO)와 합하여 질소산화물(NOx)로 나타내는 수가 많다.

▷ 성상 : 소맥분의 표백, 로켓연료, 황산제조 시의 촉매, 셀룰로오스 등의 산화제, 초산, 락커, 도료 등의 제조 원료로 이용한다.

▷ 급성독성 : 아주 강하다(쥐 흡입 LC_{50}(4시간) = 88 ppm). 사람이 흡입하면 코, 목, 폐 등이 강하게 자극되어 기침이나 숨가쁨 등이 생긴다. 고농도에서는 두통, 현기증, 구토, 피로감 등과 함께 폐수종, 호흡곤란 그리고 경련도 나타난다. 극도의 쇠약상태를 거쳐 사망하는 수도 있다. 또 피부나 눈에 접촉을 하면 염증을 일으킨다. 또한 동물실험에서도 마찬가지의 호흡기계 장해가 관찰된다.

▷ 만성 일반독성 : 사람에서나 동물실험에서도 역시 호흡기계의 장해가 나타나고 비교적 낮은 농도의 흡입노출에 의하여 폐기종, 기관지염(특히 폐쇄성) 등이 생기며 기침이나 호흡기 곤란도 격화된다. 예를 들면, 그림 2-1의 오사카시와 오사카부의 데이터에서 보는 바와 같이 연평균 대기중 농도가 0.02～0.03 ppm의 수준에서

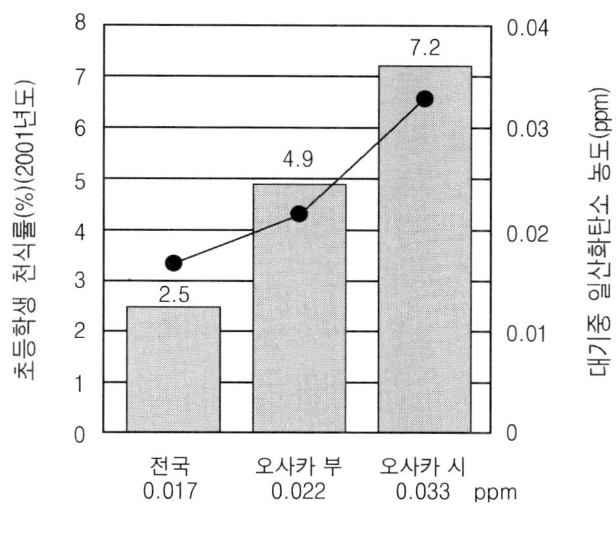

그림 2-1. 대기중 이산화탄소 농도와 초등학생 천식 이환률

초등학생의 천식이 다발한다고 알려져 있다. 한편 두통, 탈력감, 불면증, 식욕저하 등의 신경장해도 알려져 있다.

▷ 발생독성 : 임신 쥐에의 흡입노출에 의하여 유산의 증가와 함께 태아의 체중감소와 신생아의 행동이상(직립능력이나 운동성의 저하)이 나타난다.

▷ 면역독성 : 마우스의 비교적 저 농도의 아만성 흡입노출에 의하여 비장의 비대, 림프구의 감소, 항체생상 능력의 저하, 병원균에의 감염의 증가 등이 생기고 토끼, 양, 원숭이 등에 대해서도 유사의 실험결과가 알려져 있다.

▷ 변이원성 : *Salmonella*균과 고초균에 유전자 변이를 일으키그 햄스터의 배양 폐세포, 흡입노출 후의 쥐의 폐세포 그리고 자주 닭의장풀의 화분세포에 염색체 이상을 일으킨다. 또 대장균의 DNA를 손상한다.

▷ 환경오염 : 본 물질은 화력발전소, 공장 그리고 자동차의 버기가스에 함유하고 대기를 오염한다. 일본에서는 대기중 농도가 일반 지역에서 평균하여 약 0.02 ppm, 또 신간선 도로 주변에서 연평균 0.03 ppm에 이른다. 특히 대도시에서는 후자의 환경기준 달성률이 60% 정도로 정류되어 있어 상당히 심각하다(자연의 수준은 0.003 ppm 이하).

한편 가스버너나 석유스토브의 사용 시에 배출되는 이산화질소는 옥내 대기의 오염을 초래하고 옥외에서도 상당히 높은 농도(예로서 1 ppm 이상)가 간혹 검출된다. 그리고 본 물질은 담배의 연기에도 함유되어 있다.

▷ 규제 : NIOSH의 노동환경 대기중 허용농도는 1 ppm(1.88 mg/m^3)이다. 미국에서는 유해폐기물로 지정되어 있고 또 플로리다주에서는 음료수 중 허용농도를 7mg/ℓ으로 설정되어 있다. 일본에서는 대기오염에 걸리는 환경기준으로서 1일 평균치를 0.04～006 ppm으로 설정되어 있다.

▷ 우리나라의 규제 : 대기환경보전법(시행령 및 시행규칙)에서 질소산화물(NO_2로서)의 대기오염 배출 허용기준은 배출시설에 따라 70～250 ppm으로 규정되어 있다.

10. 이산화황(sulfur dioxide)

- CAS번호 : 7446-09-5
- 별명 : 아황산가스
- 화학식 : SO_2

▷ 성상 : 무색의 기체(비점 -10℃)로서 부패한 계란에 가까운 자극취를 가지며 물에 잘 녹는다. 보통 액화 아황산가스로서 시판하고 있다.

▷ 용도 : 식품(특히 야채나 과일)이나 음료의 방부제, 섬유제품·종이·아교·사탕무 등의 표백제, 곡물의 살충 훈증제, 소독제(식품공업), 펄프공업의 약품, 황산 등의 제조 원료로 이용된다.

▷ 급성독성 : 상당히 강하다(마우스 흡입 LC_{50} = 1,000 ppm). 사람이 흡입하면 코, 목 그리고 폐가 강하게 자극되어 기침이나 숨가쁨이 생긴다. 고농도에서는 폐수종이나 호흡곤란도 나타난다. 또 피부나 눈에 접촉하면 염증을 일으킨다. 그리고 동물실험에서도 마찬가지의 호흡기계 장해가 관찰된다.

▷ 만성 일반독성 : 사람이 반복하여 노출을 받으면 두통, 현훈, 구토 등이 생기고 후각이 소실된다. 또 기관지가 발증하여 기침, 구토, 담, 숨가쁨 등이 심하게 나타난다. 천식, 빈혈, 위의 장해 등도 보고되고 있다.

▷ 생식독성 : 쥐(암컷)에의 흡입노출로 임신률이 저하한다.

▷ 발생독성 : 임신 마우스의 흡입노출에 의하여 태아의 체중이 감소하고 전신에 혈종이 생긴다. 또 신생아에 행동이상(바로서기, 반사능력의 저하 등)이 나타난다.

▷ 발암성 : 마우스에의 흡입노출로 폐암이 생긴다(IARC는 그룹 3으로 지정).

▷ 변이원성 : 노출을 많이 받은 사람의 림프구, 마우스의 배양 난모세포 그리고 자주 닭의장풀의 화분관의 세포에 염색체 이상을 일으키고 대장균과 효모의 DNA를 손상한다.

▷ 환경오염 : 본 물질은 화력발전소 등에서 석탄이나 석유의 연소 등에 의하여 대기중으로 배출된다. 또 구리의 정련소나 본 물질을 표백제로 사용한 공장의 배기가스에도 함유되어 있다. 이 때문에 공장이나 사업소의 주변에서 대기오염이 늘어나는 것도 무시할 수 없다. 미국에서는 직업적으로 노출을 받을 가능성이 있는 근로자가 총 60만 명에 이르는 것으로 추산하고 있다.

▷ 규제 : NIOSH의 노동환경 대기중 허용농도는 2 ppm(5 mg/m^3)이다. 미국의 테네시주에서는 일반 대기중 허용농도는 1.2 μg/m^{3}으로 설정되어 있고, 일본에서는 대기오염에 걸리는 환경기준으로서 1일 평균치를 0.04 ppm(100 μg/m^3)로 설정되어 있다. 또 노동안전위생법의 특정 화학물질(제 III 류)로 지정되어 있다.

▷ 우리나라의 규제 : 대기환경보전법(시행령 및 시행규칙)에서 황화물(SO_2로서)의 대기오염 배출 허용기준은 배출시설에 따라 6～500 ppm으로 규정되어 있다.

11. 이황화탄소(carbon disulfide)

- CAS번호 : 75-15-0
- 화학식 : CS_2

▷ 성상 : 무색의 휘발성 액체(비점 46℃)로서 달콤한 냄새를 가진다. 단 공업용의 불순한 제품은 담황색으로 악취를 방출한다.

▷ 용도 : 용제(유지, 검, 고무 등), 금속 표면의 세정제, 살충 훈제(토양, 종묘, 창고 등), 고무의 가황용 첨가물, 인조견사, 셀로판, 농약 등의 제조에 이용한다.

▷ 급성독성 : 약간 강하다(마우스 흡입 LC_{50}(2시간) = 3,200 ppm). 사람에서는 증기의 흡입에 의하여 신경계에 악영향을 미친다. 두통, 현기증, 구토, 피로감, 시야의 혼탁, 환각, 경련 등이 생긴다. 중증에서는 착란상태나 의식소실을 거쳐 사망하는 수도 있다. 또 피부나 눈에 접촉하면 강하게 자극하여 수포나 홍반이 생긴다.

▷ 만성 일반독성 : 급성독성과 마찬가지로 사람의 신경계 장해가 많이 알려져 있다. 즉 흡입 등에 의하여 탈력감, 떨림, 불면증. 시청 장해, 수족의 운동실조, 기억력

저하, 흥분상태, 우울증 등이 생긴다(RfC = 0.7 mg/m^3). 또 심혈관계의 장해(혈압 상승, 흉통, 동맥경화 등)나 위장, 간장 그리고 신장의 장해도 보고되고 있다(RfD = 0.1 mg/kg/day).

▷ 생식독성 : 사람에의 노출에 의하여 정자의 감소와 이상을 초래하고 임신률을 저하시킨다. 또 임신 후에도 유산을 증가시킨다. 또한 마우스(암컷)에의 아급성 흡입노출에 의하여 차세대(새끼)의 발육이 늦어지고 임신률이 저하한다(캘리포니아주의 수컷과 암컷의 생식 독성물질 리스트에 수록).

▷ 발생독성 : 임신 토끼 또는 쥐에의 흡입노출에 의하여 태아의 기형이 생긴다. 또 중국의 견사제조 공장에서 노출을 받은 여성노동자(683명)의 아이들에도 심장 등의 기형이 다발(대조의 2배)하였다는 보고가 있다(캘리포니아주의 발생 독성물질 리스트에 수록).

▷ 행동독성 : 쥐에의 아급성 또는 아만성 흡입노출에 의하여 보행 이상, 사지의 악력 감소, 시각 자극에 대한 응답능력의 저하 등이 생긴다. 사람에 대하여도 만성 일반독성의 항에 기술되어 있다.

▷ 변이원성 : 아급성 흡입노출 후의 마우스의 난모세포에 염색체 이상을 일으킨다.

▷ 환경오염 : 사람에의 노출은 주로 본 물질을 취급하는 공장의 작업장에서 증기의 흡입 또는 피부에의 접촉에 의하여 생긴다. 미국에서는 이와 같은 노출의 가능성이 있는 근로자가 4만 명을 넘는 것으로 추산한다. 또 일반 환경의 오염도 이들 공장의 배출 가스나 폐액에 의하여 생긴다. 예를 들면, 미국에서 연간 대기중에 방출되는 양은 총 35,000톤으로 보고 있다. 그리고 dithiocarbamate계의 농약이나 의약품이 체내에서 분해하여 본 물질을 발생하는 것도 무시할 수 없다.

▷ 규제 : NIOSH의 노동환경 대기중 허용농도는 1 ppm(3 mg/m^3)이다. 미국에서는 유해 대기오염물질 그리고 유해 폐기물로 지정되어(예로서 코네티컷주의 일반환경 대기중 허용농도는 0.05 mg/m^3) 있다. 또 뉴햄프셔주의 음료수 중 허용농도를 7 μg/ℓ로 설정되어 있고, 일본에서는 극물 그리고 PRTR의 대상물질(제I 종)로 지정되어 있다.

▷ 우리나라의 규제 : 대기환경보전법(시행령 및 시행규칙)에서 이황화탄소(CS_2)의 대기오염 배출 허용기준은 모든 배출시설에서 30 ppm으로 규정되어 있다.

12. 일산화탄소(carbon monoxide)

▸ CAS번호 : 630-08-0

▸ 화학식 : CO

▷ 성상 : 무색의 기체(비점 -192℃)이다.

▷ 용도 : 연료(예로서 수성가스), 금속의 정련(환원제로서), 각종 화학합성의 원료(methanol, 초산, phosgene, 금속 카르보닐화합물 등의 합성) 등에 이용한다.

▷ 급성독성 : 상당히 강하다. 흡입에 의하여 두통, 현기증, 운동실조, 시야의 혼탁, 집중력과 기억력의 저하, 의식 소실 등의 신경장해의 증상이 생긴다. 중증에서는 혈액의 산소운반 능력이 현저히 감소되고 피부나 점막의 적변과 함께 경련, 호흡곤란, 혼수를 거쳐 사망하는 수가 많다. 또한 신경장해는 후유증으로서 장기간 지속하는 경우도 있다.

▷ 만성 일반독성 : 두통, 구토, 운동실조, 지각저하 등의 중추신경장해와 함께 동맥경화로 유래하는 심장장해를 일으킨다.

▷ 발생독성 : 임신 중에 약간 고농도의 흡입노출을 받으면 유산과 사산이 증가, 신생아의 발육불량과 인식능력의 저하 등이 나타난다. 동물실험에서도 같은 영향(특히 신생아의 심장비대)이 관찰된다(캘리포니아주의 발생 독성물질 리스트에 수록).

▷ 환경오염 : 본 물질은 공장에서나 주택 내에서도 연소(석탄・목탄・정유 등)의 불완전 연소에 의하여 발생한다. 또 자동차 배기가스에도 수 % 함유하고 있다. 또한 옥내에서는 담배연기도 중요한 발생원이다. 따라서 일산화탄소의 오염은 옥외에서도 교통량이 많은 지역이나 공장의 주변에서 무시할 수 없으나 직장이나 가정의 옥내 오염도 특히 중요시 하지 않으면 안 된다.

▷ 규제 : ACGIH의 노동환경 대기중 허용농도는 25 ppm(28 ㎎/m^3)이다. 미국의 애리조나주에서는 일반 환경 대기중 허용농도를 0.01～0.04 mg/m^3으로 설정되어 있다. 일본에서는 대기오염에 관계하는 환경기준으로서 1일 평균치를 10 ppm 이하로 설정하고, 또 노동안전위생법의 특정 화학물질(제 III 류)로 지정되어 있다.

▷ 우리나라의 규제 : 대기환경보전법(시행령 및 시행규칙)에서 일산화탄소(CO)의 대기오염 배출 허용기준은 배출시설에 따라 50～500 ppm으로 규정되어 있다.

13. 취소산칼륨(브롬산칼륨 : potassium bromate)

▸ CAS번호 : 7758-01-2

▸ 화학식 : $KBrO_3$

▷ 성상 : 백색의 결정성 고체(융점 350℃)로서 물에 상당히 녹는다. 유류, 직물, 톱밥 등의 유기물과 접촉하면 인화된다.

▷ 용도 : 식품첨가물(소맥분 개량제)에 이용되고 용액은 화학분석 시약, 파마먼트 처리액, 공업용 세제 등에 이용한다.

▷ 급성독성 : 상당히 강하다(쥐의 경구 LD_{50} = 157 mg/kg). 체내에 들어가면 강한 산화력에 의하여 혈중 헤모글로빈을 변질시킨다. 경구섭취에 의하여 우선 급성 위장염(복통・구토・설사 등)이 나타나고, 이어서 두통, 저혈압, 피부의 변색, 신경장해(난청・헌수・경련 등), 신장장해 등이 생긴다. 또 미세분말의 흡입이나 접촉에 의하여 눈, 코, 목, 폐, 피부 등이 자극되어 발적(發赤)이나 염증이 야기된다.

▷ 발암성 : 쥐에의 경구투여에 의하여 신장암을 일으킨다(IARC는 그룹 2B로 지정). 또 이 실험 데이터에서 실질 안전량이 최종 제품 중 0.95 ppm으로 시산(試算)되고 있다.

▷ 변이원성 : *Salmonella*균에 유전자 변이를 초래하고, 햄스터의 배양 폐세포, 경구투여 후의 마우스의 골수세포 등에 염색체 이상을 일으킨다. 또 돼지의 배양 신장세포의 DNA를 손상시킨다.

▷ 규제 : 일본에서는 1953년에 식품첨가물로 지정 후 소맥분 이외에 어육 연제품에도 품질 개량의 목적으로 사용하였으나, 1983년에 안전상의 이유로 빵 이외의 식품에는 사용이 금지되었다. 또 빵의 경우에도 사용량이 30 ppm까지 제한됨과 동시에 최종 제품에 잔류하지 않는 것이 사용조건으로서 규정되었다.

본 물질은 제빵 중에 취화칼륨(KBr)으로 변하기 쉬므로 잔류는 보통 생기지 않는 것으로 보고 있으나, 독일이나 스웨덴에서는 제빵에 관해서도 사용이 금지되어 있다. EPA의 음료수 중 허용농도는 0.01 mg/ℓ 이다. WHO는 소맥분에의 첨가 허용량으로서 20 ppm 이하가 바람직하다고 권고하고 있다.

14. 포스겐(phosgene)

▸ CAS번호 : 75-44-5

▸ 계통명 : 염화카르보닐(carbonyl chloride)

▸ 별명 : 이염화탄산(carbonic dichloride)

▸ 화학식 : $COCl_2$

▷ 성상 : 무색의 기체(비점 8℃)로서 낮은 농도에서 건초와 같은 냄새(고농도에서는 강한 자극취)가 난다. 물에 약간 녹는다.

▷ 용도 : 의약품, 농약, 염료, 플라스틱 등의 제조 원료 등에 이용한다. 야금(광석의 분리)과 제1・2차 세계대전에서는 독가스로도 이용되었다.

▷ 급성독성 : 아주 강하다(마우스 흡입 LC_{50}(30분) = 5 ppm). 사람이 흡입하면 기침, 흉부의 압박감, 호흡곤란, 혈담, 폐수종 등이 생기고 호흡마비와 질식에 의하여 사망하는 경우가 많다. 혈액 중의 산소가 부족하여 뇌나 심장에도 악영향이 미친다. 또 눈이나 피부에의 자극작용도 강하다.

▷ 만성 일반독성 : 사람에는 흡입노출에 의한 폐에 불가역성의 기종(氣腫)이나 선유증(線維症)이 생긴다. 동물실험에서도 역시 폐렴이나 기관지염이 나타난다(캘리포니아주의 RfC상당치 = 0.3 $\mu g/m^3$).

▷ 면역독성 : 쥐나 마우스에의 수시간의 흡입노출에 의하여 폐의 면역능력이 저하하여 병원균의 감염에 의한 사망이 증가한다.

▷ 환경오염 : 노출과 주로 이것을 사용하는 작업장에서 생긴다. 우선 금속에 염소화합물(세정제 등)이 공존하면 용접 시에 phosgene이 생성되어 대기를 오염한다.

▷ 규제 : NIOSH의 노동환경 대기중 허용농도는 0.1 ppm(0.4 mg/m^3)이다. 미국에서는 유해 대기오염물질 그리고 유해 폐기물로 지정되어(예로서 뉴욕주의 일반환경 대기중 허용농도는 1.33 $\mu g/m^3$) 있다. 일본에서는 노동안전위생법의 특정 화학물질(제 III 류) 그리고 PRTR의 대상물질(제 I 종)로 지정되어 있다.

15. 황린(yellow phosphorus)

▸ CAS번호 : 7723-14-0

▸ 별명 : 백린(white phosphorus)

▸ 화학식 : P_4

▷ 성상 : 백색 또는 황색의 납상의 고체(융점 44℃)로서 마늘과 같은 냄새를 가지며, 어두운 곳에서는 인광을 발한다. 공기중에서는 50℃에서 발화한다.

▷ 용도 : 바퀴용 살충제와 살서제, 반도체, 불꽃・화약・탄약・발연제 등의 제조,

청동에의 첨가, 화학비료용의 인산과 각종 인산화합물의 합성에 이용한다.

▷ 유독성 : 맹독성으로 9.8 mg만 먹으면 중독을 일으키며, 어른 치사량은 0.02~0.05g이다. 피부에 닿으면 심하게 화상을 입으며, 눈에 들어가면 매우 유독하여 격심한 장애를 주며, 증기 흡입시 기관지・폐에 흡수되며, 허탈・혼수・경련・복통을 일으킨다. 연소할 때 발생한 심한 백색의 연기인 P_2O_5는 매우 유독하다. 흡습성이 강하고, 물과 접촉하면 H_3PO_4를 생성하는데 소화잔수도 부식성이 있다. 연소중인 황린이 피부에 닿으면 더욱 심한 화상을 입는다.

급성독성 : 아주 강하다(쥐의 경구 LD_{50} = 3 mg/kg). 사람에는 경고섭취에 의하여 먼저 심한 위장장해(구토・복통・복부의 경련 등)가 생기고 이어 간장, 심혈관계 그리고 중추신경계에도 장해가 미친다. 또 증기의 흡입에 의하여 호흡기계기관이 자극되어 피부에 접촉하면 화상과 같은 염증이 생긴다. 동물실험에서도 유사한 증상이 나타난다.

▷ 만성 일반독성 : 사람에는 흡입노출에 의하여 턱에 염증과 궤양이 생기고, 뼈가 변질하여 볼이나 비강에 구멍이 열린다. 또 백혈구의 감소, 황저, 기관지염, 영양실조 등이 나타난다.

▷ 생식독성 : 쥐의 2세대 경구투여에서 암컷의 분만 시의 사망과 사산이 증가하고, 사지의 체모가 소실한다(RfD = 0.02 μg/kg/day). 또 물오리의 경구투여로 산란수와 부화율이 저하한다.

▷ 환경오염 : 사람에의 노출은 주로 본 물질을 취급하는 직장이나 작업장에서 생기기 쉽고, 폐기물의 처리 등을 통하여 일반 환경도 오염되는 가능성이 있다.

▷ 규제 : OSHA의 노동환경 대기중 허용농도는 0.02 ppm(0.1 mg/m^3)이다. 미국에서는 유해대기, 수질 오염물질로 지정되어(예로서 캘리포니아주의 일반 환경 대기중 허용농도는 0.07 μg/m^3) 있다. 또 EPA는 음료수 중 허용농도를 0.1 μg/ℓ로 설정하고, 일본에서는 독물로 지정되어 있다.

관련 법규 : 산업안전보건법(유해위험물)
수질환경보전법(수질오염물)
대기환경보전법(대기오염물질, 특정 대기유해물)
산업안전기준에 관한 규칙(인화성 물질, 특정 화학물질)
행정자치부고시(제 89-8호 유해위험물)
유해화학물질관리법(유독물질)

16. 황화수소(hydrogen sulfide)

- CAS번호 : 7783-06-4
- 화학식 : H_2S

▷ 성상 : 무색의 기체(비점 -60℃)로서 강한 계란이 썩는 냄새가 있고, 물에 상당히 녹는다.

▷ 용도 : 황이나 황산의 제조. 황을 함유하는 유기화합물(의약품·농약·용제 등)의 합성, 금속의 정제, 피혁처리(탈모제), 화학분석 시약 등에 이용한다.

▷ 급성독성 : 상당히 강하다(마우스의 흡입 LC_{50}(410분) = 380 mg/m^3). 사람이 흡입하면 코, 목 그리고 폐가 자극되어 숨이 막히고 기침, 폐수종 등이 생김과 동시에 두통, 현기증, 구토, 불면 등의 정신장해가 나타난다.

▷ 만성 일반독성 : 사람에서는 흡입노출에 의하여 급성독성과 마찬가지로 신경장해가 생기고 두통, 현기증, 피로감, 식욕감소, 기억력 저하 등이 나타난다. 또 눈이 붉게 되고, 시야의 혼탁이 생김과 동시에 기관지염도 다발한다.
동물실험에서는 마우스에의 아만성 흡입노출로 코의 점막에 염증이 생기고(RfC = 1 ㎍/m^3), 돼지의 아만성 경구투여로 위장장해가 생긴다(RfD = 3 ㎍/kg/day).

▷ 생태독성 : 수생생물에 대한 독성은 상당히 강하다(송어의 치사농도는 0.02～0.04mg/ℓ).

▷ 환경오염 : 사람에의 노출은 식품가공, 제지, 가죽 무두질, 석유정제 등의 공장에서 생기나, 일반 환경에서도 대기중에 약간(약 1 ㎍/m^3) 검출된다. 이것은 화산 등에서 발생하는 사례 외에도 미생물에 의한 유기물질(폐기물·퇴비 등)의 분해로 유래한다.

▷ 규제 : ACGIH의 노동환경 대기중 허용농도는 5 ppm(7 mg/m^3)이다. 미국에서는 유해폐기물로 지정되어 있다. 또 사우스캐롤라이나주에서는 일반 환경 대기중 허용농도를 14 ㎍/m^{3}로 설정하고, 또 위스콘신주에서는 음료수 중 허용농도를 30 ㎍/ℓ로 설정되어 있다. 일본에서는 노동안전위생법의 특정 화학물질(제II 류)로 지정되어 있다.

▷ 우리나라의 규제 : 대기환경보전법(시행령 및 시행규칙)에서 황화수소의 대기오염 배출 허용기준은 배출시설에 따라 2～10 ppm으로 규정되어 있다.

17. 황화카르보닐(carbonyl sulfide)

▸ CAS번호 : 463-58-1

▸ 별명 : 옥시황화탄소(carbon oxysulfide)

▸ 화학식 : COS

▷ 성상 : 무색의 기체(비점 -50℃)로서 특유한 냄새를 가진 것이 많다. 물에 상당히 녹는다.

▷ 용도 : 황을 함유하는 유기화합물(농약·인견 등)의 합성에 이용한다.

▷ 급성독성 : 약간 강하다. 사람이 흡입하면 신경계에 악영향을 준다. 두통, 현기증, 구토, 탈력감, 교란상태, 경련 등이 나타난다. 다량 노출에서는 맥박증가, 의식소실, 호흡마비 등도 생긴다.

▷ 만성 일반독성 : 흡입노출에 의하여 급성독성과 마찬가지로 신경에의 장해가 많이 나타난다. 예를 들면, 기억력과 집중력의 저하와 성격의 변화가 나타난다. 또 호흡기계에의 장해도 생기고 기침, 담, 숨의 막힘과 함께 기관지염이 발증한다.

▷ 환경오염 : 대기중에는 아주 안정하고, 수명은 수년에 이르나 물에 서서히 분해하여 황화수소(H_2S)를 생성한다. 사람에의 노출은 주로 공장 작업장에 나타난 일반 환경에서도 대기중에 약간(1～2 $\mu g/m^3$) 검출된다. 이것은 소지(연못) 등에서 자연 발생하는 사례 외에도 석유의 정제공장이나 폐기물 소각시설에서의 배기가스 등에서 유래한다.

▷ 규제 : UNEP(국제연합 환경계획)의 노동환경 대기중 허용농도는 4 ppm(10 mg/m^3)이다. 미국에서는 유해 대기오염물질로 지정되어 있다.

18. 히드라진(hydrazine)

▸ CAS번호 : 302-01-2

▸ 별명 : 디아민(diamine)

▸ 화학식 : H_2NNH_2

▷ 성상 : 무색의 액상 액체(비점 113℃)로서 암모니아 같은 냄새를 가진다. 물에 잘 녹는다. 환원력이 강하다.

▷ 용도 : 로켓의 연료, 플라스틱의 발포제, 전자부품의 세정제, 청관제(산소나 이

산화탄소의 제거), 고압보일러의 물 처리제(산소의 제거), 중합 촉매, 염료, 농약 등의 제조 원료에 이용한다.

▷ 유독성 : 맹독성, 부식성 물질로 피부와 점막에 강한 부식작용이 있으며 흡입되면 유해하다. 질소산화물을 포함한 연소 생성물은 유독하다.

▷ 급성독성 : 아주 강하다(쥐의 경구 LD_{50} = 60 mg/kg). 사람에서는 증기호흡하면 코와 목이 자극되어 폐수종이 생김과 동시에 두통, 현기증, 구토, 발작, 시각장해, 경련, 혼수 등의 중추신경장해가 나타난다. 간장과 신장의 장해도 보인다. 또 피부에 접촉하면 심한 염증을 일으킨다. 쥐와 마우스에 대해서드 마찬가지로 악영향이 관찰된다.

▷ 만성 일반독성 : 동물실험에서 증기의 호흡노출에 의하여 호흡기계(폐와 기관지), 간장, 비장, 갑상선 등에 장해가 생긴다(캘리포니아주에서는 RfC 상당치로서 0.2 $\mu g/m^3$으로 산출). 적혈구의 감소에 의한 빈혈도 나타난다.

▷ 생식독성 : 쥐(암컷)에의 만성 흡입노출에 의하여 난소와 자궁에 장해가 생기고, 햄스터(수컷)에 대하여도 마찬가지로 정소에 장해가 생긴다.

▷ 발생독성 : 임신 쥐에의 투여에 의하여 태아와 신생아의 사망이 증가한다.

▷ 면역독성 : 피부에 대하여는 알레르기 증상을 일으킨다.

▷ 발암성 : 마우스에의 경구투여 또는 흡입노출에 의하여 간장암과 폐암이 생기고, 쥐와 마우스에의 흡입노출에 의하여 비강에 암이 생긴다. 간장암과 쥐에의 경구투여에 의하여도 생긴다. IARC는 그룹 2B로 지정하고, 또 EPA는 그룹 B2로 지정하고 흡입단위 리스크를 0.0049(실질 안전 대기중 농도는 0.0002 $\mu g/m^3$), 발암강도인자를 3.0(0.1 mg/kg/day의 섭취로 발암 리스크가 0.3), 또 실질 안전 음료수 중 농도를 0.01 $\mu g/\ell$로 산정하고 있다.

▷ 변이원성 : *Salmonella*균, 대장균 그리고 초파리에 유전자 변이를 초래하고 햄스터의 배양 난소세포와 배양 폐세포에 염색체 이상을 일으킨다. 또 쥐의 배양 간세포와 복강 내에 투여한 마우스의 간세포의 DNA를 손상시킨다.

▷ 환경오염 : 사람에의 노출은 주로 본 물질을 취급하는 공장의 작업장에서 증기의 흡입 또는 피부에의 접촉에 의하여 생긴다. 미국에서는 그와 같은 노출의 가능성이 있는 근로자가 약 6만 명으로 추산하고 있다. 또 일반 환경의 오염도 공장 배기가스·폐액 그리고 담배연기에 의하여 생긴다. 그리고 어류에의 생물농축도 나타난다[거피(guppy)에 대하여 316배].

표 2-6. 히드라진의 메틸화 유도체

물질명		메틸히드라진	1,1-디메틸히드라진	1,2-디메틸히드라진
영어명		Methyl hydrazine	1,1-Dimethyl hydrazine	1,2-Dimethyl hydrazine
약칭		MMH	UDMH	SDMH
CAS번호		60-34-4	57-14-7	540-73-8
화학식		CH_3NHNH_2	$(CH_3)_2NNH_2$	$CH_3NHNHCH_3$
비점		87℃	63℃	80℃
발암성	그룹 지정			
	IARC	—	2B	2A
	EPA	—	B2	B2
	종양발생부위 (동물실험)	간장, 폐	간장, 신장, 췌장, 대장, 폐	간장, 신장, 대장
규제	미국	유해대기오염물질 유해폐기물	유해대기오염물질 유해폐기물	유해폐기물
	일본	PRTR(제 II 종)	PRTR(제 II 종)	
	음료수 중 허용농도	5 ㎍/ℓ(EPA)	13.8 ㎍/ℓ(EPA)	
	일반환경 대기중 허용농도	1.2 ㎍/m³	2.4 ㎍/m³	5 ㎍/m³(EPA)
	(예)	뉴욕주	펜실베이니아주	사우스캐롤라이나주

▷ 규제 : ACGIH의 노동환경 대기중 허용농도는 0.01 ppm(0.01 mg/m³)이다. 미국에서는 유해대기 오염물질 그리고 유해폐기물로 지정되어(예로서 로드아일랜드주의 일반 환경 대기중 허용농도는 0.003 ㎍/m³) 있다. 일본에서는 PRTR의 대상물질(제 I 종)로 지정되어 있다.

▷ 관련물질 : 표 2-6에 나타난 3종의 화학물질은 히드라진의 수소원자의 1개 또는 2개를 mrthyl기($-CH_3$)로 치환된 것이고, 다 같이 무색의 암모니아 냄새를 가진 액체이다. 어느 것이나 주로 로켓연료로서 사용되고 있으나, 히드라진과 마찬가지로 급성독성이 강하고 또한 동물실험에서 발암성을 나타난다. 또한 어느 것이나 *Salmonella*균에 유전자 변이를 초래하고, 동시에 MMH와 SDMH에 대하여는 기형발생, 또는 UDMH와 SDMH에 대하여는 생식독성(정자의 감소 등)도 알려져 있다.

관련 법규 : 산업안전보건법(유해위험물)
수질환경보전법(수질오염물)
산업안전기준에 관한 규칙[발화성 물질(가연성 고체)]
유해화학물질관리법(유독물질)

제 3 장

농 약

농약과 잔류농약

농약은 병해충과 잡초의 발생으로 인한 소실을 방지하고, 식량의 안정공급을 가능케 하며 노동력 부족을 대체할 수 있는 가장 경제적이고 빠른 효과를 나타내는 화학물질이다. 따라서 농산물의 증산에 필수적 수단이 되는 농약의 사용이 날로 증대되고 있어 농약이 식품 중에 잔류하는 기회도 그만큼 많아진다. 농약은 대부분이 독성이 강하므로 농약을 사용하는 사람의 급성중독 사고 및 자살 등을 위한 인위적 사용에 의한 사고가 대부분이나 최근 개발된 농약들의 경우 과거에 비하여 분해가 빠르고 인축에 대한 독성도 약하다. 그러나 환경 및 식품 등을 통한 잔류농약의 만성적 노출은 아직도 정확한 폐해를 파악하기 어려운 만큼 가능한 농약의 잔류를 최소화할 필요가 있다.

농약의 분류

농약은 사용목적이나 작용특성, 형태, 성분특성 등에 따라 다양하게 분류할 수 있다.

▷ 사용목적 및 작용특성에 따른 분류 : ① 살균제(fungicide)는 보호살균제(protectant), 직접살균제(eradient), 종자소독제(seed disinfectant), 토양소독제(soil disinfectant), 방부제 등으로 분류한다. 보호살균제는 병원균의 포자가 발아하여 식물체 내에 침입하는 것을 방지하기 위해 사용되는 약제로 병이 발생하기 전에 작물체에 처리하여 예방을 목적으로 사용되는 농약이다. 보호살균제는 약효 지속기간이 길어

야 하며, 물리적인 부착성 및 고착성이 양호하여야 하며 석회보르도액이 이에 해당된다. 직접살균제는 병원균의 발생, 침입방지, 침입한 병원균을 사멸시키는 작용을 하는 약제로 치료를 목적으로 사용하므로 발병 후에도 충분한 방제가 가능하며 항생물질 등이 이에 해당된다. 이외 종자나 종묘에 감염된 병원균을 방지하기 위해 사용하는 종자소독제, 토양중의 병원균을 사멸시키기 위하여 사용하는 토양소독제, 과실의 저장중 부패를 방지하기 위한 방부제 등으로 분류하여 병해 종류에 따라서 도열병약, 탄저병약 등으로도 분류한다. 또한 살균제의 작용특성에 따라서는 흡수저해제, 단백질 생합성저해제, 세포벽 형성저해제(키틴 합성저해제) 및 기타 세포 기능저해제, 스테롤 생합성저해제 등으로 분류한다.

② 살충제(insecticide)는 식독제(소화중독제), 접촉독제, 침투성 살충제, 유인제, 기피제, 생물농약 및 불임제 등으로 분류한다. 식독제는 해충의 먹이가 되는 식물의 잎에 농약을 살포하여 부착시키므로 해충이 먹이와 함께 농약을 먹게 되어 해충의 소화기관내 독작용을 나타내게 하는 약제를 말한다. 접촉독제는 살포된 농약이 해충의 피부에 묻어 해충제의 체내로 침입함으로써 독작용을 나타내는 약제이며, 이는 직접 해충의 몸에 약제가 접촉하였을 때만 살충작용을 나타내는 직접 접촉독제와 해충에 농약이 직접 묻었을 때와 약제가 살포된 장소에 접촉되어 살충효과를 나타내는 잔류성 접촉독제로 구분할 수 있다. 침투성 살충제는 약제를 식물의 잎 또는 뿌리에 처리하여 식물체 내에 흡수 이행시킴으로써 식물체 각 부위에 분포시켜 식물의 즙을 빨아먹는 해충을 사멸시키는 농약을 말한다. 이 밖에 유인제는 해충을 일정한 장소로 유인하여 사멸시키는 약제를 말하며, 기피제는 유인제와는 반대로 농작물 또는 저장 농산물에 해충이 접근하지 못하게 하는 약제이다. 생물농약은 해충의 천적을 이용하여 해충을 방제하는 농약이며, 병원균에 길항하는 미생물도 일종의 생물농약에 해당된다. 불임제는 해충을 불임화시켜 번식을 막는 약제이다.

③ 살응애제(acaricide, mitcide, 살비제)는 선택성이 있어서 곤충류에 대해서는 살충효력이 거의 없고 응애류(mites)에만 효력을 나타내는 약제이다. 살응애제는 식물체에 살포된 농약이 응애의 외피에 접촉하거나 식물체에 침투된 농약을 흡수하여 독성을 일으키는 것이다.

④ 살선충제(nematocide)는 식물의 뿌리에 기생하는 선충을 죽이는 침투성 살충제와 토양 중의 선충을 죽이는 토양훈증제가 이에 속하며, 살선충제는 일반적으로 토양의 다른 해충에 대해서도 효과를 나타낸다.

⑤ 제초제(herbicide)는 농업에 있어서 가장 많이 사용하는 농약으로, 작물이 필요로 하는 양분을 수탈 또는 작물의 생육환경을 불리하게 하여 작물생육에 경쟁적

식물인 잡초를 방제하기 위하여 사용되는 약제로서 그 작용특성에 따라서 선택성 제초제와 비선택성 제초제로 구분하며, 작용기작에 따라 광합적 저해제, 광활성화에 의한 독물생산제, 산화적 인산화 저해제, 식물 호르몬 작용 저해제, 단백질 합성 저해제 등을 구분한다. 또한 제초제는 사용하는 시기에 따라서 발아 전 처리제, 발아 후 처리제로 구분한다.

⑥ 식물생장 조정제(plant growth regulator)는 식물의 생장을 촉진 또는 반대로 억제하거나 개화촉진, 착색촉진, 낙과방지 또는 촉진 등 식물의 생육을 조정하기 위하여 사용되는 약제를 말한다. 식물생장 조정제는 작물의 성장, 생육을 인위적으로 조절하여 농업생산의 경제성을 높이기 위하여 이용되고 있는데 최근에는 과실, 채소 등의 상품성 향상, 출하시기의 조정 등 농업의 생산성에 있어서 중요한 자재로서 사용되고 있다.

▷ 사용형태에 따른 분류 : 농약은 그 형태에 따라서 약효, 약해 및 안전성 등이 크게 달라지므로 농약을 개발하는 경우 농약의 상품을 제조하는 기술은 새로운 화합물을 개발하는 것 못지않게 매우 중요하다. 농약의 상품형태 즉, 제품의 외관에 따라 분류하는 방법으로 유제, 수화제, 액제, 수용제, 액상수화제, 분제, DL분제, 입제, 미립제, 정제, 훈증제, 훈연제, 연무제, 호상제 등으로 분류된다.

▷ 주성분에 따른 분류 : 농약의 성분특성에 따라 무기농약, 천연유기농약, 합성유기농약으로 구분할 수 있고, 합성유기농약은 유기인계, 유기염소계, 카바메이트계, 유황계 농약 등으로 구분할 수 있다. 농약의 분해속도는 구성성분의 화학구조 특성에 따라 각각 다르다. 농약의 잔류 정도에 따라 구분을 하면 아래와 같다.

표 2-7. 농약의 잔류성과 기간

잔류성	잔류기간	화학적 분류	예 시
비잔류성	1~2주	유기인제, 카바메이트제	Malathion, methylparathion, parathion, carbaryl 등
보통 잔류성	1~18개월	-	2,4-D, atrazine 등
잔류성	2~5년	유기염소제	DDT, BHC, lindane, aldrin, eldrin, chlorodane, heptachlor, camphechlor
영구적 잔류성	영구 잔류	수은, 비소 및 납 함유물	Phenyl mercury acetate, arsenate of lead

▷ 독성 정도에 따른 분류 : 급성독성에 따른 구분은 제품농약의 LD_{50}을 기준으로 하며, 농약의 물리적 상태에 따라 액체와 고체로 나누어 나타내면 다음과 같다.

표 2-8. 농약의 독성

구 분	LD_{50}(mg/kg)			
	급성경구		급성경피	
	고체	액체	고체	액체
맹독성(I급)	5 미만	20 미만	10 미만	40 미만
고독성(II급)	5 이상 50 미만	20 이상 200 미만	10 이상 100 미만	40 이상 400 미만
보통독성(III급)	50 이상 500 미만	200 이상 2,000 미만	100 이상 1,000 미만	400 이상 4,000 미만
저독성(IV급)	500 이상	2,000 이상	1,000 이상	4,000 이상

어독성 정도에 따른 농약의 구분은 농약의 어독성 구분은 제품농약의 잉어에 대한 LC_{50}(유효성분)을 기준으로 한 것이며, 벼 재배용 농약인 경우에는 잉어 이외의 다른 어류에 대한 독성시험 성적을 고려하여 구분한 것이다. II급 또는 III급에 속하는 농약이라고 하더라도 전국적으로 연간 사용량이 많아 10아르당 평균 사용량이 유효성분으로 0.1 kg을 초과하고, 잉어에 대한 LC_{50}(ppm)을 10아르당 농약 사용량에 대한 유효 성분량(kg)으로 나눈 값이 5 미만인 농약은 I급으로 분류하고 있다.

1. 다이아지논(diazinon)

▸ CAS번호 : 333-41-5

▸ 별명 : Exozinon(상품명)

▷ 성상 : 무색의 액체로서 약간의 과실냄새가 난다.

▷ 독성 : 저독성 · 어독성 II급

▷ 용도 : 유기인계의 살충제로서 과수(사과 · 귤 · 포도 등), 야채(양배추 · 배추 · 시금치 · 양파 · 토마토 · 호박 등), 감자, 대두, 벼, 옥수수, 소나무, 삼목 등에 살포하고, 또 골프장에서도 사용된다. 집안 개미구제나 옥내의 독부리 구제에도 널리 사용된다.

▷ 급성독성 : 아주 강하다(쥐의 경구 LD_{50} = 66 mg/kg). 사람이 노출을 받으면 두통, 구토, 발한, 설사, 흉통, 피로감, 경련, 시야의 혼탁, 언어장해 등의 유기인 중독증상이 생긴다. 동물실험에서도 유사한 신경장해가 보이나, 이외에도 췌장장해도 알려져 있다.

▷ 만성 일반독성 : 급성독성과 마찬가지로 신경계에의 장해가 나타나고 두통, 현기증, 탈력감, 운동실조, 조울증, 과민증이 나타난다. 동물실험에서는 간장에도 장해가 미친다(RfD = 0.09 μg/kg/day).

▷ 생식독성 : 쥐에의 복강내 1회 투여로 정소의 위축과 괴사가 생긴다. 또 송사리의 부화율도 저하한다.

▷ 발생독성 : 임신 마우스의 미량의 경구투여로 신생아의 운동기능(예로서 경사진 판 위에서 미끄러워 떨어지는 것을 방지하는 능력) 저하(표 2-16 참조), 또 신생아의 사망률도 증대한다.

▷ 면역독성 : 마우스에의 아급성 경구투여로 혈청 중의 항체량이 감소하고 이식된 종양의 증식에 대한 억제기능이 저하한다.

▷ 변이원성 : 마우스의 배양림프종 세포에 유전자 변이를 일으키고 어느 종의 어류와 사람의 배양림프구에 염색체 이상을 일으킨다.

▷ 생태독성 : 수생생물 대한 독성은 상당히 강하다(무지개송어의 LC_{50}(96시간) = 0.09 mg/ℓ). 어독성은 B-s이다. 또 꿀벌에 대한 독성도 강하다.

▷ 환경오염 : 환경에서는 분해하기 어렵다(토양 중 반감기는 40일). 또 수중에서의 생물농축도 약간 있다(붕어에서 120배). 미국에서는 시금치에 0.39 ppm, 수입사과에 0.8 ppm, 일본에서는 샐러리에 0.64 ppm의 잔류 예가 알려져 있다. 한편 흰개미의 구제제로서 사용되고 나서 24시간 후의 주택에 대하여 27～125 $μg/m^3$의 옥내 대기오염이 관찰되고 또한 일본의 하천에서는 최고 3 μg/ℓ의 오염도 검출되고 있다.

사람에의 노출은 상기의 오염식품의 섭취 그리고 생산·살포 시의 흡입이나 접촉에 의하여 생긴다. 이 때문에 미국사람의 1일당 평균 섭취량은 0.01 μg/kg(체중)에 이르는 것으로 알려졌다.

▷ 규제 : NIOSH의 노동환경 대기중 허용농도는 0.1 mg/m^3이다. 미국에서는 음료수 중 허용농도를 0.6 μg/ℓ로 설정하고 있다. 또 2000년 12월부터 옥내에서의 사용을 금지하고, 2004년에는 옥외에서도 전면적으로 금지하였다. 노스다코타주에서

는 일반 환경 대기중 허용농도를 1 μg/m^{3}으로 설정하고 있다.

일본에서는 PRTR의 대상물질(제Ⅰ종)로 지정되어 있다. 또 일반 환경의 수질감시 지침치(5 μg/ℓ), 골프장 배수농도 지침치(50 μg/ℓ), 대기중 농도 평가치(1 μg/m^3) 그리고 실내 대기중 농도 지침치(0.29 μg/m^3 = 0.02 ppm)를 설정하고 있다. 잔존 기준과 등록 보류기준은 과실, 야채, 곡물, 두류 어느 것이나 0.1 ppm이다.

▷ 우리나라의 규제 : 식품공전에서 diazinon의 허용기준은 0.05 ppm(밀), 0.5 ppm(고사리, 고추, 망고, 버섯류, 살구, 아스파라가스, 샐러리, 호도, 파, 파파야, 케일, 피망), 0.7 ppm(레몬, 복숭아, 호밀, 오렌지), 0.1 ppm(상기 이외의 대부분의 농산물 등)으로 규정되어 있다. 그리고 먹는 물 관리법(시행령 및 시행규칙)에서 먹는 물(수돗물) 중의 diazinon의 허용기준은 0.02 mg/ℓ 이하로 규정되어 있다.

2. 디메토에이트(dimethoate)

▸ CAS번호 : 60-51-5

▷ 성상 : 회백색의 결정성 고체(융점 43℃)로서 장뇌와 같은 냄새를 가진다.

▷ 독성 : 보통의 독성이다.

▷ 용도 : 유기인계의 살충제로서 감귤류, 파인애플, 야채(파・마늘・양파・연근・부추 등), 대두, 벼, 감자, 나리, 카네이션, 튤립, 소나무, 삼나무 등에 살포한다.

▷ 생산량 : 일본에서는 연간 약 200만 톤(주로 수입)이다.

▷ 급성독성 : 아주 강하다(쥐의 경구 LD_{50} = 60 mg/kg). 사람이 노출을 받으면 두통, 현기증, 발한, 토기, 구토, 설사, 수족의 흔들림, 운동실조, 시야 혼탁, 경련, 호흡곤란, 의식소실, 등의 유기인 중독증상이 생기고 사망하는 수도 있다.

▷ 만성 일반독성 : 상기의 급성독성과 마찬가지의 증상이 생기는 경우가 많으나, 이외에 기억능력과 집중력의 저하, 언어장해, 방향감각의 손실, 우울증과 불안감, 착란상태 등도 나타난다(RfD = 0.2 μg/kg/day).

▷ 생식독성 : 마우스에 여러 세대 경구투여로 임신율 저하와 출산의 지연과 함께 신생아의 생존율이 감소한다.

▷ 발생독성 : 임신한 고양이의 경구투여로 태아의 기형[다지형(多指型)]이 나타난다. 또 임신 쥐의 경구투여에서도 신생아의 늑골 이상이 관찰된다.

▷ 면역독성 : 마우스의 복강내 1회 투여로 흉선과 비장이 위축되고 림프구가 감

소한다.

▷ 변이원성 : *Salmonella*균, 대장균 그리고 초파리에 유전자 변이를 초래하고 햄스터의 배양 난소세포, 사람의 배양림프구, 경구투여한 마우스의 골수세포 등에 염색체 이상을 일으킨다. 또 사람의 배양 섬유아세포의 DNA를 손상한다.

▷ 생태독성 : 수생생물에 대한 독성은 약간 강하고[무지개송어의 LC_{50}(96시간) = 6.2 mg/ℓ ; 물벼룩의 LC_{50}(48시간) = 2.5 mg/ℓ]. 어독성은 B이다.

▷ 환경오염 : 환경에서 약간 분해하기 어렵고, 토양 중 반감기는 15～42일이다. 미국에서는 지하수 중에 최고 10 μg/ℓ 검출되고, 사과에는 0.44 ppm, 시금치에는 11 ppm의 잔류 예가 발견되고 있다. 사람에의 노출은 이와 같은 오염을 통하여 생기고 또한 이 제제의 생산·살포 시에 흡입이나 피부에의 접촉에 의하여 생긴다.

▷ 규제 : 미국에서는 유해폐기물로 지정하고 또 위스콘신주에서는 음료수 중 허용량을 2 μg/ℓ로 설정되어 있다. 일본에서는 PRTR의 대상물질(제Ⅰ종)로 지정되어 있다. 잔류 기준은 귤, 여름밀감, 감, 감자 그리고 토마토가 1 ppm이고 또 등록보류기준도 과실, 두류, 쌀, 차 등이 1 ppm이다.

▷ 우리나라의 규제 : 식품공전에서는 dimethoate의 잔류 허용기준은 0.05 ppm(감자, 대두), 0.1 ppm(면실, 옥수수, 피칸), 1ppm(고추, 당근, 딸기, 멜론, 바나나, 배, 사과, 샐러리, 시금치, 토마토, 포도), 3 ppm(호프), 2 ppm(상기 이외의 대부분의 농산물)으로 규정되어 있다.

3. 디엘드린(딜드린 ; dieldrin)

▸ CAS번호 : 60-57-1

▷ 성상 : 모색 또는 묽은 황갈색의 고체(융점 175℃)이다.

▷ 용도 : 유기염소계 살충제로서 일본에서는 1954년부터 과수나 야채의 해충 그리고 흰개미의 구제 그리고 양모제품의 방충가공 목적에 널리 사용하고 있다. 그러나 안전상의 이유로 1973년에 우선 농약으로서의 사용이 금지되고 이어 1978년에는 방충가공이 엄하게 규제되었다. 또 1981년에는 흰개미 구제제로서의 사용도 금지되었다.

▷ 급성독성 : 아주 강하다(쥐의 경구 LD_{50} = 38 mg/kg). 사람에서는 흡입 또는 피부에서의 흡수에 의하여 두통, 현기증, 구역질, 식욕저하, 불면, 피로감, 경련 등의 중추신경 장해의 증상이 나타난다.

▷ 만성 일반독성 : 아주 강하여 사람에서는 떨림, 경련, 착란상태, 혼수 등을 거쳐 사망하는 수도 있다. 경련은 노출 후 간혹 수주간 또는 수개월간 계속된다. 또 쥐에의 경구투여에서는 떨림이나 경련과 함께 간장장해가 인정된다(RfD = 0.05㎍/kg/day).

▷ 생식독성 : 쥐 또는 마우스에의 다세대 경구투여로 신생아의 사망률이 증대하고 또 노출을 받은 조류의 알 껍질이 얇아지고 부화율이 저하한다.

▷ 면역독성 : 마우스에의 아급성 복강내 투여로 병원성 바이러스의 저항성이 감소한다. 토끼에의 경구투여에서도 세균에 대한 면역력이 저하한다.

▷ 행동독성 : 임신 쥐에의 복강내 투여로 신생아의 성장 후의 반사운동 능력이 저하한다.

▷ 내분비계 장애 : Estrogen의 receptor에 결합한다. 또 사람의 배양유방암 세포(MCF-7)의 증식을 촉진하고 estrogen 같은 작용을 나타낸다(OSF와 환경성의 내분비계 장애물질 리스트에 수록).

▷ 발암성 : 마우스에의 경구투여로 간장암과 폐암이 생긴다. IARC는 그룹 3으로 지정하고, 또 EPA는 그룹 B2로 지정하고 있다. 흡입단위 리스크를 0.0046(실질안전 대기중 농도는 0.0002 ㎍/m^3), 발암강도인자를 16(0.01 mg/kg/day의 투여로 발암 리스크는 0.16), 또한 실질 안전음료수 중 농도를 0.002 ㎍/ℓ로 산정한다. 한편 혈중의 dieldrin 함량이 높은 여성에 유방암이 다발하는 것으로 알려져 있다.

▷ 변이원성 : *Salmonella*균과 햄스터의 배양 폐세포에 유전자 변이를 일으키고 사람의 배양림프구에 염색체 이상을 초래한다.

▷ 생태독성 : 수생생물에의 독성은 아주 강하고(무지개송어의 LC_{50}(96시간) = 1.2 ㎍/ℓ), 어독성은 C이다. 또 어느 종의 개구리의 어린 것이 노출을 받으면 등골의 기형이 생긴다.

▷ 환경오염 : 환경에서는 아주 분해가 늦고, 토양 중 반감기는 5~7년에 이른다. 또 수중에서의 생물농축도 현저하다(대부분의 어류에 대하여는 10,000~15,000배). 이 때문에 현재에도 광범한 지역에서 하천의 저니(底泥), 어패류, 축산물, 인체조직 등에서 상당한 오염이 검출되고 있다. 예로서 네덜란드에서 모유 중에 최고 200 ㎍/ℓ 함유되고, 1일 섭취량이 체중 1 kg당 25 ㎍에 달하는 경우도 보고되고 있다.

▷ 규제 : NIOSH의 노동환경 대기중 허용농도는 0.25 mg/m^3이다. 미국에서는 유해수질 오염물질 그리고 유해폐기물로 지정되어(예로서 애리조나주의 음료수 중 허

용농도는 0.001 μg/ℓ) 있다. 스톡홀름조약의 대상물질이다.

일본에서는 극물 그리고 화심법(化審法)의 제Ⅰ종 특정 화학물질로 지정되어 있다. 또 가정용품 규제법에서는 기저귀 카버, 장갑, 바지, 양말, 모자, 침구, 마루깔개 등의 방충 가공제로서 사용하는 경우에 함량이 30 ppm 이하로 제한하고 있다. 또한 대부분의 농작물에는 잔류가 검출된다고 한다.

▷ 우리나라의 규제 : 식품공전에서 aldrin(dieldrin)의 잔류 허용기준은 0.01 ppm (대부분의 농산물). 그리고 alachlor의 잔류 허용기준은 0.05 ppm(땅콩), 0.1 ppm (기타 콩류), 0.2 ppm(상기 이외의 대부분의 농산물)으로 규정되어 있다.

▷ 관련물질 : 본제와 아주 유사한 구조를 가진 유기염소계의 살충제로서 aldrin (CAS번호 : 309-00-2)과 endrin(CAS번호 : 72-20-8)이 있고, 일본에서는 역시 1954년 이후 마찬가지의 목적으로 널리 사용하였다. 이들은 본제와 함께 endrin제로 총칭되고 있으나 어느 것이나 급성 그리고 만성 일반독성이 아주 강하고 또한 동물실험에서 발암성을 나타나므로 1975년에 사용이 금지되었다.

이와 같이 endrin은 환경에서는 순하게 dieldein으로 변화하고 aldrin도 아주 분해가 늦으므로 이들은 역시 스톡홀름조약의 대상물질로 정해져, 일본에서는 화심법(化審法)의 제Ⅰ종 특정화합물로 지정되어 있다.

4. 1,3-디클로로프로펜(1,3-dichloropropene)

(식품공전에는 수록되어 있지 않음)

- CAS번호 : 542-75-6
- 화학식 : $CHCl=CH-CH_2Cl$
- 별명 : 1,3-dichloropropylene

▷ 성상 : 무색의 액체(비점 108℃)로서 chloroform과 같이 단 냄새를 가진다.

▷ 용도 : 일본에서는 D-D의 상품명으로 부르는 유기염소계 토양용 살충제의 주성분(55% 함유)이다. 야채(오이, 호박, 수박, 배추, 무, 시금치, 우엉, 당근, 토마토, 가지 등), 서류, 두류, 담배, 국화 등의 재배토양에 사용된다. 또한 테프론 92, D-D92 그리고 DC 유제의 이름으로 부르는 제품에는 본제가 92% 함유되어 있다.

▷ 유독성 : 눈, 피부, 호흡기계통을 자극한다. 피부 침투와 흡입시는 치명적이다.

▷ 급성독성 : 상당히 강하다(쥐의 경구 LD_{50} = 150 mg/kg). 사람에서 증기의 흡

입노출에 의하여 점막의 자극, 두통, 구역질, 현기증, 피로감, 흉통, 호흡곤란 등이 생긴다. 쥐에 있어는 흡입노출로 폐에 장해(기종과 수종)가 나타난다. 경구투여로 간장, 소장, 폐 등의 충혈이나 출혈과 신경장해(운동실조, 호흡량 감소, 의식소실 등)가 나타난다.

▷ 만성 일반독성 : 사람에서는 피부에의 감작작용만 알려져 있으나 쥐와 마우스의 동물실험에서는 흡입노출로 비점막, 상기도 그리고 방광에 장해가 생기고(RfC = 0.02 mg/m^3), 경구투여로 전위와 신장에 장해가 생긴다(RfD = 0.3 μg/kg/day).

▷ 발암성 : 쥐에의 경구투여로 전위, 간장, 부신 그리고 갑상선에 종양이 생기고 마우스에의 경구투여로 마찬가지로 전위, 방광 그리고 폐에 종양이 생긴다. 또 마우스(수컷)의 흡입실험으로 폐암이 생성된다. IARC는 그룹 2B로 지정하고 또 EPA는 그룹 B2로 지정되어 있다. 실질안전 대기중 농도를 0.2 μg/m^3, 또한 발암강도인자를 0.1로 산정한다.

▷ 변이원성 : *Salmonella*균, 초파리 그리고 마우스의 배양림프종 세포에 유전자 변이를 초래하고, 햄스터의 배양 난소세포와 배양 폐세포에 염색체 이상을 초래한다. 또 경구투여한 쥐의 간세포의 DNA를 손상한다.

▷ 생태독성 : 수생생물에 대한 독성은 약간 강하고 어독성은 B(무지개송어의 LC_{50}(96시간) = 3.9 mg/ℓ)이다.

▷ 환경오염 : 환경에서는 비교적 분해가 쉬우나 미국에서는 지하수 중에 오염이 검출되고 있다. 사람에의 노출은 본제의 생산·살포 시에 흡입과 피부에의 접촉에 의하여 생기는 경우가 많다. 예로서 네덜란드의 꽃밭의 대기가 본제의 살포에 의하여 2～20 mg/m^{3}의 고농도로 오염된 것이 보고된 적도 있다.

▷ 규제 : NIOSH의 노동환경 대기중 허용농도는 1 ppm(4.5 mg/m^3)이다. 미국에서는 유해대기, 수질 오염물질 그리고 유해폐기물로 지정되어(예로서 위스콘신주의 음료수 중 허용농도는 0.2 μg/ℓ) 있다. 스웨덴에서는 사용을 금지하고, 일본에서는 수질환경기준을 2μg/ℓ로 설정함과 동시에 PRTR의 대상물질(제Ⅰ종)로 지정되어 있다.

관련 법규 : 수질환경보전법(수질오염물)
대기환경보전법(대기오염물질, 특정 대기유해물)
산업안전기준에 관한 규칙(인화성 물질, 특정 화학물질)

5. 리누론(linuron)

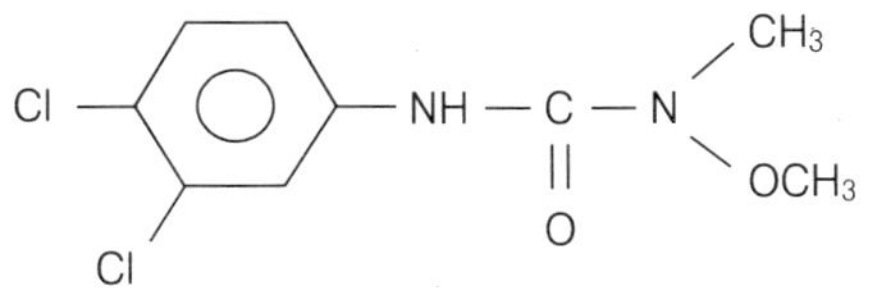

Cl, NH, C, N, CH_3, OCH_3, O, Cl

Linuron

- CAS번호 : 330-55-2
- 화학명 : 3-(3,4-dichlorophenyl)-1-methoxy-1-methylurea
- 별명 : 아파론, 로롯쿠스(어느 것이나 상품명)

▷ 성상 : 백색의 결정성의 고체(융점 93℃)로서 물에 약간 녹는다.

▷ 용도 : 요소계의 제초제로서 과수(사과, 배, 감 등), 야채(당근, 마늘, 양파, 파, 부추 등), 서류, 감자, 두류, 맥류, 옥수수, 천궁, 곤약, 뽕나무 등에 살포한다.

▷ 급성독성 : 그다지 강하지 않으나(쥐의 경구 LD_{50} = 1,146 mg/kg), 토끼의 눈을 자극하고, 모르모트의 피부에 대하여 감작작용을 나타낸다.

▷ 만성 일반독성 : 쥐와 개에의 경구투여로 빈혈(적혈구의 감소)이 생긴다(RfD = 2 μg/kg/day).

▷ 생식독성 : 쥐에의 아만성 경구투여로 정소, 정낭, 정소상체 등이 위축된다.

▷ 발생독성 : 임신 쥐에의 경구투여로 신생아에 요도하열, 정소상체의 기형, 수컷 유방의 암컷화를 일으킨다. 또 흉골이나 늑골에도 이상이 나타난다(미국 캘리포니아주의 발생 독성물질 리스트에 수록).

▷ 면역독성 : 쥐에의 아만성 경구투여로 비장의 림프소절이 위축된다.

▷ 내분비계 장애 : Androgen의 receptor의 결합을 방해하여 쥐에의 경구투여로 상기의 생식독성이나 발생독성을 나타낸다. 또 유사의 동물실험에서 혈액 중의 estrogen과 황체형성호르몬의 농도를 증대시킨다(OSF의 내분비계 장애물질 리스트에 수록).

▷ 발암성 : 마우스에의 경구투여로 간장암이 생기고 발암강도인자를 0.33으로 산정한다.

▷ 변이원성 : 보리와 잠두에 염색체 이상을 초래한다.

▷ 환경오염 : 환경에서는 분해하기 어렵고, 토양 중 반감기는 60일이 이른다. 미국이나 캐나다에서는 하천과 지하수의 오염(0.2～2 μg/ℓ)이 검출된다. 또 당근에 0.36ppm의 잔류 예가 알려져 있다. 사람에의 노출은 이와 같은 오염식품의 섭취에 의하여 생기고 또 본제의 생산·살포시 흡입이나 피부에의 접촉에 의하여 생긴다.

▷ 규제 : 미국의 미네소타주에서는 음료수 중 허용농도를 1 μg/ℓ로 설정한다. 일본에서는 PRTR의 대상물질(제Ⅰ종)로 지정하고, 또 논의 농도 지침치(0.2 mg/ℓ)를 설정한다. 등록 보류기준은 두류가 0.5 ppm, 과실과 야채가 0.2 ppm, 그리고 서류와 곡류가 0.1 ppm이다.

▷ 우리나라의 규제 : 식품공전에서 linuron의 잔류 허용기준은 0.2 ppm(귀리, 면실, 밀, 보리, 수수, 호밀, 옥수수), 0.5 ppm(샐러리), 1 ppm(상기 이외의 대부분의 농산물)으로 규정되어 있다.

6. 마네브(maneb)

▸ CAS번호 : 12427-38-2

▸ 화학명 : Ethylene-*bis*-(dithiocarbamic acid) mangan(식품공전에는 수록되어 있지 않음)

▸ 별명 : 마네브다이젠, 엠다이퍼(어느 것이나 상품명)

▷ 성상 : 약간 황색으로 착색한 분말(융점 192℃)이다.

▷ 용도 : Dicarbamate계의 살균제로서 일본에서는 과수(사과, 배, 감, 감귤 등), 야채(오이, 토마토 등), 두류, 감자, 담배, 꽃류(국화, 장미, 튤립, 나리 등), 삼나무 등에 살포한다.

▷ 급성독성 : 경구섭취로는 강하지 않으나(쥐의 경구 LD_{50} = 4.4 g/kg), 미세분말에의 노출(흡입이나 접촉)에 의하여 눈, 코, 목, 피부 등이 상당히 자극된다. 또 사람이 비교적 다량의 노출을 받으면 두통, 현기증, 탈력감, 불안감, 의식소실, 착란상태 등의 신경장해가 생긴다.

▷ 만성 일반독성 : 개에의 아만성 경구투여로 신장장해, 위장장해, 척추의 손상, 떨림, 운동실조(특히 후지) 등이 나타난다. 쥐에서는 간장장해도 보고되고 있다(RfD = 5 μg/kg/day).

▷ 생식독성 : 쥐에의 아급성 경구투여로 임신율이 저하한다.

▷ 발생독성 : 임신 쥐에의 경구투여로 유산과 사산이 증가하고 태아에 기형[수두증(水頭症), 단미(短尾) 등]이 생긴다. 또 신생아의 생존율이 저하한다.

▷ 면역독성 : 쥐에의 미량(0.75 mg/kg/day)의 아만성 경구투여로 비장이 변질하고, 항체활성이 저하한다.

▷ 내분비계 장애 : 마우스에의 만성 경구투여로 혈액 중의 thyroxine 농도가 저하하고 쥐, 개 그리고 붉은털 원숭이에의 아만성 경구투여에서는 갑상선이 비대한다(OSF와 환경성의 내분비계 장애물질 리스트에 수록).

▷ 발암성 : 마우스에의 경구투여로 폐암과 간장암이 생긴다. IARC는 그룹 3으로 지정하고, 또 EPA는 그룹 B2로 지정되어 있다. 발암강도인자를 0.0176으로 산정.

▷ 변이원성 : 고등식물, 햄스터의 배양 폐세포, 복간내 투여한 마우스의 골수세포 등에 염색체 이상을 초래한다. 또 효모의 DNA를 손상한다.

▷ 생태독성 : 수생생물에의 독성은 약간 강하고(붕어의 LC_{50}(48시간) = 1.8 mg/ℓ), 어독성은 B이다. 가재에 기형이 생긴다.

▷ 환경오염 : 환경에서는 분해하기 어렵고, 토양 중 반감기는 70일에 이른다. 분해산물에 발암물질(IARC의 그룹 2B)의 ethylene thiourea가 함유된다. 미국에서는 야채(토마토, 오이 등)에 최고 4 ppm의 잔류가 있다. 사람에의 노출은 이와 같은 오염식품의 섭취에 의하여 생기고 또 본제의 생산·살포 시의 흡입, 피부에의 접촉에 의하여 생긴다.

▷ 규제 : ACGIH의 노동환경 허용농도는 함유되어 있는 망간의 양에 대하여 5 mg/m^3이다. 미국의 메인주에서는 음료수 중 허용농도를 0.01 mg/ℓ로 설정하고, 일본에서는 PRTR의 대상물질(제I종)로 지정. 등록 보류기준은 오이, 토마토가 2 ppm, 과실 0.5 ppm, 야채 0.4 ppm, 서류 0.2 ppm, 그리고 두류가 0.1 ppm이다.

7. 만제브(manzeb)

(식품공전에는 수록되어 있지 않음)

▸ CAS번호 : 8018-01-7

▸ 별명 : 망코제브(mancozeb) ; 디만다이젠(상품명)

▷ 성상 : 회색에 가까운 갈색 분말(융점 192℃)이다.

▷ 독성 : 저독성·어독성 II급

▷ 용도 : Dicarbamate계의 살균제(만제브에 아연이 결합한 화합물)로서 과수(사과, 배, 감, 감귤 등), 야채(양배추, 배추, 파, 호박, 토마토, 오이, 수박, 멜론, 양파 등), 두류, 감자, 꽃류(국화, 장미 등), 참깨, 땅콩, 인삼 그리고 삼나무에 살포한다.

▷ 급성독성 : 경구섭취로는 강하지 않으나(쥐의 경구 LD_{50} = 8 g/kg), 미세분말에의 접촉에 의하여 피부가 자극되어 발진이 생긴다. 또 사람이 비교적 다량의 노출을 받으면 두통, 구역질, 피로감, 경련, 언어장해, 혼수 등 신경장해가 나타난다.

▷ 만성 일반독성 : 쥐에의 경구투여로 간장이 비대한다(RfD = 3 μg/kg/day).

▷ 생식독성 : 쥐에의 3세대 경구투여로 임신율이 저하하고 마우스에의 복강 내 1회 투여로 이상한 정자가 증가한다.

▷ 발생독성 : 임신 쥐에의 경구투여로 태아에 기형[수두증, 구개열, 단미(短尾), 무지증(無指症) 등]이 생기고, 두개골의 발육 지연도 나타난다.

▷ 내분비계 장애 : 쥐에의 아만성 경구투여로 혈액 중의 thyroxine 농도가 저하하고, 마찬가지로 만성 경구투여에서는 갑상선이 비대한다. 또 개에의 만성 경구투여에도 갑상선의 작용이 저하한다(OSF와 환경성의 내분비계 장애물질 리스트에 수록).

▷ 발암성 : 쥐에의 경구투여로 갑상선암이 생긴다. 또 마우스에의 경피투여로 피부암이 생긴다. EPA는 그룹 B2로 지정하고, 발암강도인자를 0.0176으로 산정한다.

▷ 변이원성 : 황국균에 유전자 변이를 일으키고, 사람의 배양림프구, 햄스터의 배양 난소세포, 경구투여한 쥐의 골수세포 등에 염색체 이상을 초래한다. 또 마우스의 피부세포와 효모의 DNA를 손상한다.

▷ 생태독성 : 수생생물에의 독성은 약간 강하다(무지개송어의 LC_{50}(48시간) = 2.2 mg/ ℓ). 어독성은 B이다.

▷ 환경오염 : 환경에서는 분해하기 어렵고 토양 중 반감기는 70일에 이른다. 분해산물에는 발암물질(IARC의 그룹 2B)의 ethylene thiourea가 함유된다. 일본에서는 무에 1.3 ppm, 또 미국에서 토마토에 0.54 ppm의 잔류가 발견되고 있다. 사람에의 노출은 이와 같은 오염식품의 섭취에 의하여 생기고 또 본제의 생산·살포 시에 흡입이나 피부에의 접촉에 의하여 생긴다.

▷ 규제 : 미국의 애조나주에서는 음료수 중 허용농도를 21 μg/ ℓ 로 설정하고 일본에서는 PRTR의 대상물질(제 I 종)로 지정되어 있다. 등록 보류기준은 토마토 그

리고 오이가 2 ppm, 과실이 0.5 ppm, 야채가 0.4 ppm, 서류가 0.2 ppm 그리고 두류가 0.1ppm이다.

8. 말라톤(malathon)

▸ CAS번호 : 121-75-5

▸ 별명 : 말라티온(malathion, 식품공전에 수록된 농약명)

▷ 용도 : 유기인계의 살충제로서 일본에서는 과수(사과・배・복숭아・감 등), 야채(양배추・배추・무・우엉・시금치・토마토・가지・오이 등), 두류, 벼, 담배, 화훼류에 살포하고, 미국에서는 곡물 수확 후 농약으로 이용한다(표 2-14 참조).

▷ 급성독성 : 그다지 강하지 않으나(쥐의 경구 LD_{50} = 1 g/kg), 사람이 비교적 다량의 노출을 받으면 두통, 구역질, 시야의 혼란, 발한, 설사, 마비, 경련, 운동실조, 호흡곤란 등의 유기인 중독증상이 나타난다. 또 접촉하면 눈도 자극된다.

▷ 만성 일반독성 : 급성증상과 마찬가지로 중추신경에 장해가 생기고 현기증, 탈력감, 운동실조, 불안감, 우울증 등의 증상이 발현된다(RfD = 0.02 mg/kg/day).

▷ 생식독성 : 쥐에의 아만성 경구투여에서 정소와 정소관이 변질하고 정자형성이 감소한다. 마우스에의 복강내 1회 투여에서도 마찬가지의 장해가 생긴다.

▷ 발생독성 : 임신 쥐에의 경구투여로 태아에 수두증 등의 기형과 중량 저하가 나타난다. 또한 농약의 NAC와의 혼합투여로 상승 독성을 나타낸다(NAC 항 참조).

▷ 면역독성 : 마우스에의 경구투여로 비장이 위축된다.

▷ 내분비계 장애 : 정소의 변질(생식독성의 항 참조)이 있으며 OSF와 환경성의 내분비계 장애물질 리스트에 수록되어 있다.

▷ 발암성 : 쥐에의 피하투여에서 유방암이 생긴다(IARC는 그룹 3으로 지정).

▷ 변이원성 : *Salmonella*균과 고초균에 유전자 변이를 일으키고 대맥, 사람의 배양림프구, 햄스터의 배양 난소세포, 경구투여한 마우스의 골수세포 등에 염색체 이상을 일으킨다. 또 대장균의 DNA를 손상시킨다.

▷ 생태독성 : 어독성은 B이나 수생생물에의 독성이 상당히 강하다(무지개송어의 LC_{50}(24시간) = 0.1 mg/ℓ). 특히 파충류나 양서류에의 영향이 현저하다. 예를 들면, 도마뱀은 1 mg/kg의 노출량으로 간장과 신장에 장해가 생긴다. 한편, 꿀벌에 대한 독성도 아주 강하다.

▷ 환경오염 : 환경에서는 비교적 분해하기 쉬우나 분해산물에 급성독성이 강한 malaoxisone(마우스의 경구투여 LD_{50} = 75 mg/kg) 등이 함유되는 수가 많다. 또 수중에서는 생물농축이 어느 정도 나타난다(새우류에는 약 1,000배). 외국산 밀은 9.12 ppm의 잔류로 알고 있다. 사람에의 노출은 이와 같은 오염식품의 섭취에 의하여 생기고, 또한 본제의 생산 · 살포 시에 흡입이나 피부에의 접촉에 의하여 생긴다.

▷ 규제 : ACGIH의 노동환경 대기중 허용농도는 10 mg/m^3(단, 아르헨티나 농도는 0.5 mg/m^3)이다. 미국의 메인주에서는 음료수 중 허용농도를 0.04 mg/ℓ로 설정하고, 일본에서는 PRTR의 대상물질(제 I 종)로 지정되어 있다. 또한 대기중 농도 평가치(20 μg/m^3), 공용 수역 등의 수질평가 지침치(0.01 mg/ℓ)를 설정하고 있다. 잔류 기준은 8 ppm(포도, 양파, 호박, 밀), 4 ppm(레몬, 오렌지), 2 ppm(매실, 바나나, 배추, 시금치), 0.5 ppm(사과, 배, 복숭아, 귤, 당근, 토마토, 오이, 대두, 고구마류)이다.

▷ 우리나라의 규제 : 식품공전에서는 malathion의 잔존 허용기준은 2 ppm(귀리, 마늘, 메밀, 면실, 밤, 수수, 양배추, 양파, 옥수수, 은행, 케일, 은행, 파, 포도, 피칸, 호도, 기타 곡류 및 종실류), 8 ppm(밀), 0.5 ppm(상기 이외의 대부분의 농산물)으로 규정되어 있다. 그리고 먹는 물 관리법(시행령 및 시행규칙)에서 먹는 물(수돗물) 중의 malathion의 허용기준은 0.25 mg/ℓ 이하로 규정되어 있다.

9. 메토밀(methomyl)

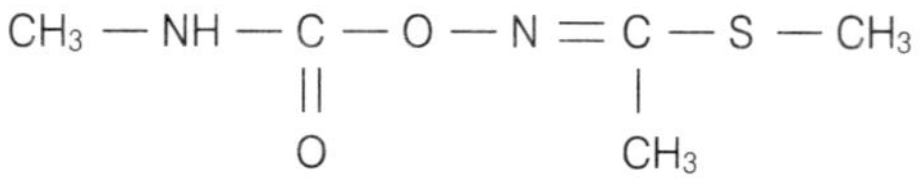

$$\begin{array}{l} CH_3 - NH - \underset{\underset{O}{\|}}{C} - O - N = \underset{\underset{CH_3}{|}}{C} - S - CH_3 \end{array}$$

Methomyl

(식품공전에는 메소밀로 되어 있음)

▸ CAS번호 : 16752-77-5

▸ 별명 : Lannet(상품명)

▷ 성상 : 백색 결정의 고체(융점 79℃)로서 약간의 황과 같은 냄새가 난다. 물에 녹는다.

▷ 독성 : 고독성 · 어독성 II급

▷ 용도 : Carbamate계의 살충제로서 야채(무 · 당근 · 파 · 고추 · 배추 · 시금치 ·

양배추 · 상치 · 딸기 · 수박 등), 대두, 고구마, 차(茶), 담배, 사과 등에 살포하고, 또 골프장에서도 사용한다.

▷ 급성독성 : 아주 강하다(쥐의 경구 LD_{50} = 17 mg/kg). 사람이 경구섭취하면 두통, 구역질, 탈력감, 시야의 혼탁, 복부의 경련 등이 생기고 중증에서는 운동실조, 언어장해, 혈압저하, 근육마비, 착란상태, 호흡곤란 등이 더해져 사망하는 수도 있다. 또 호흡노출에 의하여 눈과 폐가 강하게 자극되어 악영향을 받는다.

▷ 만성 일반독성 : 급성독성과 마찬가지로 신경장해의 증상(특히, 정서적으로 불안정)이 나타나나, 실험동물 실험에서는 간장, 신장, 골수 등의 장해도 생긴다(RfD = 25μg/kg/day).

▷ 생식독성 : 마우스의 아급성 경구투여로 정자의 이상이 나타난다.

▷ 면역독성 : 개에서의 만성 경구투여로 비장에 병변이 생긴다.

▷ 변이원성 : 효모와 초파리에 유전자 변이를 일으키고, 경구투여한 마우스(수컷)의 생식세포에 염색체 이상을 일으킨다.

▷ 생태독성 : 어독성은 B이지만, 수생생물에의 독성은 일반적으로 상당히 강하다[무지개송어의 LC_{50}(96시간) = 1.2 mg/ℓ ; 메기의 LC_{50}(96시간) = 0.3 mg/ℓ ; 물벼룩의 LC_{50}(48시간) = 약 0.03 mg/ℓ]. 또 꿀벌에 대한 독성도 아주 강하다.

▷ 환경오염 : 환경에서는 약간 분해하기 어렵고, 토양 중 반감기는 30일에 이른다. 미국에서는 시금치에 5.4 ppm, 또 복숭아에 0.22 ppm의 잔류가 있다. 사람에의 노출은 이와 같은 오염식품의 섭취에 의하여 생기고 또한 본제의 생산 · 살포 시 흡입이나 피부에의 접촉 등에 의하여 생긴다.

▷ 규제 : NIOSH의 노동환경 대기중 허용농도는 2.5 mg/m^3이다. 미국에서는 유해음료수 오염물질 그리고 유해폐기물로 지정되어(예로서 메인주의 음료수 중 허용농도는 0.05 mg/ℓ) 있고, 또 노스다코타주에서는 일반 환경 대기중 허용농도를 25 μg/m^3으로 설정되어 있다.

일본에서는 극물로 지정되어 있고, 등록 보류기준은 차가 3ppm, 과실이 1 ppm, 야채 · 서류 · 쌀 · 사탕무 등이 0.5 ppm, 그리고 두류가 0.1ppm이다.

▷ 우리나라의 규제 : 식품공전에서 methomyl의 잔류 허용기준은 0.05 ppm(옥수수), 0.1 ppm(감자, 대두, 쌀, 기타 감귤류), 0.2 ppm(가지, 고구마, 당근, 멜론, 면실, 무(뿌리), 밀, 생강, 수수, 양파, 오이, 참외, 토마토, 파, 파인애플, 호박), 0.5ppm(귀리, 메밀, 배추, 버섯류, 보리, 샐러리, 시금치, 아스파라거스, 양배추, 호

밀), 1 ppm(고추, 레몬, 사과, 아보가드, 오렌지, 자몽, 포도, 피망 기타 감귤류), 2ppm(호프), 5 ppm(복숭아, 양상추, 완두콩, 케일)이다.

10. 메톨라클로르(metolachlor)

▸ CAS번호 : 51218-45-2

▸ 별명 : 듀알(상품명)

▷ 성상 : 무색 또는 담황색의 유상(油狀) 액체로서 물에 약간 녹는다.

▷ 독성 : 저독성

▷ 용도 : 산 amide계의 제초제로서 야채(양배추 · 당근 · 고추 · 마늘 등), 두류, 땅콩, 서류, 옥수수, 곤약 등에 살포한다.

▷ 급성독성 : 그다지 강하지 않다(쥐의 경구 LD_{50} = 2.2 g/kg). 사람이 비교적 다량으로 노출을 받으면 현기증, 구역질, 설사, 숨막힘, 황저, 빈혈, 탈력감, 경련이 생긴다. 또 피부나 눈에 대하여는 자극작용이나 감작작용을 나타낸다.

▷ 만성 일반독성 : 쥐에의 반복 경구투여로 간장에 이상이 나타난다(RfD = 0.15mg/kg/day).

▷ 생식독성 : 쥐에의 만성 경구투여로 정소가 위축된다.

▷ 면역독성 : 모르모트의 피부에 대하여 감작작용을 나타낸다. 또 본제를 반복하여 취급하는 노동자에서도 알레르기성의 접촉피부염이 다발하는 것이 알려져 있다.

▷ 발암성 : 쥐(수컷)에의 경구투여로 간장암이 생긴다(EPA는 그룹 C로 지정하여 발암강도인자를 0.0021로 산정).

▷ 변이원성 : *Salmonella*균에 유전자 변이를 일으킨다. 사람의 배양림프구에 염색체 이상을 일으킨다. 또 효모와 사람의 배양세포의 DNA를 손상시킨다.

▷ 생태독성 : 수생생물에 대하여는 독성은 약간 강하다(무지개송어의 LC_{50}(96시간) = 2 mg/ ℓ). 어독성은 B이다.

▷ 환경오염 : 환경에서는 상당히 분해하기 어렵고, 토양 중 반감기는 90일이나 된다. 이 때문에 미국에서는 광범한 지역의 하천이나 지하수에 0.2～2 ㎍/ ℓ 의 오염이 검출되고 있다. 또 캐나다에서는 일반 환경의 대기에 대해서도 0.01 ㎍/m^3의 오염 예가 있다. 사람에의 노출은 이와 같은 오염을 통하여 생기고 또한 본제의 생산 · 살포 시에 흡입이나 피부에의 접촉에 의하여 발생한다.

▷ 규제 : 미국에서는 유해음료수 오염물질로 지정하고(예로서 일리노이주의 음료수 중 허용농도는 1 mg/ℓ), 일본에서는 PRTR의 대상물질(제I종)로 지정되어 있다. 잔류 기준은 양배추와 양파가 1 ppm, 시금치와 여러 두류가 0.3 ppm, 콩과 감자가 0.2 ppm, 복숭아·무·당근 등 여러 곡류와 서류가 0.1 ppm, 그리고 오이·수박·호박이 0.05ppm이다. 등록 보류기준은 여러 야채와 서류에 대하여는 0.1ppm이다.

▷ 우리나라의 규제 : 식품공전에서 metolachlo의 잔류 허용기준은 0.2 ppm(감자, 대두), 0.3 ppm(기타 콩류, 수수), 0.5 ppm(고추, 땅콩), 1 ppm(마늘, 양배추, 양파), 0.1 ppm(상기 이외의 대부분의 농산물)으로 규정되어 있다.

11. 메트리부진(metribuzin)

▸ CAS번호 : 21087-64-9

▸ 별명 : 센콜(상품명)

▷ 성상 : 백색의 결정성 고체(융점 126℃)로서 황 같은 냄새가 나고, 물에 약간 녹는다.

▷ 독성 : 저독성

▷ 용도 : Triazine계의 제초제로서 토마토, 감자, 사탕수수 등이 살포한다. 또 비농경지(공원, 도로, 정원, 운동장, 택지, 주차장 등)에도 사용한다.

▷ 급성독성 : 쥐에 대하여는 상당히 강하다(경구 LD_{50} = 1,100 mg/kg). 쥐의 경우에 있어서 중독증상으로는 무감각상태와 호흡곤란이 나타난다.

▷ 만성 일반독성 : 개에의 반복 경구투여로 간장과 신장에 장해를 일으키고, 혈액조성에 이상을 일으킨다(RfD = 0.025 mg/kg/day).

▷ 발생독성 : 임신 쥐에의 경구투여로 태아의 체중이 저하한다.

▷ 내분비계 장애 : 쥐에의 아급성 투여로 혈액 중의 thyroxine 농도가 증가한다. 또 아만성 경구투여에서는 갑상선이 비대해진다(OSF와 환경성의 내분비계 장애물질 리스트에 수록).

▷ 변이원성 : 햄스터의 배양난소세포에 염색체 이상을 일으킨다.

▷ 생태독성 : 어독성은 A이며, 수생생물에 대한 독성은 그다지 강하지 않다.

▷ 환경오염 : 환경에서는 분해하기 어렵고, 토양 반감기는 40일에 이른다. 이 때

문에 미국이나 캐나다에서는 광범한 지역의 하천 수중에서 1～2 ㎍/ℓ의 오염이 검출된다. 또 지하수의 오염도 발견된다. 최고 54 ㎍/ℓ이 검출되는 예도 알려져 있다. 한편, 스웨덴에서는 감자에 0.02 ppm의 잔류가 있다. 사람에의 노출은 이와 같은 오염을 통하여 생기고, 또한 본제의 생산・살포 시에 흡입이나 피부에의 접촉에 의하여 생긴다.

▷ 규제 : ACGIH의 노동환경 대기중 허용농도는 5 mg/m^{3}이다. 미국에서는 유해음료, 수질오염 물질로 지정하고(예로서 일리노이주의 음료수 중 허용농도는 1 ㎍/ℓ), 또 노스다코타주에서는 일반 환경 대기중 허용농도를 50 ㎍/m^{3}으로 설정되어 있다.

일본의 잔류 기준은 밀・보리가 0.75 ppm, 감자가 0.6 ppm, 여러 야채(토마토・가지・당근・시금치 등)와 고구마가 00.5 ppm, 대두・옥수수・차 등이 0.1 ppm, 그리고 쌀이 0.05 ppm이다.

▷ 우리나라의 규제 : 식품공전에서는 metribuzin의 잔류 허용기준은 0.05 ppm(귀리, 기타 콩류, 메밀, 수수, 쌀, 옥수수, 완두콩 조, 호밀), 0.75 ppm(밀, 보리), 0.1 ppm(대두), 0.5 ppm(상기 이외의 대부분의 농산물)으로 규정되어 있다.

12. 모노크로토포스(monocrotophos)

▸ CAS번호 : 6923-22-4

▸ 별명 : 알페트(상품명)

▷ 성상 : 적갈색의 결정성 고체(융점 54℃)로서 물에 녹는다.

▷ 독성 : 고독성

▷ 용도 : 유기인계의 살충제로서 진드기 살충제에 쓰인다. 야채(오이・가지・무・양배추・파 등), 벼, 카네이션, 딸기, 잔디, 소나무, 사과, 감귤, 담배, 감자, 국화, 백합 등에 살포한다.

▷ 급성독성 : 아주 강하다(쥐의 경구투여 LD_{50} = 21 mg/kg). 사람이 노출을 받으면 두통, 현기증, 우울증, 발한, 시야의 혼탁, 동공의 수축, 흉통, 탈력감, 착란상태, 경련, 혼수 등의 유기인 중독증상이 생기고 사망하는 수도 있다.

▷ 만성 일반독성 : 급성독성과 마찬가지로 신경계의 장해가 보이고 흥분상태, 우울증, 불안감 등의 증상이 나타난다(ADI = 0.05 ㎍/kg/day).

▷ 생식독성 : 쥐에의 미량(0.15 mg/kg/day)의 2세대 경구투여로 신생아의 생존율과 체중이 감소한다.

▷ 변이원성 : *Salmonella*균, 대장균, 마우스의 배양림프종 세포 등에 유전자 변이를 초래하고, 햄스터의 배양 난소세포, 사람의 배양림프구, 경구투여한 마우스의 골수세포 등에 염색체 이상을 일으킨다. 또 효모와 사람의 배양 폐세포의 DNA를 손상시킨다.

▷ 생태독성 : 어독성은 A이나 수생생물에 대한 독성은 약간 강하다(무지개송어의 LC_{50}(96시간) = 5.2 mg/ℓ). 또 꿀벌에 대한 독성은 아주 강하다.

▷ 환경오염 : 환경에서는 약간 분해하기 어렵다(토양 중 반감기는 30일). 영국에서 수입한 포도에 0.4 ppm의 잔류 예가 일본에서 보고되었다. 사람에의 노출은 이와 같은 오염식품의 섭취에 의하여 생기고, 또한 본제의 생산·살포 시에 흡입이나 피부에의 접촉에 의하여 생긴다.

▷ 규제 : NIOSH의 노동환경 대기중 허용농도는 0.25 mg/m^3이다. 미국과 영국에서는 사용을 금지하고 있다. 미국의 노스다코타주에서는 일반 환경 대기중 허용농도를 2.5 $\mu g/m^3$로 설정하고, 일본에서는 극물과 PRTR의 대상물질(제I종)로 지정되어 있다. 또 논의 농도 지침치(0.02 mg/ℓ)를 설정하고, 등록 보류기준은 쌀과 야채에 대하여는 0.05 ppm이다.

▷ 우리나라의 규제 : 식품공전에서는 monocrotophos의 잔류 허용기준은 0.05 ppm(감자, 당근, 대두, 옥수수), 0.1 ppm(면실, 수박, 양파, 완두, 커피, 원두), 0.2 ppm(기타 감귤류, 기타 콩류, 레몬, 양배추, 오렌지, 자몽), 1 ppm(배, 사과, 토마토, 호프)으로 규정되어 있다.

13. 몰리네이트(molinate)

(식품공전에는 수록되어 있지 않음)

▸ CAS번호 : 2212-67-1

▸ 별명 : 오도람(상품명)

▷ 성상 : 무색의 액체로서 향기로운 냄새를 가지며 물에는 약간 녹는다.

▷ 용도 : Thiocarbamate계 제초제로서 벼에 살포한다. 일년생 잡초, 다년생 잡초의 제초제이다.

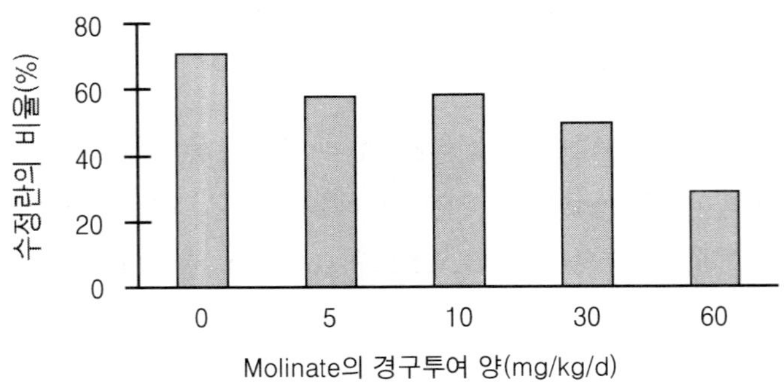

그림 2-2. Molinate의 쥐(수컷)에 대한 생식독성

(5일간의 경구투여 후 20일째에 분리된 정자가 시험관 내에서 난자를 수정시키는 능력이 저하) 출처 : *Reprod. Toxicol.*, 14권, p. 45(2000)

▷ 급성독성 : 상당히 강하다(쥐의 경구 LD_{50} = 369 mg/kg). 사람의 중독 증상으로는 구역질, 설사, 발열, 발열, 복통 등이 나타난다. 쥐에서는 유루, 불규칙한 호흡, 행동이상(털을 거꾸로 세우거나 등을 둥글게 하는 동작) 등이 관찰된다. 또 토끼의 눈과 피부에 대하여는 어느 정도의 자극작용을 나타난다.

▷ 만성 일반독성 : 쥐에의 경구투여로 장기의 비대, 골격근의 위축, 척추의 변질 등이 나타난다. 또 사람의 중독 사례로서는 본제로 오염된 우울물(6 ㎍/ℓ 전후)의 반복 섭취에 의하여 위장장해, 발열, 탈력감, 결막염 등이 발증한다.

▷ 생식독성 : 쥐(수컷)에의 아만성 경구투여로 정자의 형성에 변화가 보이고, 교배 후의 암컷의 유산과 신생아의 사망률이 증가한다(RfD = 2 ㎍/kg/d). 마찬가지로 아급성 경구투여로 정자의 운동성이 감소하고 난자를 수정하는 응력이 저하한다(그림 2-2 참조). 또 쥐(암컷)에의 아만성 경구투여에서는 난소에 공포가 생긴다.

▷ 면역독성 : 쥐에의 아만성 경구투여에서 면역능력이 저하하고 병원균에의 저항성이 감소한다.

▷ 내분비계 장애 : 임신 마우스에의 복강내 투여로 태아의 항문과 성기 간 거리가 감소(androgen의 농도저하를 나타난다). 또 개에의 아만성 경구투여로 갑상선이 비대한다.

▷ 발암성 : 쥐(수컷)에의 경구투여로 신장암이 생긴다. EPA는 그룹 C로 지정하고, 발암강도인자를 0.11로 산정한다.

▷ 변이원성 : 마우스의 배양림프종 세포에 유전자 변이를 초래하고, 사람의 배양

림프구 그리고 경구투여한 마우스의 골수세포에 염색체 이상을 초래한다.

▷ 생태독성 : 어독성은 B이나 수생생물에 대한 독성은 상당히 강하다(무지개송어의 LC_{50}(96시간) = 0.21 mg/ℓ).

▷ 환경독성 : 토양 중 반감기는 21일, 또 지하수 중 반감기는 30～97일이고, 환경에서는 약간 분해하기 어렵다. 이 때문에 미국이나 일본에서는 몇 개의 하천 수중에 20～30 μg/ℓ의 오염이 검출된다. 지하수에 대하여도 이타리에서 최고 154 μg/ℓ의 오염 예가 발견되었다. 한편, 미국에서는 일반 환경의 대기중에 최고 1.7 μg/m^3의 오염이 검출되었고, 일본에서는 가막조개에 1.8 ppm의 오염 예가 알려져 있다. 사람에의 노출은 이와 같은 오염을 통하여 생기고, 또 본제의 생산·살포 시에 흡입이나 피부에의 접촉에 의하여 생긴다.

▷ 규제 : 미국에서는 유해폐기물로 지정되어 있고, 또 캘리포니아주에서는 음료수 중 허용농도를 20 μg/ℓ로 설정. 일본에서는 PRTR의 대상물질(제Ⅰ종)로 지정하고, 또한 공공 용수역 등의 수질평가 지침치(5 μg/ℓ)와 수전 농도 지침치(50 μg/ℓ)를 설정하고 있다. 잔류 기준은 쌀(현미)에 대하여 0.1 ppm이다.

14. 베노밀(benomyl)

- CAS번호 : 17804-35-2
- 별명 : 벤레트(상품명)

▷ 성상 : 황갈색의 결정성 고체(융점 140℃)로서 물에 약간 녹는다.

▷ 용도 : Carbamate계(또는 benzoimidazole계)의 살균제로서 과수(사과, 귤, 오렌지, 배, 복숭아, 포도, 감 등), 야채(가지, 토마토, 오이, 양파, 양배추, 수박, 딸기, 생강, 참깨, 상추, 고추, 호박, 부추 등), 두류, 서류, 차, 느타리버섯, 뽕나무 등에 살포한다. 또 골프장에서도 사용한다. 한편 미국, 영국 등에서는 수확 후 농약으로서 사과에 대하여 널리 사용되고 있다(표 2-9 참조).

▷ 급성독성 : 강하지는 않으나(쥐의 경구 LD_{50} = 10 g/kg 이상), 사람이나 실험동물에서도 미세분말과 접촉하면 눈(특히 결막)이나 피부에 자극되어 염증이 생긴다.

▷ 만성 일반독성 : 피부와의 접촉이 반복되면 그 부위에 염증과 박리가 나타난다. 또 흡입노출에 의하여 코의 상피가 변질한다. 한편, 경구투여에서는 간장에 악영향이 미친다(ADI = 0.02 mg/kg/day).

표 2-9. Benomyl의 쥐(수컷)에 대한 생식독성

투여량※ (mg/kg/d)	상대치		
	정소의 중량	정자 수※※	임신율
0	100	100	100
0.1	92	92	79
0.64	91	83	81
20	84	40	71

※ 70일 간의 경구투여

※※ 사정된 것의 총수

출처 : *Toxicology*, 28권 p. 103(1983)

▷ 생식독성 : 쥐에의 미량의 아만성 경구투여로 정소의 중량과 정자수가 감소하고 임신율이 저하한다(표 2-9 참조). 같은 장해는 마우스에의 경구투여 그리고 쥐나 개의 단기간의 흡입노출에 의하여도 나타난다.

▷ 발생독성 : 임신 마우스의 경구투여로 태아에 기형[수두증(水頭症), 구개열(口蓋裂), 다지증(多指症), 단미(短尾) 등]이 생긴다. 쥐에 있어서도 마찬가지로 기형(특히 무안구증) 발생과 함께 신생아의 정소 위축이 관찰되었다(캘리포니아주의 발생 독성물질 리스트에 수록).

▷ 면역독성 : 농장에서 노출을 받은 노동자에 알레르기성의 접촉피부염이 다발한다.

▷ 내분비계 장애 : 정소의 위축(발생독성 참조)이 나타난다. OSF와 환경성의 내분비계 장애물질 리스트에 수록되어 있다.

▷ 발암성 : 마우스의 경구투여로 간장암과 림프종이 생긴다(IARC는 그룹 2B, 또 EPA는 그룹 C에 지정).

▷ 변이원성 : 대장균과 마우스의 배양림프종 세포에 유전자 변이를 일으킨다. 효모, 고지곰팡이, 햄스터의 배양 난소세포 그리고 경구투여한 마우스의 골수세포에 염색체 이상을 일으킨다.

▷ 생태독성 : 어독성은 B이나 수생생물에의 독성은 상당히 강하다[무지개송어의 LC_{50}(96시간) = 0.17 mg/ ℓ ; 메기의 LC_{50}(96시간) = 0.031 mg/ ℓ].

▷ 환경오염 : 환경에서는 분해하기 어렵고, 토양 중 반감기는 67일에 이른다. 미국에서는 복숭아 2.6 ppm, 일본에서는 오렌지에 0.23 ppm의 잔류 예가 보고되었다.

사람의 노출은 이와 같은 오염식품의 섭취에 의하여 생기고 또 본제의 생산・살초시에 흡입이나 피부에의 접촉에 의하여 생긴다.

▷ 규제 : ACGIH의 노동환경 대기중 허용농도는 10 mg/m^{3}이다. 유해폐기물로 지정되어 있다. 또 버지니아주에서는 일반 환경 대기중 허용농도를 0.1 mg/m^{3}으로 설정하고, 플로리다주에서는 음료수 중 허용농도를 0.35 mg/ℓ로 설정되어 있다. 스웨덴에서는 사용을 엄하게 금하고 있다. 일본에서는 PRTR의 대상물질(제 I 종)로 지정되어 있다. 등록 보류기준은 차가 5 ppm, 야채가 0.8 ppm, 과실과 사탕수수가 0.7 ppm, 두류가 0.5ppm 그리고 쌀이 0.05 ppm이다.

▷ 우리나라의 규제 : 식품공전에서는 benomyl의 잔류 허용기준은 콩나물(숙주나물)에서는 검출되어서는 안 된다고 규정하고 있다. 그리고 benomyl의 허용기준은 carbendazim의 개별 농산물의 잔류 허용기준에 따른다. Benomyl의 잔류 허용기준은 thiophamate methyl, 즉 carbendazim의 개별 농산물의 잔류 허용기준에 따른다. 통나물(숙주나물)에서 검출되어서는 안 된다고 규정하고 있다. Carbendazim(베노밀이나 티오파네이트 메틸의 대사산물에서 카벤다짐 잔류물질과 카벤다짐의 사용에 의한 잔류물질을 포함)의 잔류 허용기준은 0.1 ppm(귀리, 기타 견과류, 기타 종실류, 땅콩, 밀, 밥, 보리, 쌀, 아몬드, 은행, 참깨, 토란, 피칸, 호도, 호밀, 은행, 참깨, 토란, 피칸, 호도, 호밀), 0.2 ppm(대두, 더덕), 0.5 ppm[가지, 메밀, 아보카도, 수수, 로이, 옥수수, 자두, 조, 참 다래(키위), 파, 호박], 1 ppm(당근, 바나나, 버섯류, 부추, 샐러리, 수박, 양배추, 참외, 포도), 2 ppm(감, 강낭콩, 녹두, 대추, 망고, 멜론, 모과, 배, 복숭아, 사과, 양파, 체리, 팥), 5 ppm(고추, 들깨 잎, 상추, 양상추, 취나물, 토마토, 피망), 7 ppm(기타 감귤류, 레몬, 밀감, 오렌지, 자몽), 50 ppm(호프)으로 규정되어 있다.

15. 벤조에핀(benzoepin)

- CAS번호 : 115-29-7
- 별명 : 엔도설판(endosulfan, 식품공전에 수록된 농약명) ; 마릭쿠스(상품명)

▷ 성상 : 백색 또는 황갈색의 결정성(또는 납상) 고체(융점 70～100℃)로서 약간의 황 냄새가 있다. 시판품은 2종의 이성체(α-체와 β-체) 혼합물이다.

▷ 독성 : 저독성・어독성 II급

▷ 용도 : 유기염소계의 살충제로서 과수(사과, 배, 감, 복숭아, 귤, 포도 등), 야채

(양배추, 무, 토마토, 오이, 가지, 수박 등), 두류, 서류, 차, 담배, 뽕나무, 꽃류 등에 살포한다.

▷ 급성독성 : 아주 강하다(쥐의 경구 LD_{50} = 18 mg/kg). 사람에서는 특히 경구섭취에 의하여 두통, 현기증, 구역질, 설사, 탈력감, 운동실조, 떨림, 경련, 호흡곤란, 우울증, 착란상태, 의식소실 등의 중추신경장해의 증상이 나타난다. 소나 돼지에서는 실명한 사례도 알려져 있다.

▷ 만성 일반독성 : 실험동물에서는 아주 미량으로도 경구투여에 의하여 운동신경이나 근육에 이상이 생기고 또 간장, 폐, 신장, 혈관 등에 장해가 나타난다(RfD = 0.05 μg/kg/day).

▷ 생식독성 : 쥐에의 아급성 경구투여로 정소와 정소상체의 조직이 변질한다. 또 마우스에의 복강내 투여로 정자에 이상을 초래한다.

▷ 발생독성 : 임신 쥐에의 경구투여로 배의 흡수와 신생아의 골격이상이 증가. 또 수유기의 모친 쥐에의 경구투여로 자(仔)의 성정 후의 정자형성 능력이 저하한다.

▷ 면역독성 : 쥐에의 아급성 경구투여로 세균독소에 대한 면역작용(혈중의 항체의 활성 등)이 저하한다.

▷ 행동독성 : 쥐에의 아급성 경구투여로 쇼크에서 회피하는 행동에 관한 학습능력이나 기억능력이 저하한다(어린 쥐에서는 특히 현저하게 나타난다).

▷ 내분비계 장애 : 사람의 배양 유방암세포(MCF-7)의 증식을 촉진하고 estrogen 같은 작용을 나타난다. 또 쥐에의 경구투여로 혈액 중의 androgen 농도가 저하한다(OSF와 환경성의 내분비계 장애물질 리스트에 수록).

▷ 변이원성 : 효모와 마우스의 배양림프종 세포에 유전자 변이를 일으키고 초파리, 사람의 배양림프구, 복강 내에 투여한 마우스의 골수세포 등에 염색체 이상을 초래한다.

▷ 생태독성 : 수생생물에의 독성은 아주 강하다(무지개송어의 LC_{50}(96시간) = 1.4 μg/ℓ). 어독성은 D이다.

▷ 환경오염 : 환경에서는 분해하기 어렵고, 토양 중 반감기는 50일에 이른다. 또 수중에서의 생물농축도 상당히 현저하다(대개의 어류에 대하여 1,000∼2,000배). 미국에서는 시금치에 1.75 ppm, 사과나 배에 1.1 ppm, 또 일본에서도 콩깍지에 0.53ppm의 잔류 예가 있었다. 사람에의 노출은 이와 같은 오염식품의 섭취에 의하

여 생기고, 또 본제의 생산·살포 시에 호흡이나 피부 접촉에 의하여 생긴다.

▷ 규제 : NIOSH의 노동환경 대기중 허용농도는 0.1 mg/m^{3}이다. 미국에서는 유해수질 오염물질 그리고 유해폐기물로 지정되어(예로서 플로리다주의 음료수 중 허용농도는 0.35 ㎍/ ℓ) 있다. 또 캔사스주에서 일반 환경대기 중 허용농도를 0.24 ㎍/m^{3}로 설정되어 있다. 스웨덴에서는 사용을 엄하게 제한한다.

일본에서는 독물 그리고 PRTR의 대상물질(제Ⅰ종)로 지정되어 있다. 등록 보류기준은 과실, 야채, 서류, 두류, 사탕무 그리고 차에 대하여 0.5 ppm이다.

▷ 우리나라의 규제 : 식품공전에서 endosulfan(benzoepin)의 잔류 허용기준은 0.1ppm(귀리, 기타 곡류, 메밀, 밀, 보리, 수수, 쌀, 옥수수, 호밀), 0.2 ppm(감자, 고추, 당근, 밤, 아몬드, 양파, 피칸, 호도), 0.5 ppm(멜론, 오이, 토마토, 호박), 2ppm(딸기, 배추, 샐러리, 파인애플), 1 ppm(상기 이외의 대부분의 농산물)으로 규정되어 있다.

16. 빈클로졸린(vinclozolin)

▸ CAS번호 : 50471-44-8

▸ 별명 : 로니란(상품명)

▷ 성상 : 무색의 결정성 고체(융점 108℃)로서 약간 특유한 냄새가 난다.

▷ 독성 : 저독성

▷ 용도 : Dicarboximide계의 살균제로서 일본에서는 1990년대 말에 과수(사과, 복숭아, 포도 등), 야채(토마토, 가지, 오이, 양배추, 양파 등), 두류, 감자, 담배, 튤립 등에 살포하였으나 현재는 농약으로서 등록이 실효되었다. 우리나라에서는 포도에 살포하고, 호주에서는 체리 등의 수확 후 농약으로서 사용한다.

▷ 급성독성 : 아주 약하다(쥐의 경구 LD_{50} = 10 g/kg). 피부나 눈에 접촉하면 어느 정도의 자극작용을 나타낸다(코나 목 점막에 대해서도 마찬가지이다).

▷ 만성 일반독성 : 개에의 아만성 경구투여에서 신장이 위축하여 병변을 나타낸다(RfD = 0.025 mg/kg/day).

▷ 생식독성 : 쥐에의 아급성 경구투여로 정낭과 전립선이 위축된다. 한편, 독일에서 1∼13년간 본제의 제조업무에 종사한 67명의 남성 노동자 중 8명에서 정소의 이상(위축, 하강부전 등)이 나타났다(발증률은 대조의 약 3배).

▷ 발생독성 : 임신 쥐 그리고 신생아(생후 3일째까지)에의 경구투여로 신생아(수컷)에 기형[정소 하강부전, 요도하열(尿道下裂), 수신증(水腎症) 등]이 생기고, 성장 후의 임신율이 저하한다(캘리포니아주의 발생 독성물질 리스트에 수록).

▷ 내분비계 장애 : Androgen의 receptor에의 결합과 그 후의 호르몬의 작용을 방해한다. 또 임신 쥐에의 경구투여로 신생아(수컷)의 암컷화(유방의 생성 등)를 초래한다. 한편, 개에의 아만성 경구투여로 부신(副腎)이 비대하고 하수체가 위축한다(OSF와 환경성의 내분비계 장애물질 리스트에 수록).

▷ 발암성 : 쥐에의 경구투여로 간장암을 일으킨다(EPA는 그룹 C로 지정).

▷ 변이원성 : *Salmonella*균, 효모, 마우스의 배양 섬유아세포(線維芽細胞)에 유전자 변이를 초래하고, 소의 배양림프구에 염색체 이상을 일으킨다.

▷ 생태독성 : 어독성은 A이고, 수생생물에 대한 독성은 그다지 강하지 않다.

▷ 환경오염 : 토양 중 반감기는 20일이고, 환경에서는 비교적 분해되기 쉬우나 생물농축은 조금씩 보인다(100배 남직하다). 유럽에서는 하천 수중에 2.4 μg/ℓ 검출된다. 또 야채나 과일에의 잔류도 많이 발견되고 있으며, 이태리에서는 딸기에 4.4 ppm, 일본에서는 파드득 나물에 37 ppm, 그리고 청자소에 8.5 ppm의 잔류 예가 알려져 있다. 사람에의 노출은 이와 같은 오염식품의 섭취에 의하여 생기고, 또한 본제의 생산・살포 시에 흡입이나 피부에의 접촉에 의하여 생긴다.

▷ 우리나라의 규제 : 식품공전에서 vinclozoline의 잔류 허용기준은 0.1 ppm(감자), 1ppm(멜론, 모과, 배, 사과, 양배추, 양파, 오이, 참외), 2 ppm(양상추), 3 ppm(고추, 토마토, 피망), 5 ppm(복숭아, 살구, 체리, 포도), 10 ppm(딸기, 자두, 키위), 40ppm(호프)으로 규정되어 있다.

17. 시아나진(cyanazine)

(식품공전에는 수록되어 있지 않음)

▸ CAS번호 : 21725-46-2

▸ 별명 : 글라멕스(상품명)

▷ 성상 : 백색 결정성의 고체(융점 167℃)로서 물에 약간 녹는다.

▷ 용도 : Tiazine계의 제초제로서 일본에서는 감자, 아스파라거스, 양파, 뽕나무, 잔디, 삼나무, 노송나무(편백) 등에 살포한다.

▷ 급성독성 : 상당히 강하다(쥐의 경구 LD_{50} = 149 mg/kg). 사람이 노출을 받으면 구역질, 탈력감, 숨막힘 등이 나타난다. 동물실험에서도 중추신경계의 억제작용이나 호흡곤란의 증상이 나타난다. 또 피부나 눈에 접촉하면 자극작용을 일으킨다.

▷ 만성 일반독성 : 쥐나 마우스의 경구투여로 간장과 산장에 장해가 생긴다(RfD = 2 μg/kg/day).

▷ 생식독성 : 쥐나 토끼의 다세대 경구투여로 신생아의 생존률이 저하한다.

▷ 발생독성 : 임신 쥐에의 경구투여로 태아와 신생아에 기형(구개열, 무안구증, 소안구증 등)이 생긴다(캘리포니아주의 발생 독성물질 리스트에 수록).

▷ 내분비계 장애 : Estrogen의 receptor와의 결합을 저해한다(OSF의 내분비계 장애물질 리스트에 수록).

▷ 발암성 : 쥐에의 경구투여로 유방암이 생긴다. EPA는 그룹 C로 지정하고 발암강도인자를 0.84로 산정한다.

▷ 변이원성 : 대장균, 마우스의 배양림프종 세포 등에 유전자 변이를 초래하고 보리, 초파리, 사람의 배양림프구 등에 염색체 이상을 일으킨다. 또 쥐의 배양간세포의 DNA를 손상한다.

▷ 생태독성 : 어독성은 A이나 수생생물에 대한 독성은 약간 강하다(무지개송어의 LC_{50}(96시간) = 9.0 mg/ℓ).

▷ 환경오염 : 환경에서는 상당히 분해하기 쉽고, 토양 중 반감기는 14일 정도이나 미국에서는 지하수 중에 0.2～1 μg/ℓ가 검출된다. 사람의 노출은 이와 같은 오염을 통하여 생기고 또한 본제의 생산・살포 시에 흡입이나 피부의 접촉에 의하여 생긴다.

▷ 규제 : 미국에서는 유해음료수 오염물질로 지정하고, 허용농드를 1 μg/ℓ로 설정하고 있다. 일본에서는 PRTR의 대상물질(제 II 종)로 지정되어 있다. 잔류 기준은 밀, 감자, 완두 등이 0.1ppm, 보리, 잠두, 양파, 오이 등이 0.05 ppm, 그리고 기타 두류가 0.02 ppm, 또 등록 보류기준은 과채류, 엽채류 등에서는 0.05 ppm이다.

18. 시페르메트린(cypermethrin)

(식품공전에는 사이퍼메쓰린으로 수록되어 있음)

▸ CAS번호 : 52315-07-8

▸ 별명 : 아구로스린(상품명)

▷ 성상 : 무색의 결정성 고체(융점 60~80℃) 또는 황색의 점성이 큰 유상(油狀) 액체이다.

▷ 용도 : Pyrethnoid계의 살충제로서 일본에서는 과수(사과, 배, 복숭아, 밤, 포도 등), 야채(양배추, 무, 오이, 가지, 토마토, 시금치 등), 두류, 서류, 맥류, 차, 국화, 카네이션 등에 살포한다.

▷ 급성독성 : 상당히 강하다(쥐의 경구 LD_{50} = 150~500 mg/kg). 경구섭취와 피부에의 접촉에 의하여 주로 중추신경계에 장해가 생기고 구역질, 위통, 떨림, 피부의 통증과 가려움, 운동실조, 경련, 의식소실, 혼수 등의 증상이 나타난다.

▷ 만성 일반독성 : 경구투여의 동물실험에서 몸의 떨림, 운동실조, 보행이상 등의 중추신경장해가 관찰되나, 이 외에도 간장장해나 구토, 설사 등의 위장장해도 나타난다(RfD = 0.01 mg/kg/day).

▷ 생식독성 : 마우스에의 복강내 투여로 모양과 크기가 이상한 정자가 증가한다.

▷ 발생독성 : 임신 쥐에의 투여로 신생아에 척추와 두개골의 이상이 나타난다.

▷ 면역독성 : 쥐에의 경구투여로 림프구의 세포성 면역활성이 저하한다.

▷ 발암성 : 마우스에의 경구투여로 폐암이 생긴다(EPA는 그룹 C로 지정).

▷ 변이원성 : 효모와 초파리에 유전자 변이를 일으키고 햄스터의 배양 폐세포와 경구투여한 마우스의 골수세포에 염색체 이상을 초래한다.

▷ 생태독성 : 수생생물에의 독성은 아주 강하다[무지개송어의 LC_{50}(96시간) = 8.2 $\mu g/\ell$; 물벼룩의 LC_{50} = 0.2 $\mu g/\ell$]. 어독성은 C이고, 또 꿀벌에 대한 독성도 아주 강하다.

▷ 환경오염 : 환경에서는 약간 분해하기 어려우나 토양 중 반감기는 30일이나 된다. 또 수중에서의 생물농축도 상당히 현저하다(무지개송어에 대하여는 1,200배). 미국에서는 식품 중에 0.1~0.5 ppm의 잔류가 나타나는 수가 있다. 사람에의 노출은 이와 같은 식품의 섭취에 의하여 생기고, 또 본제의 생산·살포 시에 흡입이나 피부에의 접촉에 의하여 생긴다. 일본에서는 특히 가지 등에의 살포 시에 줄기나 잎에 부착한 약액과의 접촉에 의한 2차오염의 비율이 높다고 한다.

▷ 규제 : 미국의 플로리다주에서는 음료수 중 허용농도를 0.07 mg/ℓ로 설정하고, 일본에서는 극물과 PRTR의 대상물질(제Ⅰ종)로 지정되어 있다. 잔류 기준은 배추,

호박 등이 5 ppm, 여러 가지 과실과 토마토, 시금치 등이 2 ppm, 보리와 옥수수가 0.2 ppm, 양파가 0.1 ppm 그리고 무, 당근 서류 등이 0.05 ppm이다.

19. 아미트라즈(amitraz)

▸ CAS번호 : 33089-61-1

▸ 별명 : 다니캇트(상품명)

▷ 성상 : 보리볏짚 색의 결정성 고체(융점 86℃)이다.

▷ 용도 : 제3 amine계의 살충·진드기 살충제로서 과수(사과, 배, 귤, 포도 등), 오이, 수박, 국화, 장미, 카네이션 등에 살포한다. 주로 진드기류의 구제에 사용된다.

▷ 급성독성 : 상당히 강하다(쥐의 경구 LD_{50} = 400 mg/kg ; 개 경구 LD_{50} = 100mg/kg). 쥐에의 경구투여로 중추신경이 억제되어 움직이는 것이 완만하다. 눈이나 피부에 접촉하면 자극작용을 나타낸다.

▷ 만성 일반독성 : 쥐에의 아만성 경구투여로 식욕이 저하하고 체중이 감소하여 쇠약이 현저하다. 또 개에의 만성 경구투여에서는 혈당량이 증가하고 체온이 저하한다(RfD = 2.5 μg/kg/day).

▷ 생식독성 : 쥐에의 3세대 경구투여로 신생아의 생존률이 저하한다. 또 아만성 경구투여로 임신율도 저하한다(ADI = 0.3 μg/kg/day).

▷ 발생독성 : 임신 쥐에의 경구투여로 태아의 체중이 감소하고 흉골의 발육불량이 눈에 뜨인다. 쥐의 신생아에의 투여에 의하여도 신경의 기능 등의 성숙이 상당히 늦어진다(캘리포니아주의 발생 독성물질 리스트에 수록).

▷ 면역독성 : 모르모트의 피부에 알레르기 증상을 일으킨다.

▷ 내분비계 장애 : 마우스(암컷)에의 아만성 경구투여로 혈중의 황체호르몬과 황체자극호르몬의 농도가 저하하여 발정주기에 이상(발정정지기의 단축 등)이 나타난다. 다른 동물실험에서는 시상하부의 기능을 저하하는 것으로 알려져 있다.

▷ 발암성 : 마우스(암컷)에의 경구투여로 간장, 폐 그리고 림프절에 종양이 생긴다(EPA는 그룹 C로 지정).

▷ 생태독성 : 어독성은 B이고, 수생생물에 대한 독성은 약간 강하다(무지개송어의 LC_{50}(48시간) = 3～4 mg/ℓ).

▷ 환경오염 : 토양 중에서는 분해하기 쉬우나 수중에서의 생물 농축은 상당히 현

저하다(어떤 어류에 대하여 600～1,800배). 스페인에서는 꿀벌의 오염이 보고되고 있다. 사람에의 노출은 이와 같은 오염을 통하여 생기고, 또한 본제의 생산·살포 시에 흡입이나 피부에의 접촉에 의하여 생긴다.

▷ 규제 : 미국이나 아르헨티나에서는 사용이 엄하게 제한되고 있다. 일본에서는 PRTR의 대상물질(제I종)로 지정되어 있다. 잔류 기준은 여러 과실이 0.5 ppm, 또 딸기, 수박, 오이, 유채, 호도 등이 0.2 ppm이다.

▷ 우리나라의 규제 : 식품공전에서 amitraz의 잔류 허용기준은 0.1 ppm(기타 감귤류, 면실, 모과, 오이, 자몽, 체리), 0.2 ppm(상기 이외의 대부분의 농산물). 그리고 축산물에서 0.01 ppm(유), 0.05 ppm(돼지고기, 쇠고기), 0.1 ppm(양고기), 0.2 ppm(돼지 부산물, 소 부산물, 양 부산물)으로 규정되어 있다.

20. 아세페이트(acephate)

▸ CAS번호 : 30560-19-1

▸ 별명 : 오르트란(상품명)

▷ 성상 : 백색의 고체(융점 93℃)로서 물에 잘 녹는다.

▷ 용도 : 유기인계의 살충제로서 과수(귤, 감, 초도 등), 야채(양배추, 배추, 양파, 오이, 가지, 토마토 등), 대두, 감자, 차, 담배, 국화, 진달래 등에 산포한다. 또 골프장에도 사용하고 옥내의 바퀴벌레나 가축의 기생충 구제에도 사용된다.

▷ 급성독성 : 상당히 강하다(마우스 경구 LD_{50} = 361 mg/kg). 사람이 미세분말을 흡수하면 중추신경계, 특히 눈에 장해(동공수축, 시야혼탁 등)가 생기고 이외에 기관지 수축, 호흡곤란, 맥박의 속도가 늦고 복부에 경련 등이 나타난다.

▷ 만성 일반독성 : 쥐에의 아만성 경구투여로 뇌의 choline esterase(신경전달에 없어서는 안 될 효소)의 활성이 저하한다(RfD = 4 ㎍/kg/day).

▷ 생식독성 : 마우스에의 복강내 투여(5일간 5회)로 30일 후에 정자의 모양에 이상이 증가한다.

▷ 발암성 : 마우스(암컷)에의 경구투여로 간장암이 생긴다. EPA는 그룹 C로 지정하고, 발암강도인자를 0.0087, 또한 실질 안전음료수 중 농도를 4 ㎍/ℓ로 산정한다.

▷ 변이원성 : *Salmonella*균, 대장균, 그리고 마우스의 배양림프종 세포에 유전자

변이를 일으키고, 햄스터의 배양 난소세포와 복강내 투여한 마우스의 골수세포에 염색체 이상을 초래한다. 또 효모 등의 DNA를 손상한다.

▷ 생태독성 : 어독성은 A이나 어류에 대한 독성은 약간 강하다(무지개송어의 LC_{50}(96시간) = 1.1 mg/ ℓ).

▷ 환경오염 : 일본에서는 시금치에 7 ppm의 잔류 예가 보고되고 있다. 사람에의 노출은 이와 같은 오염식품의 섭취에 의하여 생기고, 또한 본제의 생산·살포 시에 흡입이나 피부에의 접촉에 의하여 생긴다. 예를 들면, 가정용의 살충제로서 사용한 후에 2.9 $\mu g/m^3$의 옥내 대기오염이 관찰된다는 보고가 있다.

▷ 규제 : 미국의 애리조나주에서는 음료수 중 허용농도를 4 ㎍/ ℓ 로 설정하고, 일본에서는 골프장 배수농도 지침치와 논 농도 지침치를 모두 0.8 mg/ ℓ 로 설정하고 있다. 잔류 기준은 양배추, 토마토, 귤 등이 5 ppm, 감자와 무가 1 ppm, 양파 수박, 콩 등이 0.5 ppm, 우엉이 0.1 ppm 등이다.

▷ 우리나라의 규제 : 식품공전에서 acephate의 잔류 허용기준은 0.1 ppm(견과류, 부추, 생강, 파), 0.2 ppm(땅콩), 0.5 ppm(감자, 수박, 양파, 옥수수), 1 ppm(기타 괴실류, 무(뿌리), 2 ppm(감, 마늘, 면실), 3 ppm(땅콩, 기타 괴실, 녹두, 팥), 4ppm (고추), 5 ppm(가지, 기타 감귤류, 레몬, 밀감, 배추, 상추, 양배추, 양상추, 오렌지, 오이, 자몽, 토마토, 포도, 피망), 10 ppm[무(잎), 샐러리]로 규정되어 있다. 축산물에서는 0.1 ppm(가금류 고기, 가금류 지방, 돼지고기, 돼지 지방, 소 지방, 쇠고기, 유, 알)으로 규정되어 있다.

21. 아술람(asulam)

(식품공전에는 수록되어 있지 않음)

▸ CAS번호 : 3337-71-1

▸ 화학명 : 설파닐릴카르바민산메틸(methyl sulfanilylcarbamate)

▸ 별명 : 아지란(상품명)

▷ 성상 : 무색의 결정성 고체(융점 143℃)로서 물에 약간 녹는다.

▷ 독성 : 저독성

▷ 용도 : Carbamate계 제초제로서 과수(배, 복숭아, 포도, 감, 귤 등), 시금치, 수박, 멜론, 사탕수수, 뽕나무, 잔디, 목포 등에 살포한다. 또 골프장이나 기타의 비 농

경지(공원, 정원, 도로, 운동장, 택지, 주차장, 하천제방 등)에도 널리 사용한다.

▷ 급성독성 : 그다지 강하지 않다(쥐의 경구 LD_{50} = 2,000 mg/kg). 다량을 마우스에 경구투여하면 중추신경이 억제되어 체온이 저하한다. 개를 사용한 마찬가지 실험에서는 혈압의 저하와 맥박의 감소가 나타난다.

▷ 만성 일반독성 : 쥐에의 아만성 경구투여로 간장과 신장에 장해가 생긴다. 개를 사용한 마찬가지의 실험에서는 적혈구의 감소가 관찰된다(RfD = 0.05 mg/kg/day).

▷ 생식독성 : 쥐에의 2세대 경구투여로 난소의 위축, 임신율의 저하 그리고 신생아 수의 감소가 나타난다.

▷ 내분비계 장애 : 마우스에의 경구투여로 갑상선이 위축한다. 한편, 개에의 아만성 경구투여와 쥐에의 2세대 경구투여에서는 갑상선이 비대한다.

▷ 발암성 : 쥐에의 경구투여로 감상선과 부신에 종양이 생긴다. EPA는 그룹 C로 지정하고, 발암성 강도를 0.02로 산정한다.

▷ 생태독성 : 수생생물에 대한 독성은 그다지 강하지 않다(어독성은 A).

▷ 환경오염 : 토양 중 반감기는 7일이고 환경에서는 상당히 분해하기 쉬우나 골프장의 주변에는 하천수의 오염이 간혹 검출된다. 사람에의 노출은 이와 같은 오염을 통하여 생기고 또한 본제의 생산·살포 시의 흡입이나 피부에의 접촉에 의하여 생긴다.

▷ 규제 : 미국에서는 유해 음료수 오염물질로 지정되어 있다. 일본에서는 골프장 배수 농도 지침치(2 mg/ℓ)를 설정하고, 등록 보류기준은 여름밀감(외과피)과 사탕수수가 0.5 ppm, 그리고 과실과 야채가 0.2 ppm이다.

22. 아트라진(atrazine)

(식품공전에는 수록되어 있지 않음)

▸ CAS번호 : 1912-24-9

▸ 별명 : 게자프림(상품명)

▷ 성상 : 백색의 결정성 고체(융점 176℃)이다.

▷ 용도 : Triazine계의 제초제로서 옥수수, 사탕수수, 아스파라거스 등에 살포한다. 또 골프장이나 기타 비농경지(공원, 정원, 주차장, 운동장, 택지 등)에도 혼합제

로 하여 많이 사용하다.

▷ 급성독성 : 그다지 강하지 않다(쥐의 경구 LD_{50} = 1,480 ~ 5,100 mg/kg). 동물실험에서는 다량의 투여에 의하여 체온저하, 운동실조, 호흡곤란, 경련 등의 증상이 나타난다. 눈에 대하여는 상당히 강한 자극작용을 나타나고, 피부에의 접촉에 의하여도 발진 등이 생긴다.

▷ 만성 일반독성 : 직업적인 노출에 의하여 현기증, 구역질, 흉통의 증상이 관찰된다. 또 쥐 등에서는 비교적 소량의 아만성 또는 만성 경구투여에 의하여 떨림, 사지의 마비, 간장 장해, 심장비대, 적혈구의 감소 등이 생긴다(RfD = 5 ㎍/kg/day).

▷ 발생독성 : 임신한 토끼에의 경구투여로 유산의 증가, 태아의 체중 감소와 골의 발육부전 등이 나타난다. 쥐에서도 같은 실험으로 임신 초기에 착상이 감소한다.

▷ 면역독성 : 쥐에의 아급성 경구투여로 림프구가 감소한다.

▷ 내분비계 장애 : Estrogen의 receptor에의 결합을 방해하여 쥐에의 아급성 경구투여로 배란주기를 변동시킨다. 또 쥐와는 다른 실험에서는 전립선의 androgen의 작용을 방해함과 동시에 혈중의 estrogen과 황체형성 호르몬의 농도를 저하시킨다. 한편, 어느 종의 개구리(수컷)의 유생에 대하여 아주 낮은 수준 농도(0.1 ㎍/ ℓ)에서의 사육으로 정소의 발육을 억제하고 암컷화(雌化 ; 난소의 형성)를 촉진한다(OSF와 환경성의 내분비계 장애물질 리스트에 수록).

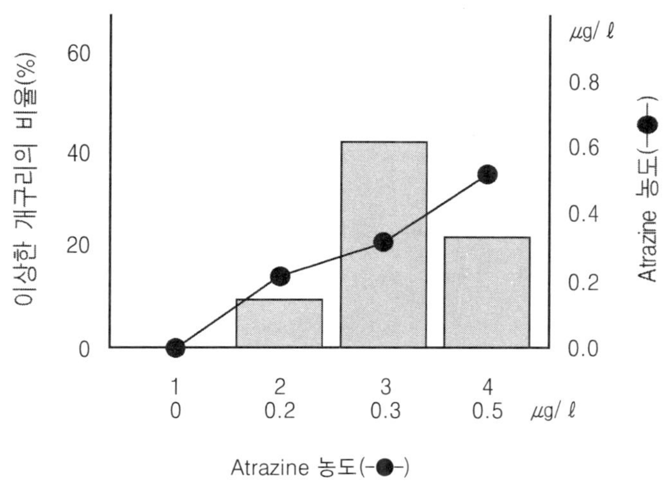

그림 2-3. 정소와 난소를 함께 가진 이상 개구리(수컷)의 ㅂ 율과 서식 수역(1 ~ 4)의 atrazine 농도(미국)

▷ 발암성 : 쥐에의 경구투여로 유방암, 자궁암, 림프종 그리고 백혈병이 생기고 마우스(수컷)에의 경구투여로 간장암이 생긴다. 또한 사람의 림프종과 난소암의 원인물질로서 의심하고 있다. IARC는 그룹 3으로 지정하고, 그리고 EPA는 그룹 B2로 지정하고, 발암강도인자를 0.22로 산정한다.

▷ 변이원성 : 대장균, 효모, 황국균, 옥수수, 초파리 등에 유전자 변이를 일으키고 붉은빵 곰팡이, 보리, 사람의 배양림프구, 햄스터의 배양 난소세포, 경구투여한 마우스의 골수세포 등에 염색체 이상을 초래한다. 또 쥐에의 경구투여로 간장 등의 DNA를 손상한다.

▷ 생태독성 : 어독성은 A이고, 어종에 따라 약간 강한 독성을 나타낸다(무지개송어의 LC_{50}(96시간) = 4.5～8.8 mg/ℓ). 또 식물 플랑크톤에 대하여는 저농도(0.02 mg/ℓ)로 성장을 억제한다. 또 야생의 개구리(수컷)에 대하여 그림 2-3과 같이 0.2 μg/ℓ 이상의 오염수준에서 암컷화(雌化 ; 난소의 형성)를 초래한다.

▷ 환경오염 : 환경에서는 분해하기 어렵고, 토양 중 반감기는 60일에 이른다. 미국에서는 하천이나 지하수의 오염(0.01～0.1 mg/ℓ)이 많이 검출된다. 음료수 중의 농도도 간혹 0.01 mg/ℓ에 이른다. 사람에의 노출은 본제의 생산·살포 시에 흡입과 피부에의 접촉에 의하여 생기고, 또 오염된 식품이나 음료수의 섭취에 의하여 생긴다. 예를 들면, 식품에서의 평균 섭취량이 1일당 0.7 μg/kg(체중)으로 시산(試算)된다.

▷ 규제 : NIOSH의 노동환경 대기중 허용농도는 5 mg/m^3이다. 미국에서는 음료수 중 허용농도를 3 μg/ℓ(매사추세주에서는 0.09 μg/ℓ)으로 설정되어 있다. 또 노스다코타주에서는 일반 환경 대기중 허용농도를 50 $\mu g/m^3$으로 설정되어 있다. 독일, 프랑스, 이태리, 스위스, 네덜란드, 노르웨이 그리고 스웨덴에서는 사용을 금지하고 있다.

일본에서는 PRTR의 대상물질(제Ⅰ종)로 지정되어 있고, 등록 보류기준은 과실, 야채, 사탕수수, 맥류 등에 대하여 어느 것이나 0.02 ppm이다.

23. 알라클로르(alachlor)

▸ CAS번호 : 15972-60-8

▸ 별명 : 메타클로르 ; 상품명은 랏소, 하푼

▷ 성상 : 백색 또는 담황색색의 결정성 고체(융점 40℃)이다.

▷ 독성 : 저독성 · 어독성 II급

▷ 용도 : 산 amide계의 제초제로서 과수(배, 포도, 딸기 등), 야채(양배추, 배추, 무, 시금치, 딸기, 양파, 참깨 등), 감자, 고구마, 두류, 옥수수, 사탕수수, 담배, 뽕나무, 땅콩, 잔디 등에 살포한다.

▷ 급성독성 : 그다지 강하지 않으나(쥐의 경구 LD_{50} = 930 mg/kg), 동물실험에서는 다량의 투여에 의하여 떨림, 타액의 분비과잉, 허탈상태, 혼수 등의 증상이 관찰된다.

▷ 만성 일반독성 : 쥐와 개에의 경구투여로 간장, 비장, 신장 등의 장해, 빈혈 그리고 안구조직의 불가역적적인 변질이 생긴다(ADI = 2.5 μg/kg/day).

▷ 발생독성 : 토끼에의 임신기간의 경구투여로 배(胚)의 착상이 감소하고, 유산이 증가한다.

▷ 면역독성 : 모르모트의 피부에 대하여 알레르기 작용을 나타낸다(반복으로 접촉하면 강한 감작반응이 생긴다). 사람에서도 마찬가지의 증상이 관찰된다.

▷ 내분비계 장애 : 쥐에의 3세대 경구투여로 난소가 위축된다(OSF와 환경성의 내분비계 장애물질 리스트에 수록).

▷ 발암성 : 마우스에의 경구투여로 폐암이 생기고, 쥐에의 경구투여로 비강암, 위암 그리고 갑상선암이 생긴다. EPA는 그룹 B2로 지정하고, 발암강도인자를 0.083으로 산정한다.

▷ 변이원성 : *Salmonella*균과 초파리에 유전자 변이를 일으키고 사람의 배양림프구, 햄스터의 배양 난소세포, 경구투여한 마우스의 골수세포 등에 염색체 이상을 초래한다. 또 효모의 DNA를 손상한다.

▷ 생태독성 : 수생생물에의 독성은 약간 강하고(무지개송어의 LC_{50}(96시간) = 1.8mg/ℓ), 어독성은 B이다.

▷ 환경오염 : 환경에서는 비교적 분해하기 쉽고, 토양 중 반감기는 15일 정도이나 미국이나 캐나다에서는 하천수, 지하수 그리고 음료수의 오염(0.001～0.1 mg/ℓ)이 검출되고 있다. 사람에의 노출은 본제의 생산 · 살포 시에 흡입과 피부와의 접촉에 의하여 생기고, 또한 오염된 식품이나 음료수의 섭취에 의하여 생긴다.

▷ 규제 : 미국에서는 음료수 중 허용농도를 2 μg/ℓ(애리조나주에서는 0.15 μg/ℓ)로 설정되어 있다. 일본에서는 PRTR의 대상물질(제 I 종)로 지정하고, 잔류 기

준은 대두와 옥수수가 0.2 ppm, 잠두콩이 0.1 ppm 그리고 배, 포도, 딸기 무, 배추, 양배추, 시금치, 감자 등이 0.01 ppm이다. 또 등록 보류기준은 곡류와 두류의 대부분이 0.05 ppm, 그리고 과실, 야채, 서류 등이 0.01 ppm이다.

24. 에틸티오메톤(ethylthiometon)

▸ CAS번호 : 298-04-4

▸ 별명 : 디설포톤(disulfoton, 식품공전에 수록된 농약명) ; 상품명은 에카틴 TD, 다이스톤

▷ 성상 : 무색 또는 황색의 유상(油狀) 액체로서 특유한 남새를 갖는다.

▷ 용도 : 유기인계의 살충・진드기 살충제로서 일본에서는 귤, 파인애플, 야채(양배추, 시금치, 가지, 토마토, 오이, 수박, 양파, 우엉 등), 두류, 감자, 벼, 맥류, 꽃류(국화, 카네이션 등), 삼나무(묘목) 등에 살포한다.

▷ 급성독성 : 아주 강하다(쥐의 경구 LD_{50} = 2 ~ 7 mg/kg). 사람은 노출을 받으면 두통, 현기증, 피로감, 발한, 시야의 혼탁, 유누(流淚) 등의 유기인 중독증상이 생기고, 중증이면 경련의 빈발이나 혼수상태를 거친 다음 호흡마비에 의하여 사망한다. 흡입노출의 경우는 특히 폐수종에 의한 호흡곤란도 나타난다. 또 피부나 눈에 접촉할 때는 심한 염증이 생긴다.

▷ 만성 일반독성 : 상기 급성증상과 마찬가지로 신경계에의 장해가 눈에 뜨이고 탈력감, 운동실조, 불안감, 우울증, 사고력 저하, 기억장해 등이 생긴다. 또 장기간 노출에 의하여 백내장의 발현도 알려져 있다. 쥐에의 경구투여에서는 간장과 신장의 장해도 관찰된다(RfD = 0.04 μg/kg/day).

▷ 생식독성 : 쥐에의 2세대 경구투여로 임신율의 저하와 함께 신생아의 생존률이 감소한다.

▷ 변이독성 : 임신한 쥐에의 경구투여로 태아의 뼈의 발육이 저하한다.

▷ 변이원성 : *Salmonella*균, 대장균 그리고 마우스의 배양림프종 세포에 유전자 변이를 초래하고 보리, 햄스터의 배양 난소세포 그리고 복강내 투여한 햄스터의 골수세포에 염색체 이상을 일으킨다. 또 효모와 사람의 배양 폐세포의 DNA를 손상한다.

▷ 생태독성 : 어독성은 B이나 수생생물에의 독성은 상당히 강하고 대부분 어류의

LC_{50}(96시간)은 0.2～2 mg/ℓ의 값을 나타낸다. 또 꿀벌에 대한 독성도 상당히 강하다.

▷ 환경오염 : 환경에서는 약간 분해하기 어렵다(토양 중 반감기는 약 30일). 일본에서는 도시 대기중에 오염이 검출되고, 또한 채소에 1.38 ppm, 그리고 작은 소나무에 0.25 ppm의 잔류 예가 알려져 있다. 사람에의 노출은 이와 같은 오염식품의 섭취에 의하여 생기고, 또한 본제의 생산·살포 시에 흡입이나 피부에의 접촉에 의하여 생긴다. 한편, 본제는 수중에서의 생물농축도 상당히 있다(붕어에 대하여는 약 450배).

▷ 규제 : NIOSH의 노동환경 중 허용농도는 0.1 mg/m^3이다. 미국에서는 유해폐기물로 지정하고, 또 음료수 중 허용농도를 0.3 μg/ℓ로 설정하고 있다. 한편, 노스다코타주에서는 일반 환경 대기중 허용농도를 1 $\mu g/m^3$으로 설정하고, 일본에서는 독물 그리고 PRTR의 대상물질(제 I 종)로 지정되어 있다. 등록 보류기준은 야채와 서류가 0.1 ppm, 쌀이 0.07 ppm, 그리고 과실과 두류가 0.05 ppm이다.

25. 이프로디온(iprodione)

▸ CAS번호 : 36734-19-7

▸ 별명 : 로브랄(상품명)

▷ 성상 : 무색의 결정성 고체(융점 136℃)이다.

▷ 용도 : Carboximide계의 살균제로서 과수(사과, 배, 복숭아, 포도, 감귤류, 감 등), 야채(가지, 토마토, 고추, 오이, 딸기, 호박, 배추, 양배추, 양파, 당근 등), 두류, 감자, 벼, 잔디, 담배 등에 살포한다. 그리고 영국이나 호주에서는 수확 후 농약으로도 이용한다(표 2-14 참조).

▷ 급성독성 : 그다지 강하지 않으나(쥐의 경구 LD_{50} = 1,530 mg/kg), 피부에 대하여 어느 정도의 자극작용을 나타내고, 포도원에서 본제를 살포한 노동자에 3일 후에 발진이 생긴 경우가 보고되었다.

▷ 만성 일반독성 : 개에의 아만성 경구투여로 간장과 신장의 장해, 적혈구의 변질 등이 생긴다(RfD = 0.02 mg/kg/day).

▷ 생식독성 : 개에의 아만성 경구투여로 전립선과 자궁의 위축이 관찰되고 있다.

▷ 발생독성 : 임신한 쥐와 토끼에의 경구투여로 태아에 생식기관의 이상이 나타난다.

▷ 내분비계 장애 : 개에의 아만성 경구투여로 부신이 비대한다(OSF의 내분비계 장애물질 리스트에 수록).

▷ 발암성 : 경구투여로 마우스의 간장과 쥐의 난소에 종양이 생긴다. EPA는 그룹 B2로 지정하고, 발암강도인자를 0.044로 산정한다.

▷ 생태독성 : 어독성은 A이고, 수생생물에 대한 독성은 약간 강하다(무지개송어의 LC_{50}(96시간) = 4.1 mg/ℓ).

▷ 환경오염 : 환경에서는 비교적 분해하기 쉽고, 토양 중 반감기는 14일 정도이나, 미국에서는 지하수의 오염(1～4 ㎍/ℓ)이나 사과, 복숭아, 당근 등의 잔류가 검출되고 있다. 일본에서도 청자소에 13 ppm 그리고 파드득 나무에 2.2 ppm의 잔류 예가 있다.

한편, 본제는 수중에서의 생물농축도 어느 정도 있다(붕어 등의 어류에 있어서 50～360배). 사람에의 노출은 이와 같은 오염식품의 섭취에 의하여 생기고 또한 본제의 생산·살포 시에 흡입이나 피부에의 접촉에 의하여 생긴다.

▷ 규제 : 미국에서는 주택 주변에서의 사용을 금지하고 있다. 플로리다주에서는 음료수 중 허용농도를 0.28 mg/ℓ로 설정되어 있다. 일본에서는 공공수역 등의 수질 평가지침치(0.3 mg/ℓ), 골프장 배수농도 지침치(3 mg/ℓ) 그리고 논의 농도 지침치(3 mg/ℓ)로 설정되어 있다. 잔류 기준은 포도가 25 ppm, 딸기와 차가 20ppm, 맥류, 메밀, 옥수수, 상치 그리고 여러 괴실이 10 ppm, 대부분의 야채가 5 ppm, 쌀이 3 ppm, 양파와 감자가 0.5 ppm, 대부분의 두류가 0.2 ppm, 그리고 기타의 서류가 0.1 ppm이다.

▷ 우리나라의 규제 : 식품공전에서 iprodione의 잔류 허용기준은 0.1 ppm(마늘, 양파), 0.2 ppm(수박, 콩류), 0.3 ppm(아몬드), 0.5 ppm(감자, 땅콩), 2 ppm(보리), 3 ppm(쌀, 율무), 5 ppm(감, 고추, 오이, 키위, 토마토, 피망), 10 ppm(R딸기, 배, 복숭아, 사과, 살구, 양배추, 자두, 체리, 포도)으로 규정되어 있다.

26. 지네브(zineb)

▸ CAS번호 : 12122-67-7

▸ 화학명 : 에틸렌비스(디티오카르바민산)아연(zinc ethylene *bis*(dithiocarbamate)

▸ 별명 : 다이젠, 다이파, 오젠, 알타나 등(어느 것이나 상품명)

▷ 성상 : 약간 착색된 분말(융점 157℃)이다.

▷ 용도 : Dithiocarbamate계의 살균제로서 과수(사과, 귤, 배, 복숭아, 감 등), 야채(토마토, 파, 양파, 배추, 오이, 고추, 마늘 등), 벼, 두류, 담배, 그리고 꽃류(국화, 장미, 카네이션, 소나무 등)에 살포한다.

▷ 급성독성 : 그다지 강하지 않으나(쥐의 경구 LD_{50} = 1,850 mg/kg 이상), 미세 분말에의 노출(흡입이나 접촉)에 의하여 눈, 코, 목, 피부 등이 상당히 자극된다. 또 사람이 비교적 다량의 노출을 받으면 두통, 현기증, 탈력감, 언어장해, 경련 등의 신경장해가 생긴다. 쥐에의 경구투여에서는 운동실조가 관찰된다.

▷ 만성 일반독성 : 사람에서는 직업적인 흡입노출에 의하여 간장장해와 용혈성의 빈혈이 생기고, 동물실험에서는 경구투여로 신장의 비대도 나타난다(ADI = 0.03mg/kg/day).

▷ 생식독성 : 쥐에의 아급성 경구투여로 난소의 위축과 정소의 변질을 초래하고 불임을 일으킨다.

▷ 발생독성 : 임신 쥐에의 경구투여로 태아에 골의 발육불량과 기형[수두증, 단미(短尾) 등]이 알려져 있다. 또 임신 쥐에의 복강내 투여로 유산이 증가한다.

▷ 면역독성 : 쥐에의 아만성 경구투여로 비장이 변질하고, 항체활성이 저하한다.

▷ 내분비계 장애 : 개에의 경구투여로 갑상선이 비대하고 쥐에의 경구투여에서는 뇌하수체의 황체호르몬 함량이 저하한다(OSF와 환경성의 내분비계 장애물질 리스트에 수록).

▷ 발암성 : 마우스에의 경구투여로 폐암이 생기고 쥐에의 경구투여에서는 갑상선암이 생긴다. IARC는 그룹 3으로 지정되어 있고, 또 EPA는 그룹 B2로 지정하고 있다. 발암강도인자를 0.0176으로 산정한다.

▷ 변이원성 : 고초균과 초파리에 유전자 변이를 초래하고 사람의 배양림프구와 경구투여한 마우스의 골수세포에 염색체 이상을 초래한다. 또 효모의 DNA를 손상한다.

▷ 생태독성 : 어독성은 A이나 수생생물에의 독성은 약간 강하다(농어의 LC_{50}(96시간) = 2 mg/ℓ).

▷ 환경오염 : 환경에서는 약간 분해하기 어렵고, 토양 중 반감기는 30일에 이른다. 분해산물에는 발암물질(IARC의 그룹 2B)의 ethylenethiourea가 함유된다. 일본에서는 과실이나 야채(포도, 토마토, 양파 등)에 0.5~2 ppm의 잔류가 발견된다. 사

람에의 노출은 이와 같은 식품의 섭취에 의하여 생기고, 또한 본제의 생산·살포시에 흡입이나 피부에의 접촉에 의하여 생긴다.

▷ 규제 : 미국의 플로리다주와 애리조나주에서는 음료수 중 허용농도를 0.35 mg/ℓ로 설정하고, 일본에서는 PRTR의 대상물질(제 I 종)로 지정되어 있다. 등록 보류 기준은 오이, 토마토가 2 ppm, 과실이 0.5 ppm, 야채가 0.4 ppm, 그리고 서류가 0.2ppm이다.

27. 지람(ziram)

▸ CAS번호 : 137-30-4

▸ 화학명 : 비스(디메틸디티오카르바민산) 아연

▸ 별명 : 진크메트, 사이크렉스토프(어느 것이나 상품명)

▷ 성상 : 백색의 분말(융점 240℃)이다.

▷ 용도 : Dithiocarbamate계 살균제로서 일본에서는 과수(사과, 배, 복숭아, 자두 등)에 살포한다.

▷ 급성독성 : 쥐에 대하여는 그다지 강하지 않으나(쥐의 경구 LD_{50} = 1,400 mg/kg), 모르모트에 대하여는 상당히 강하다(모르모트의 경구 LD_{50} = 100～150 mg/kg), 종의 차가 큰 것이 주목된다. 사람에서는 미세분말에의 노출(흡입이나 접촉)에 의하여 눈, 코, 목 그리고 피부가 자극된다. 특히 눈에 대하여는 불가역적인 장해도 초래된다.

▷ 만성 일반독성 : 쥐에의 경구투여로 성장이 억제된다(ADI = 12.5 μg/kg/day).

▷ 생식독성 : 쥐와 마우스에의 아급성 또는 아만성 경구투여로 임신율이 저하한다. 또 마우스에 대하여는 복강내 1회 투여로 이상한 모양의 정자가 증가한다.

▷ 발생독성 : 임신 쥐에의 경구투여로 배(胚)의 성장이 억제되고, 신생아에 횡격막 hernia나 흉골의 골화 부전이 나타난다.

▷ 면역독성 : 쥐에의 아만성 경구투여로 항체생산 능력이 저하한다.

▷ 내분비계 장애 : 직장에서 일정기간의 노출을 받은 노동자의 갑상선이 비대한다(OSH와 환경성의 내분비계 장애물질 리스트에 수록).

▷ 발암성 : 마우스에의 경구투여로 폐암이 생기고, 쥐에의 경구투여로 갑상선암이 생긴다(IARC는 그룹 3으로 지정).

▷ 변이원성 : *Salmonella*균, 초파리 그리고 마우스의 배양림프종 세포에 유전자 변이를 일으키고, 사람의 배양림프구, 햄스터의 배양 난소세포 그리고 경구투여한 마우스의 골수세포에 염색체 이상을 초래한다.

▷ 생태독성 : 수생생물에의 독성은 아주 강하고(붕어의 LC_{50}(48시간) = 75 μg/ℓ), 어독성은 C이다.

▷ 환경오염 : 환경에서는 약간 분해하기 어렵고, 토양 중 반감기는 30일에 이른다. 또 하천의 저니(底泥) 중에서 수개월간 안정하다. 사람에의 노출은 본제의 생산・살포 시에 흡입이나 피부에의 접촉에 의하여 생기고, 또 오염식품의 섭취에 의하여도 생긴다.

▷ 규제 : 미국의 메인주에서는 음료수 중 허용농도를 25 μg/ℓ로 설정하고, 스웨덴에서는 사용을 금지하고 있다. 일본에서는 PRTR의 대상물질(제 I 종)로 지정되어 있고, 등록 보류기준은 사과, 복숭아, 배, 감 등은 1 ppm이다.

28. 취화메틸(브롬화메틸 : methyl bromide)

(식품공전에는 수록되어 있지 않음)

- CAS번호 : 74-83-9
- 계통명 : 브로모메탄(bromomethane)
- 별명 : 카야븀, 아사히븀, 산븀, 메티브론(어느 것이나 상품명)
- 화학식 : CH_3Br

▷ 성상 : 무색의 기체(비점 3.6℃)로서 클로로포름과 같은 냄새가 있다.

▷ 독성 : 고독성

▷ 용도 : 유기취소계의 살충・살균용 훈증제로서 야채, 벼, 두류, 서류, 담배 등의 재배토양의 훈증, 수입식품(과실, 야채, 곡류, 두류, 목재 등)의 검역용 훈증 그리고 건축물(창고, 박물관 등)의 훈증에 사용되어 왔으나 본제는 오존층 파괴물질이고 검역용 이외의 용도가 2005년까지 금지되었으므로 사용량이 현저히 감소되었다.

▷ 급성독성 : 상당히 강하다(쥐의 경구 LD_{50} = 214 mg/kg). 사람에서는 흡입에 의하여 먼저 두통, 현기증, 설사, 숨막힘 등이 생기고 이어 폐수종, 피로감, 떨림, 마비, 경련, 착란상태 등의 증상이 나타난다. 중증에서는 신장에도 악영향이 나타나고,

의식이 소실하여 죽음을 초래한다. 또 피부에 홍반이나 수종이 생기고, 눈이나 코의 점막을 강하게 자극한다.

▷ 만성 일반독성 : 사람에서는 장기간의 흡입에 의하여 주로 중추신경계에 장해가 생기고 흥분, 환각, 발작, 수족의 통증과 떨림, 운동실조, 시력과 언어능력의 저하 등의 증상이 나타난다. 동물실험에서도 신경장해가 알려져 있으나, 쥐에 있어서는 다른 흡입노출로 비강의 손상(RfC = 5 $\mu g/m^3$), 또 경구투여로 전위의 병변(RfD = 1.4 μg/kg/day)이 보고되고 있다.

▷ 생식독성 : 쥐에의 만성 흡입노출에 의하여 정소에 장해가 생긴다.

▷ 발생독성 : 본제로 훈증한 사료를 쥐에 반복 경구투여하면 2세대 째의 신생아의 체중이 현저히 감소한다(캘리포니아주의 발생 독성물질 리스트에 수록).

▷ 발암성 : 쥐에의 경구투여로 전위에 암이 생긴다(IARC는 그룹 3으로 지정).

▷ 변이독성 : *Salmonella*균, 대장균, 보리, 초파리, 마우스의 배양림프종 세포 등에 유전자 변이를 초래하고, 사람에의 배양림프구, 흡입노출 후의 쥐의 골수세포 등에 염색체 이상을 초래한다. 또 같은 쥐의 간세포의 DNA를 손상한다.

▷ 환경오염 : 환경에서는 분해하기 어렵고, 토양 중 반감기는 55일, 또 대기중의 수명은 1.7년에 이른다. 도시지역에서는 검역용 훈증 등에 영향에 의하여 대기중 농도가 비오염 지구의 값의 50배(0.25 ppb)에 달하는 것으로 알려졌다.

한편, 본제는 지하수나 음료수에서도 검출되고 있으며, 또한 식품에 대하여도 수확 후의 훈증처리에 의한 노출이 60 ppm에 이르는 과실의 예가 보고되고 있다. 사람에의 노출은 이와 같은 오염식품 등의 섭취에 의하여 생기고, 또한 본제의 살포(훈증) 중에 흡입이나 피부에의 접촉에 의하여 생기고 있다.

표 2-10. 취화메틸의 사용을 금지한 국가(금후의 예정을 포함)

국　　명	금지년도
덴마크, 노르웨이, 스웨덴	1998
핀란드, 인도네시아	1998
호주,	2000
캐나다	2001
선지공업국 일반※	2005
발전도상국 일반※	2015

※ 몬트리올 의정서에 의한 규제

▷ 규제 : ACGIH의 노동환경 대기중 허용농도는 1 ppm(3.9 mg/m^3)이다. 미국에서는 유해대기, 수질·음료수 오염물질 그리고 유해폐기물로 지정되어 있다. 예로서 매사추세츠주에는 일반 환경 대기중 허용농도를 2.6 ㎍/m^{3}으로 설정하고 또 애리조나주에서는 음료수 중 허용농도를 0.19 ㎍/ℓ로 설정되어 있다. 한편, 네덜란드에서는 본제에 의한 토양의 훈증이 1981년부터 금지되고 있다. 표 2-10에 최근에 사용을 금지한 국가와 금후의 규제의 예정을 나타내었다. 일본에서는 PRTR의 대상물질(제Ⅰ종)로 지정되어 있다.

▷ 우리나라의 규제 : 식품공전에서 methylbromide의 잔류 허용기준은 20 ppm(망고, 바나나, 배, 복숭아, 사과, 살구, 자두, 체리, 키위, 파인애플, 호박), 30 ppm(감자, 고구마, 고사리, 레몬, 딸기, 마늘, 샐러리, 아보가드, 오렌지, 자몽, 피망), 50ppm(기타 감귤류, 기타 콩류, 대두, 땅콩, 밀, 보리, 쌀, 아스파라거스, 옥수수, 완두 콩)으로 규정되어 있다.

29. 캅탄(captan)

▸ CAS번호 : 133-06-2

▸ 별명 : 오소사이드(상품명)

▷ 성상 : 무색의 결정성 고체(융점 178℃)로서, 시판 제품에는 많은 불순물이 함유된 황색의 분말이다.

▷ 독성 : 저독성·어독성 II급

▷ 용도 : Dicarboximide계의 살균제로서 과수(사과, 배, 복숭아, 포도, 매실 등), 야채(배추, 가지, 토마토, 오이, 호박, 수박, 딸기, 우엉 등), 완두, 벼, 담배, 뽕나무, 꽃류(장미, 튤립 등), 보리, 맥류에 살포한다. 또 골프장에서도 사용되고, 화장품, 도료, 벽지, 플라스틱, 고무, 섬유제품 등의 살균에도 사용한다. 미국에서는 수확 후 농약으로서 양파와 감자에 살포한다.

▷ 급성독성 : 상당히 약하다(쥐의 경구 LD_{50} = 9 g/kg). 사람이 다량을 섭취하면 구토와 설사가 일어난다. 또 접촉에 의하여 피부염이나 결막염이 발증한다.

▷ 만성 일반독성 : 쥐에의 경구투여로 발육의 저하와 산장장해가 나타난다(RfD = 0.13 mg/kg/day). 마우스에 대하여는 신경장해(흥분상태)가 생긴다.

▷ 생식독성 : 마우스(수컷)에의 아급성 경구투여로 임신율이 저하한다.

▷ 발생독성 : 임신한 토끼에의 경구투여로 신생아에 기형[사지의 골격이상과 진

열(唇裂)]이 나타나고, 햄스터에서는 같은 조건에서 유산이 증가한다. 또 임신 마우스에의 미세분말의 흡입노출에 의한 태아의 사망률이 증대한다.

▷ 면역독성 : 쥐에의 아급성 경구투여로 흉선이 위축하고, 림프구가 현저히 감소한다.

▷ 발암성 : 경구투여에 의하여 마우스의 십이지장과 쥐의 부신, 유선 그리고 난소에 종양이 생긴다(표 2-11 참조). IARC는 그룹 3으로 지정하고 있고 또 EPA는 그룹 B2로 지정하여 발암강도인자를 0.0036으로 산정한다.

▷ 변이원성 : *Salmonella*균, 효모, 홍국균, 초파리 등에 유전자 변이를 초래하고, 사람의 배양림프구와 경구투여한 마우스의 골수세포에 염색체 이상을 초래한다. 또 대장균과 고초균의 DNA를 손상한다.

▷ 생태독성 : 수생생물에의 독성은 아주 강하고(무지개송어의 LC_{50}(96시간) = 0.073 mg/ℓ), 어독성은 C이다.

▷ 환경오염 : 환경에서는 비교적 분해하기 쉬우나 미국에서는 대기나 지하수(0.5 μg/ℓ) 오염이 검출되고 있다. 또 각지에서 사과, 복숭아, 배, 딸기, 상치 등에 대하여 1～3 ppm의 잔류 예가 알려져 있다. 사람에의 노출은 이와 같은 오염식품의 섭취로 생기고 또 본제의 생산・살포 시에 흡입이나 피부 접촉으로 생긴다.

▷ 규제 : NIOSH의 노동환경 대기중 허용농도는 5 mg/m^3이다. 미국에서는 유해대기오염물질로 지정하고(예로서 캔자스주의 일반 환경 대기중 허용농도는 12 μg/m^3), 또 애리조나주에서는 음료수 중 허용농도를 91 μg/ℓ로 설정하고 독일에서는

표 2-11. 경구동물실험(쥐)에 있어서 captan의 발암성

사료 중의 captan 농도(평균치)(%)	종양의 발생률(%)			
	수 컷	암 컷		
	부 신	부 신	유 선	난 소
0	8	6	4	0
0.25※	46	57	18	39
0.61※※	43	33	31	38

※ 0.4%에서 21주간 그리고 0.2%에서 59시간

※※ 0.8%에서 41주간 그리고 0.4%에서 39주간

(실험동물 수는 각각 약 50마리)

출처 : *J. Environ. Pathol. Toxicol. Oncol.,* 9권, p. 127(1989)

사용을 금지. 스웨덴에서도 사용을 엄하게 제한하고 일본에서는 골프장 배수농도 지침치(3 mg/ℓ)를 설정되어 있다. 잔류 기준은 사과, 배, 토마토, 그리고 오이에 대하여 5 ppm. 등록 보류기준도 과실, 야채, 쌀 그리고 두류에 대하여 5 ppm이다.

▷ 우리나라의 규제 : 식품공전에서 captan은 콩나물(녹두 나물)에서 검출되어서는 안 된다고 규정하고 있다. 기타 농산물의 허용 잔류기준은 2 ppm(당근, 대두, 땅콩, 면실, 무(뿌리), 양배추, 완두, 콩, 케일), 10 ppm(살구, 피망), 5 ppm(상기 이외의 대부분의 농산물)으로 규정되어 있다.

30. 켈탄(kelthane)

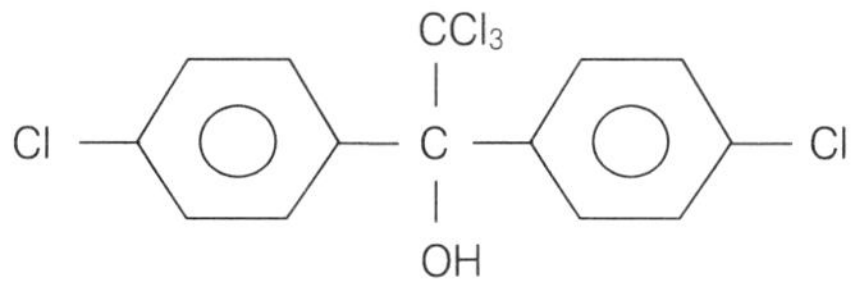

Kelthane

- CAS번호 : 115-32-2
- 계통명 : 2,2,2,-trichloro-1,1-*bis*(4-chlorophenyl) ethanol
- 별명 : 디코폴(dicofol, 식품공전에 수록된 농약명)

▷ 성상 : 백색 또는 갈색의 납상 고체(융점 79℃)로서 물에 약간 녹는다.

▷ 독성 : 보통독성 · 어독성 II급

▷ 용도 : 유기염소계의 살충제로서 일본에서는 1956년부터 과수(사과, 귤, 복숭아 등), 야채(오이, 토마토 등), 차 그리고 꽃류에 살포되었으나 안전성의 이유로 2005년에 사용이 금지되었다.

▷ 급성독성 : 약간 강하다(쥐의 경구 LD_{50} = 575 mg/kg), 호흡 또는 경구섭취에 의하여 두통, 현기증, 구토증, 식욕저하 등이 생긴다. 또 중추신경계에 장해를 일으켜 탈력감, 수족의 마비, 평형감각의 마비, 경련 등이 나타나고, 중증에서는 의식을 잃고 사망한다. 또한 접촉하면 눈의 점막이나 피부에도 상당히 강하게 자극한다.

▷ 만성 일반독성 : 사람에의 중추신경장해(우울증, 불안감, 흥분 등)와 함께 간장, 신장 그리고 부신의 장해가 나타난다. 동물실험에서도 간장장해가 주된 증상이다 (ADI = 2 μg/kg/day).

▷ 생식독성 : 쥐에의 2세대 경구투여로 난소가 비대하고 신생아의 사망률이 증대한다.

▷ 발생독성 : 토끼에의 임신 중의 경구투여로 유산이 증가한다. 마우스에서는 3세대 경구투여로 기형이 나타난다.

▷ 내분비계 장애 : 쥐에의 경구투여로 부신이 변질한다. 한편, 미국의 아포푸카 호에서 악어의 생식기 단소화(短小化)의 원인물질로 추정하고 있다(OSF와 환경성의 내분비계 장애물질 리스트에 수록).

▷ 발암성 : 마우스(수컷)에의 경구투여로 간장암이 생긴다(IARC는 그룹 3, 또는 EPA는 그룹 C로 지정).

▷ 변이원성 : 사람의 배양림프구와 배양백혈구 그리고 경구투여한 마우스의 골수세포에 염색체 이상을 초래한다.

▷ 생태독성 : 어독성은 B이나 수생생물에 대한 독성은 일반적으로 상당히 강하다 [무지개송어의 LC_{50}(24시간) = 0.12 mg/ ℓ ; 굴의 LC_{50} = 0.015 mg/ ℓ].

▷ 환경오염 : 환경에서는 분해하기 어렵고, 토양 중 반감기는 45일에 이른다. 또 수중에서의 생물농축도 현저하다(대부분의 어류에서는 2,000～20,000배). 일본이나 세계 각지의 과실이나 야채(사과, 복숭아, 딸기, 오이 등)에 평균 0.02～0.2 ppm의 잔류가 있다. 미국에서는 사과에 3.68 ppm의 잔류 예가 알려져 있다. 사람에의 노출은 이와 같은 오염식품의 섭취에 의하여 생기고 또한 본제의 생산・살포 시에 흡입이나 피부에의 접촉에 의하여 생긴다.

▷ 규제 : 미국의 애리조나주에서는 음료수 중 허용농도를 0.08 μg/ ℓ 로 설정. 스웨덴에서는 사용을 금지, 일본에서는 화심법의 제Ⅰ종 특정 화학물질 그리고 PRTR의 대상물질(제Ⅰ종)로 지정. 잔류 기준은 사과, 배, 복숭아, 살구, 귤, 딸기, 차 등이 3 ppm, 그리고 여름밀감과 오이가 2ppm이다.

31. 클로르피리포스(chlorpyrifos)

▸ CAS번호 : 2921-88-2

▸ 별명 : 다즈반(상품명)

▷ 성상 : 백색의 결정성의 고체(융점 42℃)로서 황에 가까운 냄새가 있다.

▷ 독성 : 보통독성・어독성 II급

▷ 용도 : 유기인계의 살충제로서 과수(사과, 배, 복숭아, 포도, 감, 유자, 귤 등), 고구마, 차, 담배, 잔디 등에 살포한다. 골프장에 살포하고 소나무, 낙엽송, 삼나무 등의 수목에도 살포한다. 야채(양파, 배추, 시금치, 고추)에 살포하고, 또 주택의 흰개미 구충제로서 사용한다. 호주에서는 수확 후 농약으로 사과에 살포한다. 미국은 최근까지 가축이나 애완동물의 기생충 구제에 많이 사용한다.

▷ 급성독성 : 아주 강하다(쥐의 경구 LD_{50} = 82 mg/kg). 사람이 노출을 받으면 두통, 현기증, 발한, 떨림, 구역질, 시야의 혼탁, 수족의 마비와 통증, 운동실조, 복부의 경련, 호흡곤란 등의 유기인 중독증상이 생긴다. 중증에서는 의식소실을 거쳐 사망하는 수도 있다. 또 피부와 눈에 대하여는 자극작용을 나타낸다. 미국에서는 본제에 의한 비의도적 중독이 연간 약 800건 발생한다.

▷ 만성 일반독성 : 사람에서는 상기와 마찬가지의 증상 이외에도 탈력감, 기억력과 집중력의 저하, 방향감각의 소실, 신경과민과 우울증, 언어장해, 착란상태, 불면 등의 신장장해가 나타난다. 개에의 경구투여에서는 간장에도 장해가 나타난다(RfD = 3 μg/kg/day).

▷ 생식독성 : 쥐에의 2세대 경구투여로 신생아의 사망률이 증대한다. 또 185마리 소의 이 구제의 목적으로 본제를 살포한 결과 적어도 6개월간 정액량이 57～88%로 감소한 보고가 있다.

▷ 발생독성 : 임신 쥐에의 경구투여로 태아에 간장장해가 생기고 신생아에 대하여는 뇌의 발육이상과 운동능력의 저하가 나타난다. 마찬가지로 복강내의 투여의 실험에서도 신생아에 기형[사지단축과 행동이상(운동실조)]이 관찰된다.

한편, 미국에서는 임신 중에 본제의 노출을 받은 3명의 모친에서 태어난 4명의 아이에게 각종의 기형(뇌, 안면, 다리 등의 이상)과 지능장해가 발생하여 인과관계를 조사하고 있다고 한다.

▷ 면역독성 : 본제에 의한 중독을 경험한 사람(12명)의 83%(10명)에 평활근, 갑상선 등에 대하여 자기항체가 생기고 자기면역병의 증상이 발생하였다(대조그룹에는 15%).

▷ 행동독성 : 쥐 신생아에의 아급성 경구 또는 피하투여에 의하여 학습능력의 저하와 보행이상이 나타난다.

▷ 내분비계 장애 : 양에의 아급성 경구투여로 thyroxine의 혈중 농도가 저하한다.

▷ 변이원성 : 초파리, 사람의 배양림프구 그리고 마우스의 배양 비장세포에 염색

체 이상을 초래하고, 대장균과 고초균의 DNA를 손상한다.

▷ 생태독성 : 수생생물에의 독성은 아주 강하고(무지개송어의 LC_{50}(96시간) = 0.015 mg/ ℓ), 어독성은 C이다. 또 꿀벌에 대한 독성도 상당히 강하다.

▷ 환경오염 : 환경에서는 약간 분해하기 어렵고, 토양 중 반감기는 30일에 이른다. 또 수중에서의 생물농축도 상당히 현저하다(어류에 대하여 100～5,000배). 미국에서는 사과에 0.4 ppm, 일본에서도 복숭아, 냉동시금치, 수입 grape fruit 등에 0.1～0.2 ppm의 잔류 예가 보고되고 있다.

한편, 일본에서는 흰개미의 구제를 위하여 살포한 6일 후의 옥내의 대기중에 최고 5.7 $\mu g/m^3$의 오염이 검출된 예가 있다. 사람의 노출은 이와 같은 오염을 통하여 생기고, 또한 본제의 생산·살포 시에 혼입이나 피부에의 접촉에 의하여 생긴다.

▷ 규제 : NIOSH의 노동환경 대기중 허용농도는 0.2 mg/m^3이다. 미국에서는 2000년부터 주택 주변, 가정, 학교, 공원 등에서의 사용을 전면적으로 금지하고 또 사과, 포도, 토마토에의 사용도 금지하고 있다. 음료수 중 허용농도는 0.02 mg/ ℓ 이다.

일본에서는 극물 그리고 PRTR의 대상물질(제Ⅰ종)로 지정하고, 또 공공 용수역 등의 수질평가 지침치(0.03 mg/ ℓ), 골프장 배수농도 지침치(0.04 mg/ ℓ) 그리고 실내 대기중 농도 지침치(1 $\mu g/m^3$ = 0.07 ppm, 단 소아는 0.1 $\mu g/m^3$)를 설정하고 있다. 또 2003년부터 주택 등의 건축 재료에 본제를 첨가하는 것을 금지하고 있다.

잔류 기준은 무와 차가 3 ppm, 평지가 2 ppm, 사과, 복숭아, 포도 등이 1 ppm, 배, 딸기, 감, 수박, 바나나, 토마토, 당근, 콩 등이 0.5 ppm, 감귤류가 0.3 ppm, 대부분의 곡물, 고구마, 상치, 오이 등이 0.1 ppm, 감자, 양파 등이 0.05 ppm, 그리고 우엉, 파, 표고, 시금치 등이 0.01 ppm이다.

▷ 우리나라의 규제 : 식품공전에서 chlorpyrifos의 잔류 허용기준은 0.01 ppm(기타 채소류, 시금치, 토란, 파), 0.05 ppm(감자, 고구마, 면실, 버섯류, 샐러리,), 0.1 ppm(기타 감귤류, 귀리, 기타 콩류, 메밀, 밀, 보리, 수수, 쌀, 양상추, 오이, 옥수수, 호밀, 호박), 0.2 ppm(가지, 아몬드, 완두콩, 은행, 피칸, 호도), 0.3 ppm(대두, 레몬, 오렌지, 자몽), 1 ppm(들깨 잎, 배추, 사과, 살구, 자두, 케일, 포도), 2 ppm[무(뿌리), 키위], 0.5 ppm(상기 이외의 대부분의 농산물)으로 규정되어 있다. 축산물에서는 0.01 ppm(가금류 고기, 소 간, 가금류 부산물, 소 신장, 양 부산물, 돼지 부산물, 알), 0.02 ppm(유, 돼지고기), 1 ppm(양고기)으로 규정되어 있다.

32. 튜람(thiuram)

▸ CAS번호 : 137-26-8

▸ 별명 : 티람(thiram) ; 포마졸(상품명)

▸ 화학식 : $(CH_3)_2N-CS-SS-CS-N(CH_3)_2$

▷ 성상 : 백색 또는 황색의 결정성 분말(융점 146℃)로서 특이한 냄새를 가진다.

▷ 용도 : Dicarbamate계의 살균제로서 일본에서는 과수(사과, 배, 복숭아 등), 고추, 사탕무, 두류, 담배, 연근, 꽃류(튤립, 카네이션 등), 삼나무, 노송 등에 사용한다. 또 골프장에서도 사용하고, 종자의 소독, 식용버섯이나 비누의 살균, 고무의 첨가제 등에도 사용한다.

▷ 급성독성 : 상당히 강하다(쥐의 경구 LD_{50} = 640 mg/kg ; 토끼 경구 LD_{50} = 210 mg/kg). 사람이 노출을 받으면 두통, 현기증, 구역질, 피로감, 설사 등의 증상이 생긴다. 또 눈, 피부 그리고 호흡기계에 대한 자극작용(비염, 기침, 목의 통증과 가려움, 기관지염 등)도 알려져 있다. 토끼에서는 백혈구와 혈소판의 감소도 관찰된다.

▷ 만성 일반독성 : 사람에서는 상기 급성증상 이외에도 의식저하, 탈력감, 운동실조, 언어장해, 착란상태 등이 나타난다. 또 쥐에의 경구투여로 역시 운동실조 그리고 탈모, 후지의 마비와 위축 등이 생긴다(RfD = 5 μg/kg/day).

▷ 생식독성 : 쥐(수컷)에의 아만성 경구투여로 임신율이 저하한다. 또 마우스에의 아급성 경구투여로 정자 모양의 이상과 발전주기의 연장(배란이 늦어진다)이 생긴다.

▷ 발생독성 : 임신 햄스터의 경구투여로 신생아의 기형[단미(短尾), 두개골이나 늑골의 이상 등)이 나타난다. 또 임신 마우스의 경구투여에서도 유산이 증가하고 태아에 구개열 등의 기형이 생긴다.

▷ 면역독성 : 사람에의 반복노출에 의하여 알레르기 증상(접촉피부염 등)을 초래한다. 또 쥐에의 아만성 경구투여로 병원성 감염에 대한 저항성이 감소한다.

▷ 변이원성 : *Salmonella*균, 황국균, 초파리 등에 유전자 변이를 초래하고 보리, 사람의 배양림프구, 햄스터의 배양 난소세포, 복간내 투여한 마우스의 골수세포 등에 염색체 이상을 초래한다. 또 고초균의 DNA를 손상한다.

▷ 생태독성 : 수생생물에의 독성은 상당히 강하고, 어독성은 C이다.

▷ 환경오염 : 환경에는 비교적 분해하기 쉽고, 토양 중 반감기는 15일 정도이다. 사람에의 노출은 본제의 생산・살포 시에 흡입이나 피부에의 접촉에 의하여 생긴다. 특리 카네이션을 재배하는 온실, 고무의 생산공장, 고무장갑을 끼고 일하는 작업장 등에서 노출이 심하다고 보고하고 있다.

▷ 규제 : OSHA의 노동환경 중 허용농도는 5 mg/m^3이다. 미국에서는 유해 폐기물로 지정되어 있다. 또 노스다코타주에서는 일반 환경 대기중 허용농도를 50 ㎍/m^3으로 설정하고, 메인주에서는 음료수 중 허용농도를 10 ㎍/ℓ로 설정되어 있다. 스웨덴이나 덴마크에서는 사용을 금지하고 있다.

일본에서는 수질환경오염(6 ㎍/ℓ)과 골프장 배수농도 지침치(60 ㎍/ℓ)를 설정하고, 또한 PRTR의 대상물질(제 I 종)로 지정되어 있다. 등록 보류기준은 사과가 1ppm, 그리고 감, 배, 복숭아 등은 0.5 ppm이다.

33. 트리플루랄린(trifluralin)

- CAS번호 : 1582-09-8
- 화학명 : *N,N*-Dipropyl-4-trifluoromethyl-2,6-dinitroaniline
- 별명 : 트레파노사이드(상품명)

▷ 성상 : 황갈색의 결정성 고체(융점 49℃)로서 물에 약간 녹는다.

▷ 독성 : 저독성・어독성 II급

▷ 용도 : 제삼아민계(또는 dinitroamine계)의 제초제로서 일본에서는 야채(배추, 상치, 양파, 당근, 토마토, 오이, 호박, 우엉, 가지, 고추 등), 서류, 두류, 맥류, 차, 뽕나무, 꽃류 등에 살포한다. 골프장에서도 사용한다.

▷ 급성독성 : 경구섭취에서는 그다지 강하지 않으나(쥐의 경구 LD_{50} = 1,930 mg/kg), 미세분말의 흡입에 의하여 코, 목 그리고 기관지가 자극되어 기침, 담, 흉통 등의 증상이 나타난다. 또 접촉에 의하여 눈이나 피부도 자극되어 발진이 생긴다.

▷ 만성 일반독성 : 개에의 경구투여로 간장장해, 신장장해, 빈혈(적혈구의 감소) 등이 나타난다(RfD = 7.5 ㎍/kg/day).

▷ 생식독성 : 쥐에의 2세대 경구투여로 신생아의 수가 감소한다.

▷ 발생독성 : 토끼에의 임신기간의 경구투여로 유산이 증가한다. 마우스에 대하여도 마찬가지 실험으로 태아의 생존율 감소와 골격이상의 증가가 관찰된다.

▷ 면역독성 : 반복으로 접촉하면 알레르기성의 피부염이 생긴다.

▷ 내분비계 장애 : 쥐에의 아만성 경구투여로 하구체가 위축된다. 또 양에의 아급성 경구투여로 황체형성호르몬의 혈중 농도가 저하한다(OSF와 환경성의 내분비계 장애물질 리스트에 수록).

▷ 발암성 : 쥐에의 경구투여로 갑상선암과 신장암이 생기고, 마우스에의 경구투여로 간장암과 폐암이 생긴다. IARC는 그룹 3으로 지정되어 있다. 또 EPA는 그룹 C로 지정하고, 발암강도인자를 0.029, 또한 실질 안전음료수 중 농도를 5 μg/ ℓ 로 산정한다.

▷ 변이원성 : 초파리, 고등식물(보리, 잠두 등), 사람의 배양림프구, 복강내 투여한 마우스의 골수세포 등에 염색체 이상을 초래하고 효모와 황국균의 DNA를 손상한다.

▷ 생태독성 : 어독성은 B-s이고, 수생생물에의 독성은 아주 강하다[무지개송어의 LC_{50}(48시간) = 0.011 mg/ ℓ ; 물벼룩의 LC_{50}(48시간) = 0.56 mg/ ℓ].

▷ 환경오염 : 환경에서는 분해하기 어렵고, 토양 중 반감기는 60일에 이른다. 또 수중에서의 생물농축도 상당히 현저하다(대개의 고기에서 2,000～5,000배). 미국에서는 당근에 0.79 ppm의 잔류가 있었고, 지하수의 오염(0.5～50 μg/ ℓ)도 검출되었다. 사람에의 노출은 본제의 생산・살포 시의 흡입이나 피부에의 접촉에 의하여 생기고, 또 오염된 식품이나 음료수의 섭취에 의하여 생긴다.

▷ 규제 : 미국에서는 유해대기, 음료수 오염물질로 지정되어(예로서 애리조나주의 음료수 중 허용농도는 2 μg/ ℓ) 있다. 스웨덴에서는 사용을 금지하고, 일본에서는 PRTR의 대상물질(제 I 종)로 지정되어 있다. 잔류 기준은 당근이 1 ppm, 콩과 감자가 0.15 ppm, 양배추, 토마토, 맥류 등이 0.1 ppm 그리고 과실 기타의 야채, 쌀, 서류, 두류 등이 0.05 ppm이다.

▷ 우리나라의 규제 : 식품공전에서 trifuralin의 잔류 허용기준은 0.1 ppm(콩류), 1ppm(당근), 0.05 ppm(상기 이외의 대부분의 농산물)이다.

34. 파라쿼트(paraquat)

- CAS번호 : 4685-14-7
- 화학명 : 1,1-dimethyl-4,4'-bipyridium(보통 이염화물이 사용되므로 아래에서 기술하는 것도 이것을 대상으로 한다)

▸ 별명 : 그라모크신(상품명)

▷ 성상 : 무색 또는 담황색의 결정성 고체로서 300℃에서 분해한다. 흡습성으로 물에 녹기 쉽다.

▷ 독성 : 보통독성

▷ 용도 : Bipyridium계의 제초제로서 과수, 야채, 벼, 맥류, 감자, 곤약, 차, 뽕나무, 그리고 비농경지(공원, 주차장, 고속도로, 하천제방 등)에 살포한다. 곡물의 건조제로서도 사용된다.

▷ 급성독성 : 아주 강하다(쥐의 경구 LD_{50} = 40～110 mg/kg ; 표 2-12 참조). 사람이 경구섭취하면 먼저 구강과 목의 염증, 복통, 우울증, 설사 등이 생긴다. 이어 폐가 우울하고, 숨이 막히고, 폐의 맥박이 증가한다. 운동실조, 경련 등을 거쳐 호흡곤란에 의하여 사망하는 수가 많다. 또 흡입에 의하여 빈혈, 복수종이 생기고, 접촉하면 피부나 눈에 심한 염증이 생긴다.

▷ 만성 일반독성 : 반복으로 접촉하면 피부가 짓무르러 수포가 생기고, 특히 손톱의 변색, 변형 또는 탈락이 많이 나타난다. 또 기관지염이나 폐렴이 발생하고, 병상이 진행하면 호흡부전으로 3～4주간 후에 사망하는 수도 있다. 그리고 간장이나 신장에도 장해가 미친다(ADI = 4 μg/kg/day).

▷ 생식독성 : 마우스에의 2세대 경구투여로 신생아의 출산이 지연된다.

표 2-12. 파라쿼트(이염화물)의 반치사량(LD_{50})

실험동물	투여경로	LD_{50}(mg/kg)
모르모트	경구	22～40
고양이	경구	26～50
쥐	경구	40～110
토끼	경구	49
원숭이	경구	50
소	경구	50～75
마우스	경구	120
쥐	복강내	14～21(이온)
쥐	피하	19
쥐	피부도포	80

출처 : *Clin. Toxicol.*, 14권, p. 1(1979)

▷ 발생독성 : 임신 쥐에의 복강내 투여로 태아의 사망률이 증대하고, 피하투여로 태아의 혈관(동맥)이 수축한다.

▷ 면역독성 : 모르모트의 피부에 대하여 감작반응(알레르기 증상)을 일으킨다.

▷ 발암성 : 쥐에의 경구투여로 두부에 피부암이 생긴다(EPA는 그룹 C로 지정).

▷ 변이원성 : *Salmonella*균, 대장균, 황국균, 초파리 그리고 마우스의 배양림프종 세포에 유전자 변이를 초래하고 햄스터의 배양 난소세포와 양파에 염색체 이상을 초래한다. 또 효모와 사람의 배양 섬유아세포(線維芽細胞)의 DNA를 손상한다.

▷ 생태독성 : 어독성은 A이고, 수생생물에 대하여 독성은 그다지 강하지 않다.

▷ 환경오염 : 환경에서는 토양 중의 입자성분과 강하게 결합하여 아주 분해하기 어렵다. 토양 중 반감기는 3년 이상이나 이른다. WHO의 조사에 의하면 대기중에 0.55 mg/m^3, 또 농작물(감자, 양파 등)에 0.05～0.1 ppm의 잔류가 검출된 예가 알려져 있다. 사람에의 노출은 이와 같은 오염식품의 섭취에 의하여 생기고, 또한 본제의 생산・살포 시에 흡입, 피부에의 접촉에 의하여 생긴다.

▷ 규제 : NIOSH의 노동환경 대기중 허용농도는 0.1 mg/m^{3}이다. 미국에서는 사용을 금지하고, 음료수 중 허용농도를 3 ㎍/ℓ로 설정하고, 또 뉴욕주에서는 일반 대기중 허용농도를 0.33 ㎍/ℓ로 설정하고 있다. 독일, 덴마크, 핀란드 그리고 불가리아에서도 사용금지. 일본에서는 독물 그리고 PRTR의 대상물질(제Ⅰ종)로 지정. 등록 보류기준은 쌀이 0.1 ppm, 그리고 과일, 야채, 서류, 맥류 등이 0.05 ppm이다.

▷ 우리나라의 규제 : 식품공전에서 paraquat의 잔류 허용기준은 0.05 ppm(채소류), 0.1 ppm(고추, 대두, 옥수수), 0.2 ppm(면실, 호프, 감자), 0.5 ppm(수수, 쌀), 2.0 ppm(해바라기 씨)으로 규정되어 있다.

35. 페르메트린(permethrin)

(식품공전에는 수록되어 있지 않음)

▸ CAS번호 : 52645-53-1

▸ 별명 : 아디온, 엔바, 가드베이드 A, 킨촐 E(어느 것이나 상품명)

▷ 성상 : 무색의 결정성의 고체(융점 35℃), 또는 황갈색의 점성의 액체이다.

▷ 용도 : Pyrethnoid계의 살충제로서 일본에서는 과수(사과, 배, 복숭아, 감, 포도

등), 야채(오이, 토마토, 가지, 시금치, 양배추, 파 등), 서류, 두류, 차 그리고 꽃류(국화, 장미, 카네이션 등)에 살포한다. 또 흰개미 구제에도 사용된다. 영국과 태국에서는 수확 후 농약으로서 곡물에 살포한다.

▷ 급성독성 : 약간 강하다(쥐의 경구 LD_{50} = 430～600 mg/kg). 경구투여에 의하여 떨림, 운동실조, 자극에 대한 과도한 응답 등의 중추신경장해가 나타난다. 또 눈에 접촉하면 결막염을 일으킨다.

▷ 만성 일반독성 : 주로 경구투여의 동물실험으로 급성독성의 증상에 유사한 신경장해가 나타나나, 이외에 간장장해도 나타난다(RfD = 0.05 mg/kg/day).

▷ 면역독성 : 마우스의 배양림프구의 항원에 대한 활성을 억제한다. 또 병아리에의 경구투여에서도 면역작용을 억제한다.

▷ 내분비계 장애 : 사람의 배양 유방암세포(MCF-7)의 증식을 촉진하고 estrogen 같은 작용을 나타난다(OSF와 환경성의 내분비계 장애물질 리스트에 수록).

▷ 발암성 : 마우스에의 경구투여로 폐암이 생긴다(IARC는 그룹 3, 또한 EPA는 그룹 C로 지정).

▷ 변이원성 : 사람의 배양림프구와 경구투여한 쥐의 골수세포에 염색체 이상을 초래한다.

▷ 생태독성 : 수생생물에의 독성은 아주 강하고(무지개송어의 LC_{50}(48시간) = 5.4 μg/ℓ), 어독성은 C이다. 또 꿀벌에 대한 독성도 아주 강하다.

▷ 환경오염 : 환경에서는 약간 분해하기 어렵고, 토양 중 반감기는 30일에 이른다. 또 물에서의 생물농축도 상당히 현저하다(굴에서는 1,900배). 미국에서는 많은 식품(복숭아, 토마토 등)에 0.1～1 ppm의 잔류가 보고되고 있다. 일본에서도 수입된 냉동시금치에 4.9 ppm의 잔류 예가 알려져 있다. 사람에의 노출은 이와 같은 오염식품의 섭취에 의하여 생기고, 또 본제의 생산·살포 시에 흡입이나 피부에의 접촉에 의하여 생긴다. 예로서 미국사람의 식품에서의 평균 섭취량은 1일당 0.04～0.1 μg/kg(체중)으로 추산하고 있다.

▷ 규제 : 미국의 플로리다주에서는 음료수 중 허용농도를 0.35 mg/ℓ로 설정하고 있다. 일본에서는 PRTR의 대상물질(제Ⅰ종)로 지정하고, 논의 농도 지침치(1 mg/ℓ)를 설정하고 있다. 잔류 기준은 레몬, 수박, 포도 등이 5 ppm, 우엉, 양파, 피만 등이 3 ppm, 딸기, 가지, 토마토 등이 1 ppm, 귤, 오이, 양배추 등이 0.5 ppm, 대부분의 서류와 완두 등이 0.2 ppm, 그리고 당근, 무 등이 0.1 ppm이다.

36. 펜발레레이트(fenvalerate)

▸ CAS번호 : 51630-58-1

▷ 성상 : 황갈색의 점성의 액체로서 특유의 냄새를 가진다.

▷ 용도 : Pyrethroid계의 살충제로서 일본에서는 과수(사과, 배, 복숭아, 감, 귤, 밤 등), 야채(무, 배추, 양배추, 가지, 상치 등), 사탕무, 감자, 담배 등에 살포한다.

▷ 급성독성 : 상당히 강하다(쥐의 경구 LD_{50} = 300 mg/kg). 사람에서는 경구섭취나 피부에의 접촉에 의하여 중추신경계에 장해(떨림과 운동실조)가 생기고, 피부에도 예리한 통증이 초래된다. 중증으로는 경련과 함께 사망하는 예가 있다.

▷ 만성 일반독성 : 주로 경구투여의 동물실험으로 운동실조(특히 후지), 보행이상 등의 중추신경장해가 나타나고 동시에 간장에도 변질이 생긴다(ADI = 0.02 mg/kg/day).

▷ 생식독성 : 마우스에의 아급성 복강내 투여(5일간)로 모양이나 크기가 다른 이상한 정자가 증가한다.

▷ 면역독성 : 마우스에의 만성 경구투여로 비장과 림프절에 장해를 초래한다.

▷ 내분비계 장애 : 사람의 배양 유방암세포(MCF-7)의 증식을 촉진하고 estrogen 같은 작용을 나타낸다. 또 쥐에의 만성 경구투여로 부신에 장해를 일으킨다. 또한 수유기의 모친 쥐에의 복강내 투여로 자(仔)의 성장 후의 혈중 testosterone 농도가 저하하고, 정낭과 전립선이 위축한다(OSH와 환경성의 내분비계 장애물질에 수록).

▷ 변이원성 : 초파리, 사람의 배양림프구 그리고 경구투여한 마우스의 골수세포에 유전자 이상을 초래한다.

▷ 생태독성 : 수생생물에의 독성은 아주 강하다(무지개송어의 LC_{50}(96시간) = 3.6 μg/ℓ). 어독성은 C이다. 또 꿀벌에 대한 독성도 아주 강하다.

▷ 환경오염 : 환경에서는 약간 분해하기 어렵고, 토양 중 반감기는 35일에 이른다. 또 수중에서의 생물농축도 상당히 현저하다(붕어에서는 1,100배 ; 굴에서는 4,700배). 일본을 위시하여 세계 각지에서 과일(사과, 배 등)이나 야채(평지 등)에 0.1～1.3 ppm의 잔류가 있다.

사람에의 노출은 이와 같은 오염식품의 섭취에 의하여 생기고, 또한 본제의 생산·살포 시에 흡입이나 피부에의 접촉에 의하여 생긴다. 미국사람의 식품에서의 평균 섭취량은 1일당 약 0.01 μg/kg(체중)으로 추산한다.

▷ 규제 : 미국의 애리조나주에서는 음료수 중 허용농도를 0.18 mg/ℓ로 설정하고, 일본에서는 극물 그리고 PRTR의 대상물질(제Ⅰ종)로 지정되어 있다. 잔류 기준도 복숭아와 포도가 5 ppm, 배추와 양배추가 3 ppm, 사과, 레몬, 배, 상추, 맥류 등이 2 ppm, 감, 토마토, 가지, 딸기 등이 1 ppm, 두류의 대부분과 양파, 당근, 호박. 시금치 등이 0.5ppm, 그리고 서류, 우엉 등이 0.05 ppm이다.

▷ 우리나라의 규제 : 식품공전에서 fenvalerate의 잔류 허용기준은 0.05 ppm(감자, 고구마, 다근, 대두, 무(뿌리), 0.1 ppm(땅콩, 해바라기 씨), 0.2 ppm(기타 견과류, 멜론, 면실, 밀감, 밤, 아몬드, 오이, 은행, 피칸, 호도), 0.5 ppm(강남 콩, 기타 콩류, 기타 버섯류, 기타 종실류, 기타 채소류, 녹두, 미늘, 부추, 생강, 수박, 시금치, 쑥갓, 아스파라거스, 양파, 완두콩, 잠두콩, 참깨, 파, 팥, 표고버섯, 피망, 호박), 1 ppm(가지, 감자, 고추, 딸기, 망고, 바나나, 배추, 쌀, 아보카드, 참나물, 치커리, 토마토, 파인애플, 파파야, 포도), 2 ppm(귀리, 기타 감귤류, 레몬, 메밀, 모과, 밀, 배, 보리, 사과, 상추, 샐러리, 수수, 양상추, 오렌지, 옥수수, 자몽, 조, 체리, 호밀), 3 ppm(기타 과실류, 양배추, 취나물), 5 ppm(복숭아, 키위, 호프), 8 ppm[무(잎], 10 ppm(매실, 살구, 자두, 케일)으로 규정되어 있다. 축산물에서는 0.02 ppm(포유류 부산물), 0.1 ppm(유, 포유류 고기)으로 규정되어 있다.

37. 프로시미돈(procymidone)

▸ CAS번호 : 32809-16-8

▸ 별명 : 디시클리딘(dicyclidine) ; 상품명은 스미렉스, 스미스렉스

▷ 성상 : 담황색의 결정성 고체(융점 166℃)이다.

▷ 용도 : Carboximide계의 살균제로서 과수(사과, 귤, 복숭아, 비파, 포도 등), 야채(오이, 가지, 토마토, 양배추, 양파, 호박, 연근, 딸기, 부추, 수박, 백합, 고추 등), 감자, 두류, 담배, 인삼 등에 살포한다.

▷ 급성독성 : 아주 약하다(쥐의 경구 LD_{50} = 6,800 mg/kg).

▷ 만성 일반독성 : 그다지 강하지 않다(ADI = 0.1 mg/kg/day).

▷ 발생독성 : 임신한 쥐 그리고 신생아(생후 3일까지)에의 경구투여로 신생아(수컷)에 기형[정소 하강부전, 요도 하열, 수신증(水腎症) 등]이 생기고, 정낭과 전립선도 위축한다.

▷ 내분비계 장애 : Androgen의 receptor에의 결합 그리고 그 후의 호르몬의 작용

을 방해한다. 또 임신 쥐에의 경구투여로 신생아(수컷)의 자화(자화 ; 유방의 성숙 등)를 초래한다. 한편, 쥐(수컷)에의 아급성 경구투여로 혈중의 황체형성호르몬의 농도가 증대한다(OSF의 내분비계 장애물질 리스트에 수록).

▷ 발암성 : 쥐에의 경구투여로 정소암이 생긴다(EPA는 그룹 B2로 지정).

▷ 변이원성 : 마우스의 배양 섬유아세포에 유전자 변이를 일으킨다.

▷ 환경오염 : 토양 중 반감기는 7일이고, 환경에서는 비교적 분해하기 쉬우나 일본에서는 하천 수중에 최고 0.35 μg/ ℓ 의 오염이 검출되고, 농산물에 대하여도 오이, 가지, 딸기, 복숭아, 포도 등에 10% 정도의 검출률로 잔류가 나타난다. 또 폴란드에서 벌꿀에 0.06 ppm의 오염 예가 알려져 있다. 사람에의 노출은 이와 같은 물, 식품오염을 통하여 생기고, 또 본제의 생산・살포 시에 흡입이나 피부에의 접촉으로 생긴다.

▷ 규제 : 일본에서는 수전 농도 지침치(0.9 mg/ ℓ)를 설정하고, 잔류 기준은 매실, 딸기, 살구 등이 10 ppm, 포도, 상치, 파, 토마토, 가지, 오이 등이 5 ppm, 복숭아, 비파, 수박 등이 3 ppm, 두류의 대부분과 양배추, 호박 등이 2 ppm, 배, 귤 등이 1 ppm 그리고 사과, 대부분의 감귤류, 양파, 감자 등이 0.5 ppm이다. 또 등록 보류기준은 대부분의 실과 야채, 두류가 5 ppm, 콩이 2 ppm, 귤이 1 ppm, 그리고 서류 등이 0.5 ppm이다.

▷ 우리나라의 규제 : 식품공전에서 pyrocymidone의 잔류 허용기준은 0.1 ppm(감자), 0.2 ppm(양파), 1 ppm(멜론, 쌀), 2 ppm(가지, 수박, 오이, 해바라기 씨), 5ppm(고추, 사과, 상추, 부추, 양상추, 체리, 토마토, 로도, 피망), 7 ppm(키위), 10ppm(들깨 잎, 딸기, 복숭아)으로 규정되어 있다.

38. 프로피자미드(propyzamide)

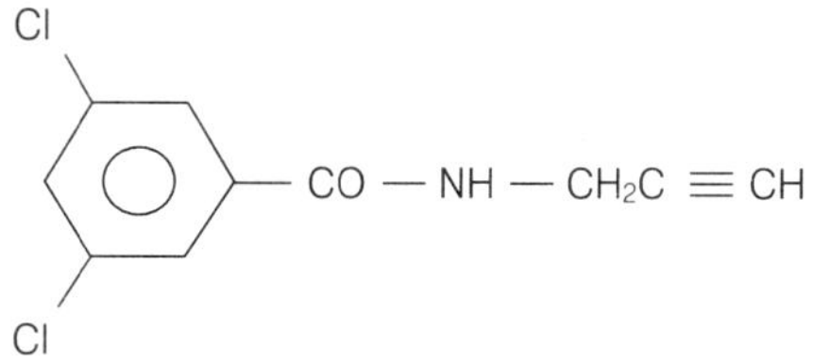

Cl

CO — NH — $CH_2C \equiv CH$

Cl

Propyzamide

(식품공전에는 수록되어 있지 않음)

▸ CAS번호 : 23950-58-5

▸ 별명 : 프로나미드(pronamide) ; 카브(상품명)

▷ 성상 : 백색 또는 담황색의 결정성의 고체(융점 155℃)이다.

▷ 용도 : 산아미드계의 제초제로서 일본에서는 양배추, 상치, 우엉, 잔디 등에 살포하고, 특히 골프장이나 하천의 제방 등에 널리 사용하고 있다. 미국에서는 사과, 배, 포도, 딸기 등의 재배지에 살포한다.

▷ 급성독성 : 상당히 약하다(쥐의 경구 LD_{50} = 3,350 mg/kg). 그러나 피부나 눈에 접촉하면 가벼운 자극작용을 초래하고, 미세분말을 흡입하면 코나 목이 역시 자극되고 기침, 담, 흉통 등이 생긴다.

▷ 만성 일반독성 : 쥐 또는 개에의 아만성 경구투여로 간장과 혈액에 이상이 나타난다(RfD = 0.075 mg/kg/day).

▷ 발생독성 : 임신 토끼에의 경구투여로 유산이 증가한다.

▷ 내분비계 장애 : 쥐에의 아만성 경구투여로 갑상선, 부신 그리고 하수체의 기능에 이상이 나타난다.

▷ 발암성 : 마우스(수컷)에의 경구투여로 간장암과 림프종이 생기고, 쥐에의 경구투여에서는 정소와 갑상선에 종양이 생긴다. EPA는 그룹 B2로 지정하고, 발암강도인자를 0.016으로 산정한다.

▷ 생태독성 : 어독성은 A이나 물벼룩에 대한 독성은 약간 강하다(LC_{50}(48시간) = 5.6 mg/ℓ 이상).

▷ 환경오염 : 환경에서는 분해하기 어려우나 토양 중 반감기는 60일에 이른다. 이 때문에 일본에서는 하천수에서 널리 검출되고, 특히 골프장 주변에서는 비교적 고농의 오염이 나타난다. 미국에서도 배 등의 농작물에서 잔류가 널리 알려져 있다. 사람에의 노출은 이와 같은 오염을 통하여 생기고, 또한 본제의 생산·살포 시에 흡입이나 피부에의 접촉에 의하여 생긴다.

▷ 규제 : 미국에서는 유해 폐기물로 지정되어 있고, 일본에서는 PRTR의 대상물질(제 I 종)로 지정되어 있다. 또한 일반 환경의 수질감시 지침치(8 μg/ℓ)와 골프장 배수농도 지침치(80 μg/ℓ)를 설정하고, 등록 보류기준은 야채에 대하여 0.1 ppm이다.

39. CAT

▸ CAS번호 : 122-34-9

▸ 화학명 : 2-chloro-4,6-*bis*-(ethylamide)-1,3,5-triazine

▸ 별명 : 시마진(simazine, 식품공전에 수록된 농약명)

▷ 성상 : 무색 또는 백색의 결정성의 고체(융점 226℃)이다.

▷ 독성 : 저독성

▷ 용도 : Triazine계의 제초제로서 과수(사과, 배, 감, 포도 등), 야채(양파, 마늘, 염교 등), 두류, 서류, 맥류, 옥수수, 뽕나무, 나리, 소나무 등에 살포한다. 또 골프장에 살포하며(표 2-13 참조) 풀장, 연못, 냉각수 등의 방오제(防汚劑)로서 사용한다.

▷ 급성독성 : 그다지 강하지 않다(쥐의 경구 LD_{50} = 971 mg/kg). 사람이 다량의 노출을 받으면 복통, 설사, 동공수축, 떨림, 보행곤란, 수족의 마비, 경련이 생긴다. 피부에 접촉하면 발진이나 염증을 일으킨다. 또 쥐에의 경구투여로 간장과 담관에 장해가 생기고, 양에서는 식욕저하, 운동실조, 후지(後肢)의 탈력 등의 증상이 보인다.

▷ 만성 일반독성 : 쥐에의 아만성 또는 만성 경구투여로 적혈구와 림프구의 감소, 신장장해 등이 생긴다(RfD = 5 μg/kg/day).

▷ 생식독성 : 양의 아급성 경구투여로 정소의 발육이상과 괴사가 나타난다.

▷ 발생독성 : 임신한 토끼의 경구투여로 태아의 발육이 저하하고 사망률이 증가한다.

표 2-13. 본서에 기재된 골프장 살포농약

살충제	살균제	제초제
DEP	TPN	CAT
MEP	Iprodione	MCP
Acephate	Captan	2,4-PA
Chlorpyrifos	Thiuram	Asulam
Diazinon	Benomyl	Atrazin
Methomyl		Trifluralin
		Propyzamide

▷ 내분비계 장애 : Estrogen이 receptor와 결합하는 것을 저해한다. 또 양의 경구투여로 갑상선의 기능이 저하하고, 또한 암컷의 어린 쥐에의 경구투여로 질(膣)의 개구(開口)를 지연시킨다(환경성의 내분비계 장애물질 리스트에 수록).

▷ 발암성 : 마우스(수컷)에의 경구투여로 간장암을 일으키고 쥐에의 경구투여로 유방암과 갑상선암을 일으킨다(EPA는 그룹 C로 지정하고, 발암강도인자를 0.12로 산정).

▷ 변이원성 : 초파리와 마우스의 배양림프종 세포에 유전자 변이를 초래하고 고등식물(보리, 양파 등)의 세포, 햄스터의 배양 난소세포 등에 염색체 이상을 일으킨다.

▷ 생태독성 : 어독성은 A이고, 수생생물에 대한 독성은 그다지 강하지 않으나 몇 종의 해조에 대하여는 0.5 mg/ℓ의 농도(10일간)에서 성장을 50% 저해한다.

▷ 환경오염 : 환경에서는 분해하기 어렵고, 토양 중 반감기는 60일, 또 지표 유수 중 반감기도 6주간~6개월이 걸린다. 이 때문에 일본에서나 구미에서도 지하수나 하천, 호소(湖沼)의 오염(1~10 μg/ℓ)도 많이 있다. 사람에의 노출은 이와 같은 오염을 통하여 생기고, 또한 본제의 생산·살포 시에 흡입이나 피부의 접촉에 의하여 생긴다.

▷ 규제 : 미국에서는 음료수 중 허용농도를 4 μg/ℓ로 설정하고 있으며, 스웨덴은 사용을 엄하게 제한하고 있다. 일본에서는 수질 환경기준(3 μg/ℓ)과 골프장 배수농도 지침치(30 μg/ℓ)를 설정하고, 또한 PRTR의 대상물질(제I종)로 지정하고 있다. 등록 보류기준은 과실, 쌀, 곡류, 서류, 두류 그리고 차에 대하여 검출되지 않을 것.

▷ 우리나라의 규제 : 식품공전에서는 simazine의 잔류 허용기준은 0.1 ppm(피칸), 0.2ppm(바나나, 호도), 0.25 ppm(건포도, 딸기, 레몬, 복숭아, 배, 사과, 아몬드, 아보카도, 오렌지, 옥수수, 자두, 자몽, 체리, 포도), 10.0 ppm(아스파라거스)으로 구성되어 있다.

40. CVP

▸ CAS번호 : 470-90-6

▸ 별명 : 클로르펜빈포스(chlorfenvinphos, 식품공전에 수록된 농약명) ; 비니페트(상품명)

▷ 성상 : 적갈색의 액체로서 약간 물에 녹는다.

▷ 용도 : 유기인계의 살충제로서 과수(감, 배, 매실, 귤 등), 야채(양배추, 무, 쑥갓, 파, 양파, 가지, 오이 등), 서류, 두류, 벼, 잔디, 담배 등에 살포한다. 한편 애완동물이나 가축에 기생하는 해충의 구제에도 사용한다.

▷ 급성독성 : 아주 강하다(쥐의 경구 LD_{50} = 9.7 mg/kg). 사람이 노출을 받으면 두통, 구역질, 발한, 설사, 운동실조 등의 유기인 중독증상이 생겨 사망하는 수가 많다. 흡입노출의 경우에는 특히 폐수종에 의한 호흡곤란이 나타난다. 또 심장에 대해서도 악영향을 주고 맥박이 늦어지거나 불규칙으로 되기도 한다.

▷ 만성 일반독성 : 상기 급성증상과 마찬가지로 신경계의 장해가 눈에 띄고 불안감, 언어장해, 착란상태, 우울증, 경련, 의식소실 등이 생긴다(ADI = 2 μg/kg/day).

▷ 생식독성 : 쥐에의 3세대 경구투여로 신생아의 생존률이 감소한다.

▷ 발생독성 : 토끼와 햄스터에 대하여는 기형이 생긴다는 보고가 있다.

▷ 변이원성 : *Salmonella*균에 유전자 변이를 일으킨다.

▷ 생태독성 : 수생생물에의 독성은 상당히 강하다(붕어의 LC_{50}(48시간) = 0.27 mg/ℓ). 어독성은 C이다.

▷ 환경오염 : 환경에서는 분해하기 어렵다(토양 중 반감기는 수개월). 또 수중에서의 생물농축도 약간 발견된다(패류에 대하여는 250배). 일본에서는 여름밀감(과피)에 0.4 ppm, 쑥갓에 0.2 ppm 그리고 전차(煎茶)에 3.4 ppm의 잔류 예가 알려져 있다. 사람에의 노출은 이와 같은 오염식품의 섭취에 의하여 생기고, 또한 본제의 생산·살포 시에 흡입이나 피부에의 접촉에 의하여 생긴다.

▷ 규제 : 미국이나 덴마크에서는 사용을 금지하고, 미국의 음료수 중 허용농도는 0.1 mg/ℓ이다. 일본에서는 극물 그리고 PRTR의 대상물질(제 I 종)로 지정하고, 잔류 기준은 레몬, 여름밀감 등이 5 ppm, 매실이 0.5 ppm, 당근과 샐러리가 0.4 ppm, 파가 0.3 ppm, 감, 배, 양배추, 가지, 오이 등이 0.2 ppm, 귤, 토마토, 감자 등이 0.1ppm, 쌀, 보리 등이 0.05 ppm, 그리고 콩과 팥이 0.02 ppm이다.

▷ 우리나라의 규제 : 식품공전에서 chlorfenvinphos(CVP)의 잔류 허용기준은 0.02ppm(강남 콩, 녹두, 대두, 팥), 0.05 ppm(가지, 감자, 고구마, 땅콩, 면실, 무(뿌리), 밀, 버섯류, 쌀, 양배추, 양파, 옥수수), 0.2 ppm(감, 기타 과실류, 무(잎), 밤, 오이), 0.3 ppm(파), 0.4 ppm(당근, 샐러리), 0.5 ppm(매실, 자두), 1 ppm(기타 감귤류, 레몬, 밀감, 오렌지, 자몽)으로 규정되어 있다.

41. DDT

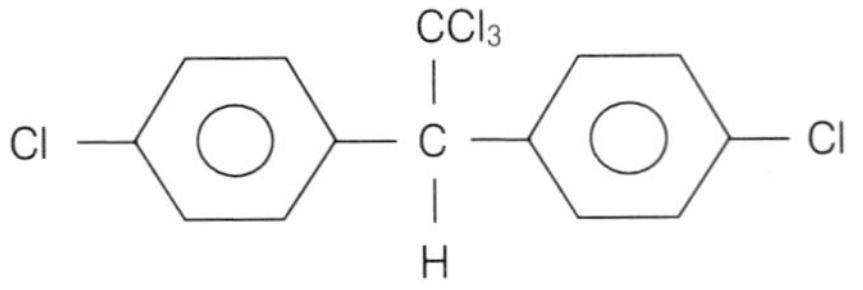

$$Cl-C_6H_4-CH(CCl_3)-C_6H_4-Cl$$

DDT

- CAS번호 : 50-29-3
- 계통명 : 1,1,1-Trichloro-2,2-*bis* (4-chlorophenyl)ethane
- 별명 : *p,p*'-Dichlorodiphenyltrichloroethane)

▷ 성상 : 무색의 결정 또는 백색 분말(융점 108℃)로서 공업제품은 주성분(본제) 이외에 이성체의 *o,p*'-DDT를 함유한다.

▷ 용도 : 유기염소계의 살충제로서 일본에서는 제2차 세계대전 후 처음으로 벼룩, 이 등을 구제하는 방역 목적으로 사용되어 왔다. 다시 1948년부터 벼의 해충구제를 위하여 논에 다량으로 살포하였으나 안전상의 이유로 1971년에 사용이 금지되었다. 여러 선진공업국에서도 1970년대에 사용이 금지되었으나 일부의 발전 도상국에서는 말라리아를 매개하는 모기를 구제할 목적으로만 사용되어 왔다.

▷ 급성독성 : 상당히 강하다(쥐의 경구 LD_{50} = 113 mg/kg). 사람에서는 미세분말을 약간 다량으로 흡입 또는 피부에 흡수되면 입 안(특히 혀)이 따끔따끔, 두통, 현기증, 구토, 복통, 설사, 피로감, 떨림, 운동실조, 교란상태, 경련 등의 증상이 나타난다.

▷ 만성 일반독성 : 상당히 강하고, 사람에서는 중추신경의 억제, 근육의 저하, 경련, 간장과 신장의 장해, 백형구의 감소, 혼수 등의 증상을 거쳐 사망하는 수도 있다. 동물실험에서는 쥐, 마우스, 개 등에의 아만성 또는 만성 경구투여로 역시 간장 장해가 인정된다(RfD = 0.5 μg/kg/day).

▷ 생식독성 : 쥐에의 3세대 경구투여로 신생아의 사망률이 증대한다. 또 노출을 받은 육식성 조류의 알 껍질이 얇아지고, 부화율이 저하하는 것도 알려져 있다(캘리포니아주의 수컷과 암컷의 생식 독성물질 리스트에 수록).

▷ 발생독성 : 임신 마우스에의 경구투여로 태아의 발육에 악영향을 미치고, 신생아의 생장 후의 임신율을 저하시킨다. 또 토끼에의 임신기간의 경구투여로 신생아

에 정소하강 부전이 증가한다(캘리포니아주의 발생 독성물질 리스트에 수록).

▷ 행동독성 : 쥐에의 아급성 경구투여로 보행에 이상이 나타난다.

▷ 내분비계 장애 : 사람의 estrogen receptor에 결합한다. 또 마우스에의 피하투하로 자궁의 중량이 증대한다(*o,p'*-DDT의 작용이 보다 강하다).

DDT는 환경 중에서 *p,p'*-DDE(dichlorophenyldichloroethylene)(이하 DDE로 약칭)으로 변화하기 쉬우나, 이 물질도 androgen의 receptor와의 결합을 저해하고, 쥐에의 경구투여로 정낭의 전립선 위축을 초래(DDT나 DDE도 OSF와 환경성의 내분비계 장애물질 리스트에 수록)한다.

▷ 발암성 : 쥐와 마우스에의 경구투여로 간장암이 생기고, 마우스에서는 폐에도 종양이 생긴다. IARC는 그룹 2B로 지정하고, 또 EPA는 그룹 B2로 지정하고, 흡입 단위 리스크를 0.000097(실질 안전 대기중 농도는 0.01 ㎍/m^3), 발암강도인자를 0.34, 또한 실질 안전 음료수 중 농도를 0.1 ㎍/ℓ로 산정한다. 또한 DDE나 DDT도 마찬가지로 발암성을 나타난다.

▷ 변이원성 : 햄스터의 배양 폐세포에 유전자 변이를 일으키고, 사람의 배양림프구, 햄스터의 배양 난소세포 그리고 초파리에 염색체 이상을 일으킨다.

▷ 생태독성 : 수생생물에의 독성은 아주 강하다(무지개송어의 LC_{50}(96시간) = 8.7 ㎍/ℓ). 어독성은 C이고, 또 *o,p'*-DDT는 수컷의 송사리(알)를 암컷화하는 것으로 알려져 있다.

▷ 환경오염 : 환경에서 아주 분해가 늦고 토양 중 반감기는 5~10년에 이른다. 또 수중에서의 생물농축도 현저하다(무지개송어에 대하여는 약 5만 배). 이 때문에 현재는 여러 지역에서 하천의 저니, 지하수, 어패류, 인체 조직 등에서 상당한 오염이 검출된다. 예를 들면, 1990년대 후반의 우크라이나에서 모유 중에 DDE를 포함하여 5~40 ㎍/ℓ 함유되어 있었고, 1일 섭취량은 체중 1 kg당 0.7~5.6 ㎍에 이른다고 보고하였다.

▷ 규제 : NIOSH의 노동환경 대기중 허용농도는 0.5 mg/m^3이다. 미국에서는 유해수질 오염물질 그리고 유해폐기물로 지정되어(예로서 애리조나주의 음료수 중 허용농도는 0.1 ㎍/ℓ) 있다. 스톡홀름조약의 대상물이다. 일본에서는 극물 그리고 화심법의 제Ⅰ종 특정 화학물질로 지정되어 있다. 또 잔류 기준을 곡물, 과실, 야채 등에 대하여 0.2 ppm으로 설정되어 있다.

▷ 우리나라의 규제 : 식품공전에서는 DDT(유연 농약)의 잔류 허용기준은 0.1

ppm(귀리, 기타 감귤류, 기타 곡류, 레몬, 모과, 밀, 보리, 쌀, 옥수수, 자몽, 호밀, 호박, 호프), 0.2 ppm(상기 이외의 대부분의 농산물)으로 규정되어 있다. 그리고 축산물에서 0.3 ppm(가금류), 5.0 ppm(포유고기류), 0.1 ppm(알)으로 규정되어 있다.

42. DDVP

$$(CH_3O)_2P(=O)-O-CH=CCl_2$$

DDVP

- CAS번호 : 62-73-7
- 별명 : 디클로르보스(dichlorvos ; 디크로보스, 식품공전에 수록된 농약명) ; 상품명은 바포나, 데스, 호스비트, VP, 파나프레트 등이다.

▷ 성상 : 무색 또는 호박색의 유상 액체로서 단맛의 남새를 가지며, 물에 약간 녹는다.

▷ 독성 : 고독성

▷ 용도 : 유기인계의 살충제로서 과수(사과, 배, 포도, 복숭아, 귤 등), 야채(들깨, 가지, 오이, 토마토, 양배추, 시금치, 양파, 당근, 등), 서류, 차, 담배, 국화, 벗 나무 등에 살포한다. 또 훈제로서 창고에 저장한 곡물이나 잎담배의 해충 구충제로도 사용한다. 또 바퀴벌레 구제를 위한 가정용 살충제, 가축이나 애완동물에 기생하는 해충의 구제 그리고 전차, 버스 등의 소독제로서 많이 사용한다.

▷ 급성독성 : 아주 강하다(쥐의 경구 LD_{50} = 56 mg/kg). 사람이 노출을 받으면 두통, 구역질, 우울증, 발한, 설사, 피로감, 의식저하 등의 유기인제 중독증상이 생기고, 경련과 혼수상태를 거쳐 사망하는 수가 있다.

▷ 만성 일반독성 : 상기의 급성증상 이외에도 탈력감, 운동실조, 방향감각의 소실, 언어장해, 기억장해, 불안감, 우울증, 착란 상태 등이 나타난다(RfD = 0.5 μg/kg/day) ; RfC = 0.5 $\mu g/m^3$).

▷ 생식독성 : 쥐에의 아급성 경구투여로 정원세포(精原細胞)가 감소한다. 마우스에의 노출에 의하여도 정자의 이상이 관찰되고 있다.

▷ 발생독성 : 임신 쥐에의 미량의 경구투여로 신생아에 행동이상(학습능력의 저

하)이 나타난다. 또 마찬가지로 복강 내의 투여로 기형[제(臍), hernia]가 생긴다.

▷ 면역독성 : 토끼에의 미량의 아급성 경구투여로 병원균에의 면역응답 능력이 저하한다. 쥐에의 3세대 경구투여에서도 흉선이 위축하여 비장의 면역기능이 저하한다.

▷ 발암성 : 쥐에의 경구투여로 췌장암, 유방암 그리고 백혈병이 생기고, 마우스에의 경구투여로 전위와 식도의 암이 생긴다. IARC는 그룹 2B로 지정하고, 또 EPA는 그룹 B2로 지정하고 있다. 발암강도인자를 0.29, 또한 실질 안전 음료수 중 농도를 0.1 ㎍/ℓ로 산정한다.

▷ 변이원성 : *Salmonella*균, 대장균, 효모 등에 유전자 변이를 초래하고 고등식물(보리 등), 초파리, 햄스터의 배양 난소세포 등에 염색체 이상을 초래한다. 또 고초균, 사람의 배양림프구 등의 DNA를 손상한다(표 1-7 참조).

▷ 생태독성 : 수생생물에 대한 독성은 상당히 강하고, 어류의 LC_{50}은 0.1～1 mg/ℓ, 또 갑각류의 LC_{50}은 0.01 mg/ℓ 전후에 이른다.

▷ 환경오염 : 환경에서는 비교적 분해하기 쉬우나 일본의 하천수 중에 최고 0.86 ㎍/ℓ의 오염, 또 오이에 0.27 ppm의 잔류가 검출된다. 또 옥내 대기에 있어서는 0.25 ㎍/m^3의 오염 예가 알려져 있다. 사람에의 노출은 본제의 생산·살포 시에 흡입과 피부에의 접촉에 의하여 생긴다. 특히 가정에서의 살충제 사용 시의 노출이 많이 나타나고, 오염된 식품이나 음료수의 섭취에 의한 경우도 무시할 수 없다.

▷ 규제 : ACGIH의 노동환경 대기중 허용농도는 0.09 ppm(0.9 mg/m^3)이다. 미국에서는 유해대기 오염물질로 지정하고, 또 플로리다주에는 음료수 중 허용농도를 0.1 ㎍/ℓ로 설정하고, 덴마크에서는 사용을 금지하고 있다.

일본에서는 논 농도 지침치(80 ㎍/ℓ)와 일반 환경의 수질감시 지침치(8 ㎍/ℓ)를 설정하고, 또한 PRTR의 대상물질(제Ⅰ종)로 지정되어 있다. 잔류 기준은 딸기가 0.3 ppm, 곡류, 콩, 오이 등이 0.2 ppm, 대다수의 과실 등이 0.1 ppm이다.

▷ 우리나라의 규제 : 식품공전에서 dichlorvos(DDVP)의 잔류 허용기준은 0.3ppm(가지, 고추, 당근, 배, 샐러리, 시금치, 아스파라거스, 양배추, 양상추, 양파, 오이, 케일, 토마토, 파), 2 ppm(귀리, 기타 곡류, 대두, 들깨 잎, 메밀, 밀, 수수, 카카오 원두, 커피 원두, 호밀), 0.1 ppm(상기 이외의 대부분의 농산물)으로 규정되어 있다. 축산물에서는 0.02 ppm(유), 0.05 ppm(가금류 고기, 포유류 고기)으로 규정되어 있다.

43. DEP

▸ CAS번호 : 52-68-6

▸ 별명 : 트리클로폰(trichlofon, 식품공전에 수록된 농약명),
디프테렉스(dipterex)

▷ 성상 : 백색 또는 황색의 결정상의 고체(융점 75～79℃)로서 에테르의 냄새가 나고 물에 잘 녹는다.

▷ 용도 : 유기인계의 살충제로서 일본에서는 과수(사과, 배, 포도, 감, 귤 등), 야채(배추, 가지, 오이, 당근 등), 서류, 벼, 맥류, 차, 담배, 수목(소나무, 삼나무, 벚나무, 상수리, 노송나무, 가로수 등), 목초, 잔디 등에 살포한다. 또 골프장에서도 사용하고, 호주에서는 수확 후 농약으로 포도에 살포한다(표 2-14 참조).

▷ 급성독성 : 상당히 강하다(쥐의 경구 LD_{50} = 250 mg/kg). 사람이 노출을 받으면 두통, 구역질, 탈력감, 신경과민, 시야혼탁, 운동실조, 경련, 혼수 등의 유기인 중독증이 생긴다.

표 2-14. 본서에 기재된 주요 수확 후 농약※

농 약	적용 농작물
DEP	포도(호주)
MEP	곡물(영국, 호주)
OPP※※	감귤류(미국, 호주), 사과(미국)
2,4-PA	감귤류(미국)
Iprodione	양배추(영국), 체리 등(호주)
Captan	감자, 양파(미국)
Chlorpyripos	사과(호주)
Thiabendazole	감귤류(미국, 호주, 대만), 감자(미국, 영국), 당근(영국), 양파(미국), 바나나(대만) 등
Vinclozolin	체리, 플럼, 넥타린 등(호주)
Benomyl	감귤류(미국, 호주), 바나나(대만), 사과(미국, 영국), 배(영국) 등
Permethrin	곡물(영국, 태국)
Malathon	곡물(미국, 태국), 밀(호주)

※ 농작물 수확 후에 저장 또는 수송 중의 살충 및 살균의 목적으로 살포하는 농약. 잔류가 많은 것으로 보고 있다.

※※ 이 책에서는 biocide로서 기재되어 있음.

▷ 만성 일반독성 : 사람에서는 상기의 증상 이외에도 기억력과 집중력의 저하, 방향감각의 소실, 우울증, 언어장해, 착란상태, 불면 등의 신경장해가 나타난다. 동물실험에서는 경구투여로 간장, 신장, 비장, 폐 등에 장해가 나타난다(ADI = 0.01 mg/kg/day).

▷ 생식독성 : 쥐에의 3세대 경구투여로 임신율이 저하하고, 신생아의 체중과 생존율이 감소한다.

▷ 발생독성 : 임신 쥐에의 경구투여로 유산과 사산이 증가하고, 태아에 기형(뇌탈출증, 안검 무폐쇄 등)이 생긴다. 또 임신 모르모트에의 경구 또는 피하투여에서 신생아에 뇌의 위축과 운동성의 이상이 나타난다. 한편 본제로 오염된 고기를 섭취한 임부에서 태워난 아이에 높은 비율로 기형[구개열(口蓋裂), 항문폐쇄 등]이 발생하는 것으로 알려져 있다.

▷ 면역독성 : 쥐에의 경구투여로 적혈구 응집소의 혈중 농도가 저하하고, 또 붕어를 사용한 실험에서는 림프구의 면역활성을 저해한다.

▷ 변이원성 : *Salmonella*균, 대장균, 효모 그리고 마우스의 배양림프종 세포에 유전자 변이를 초래하고, 고등식물(보리 등), 햄스터의 배양 난소세포, 사람의 배양림프구 그리고 복강 내에 투여한 마우스의 골수세포에 염색체 이상을 초래한다. 또 사람의 배양 섬유아세포(線維芽細胞)의 DNA를 손상한다.

▷ 생태독성 : 수생생물에 대한 독성은 약간 강하다(무지개송어의 LC_{50}(96시간) = 1.4 mg/ℓ). 어독성은 B이다.

▷ 환경오염 : 환경에서는 비교적 분해하기 쉽다. 빛의 작용으로 일시적으로는 DDVP로 변화한다. 사람에의 노출은 본제의 생산·살포 시에 흡입과 피부에의 접촉에 의하여 생기는 수가 많으나 오염식품의 섭취에 의한 경우도 무시할 수 없다.

▷ 규제 : 구소련에서는 일반 환경 대기중 허용농도(일 평균)를 20 $\mu g/m^3$로 설정하고, 일본에서는 극물 그리고 PRTR의 대상물질(제I 종)로 지정되어 있다. 또 골프장 배수농도 지침치(0.3 mg/ℓ), 수전(水田) 농도 지침치(0.3 mg/ℓ) 그리고 공공 용수역 등에 있어서 수질평가 지침치(0.03 mg/ℓ)를 설정한다.

잔류 기준은 사과가 2 ppm, 딸기, 바나나, 오이 등이 1 ppm, 서류 그리고 과실과 야채의 대부분이 0.5 ppm, 복숭아, 토마토, 쌀 등이 0.2 ppm, 그리고 귤, 맥류, 두류 등이 0.1 ppm이다.

▷ 우리나라의 규제 : 식품공전에서 trichlorfon(DEP)의 잔류 허용기준은 0.05ppm

(가지, 당근, 땅콩), 0.1 ppm(강남 콩, 고추, 귀리, 기타 감귤류, 기타 종실류, 기타 콩류, 녹두, 대두, 레몬, 메밀, 면실, 무(뿌리), 밀, 밀감, 보리, 쌀, 수수, 오렌지, 옥수수, 자몽, 조, 체리, 피망, 호밀, 호박), 0.2 ppm(복숭아, 샐러리, 케일, 토마토), 0.5 ppm(감, 감자, 고구마, 기타 견과류, 기타 과실류, 기타 버섯류, 기타 채소류, 마늘, 망고, 매실, 멜론, 모과, 무(잎), 밤, 배, 배추, 부추, 살구, 상추, 생강, 수박, 시금치, 아스파라거스, 쑥갓, 아몬드, 아보카도, 양배추, 양상추, 양파, 은행, 자두, 참깨, 키위, 토란, 파, 파인애플, 파파야, 표고버섯, 피칸, 해바라기 씨, 호두), 1 ppm(딸기, 바나나), 2 ppm(사과)으로 규정되어 있다. 축산물에서는 0.1 ppm(돼지고기, 쇠고기, 양고기)으로 규정되어 있다.

44. DMTP

▸ CAS번호 : 950-37-8

▸ 별명 : 메티다티온(methidathion, 식품공전에 수록된 농약명) ; 스프라사이트 (상품명)

▷ 성상 : 무색 결정성의 고체(융점 40℃)로서 상당히 물에 녹는다.

▷ 독성 : 고독성 · 어독성 I급

▷ 용도 : 유기인계의 살충제로서 과수(사과 · 배 · 복숭아 · 매실 · 밤 등), 야채(오이 · 가지 · 피망 · 수박 · 염교 등), 차, 뽕나무, 화류(국화 · 장미 등), 정원수 등에 살포한다.

▷ 급성독성 : 아주 강하다(쥐의 경구 LD_{50} = 31 mg /kg). 사람이 노출을 받으면 두통, 현기증, 구토, 조울증, 발한, 설사, 흉통, 시야의 혼탁, 경련, 호흡곤란, 혼수 등의 유기인 중독증상이 생기고 사망하는 수도 많다. 눈에도 강한 자극작용을 미치고 회복불능의 염증을 일으킨다.

▷ 만성 일반독성 : 상기와 마찬가지로 신경계의 장해가 나타나고 수족의 탈력감과 운동실조, 우울상태와 불안감 등이 생긴다. 쥐나 개를 사용한 동물실험에서는 피부의 염증이나 간장과 폐의 장해가 알려져 있다(RfD = 1 ㎍/kg/day).

▷ 생식독성 : 쥐에의 2세대 경구투여로 난소의 위축, 임신율의 저하, 유산의 증가 그리고 신생아의 생존율 감소가 관찰된다.

▷ 면역독성 : 피부에 대하여는 알레르기 증상을 일으킨다.

▷ 발암성 : 마우스(수컷)에의 경구투여로 간장암이 생긴다(EPA는 그룹 C로 지정).

▷ 변이원성 : 햄스터의 배양 배세포에 염색체 이상을 일으킨다.

▷ 생태독성 : 어독성은 B이지만, 수생생물에 대한 독성은 아주 강하다(무지개송어의 LC_{50}(96시간) = 14 $\mu g/\ell$).

▷ 환경오염 : 환경에서는 비교적 분해하기 쉬우나, 일본의 하천 수중에 최고 0.04 $\mu g/\ell$의 오염, 그리고 여름밀감의 껍질에는 0.64 ppm의 잔류가 검출되고 있다. 사람에의 노출은 본제의 생산·살포 시에 흡입과 피부에의 접촉에 의하여 생기는 수가 많은 것으로 보고 있으며 오염된 식품이나 음료수의 섭취에 의한 경우도 무시할 수 없다.

▷ 규제 : 필리핀에서는 사용을 사실상 금지하고 일본에서는 극물 그리고 PRTR의 대상물질(제 I 종)로 지정되어 있다. 등록 보류기준은 감귤류가 5 ppm, 차가 1ppm, 과일이 0.2 ppm 그리고 야채가 0.1 ppm이다.

▷ 우리나라의 규제 : 식품공전에서 methidathion의 잔류 허용기준은 0.02 ppm(감자), 0.05 ppm(망고, 아몬드, 오이), 0.1 ppm(가지, 수수, 옥수수, 완두콩, 토마토), 0.3 ppm(사과), 2 ppm(기타 감귤류), 3 ppm(호프), 5 ppm(밀감), 0.2 ppm(상기 이외의 대부분의 농산물)으로 규정되어 있다.

45. EPN

▸ CAS번호 : 2104-64-5

▷ 성상 : 황갈색의 유상의 액체 또는 경정성의 분말(융점 36℃)로서 느낌이 좋은 냄새를 가진다.

▷ 독성 : 고독성 · 어독성 II급

▷ 용도 : 유기인계의 살충제로서 과수, 야채(양배추, 토마토, 오이, 파 등), 두류, 벼, 차, 꽃류, 목초, 사과, 배, 담배 등에 살포한다.

▷ 급성독성 : 아주 강하다(쥐의 경구 LD_{50} = 14 mg/kg). 사람이 노출을 받으면 두통, 구역질, 구토, 발한, 설사, 흉통, 시야의 혼탁, 운동실조, 경련, 착란상태 등의 유기인 중독증상이 생겨서 사망하는 수가 많다. 흡입노출의 경우에는 특히 폐수종에 의하여 호흡곤란이 나타난다.

▷ 만성 일반독성 : 상기와 마찬가지로 신경계의 장해가 나타나고 수족의 탈력감과 떨림, 우울증과 불안감 등이 생긴다. 닭에의 아만성 경구투여로 지발형(遲發型)의 신경장해(운동실조)가 생긴다(RfD = 0.01 ㎍/kg/day).

▷ 발생독성 : 임신 마우스에의 경구투여로 태아에 기형(수두증 등)이 생긴다.

▷ 면역독성 : 쥐에의 아급성 경구투여로 흉선이 위축하고 세포성의 면역기능이 저하한다.

▷ 내분비계 장애 : Androgen에 의한 마우스의 배양 섬유아세포(NIH3T3)의 활성화를 억제한다(antiandrogen 작용).

▷ 생태독성 : 수생생물에 대한 독성은 상당히 강하다(무지개송어의 LC_{50}(96시간) = 0.21 mg/ℓ). 어독성은 B-s이다. 특히 작은 새우류에 대하여는 LC_{50}이 3 ㎍/ℓ 이하이고, 아주 강한 독성을 나타난다.

▷ 환경오염 : 환경에서는 비교적 분해하기 쉬우나 노출이 계속될 때는 어류에의 생물농축이 상당히 현저하게(700～7,000배) 나타난다. 일본에서는 배추에 2.4 ppm, 또 채소에 1.7 ppm의 잔류 예가 알려져 있다. 사람에의 노출은 이와 같은 오염식품의 섭취에 의하여 생기고, 또 본제의 생산·살포 시에 흡입이나 피부에의 접촉 등에 의하여 생긴다.

▷ 규제 : ACGIH의 노동환경 대기중 허용농도는 0.1 mg/m^3이다. 미국에서는 1998년부터 사용이 금지되고 있으나 노스다코타주에는 일반 환경 대기중 허용농도를 5 ㎍/m^3으로 설정하고, 플로리다주에서는 음료수 중 허용농도를 0.2 ㎍/ℓ로 설정하고 있다.

일본에서는 독물로 지정하고 또한 논의 농도 지침치(60 ㎍/ℓ)와 일반 환경의 수질감시 지침치(6 ㎍/ℓ)을 설정하고 있다. 잔류 기준은 쌀, 야채, 과실 차 등 어느 것이나 0.1 ppm(여름밀감의 외과피에만 0.5 ppm)이다.

▷ 우리나라의 규제 : 식품공전에선 PEN의 잔류 허용기준은 0.05 ppm(기타 콩류, 대두), 0.1～0.2 ppm(상기 이외의 대부분의 농산물)으로 규정되어 있다.

46. MCP

- CAS번호 : 94-74-6
- 화학명 : 4-클로로-2-메틸페녹시아세트산(4-chloro-2-methylphenoxyacetic acid)

CH_3

Cl — OCH_2COOH

MCP

▸ 별명 : MCPA(식품공전에 수록된 농약명) ; 야마클린(상품명)

▷ 성상 : 무색의 결정성의 고체(융점 118℃)로서 물에 약간 녹는다.

▷ 용도 : Phenoxy계의 제초제로서 일본에서는 나트륨이나 칼륨의 형태로 과수(사과, 감귤류 등), 딸기, 두류, 벼, 맥류, 옥수수, 잔디, 삼나무, 노송나무 등에 살포한다. 하천 제방이나 골프장에도 사용한다.

▷ 급성독성 : 약간 강하고, 경구 LD_{50}은 쥐에서는 700 mg/kg이나 마우스에서는 439 mg/kg이다. 사람의 중독 증상은 두통, 현기증, 설사, 우울증, 근육의 수축과 경련, 저혈압, 언어장해, 의식소실 등이다. 접촉하면 피부나 눈을 자극한다.

▷ 만성 일반독성 : 사람에서는 수족의 마비, 탈력감, 불안감 등의 신경장해를 일으킨다. 쥐 또는 개에의 아만성 경구투여로 간장과 신장에 장해가 나타난다. 쥐에서는 적혈구도 감소한다(RfD = 0.5 μg/kg/day).

▷ 생식독성 : 개에의 아만성 경구투여로 정소와 정자에 악영향을 미친다. 쥐에의 2세대 투여실험에서도 생식능력의 저하가 나타난다.

▷ 발생독성 : 임신 마우스에의 경구투여로 태아의 발육이 저하하고 신생아에 기형(구개열과 늑골의 이상)이 생긴다.

▷ 발암성 : 마우스(수컷)에의 경구투여로 백혈병이 발증한다. 또 본제를 살포하는 농민이나 본제의 제조공장의 노동자에 악성의 림프종이 다발하여 노출 등의 상관관계가 인정되고 있다. 핀란드에서는 살포한 농민이 백혈병으로 사망한 예가 있었다고 한다. IARC는 그룹 2B로 지정되어 있다.

한편, 유럽에서는 표 2-15에 나타낸 것과 같이 가족이 농약을 사용하는 가정의 아이에 백혈병이 다발하는 것이 여러 역학 데이터에 의하여 밝혀져 본제나 DDVP, 아트라진 등의 살포에서 유래되는 가능성을 생각할 수 있다.

▷ 변이원성 : *Salmonella*균, 효모, 초파리 등에 유전자 변이를 초래하고 햄스터의 배양 난소세포와 경구투여한 햄스터의 골수세포에 염색체 이상을 일으킨다. 또 황국균의 DNA를 손상한다.

표 2-15. 농약오염에 의한 아이들의 백혈병 증가

보고년도	조사 증례수	오염데이터(노출상황)	Odd비※
1988	309	임신 중에 모친이 농약에 노출	2.6
1989	204	임신 중에 모친이 직업적으로 농약에 노출	6.0
1990	52	탄생 시에 부친이 농약에 종사	12.6
1990	142	유아 시에 부친이 농약에 종사	5.6
1995	-	탄생 시에 가정에서 해충 구충용품을 사용	3.0
1996	173	가족이 가정에서 농약사용	2.5

※ 환경오염에 있어서 백혈병의 발생률이 일반인의 경우의 몇 배인가를 나타내는 수치

출전: *Environ. Health Rerspect.,* 106권(Suppl.3), p. 893(1998)

▷ 생태독성 : 어독성은 A이고, 수생생물에 대한 독성은 그다지 강하지 않다.

▷ 환경오염 : 환경에서는 약간 분해하기 어렵고 토양중 반감기는 25일에 이른다. 이태리나 캐나다에서는 하천의 오염(1～2 μg/ ℓ)이 검출되고 있다. 사람에의 노출은 이와 같은 오염을 통하여 생기고, 또한 본제의 생산·살포 시에 흡입이나 피부에의 접촉에 의하여 생긴다.

▷ 규제 : 미국의 메인주에서는 음료수 중 허용농도를 2.5 μg/ ℓ 로 설정하고, 일본에서는 PRTR의 대상물질(제Ⅰ종)로 지정되어 있다. 또한 논의 농도 지침치를 50μg/ ℓ 로 설정하고, 등록 보류기준은 귤 이외의 감귤류에 대하여 1 ppm이다. 또 잔류기준은 사과, 포도, 두류, 쌀(현미), 맥류, 옥수수 등이 0.1 ppm, 그리고 메밀이 0.02ppm이다.

▷ 우리나라의 규제 : 식품공전에서 MCP의 잔류 허용기준은 0.1 ppm(쌀, 완두 콩)으로 규정되어 있다.

47. MEP

- CAS번호 : 122-14-5
- 별명 : 페니트로티온(fenitrothion, 식품공전 수록된 농약명) ; 스미티온(상품명)

▷ 성상 : 황갈색의 액체(융점 0.3℃)로서 불쾌한 냄새가 난다.

▷ 독성 : 보통 독성

▷ 용도 : 유기인계 살충제로서 과수(사과, 배, 포도, 감, 감귤 등), 야채(시금치,

양파, 오이, 호박, 우엉 등), 두류, 수류, 벼, 차, 매실, 꽃류[장미, 국화, 철쭉(진달래), 등], 목초, 잔디 그리고 수목(소나무, 벚꽃나무 등)에 살포한다. 또 골프장에도 사용하고, 가정에서는 파리, 모기, 진드기, 바퀴 등의 구제에도 사용한다. 영국 등에서는 수확 후 농약으로 사용한다(표 2-12 참조).

▷ 급성독성 : 약간 강하다(쥐의 경구 LD_{50} = 250～800 mg/kg). 사람이 어느 정도의 노출을 받으면 두통, 구토, 발한, 복통, 탈력감, 동공수축, 호흡곤란, 경련, 착란상태, 의식소실 등의 유기인 중독증상이 생기고 사망하는 수도 있다.

▷ 만성 일반독성 : 상기와 마찬가지로 신경계의 장해가 나타나고, 사람에서는 두통, 현기증, 식욕부진, 피로감, 탈력감 기억력과 집중력의 저하, 경련 등의 증상이 생긴다(ADI = 3 μg/kg/day).

▷ 발생독성 : 임신 쥐에의 경구투여로 신생아의 사망률이 증대하고, 또 생후 104일째까지 신생아의 운동실조, 운동성의 저하 등(행동독성의 발현)이 지속한다.

▷ 면역독성 : 마우스에의 아급성 경구투여로 혈청 항체 값이 감소하고 종양의 증식에 대한 억제기능이 저하한다. 또 모르모트의 피부에 알레르기 증상을 야기한다.

▷ 내분비계 장애 : Androgen의 receptor에의 결합을 방해하여 androgen에 의한 마우스의 배양 섬유아세포(NIH3T3)의 활성화를 억제한다. 또 정소를 제거한 어린 쥐에의 아급성 경구투여에서도 androgen의 작용(전립선과 정낭의 발육촉진)을 억제한다. 한편 임신 쥐에의 경구투여로 신생아(수컷)에 항문 성기간 거리의 감소와 유방의 성숙(웅화)을 초래한다.

▷ 변이원성 : *Salmonella*균과 초파리에 유전자 변이를 초래하고 보리, 사람의 배양림프구, 햄스터의 배양 폐세포 등에 염색체 이상을 초래한다.

▷ 생태독성 : 수생생물에 대한 독성은 약간 강하다(무지개송어의 LC_{50}(96시간) = 2.4 mg/ℓ). 어독성은 B이다. 단 물벼룩에 대하여는 LC_{50}(48시간)이 0.82μg/ℓ이고 아주 강한 독성이 나타난다. 또 꿀벌에 대한 독성도 강하다.

▷ 환경오염 : 환경오염에서는 비교적 분해하기 쉬우나 노출이 계속될 때는 어류에의 생물농축이 약간(100～500배) 나타난다. 일본에는 하천수에서 최고 2.3 μg/ℓ가 검출되고, 수입 밀에 7.6 ppm의 잔류 예가 알려져 있다. 뜨 캐나다에서는 대기중에 0.08 μg/m^3 검출되고, 이집트에서는 감자에 최고 3.8 ppm의 잔류 예가 알려져 있다.

본제를 가정 내에서 해충의 구제로 사용하면 살포 3일 후에도 대기중의 농도가 옥외의 5배 이상이나 이른다는 보고가 있다. 사람에의 노출은 우선 오염된 식품에서 섭취될 때 생기고, 한편 본제의 생산·사용 시의 대기에서의 흡입이나 피부의 접촉으로 생긴다.

▷ 규제 : UNEP(국제연합 환경계획)의 일반 환경 대기중 허용농도는 1 $\mu g/m^3$(일평균)이다. 미국에서는 흰개미나 바퀴의 구제에의 이용만 허가되어 있고, 농작물에의 살포는 금지되어 있다.

일본에서는 PRTR의 대상물질(제 I 종)로 지정되어 있다. 또한 일반 환경의 수질감시 지침치(3 $\mu g/\ell$)를 설정하고, 골프장 배수농도 지침치(30 $\mu g/\ell$) 그리고 대기중 농도 평가치(10 $\mu g/m^3$)를 설정하고 있다. 잔류 기준은 밀 10 ppm, 보리 5 ppm, 감귤류 2 ppm, 양배추 0.5 ppm, 쌀 0.2 ppm, 기타 야채, 과실과 두류 등이 0.2 ppm, 서류가 0.05 ppm이다.

▷ 우리나라의 규제 : 식품공전에서 fenitrothion(MEP)의 잔류 허용기준은 0.05 ppm(감자, 고구마, 멜론, 양파, 오이, 참외, 파인애플), 0.02 ppm(파), 0.1 ppm(가지, 고추, 대추, 밤, 아몬드, 은행, 카카오 원두, 피망, 피칸, 호도), 2 ppm(감귤류), 5ppm(귀리, 옥수수, 기타 곡류, 미밀, 보리, 수수, 옥수수, 호밀), 6 ppm(밀), 0.2ppm(상기 이외의 대부분의 농산물)으로 규정되어 있다. 그리고 먹는 물 관리법(시행령 및 시행규칙)에서 먹는 물(수돗물) 중의 MEP(fenitrothion)의 허용기준은 0.04 mg/ℓ 이하로 규정되어 있다.

48. MPP

▸ CAS번호 : 55-38-9

▸ 별명 : 펜티온(fenthion, 식품공전에 수록된 농약명) ; 상품명으로는 바이젯트, 파임케임

▷ 성상 : 무색 또는 황갈색의 액체(융점 7.5℃)로서 마늘 같은 냄새가 있다.

▷ 독성 : 보통 독성

▷ 용도 : 유기인계의 살충제로서 일본에서는 벼, 고구마, 두류, 서류, 사탕수수, 야자류, 뽕나무, 수목(소나무, 삼나무, 노송) 등에 살포한다. 모기의 구제나 건물, 방석 등의 방충가공에 사용한다.

▷ 급성독성 : 상당히 강하다(쥐의 경구 LD_{50} = 190～300 mg/kg). 사람이 노출을 받으면 두통, 구역질, 방한, 설사, 시야의 혼탁, 경련 등의 유기인 중독증상이 생긴

다. 또 접촉에 의하여 피부나 눈이 강하게 자극을 받는다.

▷ 만성 일반독성 : 사람에서는 상기의 급성증상 이외에도 탈력감, 불안감, 수족의 떨림과 격통, 운동실조, 우울증, 정신착란 등의 신경장해가 나타난다. 특히 눈에 대하여 자극이 되풀이되면 실명을 초래한다. 동물실험에서는 심장에도 장해를 초래한다(ADI = 1 μg/kg/day).

▷ 생식독성 : 마우스에의 5세대 경구투여로 임신율이 저하하고, 신생아의 생존율도 감소한다.

▷ 발생독성 : 임신 마우스에의 복강 내 투여로 태아에 기형(구개열 등)이 생긴다.

▷ 면역독성 : 마우스에의 아급성 경구투여로 혈청의 항체활성이 감소하고, 종양의 증식을 억제하는 작용이 저하한다.

▷ 내분비계 장애 : Androgen에 의한 마우스의 배양 섬유아세포(線維芽細胞, NIH3T3)의 활성화를 억제한다. 또 정소를 제거한 어린 쥐에의 아급성 피하투여에서도 androgen의 작용(전립선과 정낭의 발육촉진)을 억제한다.

▷ 변이원성 : *Salmonella*균에 유전자 변이를 초래하고, 햄스터의 배양 폐세포에 염색체 이상을 초래한다.

▷ 생태독성 : 조류에의 급성독성이 아주 강하다(경구 LD_{50} = 3∼20 mg/kg). 수생생물에의 독성은 약간 강하고, 대부분 어류의 LC_{50}(96시간)은 1∼2 mg/ℓ의 값을 나타낸다(어독성은 B). 꿀벌에 대한 독성은 상당히 강하다.

▷ 환경오염 : 환경에서는 약간 분해하기 어렵다(토양 중 반감기는 34일). 수중에서의 생물농축도 수백 배 이상으로 추정되고, 구피(열대어의 일종)에 대하여는 16,600배의 농축이 보고되었다.

일본에서는 본제로 방충 가공된 다다미방에서 대기중에 최고 7.1 μg/m^{3}의 오염이 검출되고, Kinki(近畿)의 하천에서도 0.08 μg/ℓ의 잔류가 확인되고 있다. 사람에의 노출은 이와 같은 오염을 통하여 생기고, 또 본제의 생산·살포 시에 흡입이나 피부에의 접촉에 의하여 생긴다.

▷ 규제 : ACGIH의 노동환경 대기중 허용농도는 0.2 μg/m^{3}이다. 미국에서의 예로는 노스다코타주에서 일반 환경 대기중 허용농도를 2 μg/m^{3}으로 설정하고 있다. 일본에서는 극물 그리고 PRTR의 대상물질(제Ⅰ종)로 지정하고, 잔류 기준은 쌀(현미)과 감자에서 0.05 ppm이다.

▷ 우리나라의 규제 : 식품공전에서 fenthion(MPP)의 잔류 허용기준은 0.05 ppm

(감자, 고구마), 0.1 ppm(대두, 밀, 쌀, 양파, 완두 콩, 참깨, 토마토), 0.2 ppm(딸기, 배, 사과, 키위, 포도), 0.5 ppm(양배추, 양상추, 자두, 체리)으로 규정되어 있다.

49. NAC

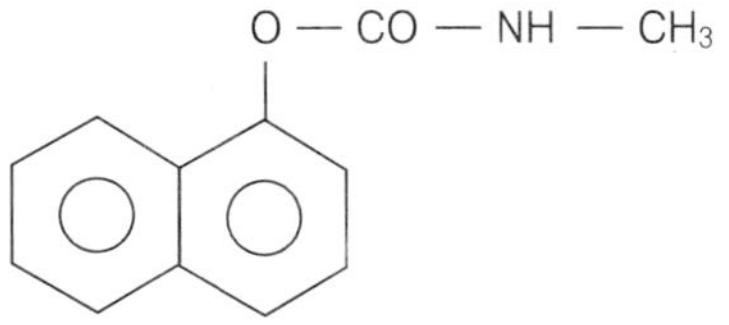

O — CO — NH — CH_3

NAC

▸ CAS번호 : 63-25-2

▸ 화학명 : 메틸카르바민산 1-나프틸(1-naphthyl methylcarbamate)

▸ 별명 : 카르바릴(carbaryl, 식품공전에 수록된 농약명) ; 상품명은 데나폰, 세빈

▷ 성상 : 백색의 결정성의 고체(융점 142℃)이다.

▷ 용도 : Carbamate계의 살충제로서 일본에서는 과수(사과, 배, 감, 복숭아, 귤 등), 야채(양배추, 토마토, 가지, 무 등), 두류, 감자, 벼, 차, 소나무, 장미, 담배 등에 살포한다.

▷ 급성독성 : 상당히 강하다(쥐의 경구 LD_{50} = 230 mg/kg). 사람이 흡입 또는 경구섭취하면 신경계와 호흡기계에 장해를 일으키고 구역질, 설사, 타액의 분비이상, 기관지 수축, 발한, 시야의 혼탁, 운동기능 저하, 경련, 혼수 등의 증상이 나타난다. 또 접촉하면 눈의 점막이나 피부가 강하게 자극된다.

▷ 만성 일반독성 : 사람에서는 역시 신경계에의 영향이 눈에 뜨이고 두통, 기억장해, 피로감, 경련, 식욕저하 등이 나타난다. 쥐에의 경구투여 실험에서는 이 외에 간장과 신장의 장해도 생긴다(ADI = 0.01 mg/kg/day).

▷ 생식독성 : 쥐에의 3세대 경구투여로 임신율이 저하하고 신생아의 사망률이 증가한다. 정소와 난소의 위축과 괴사가 생긴다.

▷ 발생독성 : 개에의 임신기간의 경구투여로 태아에 기형[복벽열(腹壁裂), 단악증(短顎症), 골격이상 등]이 생긴다. 또 쥐(암컷)에의 임신기간을 포함한 아만성 혼합 경구투여(NAC와 말라손을 각 1 mg/kg/day)로 단독투여에서는 보이지 않는 태아의 사망률이 증대한다(상승 독성).

▷ 면역독성 : 쥐에의 9개월간의 경구투여로 비장이 변질하고 응집소 활성이 저하한다. 또 임신한 쥐에의 경구투여로 신생아의 흉선이 위축한다.

▷ 내분비계 장애 : 마우스에의 경구투여로 간장의 androgen 대사효소의 활성이 증대한다(OSF와 환경성의 내분비계 장애물질 리스트에 수록).

▷ 변이원성 : *Salmonella*균과 초파리에 유전자 변이를 일으키고 사람의 배양 림프구, 햄스터의 배양 폐세포, 고등식물, 영원의 유생(幼生) 등에 염색체 이상을 초래한다.

▷ 생태독성 : 수생생물에의 독성은 약간 강하다[무지개송어의 LC_{50}(96시간) = 1.95 mg/ℓ ; 물벼룩의 LC_{50}(48시간) = 0.052 mg/ℓ]. 어독성은 B이다.

▷ 환경오염 : 환경에서는 약간 분해하기 어렵고, 수중에서의 생물농축도 어느 정도 발견된다(예로서 메기와 가재에 대하여는 140배). 미국에서는 지하수 중에 0.05mg/ℓ 검출되고, 복숭아에 4.8 ppm의 잔류가 있었다. 사람에의 노출은 이와 같은 오염을 통하여 생기고 또 본제의 생산·살포 시에 흡입이나 피부에의 접촉에 의하여 생긴다.

▷ 규제 : ACGIH의 노동환경 대기중 허용농도는 0.16 ppm(5 mg/m^3)이다. 헝가리의 동 허용농도는 1 mg/m^3이다. 미국에서는 유해 대기오염물질로 지정하고(예로서 펜실베이니아주의 일반 환경 대기중 허용농도는 3 μg/m^3), 또 위스콘신주에서는 음료수 중 허용농도를 1 μg/ℓ 로 설정하고 있다. 영국과 스웨덴에서는 사용을 금지한다. 일본에서는 극물 그리고 PRTR의 대상물질(제 I 종)로 지정하고 또한 공공용수역 등에 있어서 수질평가 지침치(0.05 mg/ℓ)을 설정. 잔류 기준은 과실, 야채(무, 양배추, 시금치 등), 쌀, 차 등이 1 ppm, 그리고 감자가 0.1 ppm이다.

▷ 우리나라의 규제 : 식품공전에서 carbaryl(NAC)의 잔류 허용기준은 0.2 ppm(감자), 0.5 ppm(가지, 고추, 당근, 딸기, 면실, 무(뿌리), 무(잎), 밤, 배, 배추, 시금치, 양배추, 오이, 차 외, 토마토, 파인애플, 포도, 피칸, 호도), 1 ppm(귀리, 기타 곡류, 기타 콩류, 대두, 메밀, 사과, 살구, 샐러리, 수수, 쌀, 아몬드, 아보카드, 아스파라거스, 양배추, 옥수수, 완두콩, 자두, 체리, 피망, 호밀, 호박), 2 ppm(땅콩)으로 규정되어 있다. 그리고 먹는 물 관리법(시행령 및 시행규칙)에서 먹는 물(수돗물) 중의 NAC(carbaryl)의 허용기준은 0.07 mg/ℓ 이하로 규정되어 있다. 축산물에서 0.1ppm(유, 유가공품), 0.2 ppm(돼지고기, 쇠고기, 양고기, 염소고기), 0.5 ppm(가금류 고기, 알), 5 ppm(가금류, 알)으로 규정되어 있다.

50. 2,4-PA

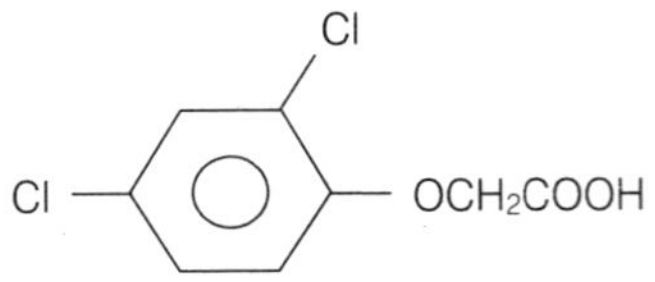

Cl

Cl — (벤젠고리) — OCH_2COOH

2,4-PA

- CAS번호 : 94-75-7
- 화학명 : 2,4-디클로로페녹시아세트산(2,4-dichlorophenoxyacetic acid)
- 별명 : 2,4-D(식품공전에 수록된 농약명)

▷ 성상 : 백색의 결정성 분말(융점 140℃)로서 약간의 페놀 같은 냄새가 난다.

▷ 독성 : 보통 독성

▷ 용도 : Phenoxy계의 제초제로서 벼, 잔디에 살포한다. 골프장, 공원, 주차장, 고속도로 주변 등의 비농경지에 널리 사용된다. 미국에서는 수확 후 농약으로서 감귤류에 살포한다.

▷ 급성독성 : 상당히 강하다(쥐의 경구 LD_{50} = 375 mg/kg). 사람에서는 흡입이나 경구섭취에 의하여 두통, 현기증, 구역질, 식욕저하, 피로감, 팔이나 다리의 경직, 운동실조, 경련, 의식소실 등의 신경장해나 코와 목 등의 자극, 기침, 숨막힘, 폐수종 등의 호흡기계장해가 생긴다. 또 소화기계에의 장해(위통, 구토, 설사 등)와 피부와 눈에 대하여 강한 자극작용도 보인다.

▷ 만성 일반독성 : 사람에서는 급성독성과 마찬가지로 운동실조, 반사능력 저하, 의식소실 등의 신경장해가 알려져 있으나 동물실험에서는 특히 아만성 경구투여에 의하여 적혈구의 감소, 간장장해, 신장장해(비대) 등의 증상이 관찰된다(RfD = 0.01 mg/kg/day).

▷ 발생독성 : 임신한 쥐나 임신한 마우스의 경구투여로 태아의 발육이 저하하고 사망률이 증가한다. 또 임신 햄스터에의 경구투여로 태아에 기형(구개열과 골격이상)이 생긴다. 또 수유기의 모친 쥐에의 복강내 투여로 자(仔)의 뇌 조직이 변질한다.

▷ 행동독성 : 수유기의 모친 쥐에의 경구투여로 자(仔)의 반사운동의 능력이 저하한다.

▷ 내분비계 장애 : 마우스에의 아만성 경구투여로 부신(副腎)이 비대한다. 양에의 아급성 경구투여로 thyroxine의 혈중 농도가 저하한다. 또 산림에서 본제를 살포한 남자의 경우에는 노출량(요중 함량)이 많을수록 황체형성 호르몬의 혈중 농도가 높은 것으로 알려져 있다(OSF와 환경성의 내분비계 장애물질 리스트에 구록).

▷ 발암성 : 쥐에의 경구투여로 유방암과 림프종을 일으킨다. 또 본제를 살포한 농민이나 본제의 제조공장 노동자에 악성 림프종이 다발하고, 노출과의 상관관계가 인정되고 있다. IARC는 그룹 2B로 지정되어 있다.

▷ 변이원성 : 효모에 유전자 변이를 초래하고 고등식물(잠두 등), 초파리, 사람의 배양림프구, 햄스터의 배양 난소세포, 마우스의 골수세포 등에 염색체 이상을 초래한다. 또 대장균과 황국균의 DNA를 손상한다.

▷ 생태독성 : 수생생물에의 독성은 약간 강하다(무지개송어의 LC_{50}(48시간) = 1.1 mg/ℓ). 어독성은 B이다.

▷ 환경오염 : 환경에서는 비교적 분해하기 쉽고, 토양 중 반감기는 10일 정도이다. 미국에서는 정원의 잔디 살포가 옥내 대기의 오염을 초래하는 것으로 알려져 있고, 또 일본에서는 미국에서 수입하는 농산물에 수확 후 농약살포로 인하여 잔류하는 것을 간혹 발견하고 있다(예로서 레몬의 경우 0.2 ppm). 사람에의 노출은 이와 같은 오염식품 등의 섭취에 의해 생기고, 또한 본제의 생산·살포 시에는 흡입이나 피부에의 접촉에 의하여 생긴다.

▷ 규제 : NIOSH의 노동환경 대기중 허용농도는 1.1 ppm(10 mg/m^3)이다. 미국에서는 유해 대기오염물질 그리고 유해 폐기물로 지정되어(예로서 노스다코타주의 일반 환경 대기중 허용농도는 0.1 mg/m^3) 있다. 또 일리노이주에서는 음료수 중 허용농도를 0.01 mg/ℓ로 설정하고, 덴마크는 사용을 금지한다.

일본에서는 PRTR의 대상물질(제Ⅰ종)로 지정하고 논의 농도 지침치(0.3 mg/ℓ)를 설정하고 있다. 잔류 기준은 여름밀감과 레몬이 2 ppm, 포도와 맥류가 0.5 ppm, 복숭아, 감자, 메밀 등이 0.2 ppm, 쌀이 0.1 ppm, 딸기, 두류, 옥수수 등이 0.05ppm, 그리고 귤, 사과, 배 등이 0.01 ppm이다.

▷ 우리나라의 규제 : 식품공전의 잔류 허용기준은 0.05 ppm(레몬, 딸기, 수수, 쌀, 옥수수), 0.1 ppm(가지, 고추, 당근, 대두, 면실, 무(뿌리), 생강, 샐러리, 시금치, 아스파라거스, 양상추, 자두, 토마토), 0.2 ppm(감자, 밤, 아몬드, 피칸, 호도), 0.5ppm(귀리, 메밀, 밀, 보리, 포도, 호밀), 1 ppm(아보카도), 2 ppm(레몬, 배, 사과,

살구, 오렌지)으로 규정되어 있다. 축산물에서는 0.01 ppm(유, 알), 0.05 ppm(가금류 고기, 포유류 고기)으로 규정되어 있다.

▷ **관련물질** : 1964～1975년에 일본에서 사용한 동계의 제초제 2,4,5-T(2,4,5-trichlorophenoxyacetic acid)도 유사한 독성을 나타내고, IARC의 그룹 2B의 발암물질로 지정되었다.

특히 베트남 전쟁에서 1961～1971년에 미군이 화학병기(고엽제)로서 사용한 「오렌지제」는 2,4-PA와 2,4,5-T의 등량 혼합물이고 불순물로 한 dioxin류를 함유한 상태로 공중에서 대량으로 살포한 것은 잘 알고 있는 사실이다. 그 결과, 베트남에서는 당시 기형・사산・유산 등의 출산 이상이 다발하였다는 보고가 있다.

51. PCNB

(식품공전에는 수록되어 있지 않음)

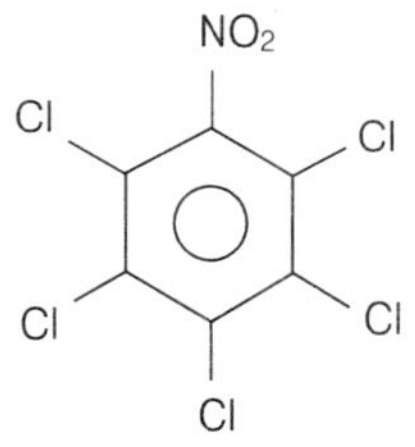

NO_2
Cl Cl
Cl Cl
Cl

PCNB

- **CAS번호** : 82-68-8
- **계통명** : 펜타클로로니트로벤젠(pentachloronitrobenzene)
- **별명** : 퀸토젠(quintozene) ; 상품명으로는 아스사이드, 코브톨, 펜타겐 등

▷ **성상** :무색 또는 크림색의 결정성 고체(융점 144℃)로서 곰팡이 냄새가 있다.

▷ **용도** : 유기염소계의 살균제로서 일본에서는 2001년까지 과수, 야채(양배추, 오이, 토마토 등) 감자, 뽕나무 등을 대상을 한 종자, 묘목 또는 재배 토양의 소독에 사용하여 왔으나 2002년부터 농약으로서 등록이 실효되었다. 그러나 공업용수나 재목의 살균에는 사용하고 있다.

▷ **급성독성** : 그다지 강하지 않으나(쥐의 경구 LD_{50} = 1,700 mg/kg) 다량 섭취하면 헤모글로빈의 산소 운반능력이 소실되고 두통, 현기증, 피부와 입술의 청변, 피로감, 의식소실 등의 증상이 나타난다. 또 눈에 대하여 자극작용을 나타내고, 결막

염이나 각막염을 초래한다.

▷ 만성 일반독성 : 쥐에의 아만성 경구투여 또는 개에의 만성 경구투여로 간장장해가 생긴다(RfD = 3 ㎍/kg/day). 이외에 신장에의 악영향도 알려져 있다.

▷ 발생독성 : 임신 마우스에의 경구투여로 신생아에 기형[구개열, 만곡족(彎曲足) 등]이 나타난다.

▷ 면역독성 : 사람의 피부에 대하여 알레르기성의 감작작용을 나타낸다. 또 쥐에의 아급성 경구투여에서는 림프구가 감소한다.

▷ 발암성 : 경구투여에 의하여 마우스의 간장, 폐, 피하조직 그리고 쥐에의 림프조직, 유선 등에 종양이 생긴다(IARC는 그룹 3, 또 EPA는 그룹 C로 지정). 한편 본제에는 발암물질의 hexachlorobenzene이 제조 시에 혼입하기 쉽다.

▷ 변이원성 : 대장균과 황국균에 유전자 변이를 초래하고, 햄스터의 배양 난소세포에 염색체 이상을 초래한다. 또 *Salmonella*균의 DNA를 손상한다.

▷ 생태독성 : 어독성은 A이나 수생생물에의 독성은 상당히 강하다(무지개송어의 LC_{50}(96시간) = 0.55 mg/ℓ).

▷ 환경오염 : 환경에서는 비교적 분해하기 쉽고, 토양 중 반감기는 약 20일이나 어류에의 생물농축은 어느 정도 나타난다(200～1,000배). 미국에서는 지하수 중에 최고 0.3 ㎍/ℓ 검출되고, 일본에서는 양배추 재배지역의 대기에 대하여는 1～10㎍/m^3의 오염 예가 알려져 있다. 또 순무(뿌리)에 0.26 ppm의 잔류가 발견되기도 한다. 사람에의 노출은 이와 같은 오염식품 등의 섭취에 의하여 생기고, 또 본제의 생산・살포 시에 흡입이나 피부에의 접촉에 의하여 생긴다.

▷ 규제 : ACGIH의 노동환경 대기중 허용농도는 0.5 mg/m^3이다. 미국에서는 유기폐기물로 지정되어 있다. 또 펜실베이니아주에서는 일반 대기중 허용농도를 2.47 ㎍/m^3으로 설정하고, 미국 캘리포니아 주에서 음료수 중 허용농도를 0.9 ㎍/ℓ로 설정되어 있다. 일본에서는 PRTR의 대상물질(제Ⅰ종)로 지정되어 있다.

52. PHC

- CAS번호 : 114-26-1
- 화학명 : 메틸카르바민산 2-이소프로폭시페닐(2-isopropoxyphenyl methylcarbamate)

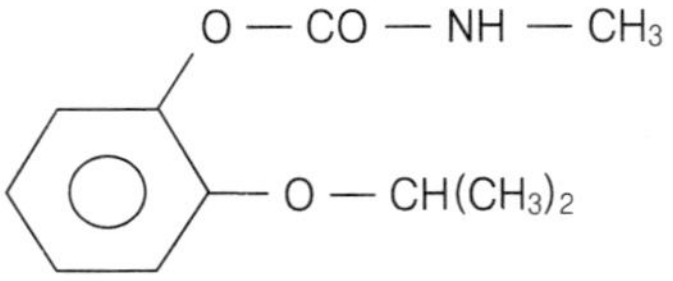

O — CO — NH — CH_3

O — $CH(CH_3)_2$

PHC

▸ 별명 : 프로폭수르(propoxur ; 프로포서, 식품공전에 수록된 농약명) ; 상품명으로는 산사이드, 베이곤(Baygon)

▷ 성상 : 백색 또는 황갈색의 결정성 분말(융점 91℃)로서 약간 특유한 냄새가 있다. 물에 약간 녹는다.

▷ 용도 : 카르바메이트계의 살충제로서 일본에서는 벼, 맥류, 시금치, 뽕나무, 잔디 등에 살포하고, 흰개미 구제제와 가정용 살충제로서 사용한다.

▷ 급성독성 : 아주 강하다(쥐의 경구 LD_{50} = 40～100 mg/kg). 사람이 경구섭취하면 발한, 우울증, 설사, 시야의 혼탁, 맥박 증가, 혈압 상승, 운동실조, 복부 경련 등의 카르바메이트 중독 증상이 생기고, 중증에서는 호흡곤란을 거쳐 사망하는 수가 있다.

▷ 만성 일반독성 : 사람에서는 상기 급성증상과 마찬가지로 신경계의 영향이 눈에 뜨이고 두통, 구역질, 탈력감, 평형감각의 소실 등이 나타난다. 경구동물실험에서는 간장이나 방광에 장해를 초래한다(RfD = 4 μg/kg/day).

▷ 발생독성 : 임신 마우스에의 경구투여로 태아에 신장의 기형이 생기고, 쥐와 마찬가지 실험에서는 신생아에 체중 저하와 중추신경의 이상이 나타난다.

▷ 발암성 : 쥐에의 경구투여로 자궁암과 방광암이 생긴다. EPA는 그룹 B2로 지정하고, 발암강도인자를 0.0053으로 산정한다.

▷ 변이원성 : *Salmonella*균과 효모에 유전자 변이를 초래하고, 사람의 배양 림프구 그리고 경구투여한 마우스와 복강 내 투여한 햄스터의 골수세포에 염색체 이상을 초래한다.

▷ 생태독성 : 조류에의 급성독성이 아주 강하다(경구 LD_{50} = 4～30 mg/kg). 또 수생생물에의 독성도 약간 강하고, 어독성은 B이다(무지개송어의 LC_{50}(96시간) = 3.7mg/ℓ). 또 꿀벌에 대한 독성도 상당히 강하다.

▷ 환경오염 : 환경에서는 약간 분해하기 어렵고, 토양 중 반감기는 30일에 이른

다. 미국에서는 지하수의 오염이 검출되고, 일본에서도 Kinki(近畿)의 하천수에서 0.1 μg/ℓ의 오염 예가 있다. 또 베기에서는 시금치의 잔류를 보고하였다.

사람에의 노출은 이와 같은 오염을 통하여 생기고, 또 본제의 생산·살포 시에 흡입이나 피부에의 접촉에 의하여 생긴다. 예로서 가정에서 살포하면 수일 후에도 1∼2 $\mu g/m^3$의 옥내 대기오염이 지속한다. 한편, 미국의 공장에서는 본제의 노출을 받은 것으로 생각되는 노동자가 27,000명을 넘는다고 추산하고 있다.

▷ 규제 : NIOSH의 노동환경 대기중 허용농도는 0.058 ppm(0.5 mg/m^3)이다. 미국에서는 유해 대기오염물질 그리고 유해 폐기물로 지정되어(예로서 버지니아주의 일반 대기중 허용농도는 8 $\mu g/m^3$) 있으며, 또 음료수 중 허용농도를 3 $\mu g/m^3$으로 설정하고 있다. 일본에서는 극물 그리고 PRTR의 대상물질(제I종)로 지정하고, 등록 보류기준은 야채가 2 ppm, 쌀과 과실이 2 ppm, 그리고 맥류와 서류가 0.5 ppm이다.

▷ 우리나라의 규제 : 식품공전에서 propoxur(PHC)의 잔류 허용기준은 0.1 ppm(쌀), 3 ppm(건포도, 딸기, 배, 복숭아, 사과, 자두, 채소류, 체리)으로 규정되어 있다. 축산물에서는 0.05 ppm(포유류 고기)으로 규정되어 있다.

53. PMP

- CAS번호 : 732-11-6
- 별명 : 포스메트(phosmet, 식품공전에 수록된 농약명), 프타로포스 ; 잇파(상품명)

▷ 성상 : 약간 적색이 있는 고체(융점 67℃)로서 물에 약간 녹는다.

▷ 용도 : 유기인계의 살충제 및 진드기 살충제로서 일본에서는 과수(사과, 배, 복숭아, 감, 감귤류 등), 벼, 콩, 차 등에 살포한다. 가축의 구충제로도 사용한다.

▷ 급성독성 : 상당히 강하다(쥐의 경구 LD_{50} = 113 mg/kg). 사람이 노출을 받으면 두통, 현기증, 구역질, 우울증, 떨림, 발한, 시야의 혼탁, 수족의 마비와 통증, 운동실조, 경련, 호흡곤란 등의 유기인 중독증이 생기고, 중증에서는 의식을 소실하고 사망하는 수가 있다.

▷ 만성 일반독성 : 급성독성과 마찬가지로 신경계의 장해가 많이 발견된다. 쥐에의 경구투여에서는 간장장해도 생긴다(ADI = 0.01 mg/kg/day).

▷ 발생독성 : 임신 쥐의 경구투여로 신생아의 기형[수두증(水頭症)]과 피하출혈

표 2-16. 강한 최기형성(기형발생)을 나타내는 농약(보기)

농약명	실험동물	투여량※ (mg/kg/day)	투여기간	생긴 기형
EPN	마우스	1	임신 6~16일째	수두증, 신우(腎盂) 비대
MEP	쥐	10	임신 7~15일째	운동성 저하(행동 기형)
Diazinon	마우스	0.18	총 임신기간	운동기능의 저하(행동 기형)
DEP	쥐	80	임신 13일째(1회)	뇌 탈출증, 목검무폐증
PMP	쥐	1.5	총 임신기간	수두증
Captan	토끼	75	임신 6~16일째	사지이상, 진열
2,4-PA	햄스터	40	임신 6~10일째	구개열, 골격이상

※ 1일당 체중 1 kg당의 mg수(어느 경우나 경구투여)

이 나타난다. 표 2-16에 본제를 포함하여 비교적 강한 최기형성(기형발생)을 나타내는 농약의 실험 데이터를 정리해놓았다.

▷ 발암성 : 마우스에의 경구투여로 간장암이 생긴다(EPA는 그룹 C로 지정).

▷ 변이원성 : *Salmonella*균에 유전자 변이를 초래한다. 또 경구투여한 쥐에의 간세포의 DNA를 손상한다.

▷ 생태독성 : 어독성은 B이나 수생생물에 대한 독성은 상당히 강하다(어류의 LC_{50}은 0.1~1 mg/ℓ). 또 꿀벌에 대한 독성은 아주 강하다.

▷ 환경오염 : 토양중 반감기는 19일이고, 환경에서는 비교적 분해하기 쉬우나 미국에서는 복숭아에 1.7 ppm의 잔류 예를 보고하고 있다. 사과와 배에서 자주 잔류가 발견된다. 사람에의 노출은 이와 같은 오염식품의 섭취에 의하여 생기고, 또한 본제의 생산·살포 시에 흡입이나 피부에의 접촉에 의하여 생긴다.

▷ 규제 : 미국에서는 플로리다주에서 음료수 중 허용농도(0.14 mg/ℓ)가 설정되어 있다. 일본에서는 극물로 지정되어 있고, 등록 보류기준은 여름 밀감의 외과피가 2 ppm, 야채가 1 ppm, 차가 0.5 ppm 그리고 쌀과 과실이 0.1 ppm이다.

▷ 우리나라의 규제 : 식품공전에서 phosmet(PNP)의 잔류 허용기준은 0.02 ppm(완두콩), 0.05 ppm(감자, 옥수수), 0.1 ppm(밤, 아몬드, 피칸, 호도), 0.5 ppm(쌀), 2ppm(배추), 5 ppm(기타 감귤류, 레몬, 밀감, 살구, 오렌지, 자몽), 10 ppm(배, 복숭아, 사과, 포도), 15 ppm(키위)으로 규정되어 있다.

54. TPN

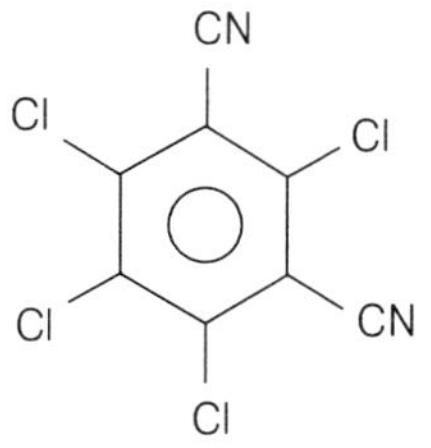

(chemical structure)

TPN

- CAS번호 : 1897-45-6
- 화학명 : 테트라클로로이소프탈로니트릴(tetrachloroisophthalonitrile)
- 별명 : 클로르탈로닐(chlorothalonil, 식품공전에 수록된 농약명) ; 상품명으로는 다코닐, 파스포트.

▷ 성상 : 백색의 결정성 고체(융점 250℃)이다.

▷ 용도 : 유기염소계의 살균제로서 과수(사과, 배, 복숭아, 포도, 감, 감귤 등), 야채(배추, 양배추, 오이, 가지, 토마토, 수박, 양파, 당근, 마늘, 고추, 감자 등), 감자, 땅콩, 사탕무, 벼, 차, 담배, 참깨 그리고 꽃류(장미, 나리, 튤립, 국화 등)에 살포한다. 또 골프장에서 사용하고 선충살충제, 목재의 방부 그리고 도료, 접착제 등의 살균에도 사용한다.

▷ 급성독성 : 경구투여나 피하투여로는 아주 약하다(쥐의 경구 LD_{50} = 10 g/kg 이상), 복강 내 투여에서는 상당히 강하다(쥐의 경구 LD_{50} = 2.5 mg/kg). 다량의 노출에 의하여 빈혈, 우울증, 운동실조, 흥분상태, 호흡의 격화, 혈뇨 등의 증상이 나타난다. 눈과 피부에 대하여는 상당히 강한 자극작용을 나타낸다.

▷ 만성 일반독성 : 사람의 경우에는 상기 급성증상과 마찬가지로 눈이나 피부에의 접촉에 의하여 염증이 생기는 경우가 많다. 개에의 만성 경구투여에서는 신장에 장해가 나타난다(ADI = 3 μg/kg/day).

▷ 발생독성 : 임신한 토끼에의 경구투여로 유산이 증가한다.

▷ 면역독성 : 사람에의 피부에 대하여 알레르기 증상이 생긴다.

▷ 발암성 : 경구투여에서 마우스(암컷)의 전위와 마우스(수컷)와 쥐의 신장에 종양이 생긴다. IARC는 그룹 2B로 지정하고, 또 EPA는 그룹 B2로 지정하고 있다.

발암강도인자를 0.024, 또한 실질 안전음료수 중 농도를 1.5 μg/ℓ로 산정한다.

▷ 변이원성 : *Salmonella*균, 대장균, 황국균 그리고 마우스의 배양 림프종 세포에 유전자 변이를 초래하고, 햄스터의 배양 난소세포에 염색체 이상을 초래한다.

▷ 생태독성 : 수생생물에의 독성은 아주 강하다(무지개송어의 LC_{50}(96시간) = 76 μg/ℓ). 어독성은 C이다.

▷ 환경오염 : 환경에서는 약간 분해하기 어렵다(토양 중 반감기는 30일). 미국에서는 옥내 대기나 지하수 중에(10 ppb 전후) 검출되고, 또한 여러 채소(예로서 당근, 상치, 토마토 등)에의 잔류 예가 보고되고 있다. 일본에서는 흰개미에 27 ppm, 또 파드득나물에 8.9 ppm의 잔류가 검출되고 있다.

사람에의 노출은 이와 같은 오염식품의 섭취에 의하여 생기고, 또한 본제의 생산·살포 시에 흡입이나 피부에의 접촉에 의하여 생긴다. 그리고 본제는 수중에서의 생물농축도 어느 정도 발견된다(약 800배).

▷ 규제 : 미국 플로리다주에서 음료수 중 허용농도를 3.2 μg/ℓ로 설정하고, 덴마크나 스웨덴에서는 사용을 금지한다. 일본에서는 PRTR의 대상물질(제 I 종)로 지정하고, 또한 일반 환경의 수질감시 지침치(0.05 mg/ℓ)와 골프장 배수농도 지침치(0.4mg/ℓ)를 설정하고 있다. 잔류 기준은 샐러리와 차가 10 ppm, 토마토, 오이, 호박, 수박, 파 등이 5 ppm, 배추, 양배추, 가지, 사과, 복숭아 등이 2 ppm, 상치, 당근, 감 등이 1 ppm, 양파와 배가 0.5 ppm, 콩, 감자, 바나나 등이 0.2 ppm, 곡류가 0.1 ppm, 그리고 옥수수가 0.01 ppm이다.

▷ 우리나라의 규제 : 식품공전에서 chlorothalonil(TPN)의 잔류 허용기준은 0.05ppm(아몬드, 카카오 원두), 0.1 ppm(감자, 당근, 수박, 기타 곡류, 오이, 수박), 0.2ppm(귀리, 기타 곡류, 대두, 메밀, 밀, 수수, 쌀, 옥수수, 참깨, 커피 원두, 호밀), 0.3 ppm(땅콩, 마늘), 0.5 ppm(멜론, 체리), 1 ppm(당근, 배, 샐러리, 아스파라거스, 양파, 오이, 토마토), 2 ppm(보리, 복숭아, 사과, 호박), 5 ppm(감귤류, 고추, 배추, 양배추, 양상추, 참외, 케일, 포도), 7 ppm(피망)으로 규정되어 있다.

▷ 국내외 관리동향 : 세계 각국에서는 농약으로 인한 위해를 사전에 방지하기 위해 농약의 사용을 규제하고 있다. 또한 FAO/WHO의 농약잔류 문제를 다루는 합동위원회(JMPR)에서는 농작물이나 식품 중의 잔류농약을 평가함에 있어서 다음의 세 가지 전제조건을 매우 중시한다. 첫째, 해당 농약의 주요 물리적·화학적·생물학적 특성, 둘째 철저한 감독 하에서 수행된 시험성적이나 선별연구를 통해 얻은

신빙성 있는 농약 잔류자료, 셋째 잔류농약의 독성 가능성을 평가하기 위한 신빙성 있는 독성자료를 요구하고 있는데 이를 통하여 사람에 대한 1일 섭취허용량을 평가할 수 있는 자료이어야 한다.

농약의 규제 방법으로는 농약의 사용방법 측면에서 수확 전 사용기간(preharvest interval)을 제한하는 방법과 유통단계에서 농산물 및 축산물 등의 농약 잔류량을 규제하는 잔류 허용량(tolerance of residue 혹은 maximum residue limit) 설정법이 있다. 전자는 농약의 분해성과 사용 농작물의 수확시기 등을 고려해 수확 전 최종 사용일, 사용횟수, 사용방법 등을 규정한 농업상의 제한에 의한 방법이며, 후자는 농작물이 식품으로서 상품화되는 단계에서 잔류하는 농약의 양을 제한한 식품위생상의 입장에서 규제하는 방법이다. 이론적으로는 수확 전 사용기간 등 농약의 올바른 사용법을 준수하는 경우 유통단계의 농약잔류 허용량은 초과될 수 없도록 설정되어 있다. 그러나 주요 작물과는 달리 생산량이 적은 소면적 재배작물들의 경우 농약회사의 사용농약 등록 기피로 아예 사용할 수 있는 농약이 없어 농약 불법 사용의 사각지대에 놓여 있는 경우가 빈번하다.

우리나라에서 잔류농약을 규제하는 법적 근거는 아래 표와 같이 식품 중 잔류농약의 경우는 식품위생법에 의거해 보건복지부에서 관장하며, 농산물이나 수질·토양 중 농약잔류는 환경보존법에 의거하여 환경부에서 담당하고 있다. 또한 농약의 작물별 안전사용 기준 설정은 농약관리법에 의거, 농림부(농약연구소)에서 관장하고 있다.

▷ 농산물 중 잔류농약 제거법 : 농산물 및 농약의 종류, 농약이 묻어 있는 형태 등에 따라서 차이가 있지만 국내·외 연구결과에 의하면, 특히 비침투성 농약의 경우 물로 비벼 씻거나 껍질을 벗기거나 조리하면 농산물에 묻어 있거나 들어 있는 농약을 상당부분을 제거할 수 있다.

가능한 많은 양의 물에 담가 비벼 씻은 후 흐르는 물에 몇 차례 더 씻는다. 채소·과일을 깨끗한 물에 약 5분 정도 담근 후 흐르는 물에 약 30초 정도 문질러 씻기만 해도 채소류의 경우는 약 55% 정도, 과일류의 경우는 약 40% 정도의 잔류농약이 제거된다. 특히 깻잎의 경우 5분간 수돗물에 담가 두었다가 흐르는 물로 씻었을 때는 10초만 문질러 씻어도 평균 43% 정도가 제거되며, 20~40초간 씻으면 평균 65~69% 정도 감소한다. 결론적으로 깻잎을 수돗물에 5분 정도 담가 두었다가 20~30초간 문질러 씻는 것이 가장 효과적이다.

사과나 포도 같은 과일은 물로 씻은 후 껍질을 벗기면 대부분(85~100%)의 농약이 제거된다. 삶거나 데쳐 먹는 채소류의 경우 2분간만 물에 삶거나 데쳐도 대부분(83%)의 농약이 제거된다.

한편 양배추, 배추와 같은 엽채류의 농약은 주로 바깥 부분에 묻어 있으므로 바깥쪽의 잎을 떼어 버리고 물로 몇 차례 씻으면 농약을 제거할 수 있으며 닭고기나 생선 같은 동물성 식품의 경우 농약이 주로 지방성분에 잔류하고 있으므로 지방이 많은 부분(닭고기나 생선의 경우는 껍질)을 가능한 한 제거하고 먹는 것이 좋다.

따라서 농약이 허용기준※ 이상으로 잔류하는 농산물이라도 잘 씻거나 삶고 데치거나 껍질을 벗겨 먹으면 잔류농약의 상당부분이 제거된 상태가 된다.

※ 농약잔류 허용기준: 우리가 농산물을 씻거나 가공하지 않은 상태로 먹는다고 가정하고 그 농산물을 평생 동안 먹어도 우리의 건강에는 아무 영향을 주지 않는다고 현재의 과학으로 평가된 농약 잔류량 기준을 말한다.

제 4 장

바이오사이드(살균 · 방충 · 방부제)

1. 글루타르알데히드(glutaraldehyde)

- CAS번호 : 111-30-8
- 계통명 : 펜탄디알(pentanedial)
- 별명 : 글루타르산 디알데히드(glutaric dialdehyde), glutaral

▷ 화학식 : $CH_2(CH_2CHO)_2$

▷ 성상 : 무색의 액체(비점 188℃, 동시에 분해)로서 자극취가 있고 물에 잘 녹는다(수용액으로서 사용하는 경우가 많다).

▷ 용도 : 의료용기(내시경, 수술용, 치과용 등)나 병원 내 시설의 소독제로서 유체 보존용, 화장품용의 방부제, 가죽 무두질, 가교용 시약 등에 사용한다.

▷ 급성독성 : 상당히 강하다(쥐의 경구 LD_{50} = 134 mg/kg). 사람이 증기에 접촉하면 눈, 코, 목 등이 강하게 자극되고 유루, 기침, 숨가쁨 등이 심하다. 또 두통, 구역질, 설사, 장염 등이 생긴다. 마우스에의 흡입노출에서는 간장에 장해가 나타난다.

▷ 만성 일반독성 : 본제를 의료용기의 소독에 항시 사용하는 검사원이나 간호사에 피부의 가려움과 습진, 비염, 구내염 등이 다발한다.

▷ 발생독성 : 임신한 토끼에의 경구투여로 유산이 증가한다.

▷ 면역독성 : 반복 노출(접촉 또는 흡입)를 받으면 알레르기성의 접촉피부염이나 천식 증상이 다발한다.

▷ 변이원성 : *Salmonella*균과 대장균에 유전자 변이를 초래하고, 햄스터의 배양 난소세포에 염색체 이상을 초래한다. 또 사람의 배양림프구의 DNA를 손상한다.

▷ 환경오염 : 사람에의 노출은 의료시설의 직장에서 본제를 소독용액으로서 사용할 때에 많이 나타난다. 일본에서는 시설 내의 대기중 농도가 최고 0.8 ppm(3.2 mg/m^3)에 이르는 오염 예도 알려져 있다. 이외에 피혁공업의 직장이나 본제를 방부제로 사용하는 장의사 등에서도 노출이 되는 염려가 있다. 또 이와 같은 시설이나 공장의 폐액을 통하여 주변의 일반 환경도 오염된다.

▷ 규제 : ACGIH의 노동환경 대기중의 허용농도는 0.05 ppm(0.2 mg/m^3)이다. 미국의 버지니아주에서는 일반 환경 대기중 허용농도를 6 μg/m^{3}으로 설정하고, 일본에서는 PRTR의 대상물질(제 I 종)로 지정되어 있다.

2. 나프탈렌(naphthalene)

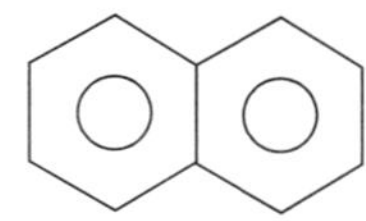

Naphthalene

- CAS번호 : 91-20-3
- 별명 : 나프탈린 ; 네오파스(상품명)

▷ 성상 : 백색의 결정성의 고체(융점 80℃)로서 휘발성(승화성)이 있고, 특유한 강한 냄새가 있다.

▷ 용도 : 방충제 · 방취제로서 염료, 폭약, 플라스틱, 농약, 세제 등의 제조에 이용.

▷ 유독성 : 증기 또는 분진을 흡입하면 두통, 식욕부진이 나타나며 다량 흡입시 시신경 장해, 위장염을 일으킨다.

▷ 급성독성 : 약간 강하다(마우스의 경구 LD_{50} = 500～700 mg/kg). 사람에서는 흡입노출이나 경구섭취에 의하여 두통, 구역질, 우울증, 피로감, 설사, 용혈성의 빈혈, 착란상태, 경련, 혼수 등의 증상이 생기고 백내장, 신장장해 그리고 뇌 장해(유아의 경우)를 초래한다.

▷ 만성 일반독성 : 사람이나 동물(쥐와 토끼)에서도 상기와 마찬가지로 백내장과 망막의 출혈과 변질이 나타난다. 쥐와 마우스의 만성 경구투여에서는 역시 신장의 병변과 빈혈이 나타난다(RfD = 0.02 mg/kg/day). 한편 마우스에의 흡입노출에서는 호흡기계(코와 폐)에 염증이 생긴다(RfC = 3μg/m^3).

▷ 발생독성 : 임신 쥐에의 경구투여로 태아의 사망이 증대하고 내출혈과 내장기형이 나타난다.

▷ 면역독성 : 마우스에의 아급성 경구투여로 흉선과 비장이 위축한다. 이것은 쥐에의 아만성 경구투여도 마찬가지이다. 또 피부에 알레르기 증상을 일으킨다.

▷ 발암성 : 마우스에의 흡입노출로 폐암이 생긴다(EPA는 그룹 C로 지정).

▷ 변이원성 : 비브리오균과 초파리에 유전자 변이를 초래하고, 햄스터의 배양 난세포와 마우스의 배세포에 염색체 이상을 초래한다.

▷ 생태독성 : 수생생물에 대한 독성은 약간 강하고, 대부분 어류의 LC_{50}(96시간) = 1～3 mg/ℓ 이다. 단 유어(幼魚)에 대하여는 독성이 상당히 강하고, 이 값이 0.01～0.1mg/ℓ 로 저하한다.

▷ 환경오염 : 토양 중에선 약간 분해하기 어렵고, 반감기는 3～4개월에 이른다. 수중에서의 생물농축도 약간 나타난다(굴에 대하여는 약 300배). 도시의 대기중에 1～10 ㎍/m^3, 하천 수중에 1～10 ㎍/ℓ, 또 지하수 중에 20～150 ㎍/ℓ 의 오염 예가 알려져 있다. 또한 본제를 다루는 직장이나 이것을 방충제로 사용하는 가정에서는 옥내 대기농도가 옥외보다 상당히 높은 것으로 보인다.

▷ 규제 : NIOSH의 노동환경 대기중 허용농도는 10 ppm(52.4 mg/m^3)이다. 미국에서는 유해대기, 수질 · 음료수 오염물질 그리고 유해폐기물로 지정되어(예로서 매사추세츠주의 일반 환경 대기중 허용농도는 14 ㎍/m^3) 있다. 또 플로리다주에서는 음료수 중 허용농도를 6.8 ㎍/ℓ 로 설정되어 있다.

관련 법규 : 산업안전기준에 관한 규칙[발화성 물질(가연성 고체)]

3. β-나프톨(β-naphthol)

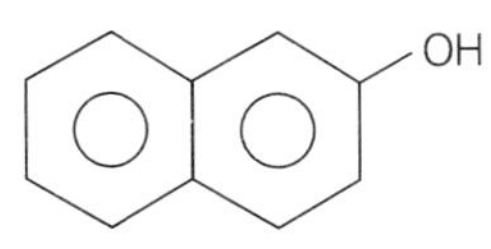

β-Naphthol

▸ CAS번호 : 135-19-3

▸ 별명 : 2-Naphthol

▷ 성상 : 무색의 결정성 고체(융점 122℃)로서 phenol 같은 냄새가 나며, 물에 약간 녹는다.

▷ 용도 : 살충제, 곰팡이 방지제, 방부제로 이용하고, 피부병용의 의약품, 합성고무나 유지의 산화방지제, 염색조제, 수증기 터빈이나 모터의 윤활제로 사용한다.

▷ 유독성 : 치사량 3～5 g 정도이며, 눈에 들어가면 염증을 일으키고 심하면 실명한다. 피부 접촉시 흡수되어 약상을 입으며 백색으로 변한다. 구토, 의식불명을 일으킨다. 혈액이나 신장에 유해하고 피부에 흡수되기 쉽다.

▷ 급성독성 : 상당히 강하고 경구섭취 등에 의하여 구역질, 우울증, 복통, 설사 등의 증상이 일어난다. 때로는 경련이나 극도의 쇠약상태가 생기고 중증으로 사망하는 수가 있다. 또 피부나 눈에 대하여 자극작용을 나타내고, 수정체의 혼탁을 초래한다.

▷ 만성 일반독성 : 경구섭취나 피부에서의 흡수에 의하여 신장이나 간장에 장해를 초래하고, 용혈성의 빈혈을 일으킨다.

▷ 환경오염 : 사람에의 노출은 본제를 생산 또는 사용하는 직장에서 생기기 쉽고, 일반 환경에서도 관련 공장에서의 폐액 등에 의하여 오염된 물이나 환경에서의 노출을 생각할 수 있다. 예를 들면 미국에서는 지하수 중에 1～2 mg/ℓ의 오염이 검출되고 있다.

▷ 규제 : UNEP(국제 환경계획)의 노동환경과 일반 환경 대기중 허용농도는 각각 0.1 mg/m^3 그리고 3 $\mu g/m^3$이다. 또 같은 생활용수 허용농도는 0.4 mg/ℓ이다. 일본에서는 극물로 지정되어 있다.

관련 법규 : 산업안전기준에 관한 규칙[발화성 물질(가연성 고체)]
유해화학물질관리법(유독물질)

4. 4-니트로페놀(4-nitrophenol)

- CAS번호 : 100-02-7
- 계통명 : 4-Hydroxy-1-nitrobenzene
- 별명 : *p*-Nitrophenol

▷ 성상 : 무색 또는 담황색의 결정성 고체(융점 113℃)로서 물에 약간 녹는다.

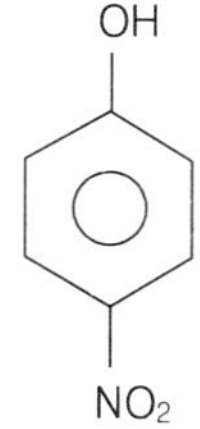

4-Nitrophenol

▷ 용도 : 살균제로서 피혁처리, 의약품, 농약, 염료 등의 제조에도 이용한다.

▷ 급성독성 : 상당히 강하다(쥐의 경구 LD_{50} = 250 mg/kg). 사람에서는 경구섭취 또는 증기나 미세분말의 흡입에 의하여 두통, 현기증, 구역질, 탈력감, 의식저하 그리고 티아노제(thianose, 혈액 중의 산소 부족에 의한 입술, 귀, 손톱 등에 청변)가 생긴다. 눈이나 피부에 접촉하면 염증을 초래한다. 쥐에의 흡입노출에서는 호흡곤란과 간장장해 이외에도 각막의 혼탁이 나타난다.

▷ 만성 일반독성 : 흡입노출에 의하여 기관지염이 생기고 기침, 담, 숨막힘 등의 증상이 나타난다. 또 피부에의 접촉이 계속되면 발적(發赤), 부스럼 딱지, 갈라짐이 많이 생긴다.

▷ 발생독성 : 쥐에의 경구투여로 치사독성이 나타나고, 탄생 직후의 신생아에 대하여는 6주간 후의 성숙한 쥐에 비하여 3배 강하게 나타난다.

▷ 면역독성 : 본제를 다루는 공장에서 노동자의 피부에 알레르기 증상을 초래하는 사례가 알려져 있다.

▷ 변이원성 : 햄스터의 배양 난소세포와 사람의 배양림프구에 염색체 이상을 초래하고 고초균, 효모 그리고 쥐에의 배양 간세포의 DNA를 손상한다.

▷ 생태독성 : 수생생물에 대하여 약간 강한 독성을 나타낸다(무지개송어의 LC_{50} (96시간) = 3.8 mg/ℓ).

▷ 환경오염 : 사람에의 노출은 본제를 생산 그리고 사용하는 직장에서 생기기 쉽다. 또 일반 환경에서도 오염된 대기나 물에서의 흡입 및 섭취를 생각할 수 있다. 예를 들면 말레시아의 하천 수중에 0.02 mg/ℓ 검출되는 예가 알려져 있다.

▷ 규제 : 미국에서는 유해대기, 수질 오염물질 그리고 유해폐기물로 지정되어 있다. 또 플로리다주에서는 음료수 중 허용농도를 15 μg/ℓ로 설정하고, 일본에서는 PRTR의 대상물질(제Ⅰ종)로 지정되어 있다.

▷ 관련물질 : 2.4-Dinitrophenol(51-28-5)도 살충제 및 염료나 폭약의 제조 등에 사용되는 유사물질(약칭 2,4-DNP)이다. 황색의 결정성 고체이고 급성독성이 아주 강하다(쥐의 경구 LD_{50} = 30 mg/kg). 또 만성 경구섭취에 의하여 백내장과 피부의 염증이 생기고 골수, 중추신경계, 간장, 신장 등에 장해를 일으킨다(RfD = 2 ㎍/kg/day). 그리고 4-nitrophenol의 발생독성의 항에 기술한 특징은 본제에 대하여도 나타난다.

미국에서는 유해대기, 수질·음료수 오염물질 그리고 유해폐기물로 지정되어(예로서 캔자스주의 음료수 중 허용농도는 0.031 mg/ℓ) 있고, 일본에서는 PRTR의 대상물질(제 I 종)로 지정되어 있다.

5. *p*-디클로로벤젠(*p*-dichlorobenzene)

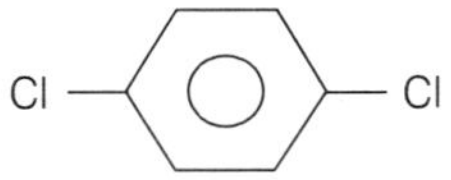

Cl — [benzene ring] — Cl

p–Dichlorobenzene

- CAS번호 : 106-46-7
- 계통명 : 1,4-Dichlorobenzene
- 별명 : 파라졸, 네오파라, 모스노(어느 것이나 상품명)

▷ 성상 : 백색의 결정성 고체(융점 53℃)로서 휘발성(승화성)이고, 특유의 강한 냄새를 가진다.

▷ 용도 : 의료용(衣料用) 방충제, 방취제, 훈증살충제, 염료의 제조 원료로 이용.

▷ 급성독성 : 그다지 강하지 않다(쥐의 경구 LD_{50} = 약 3.8 g/kg). 사람이 다량의 증기를 흡입하면 눈이나 목이 자극되어 두통, 현기증, 구토 등이 생긴다. 동물실험에서는 경구투여에 의하여 간장과 신장의 장해도 알려져 있다.

▷ 만성 일반독성 : 장해의 양상은 거의 급성독성의 경우와 같으나 사람에서는 특히 중추신경계의 악영향(탈력감, 떨림, 수족의 마비 등)이 눈에 뜨인다. 이 외에 폐의 장해와 빈혈도 나타난다(쥐에의 아만성 흡입노출의 최대 무작용량은 75 mg/m^3).

▷ 생식독성 : 쥐에의 2세대 경구투여로 신생아의 감소와 발육의 지연이 나타난다. 또 마찬가지로 복강내 경구투여로 정자의 두부나 미부의 이상이 현저히 증가한다.

표 2-17. 경구투여 실험에 있어서 *p*-dichlorobenzene의 발암성

투여량 (kg/kg/d)	종양이 생긴 실험동물의 개체 수						
	마우스(간장)						쥐(신장)
	수 컷			암 컷			수컷 (주로 암종)
	선종※	암 종	총 종양	선종※	암 종	총 종양	
0	14	5	17(34%)	5	10	15(30%)	1(2%)
150	-	-	-	-	-	-	3(6%)
300	11	12	22(45%)	5	6	10(21%)	8(16%)
600	32	16	40(80%)	19	21	36(72%)	-

투여기간은 103주간(단 주 5일), 실험동물 수는 각 48~50마리이다.
※ 양성 종양
자료 : US EPA PB Report 88-179387(1987)

표 2-18. 마우스의 흡입노출 실험에 있어서 *p*-dichlorobenzene의 발암성

노출농도 (ppm)	종양이 생긴 마우스의 개체 수				
	수 컷		암 컷		
	간 장		간 장		폐
	암 종	육 종	암 종	선 종※	암 종
0	12	0	2	2	1
20	17	3	4	10	1
75	16	1	2	6	1
300	38	6	41	20	4

노출기간은 104주간(단 주 5일, 1일 6시간), 실험동물 수는 각 49~50마리이다.
※ 양성 종양
자료 : 중앙노동재해방지협회 일본 바이오연구센타 보고서(1995년)

▷ 발생독성 : 임신 쥐에의 경구투여로 태아의 늑골이상의 발생률이 증대한다.

▷ 면역독성 : 피부에 알레르기 증상을 나타내고, 미량으로도 가려움이나 발진을 초래한다.

▷ 발암성 : 마우스에의 경구투여로 간장에, 또 쥐에의 경구투여로 신장에 종양이 생긴다(표 2-17 참조). 또 마우스에의 흡입노출에서도 간장에 종양이 생긴다(표 2-18 참조). IARC는 그룹 2B로 지정하고, 또 EPA는 그룹 C로 지정되어 있다. 흡입

단위 리스크를 0.000004(실질 안전 대기중 농도는 0.25 ㎍/m³)로 산정한다.

▷ 변이원성 : 황국균에 유전자 변이를 초래하고, 고등식물과 사람에의 배양림프구에 염색체 이상을 초래한다. 또 복강내 투여한 마우스의 간세포와 신장세포의 DNA를 손상한다.

▷ 생태독성 : 수생생물에 대한 독성은 약간 강하고, 어류의 LC_{50}(48～96시간)은 일반적으로 1～10 mg/ℓ 이다. 또 무기개송어의 유어(幼魚)에 대한 60일 노출의 최대 무작용 농도는 0.1 mg/ℓ 이다.

▷ 환경오염 : 일본의 도시에서의 옥외 대기중 농도는 1～100 ㎍/m³이나 본제를 방충제로서 사용하고 있는 주거의 옥내 대기중 농도는 이보다 상당히 높아 300～12,000 ㎍/m³으로 보고 있다. 이 중 전형적인 농도를 750 ㎍/m³으로 하면 여기에서 유래하는 발암 리스크는 1,000분의 3(실질 안전기준의 3,000배)이고, 아주 높은 것이 걱정된다.

일본의 2001년도의 PRTR에도 본제의 계출외 배출량이 많아 약 2만 톤(제9위)에 이르고 있다. 한편 하천수 중의 농도는 1 ㎍/ℓ 전후이나 어류에의 생물농축은 상당히 인정되고 있다(예로서 무지개송어에는 370～720배).

▷ 규제 : ACGIH의 노동환경 대기중 허용농도는 10 ppm(60 mg/m³)이다. 미국에서는 유해대기, 수질 오염물질 그리고 유해폐기물로 지정되어(예로서 매사추세츠주의 일반 환경 대기중 허용농도는 4.2 ㎍/m³) 있다. 또 캘리포니아주에서는 음료수중 허용농도를 0.3 ㎍/ℓ 로 설정하고 있다.

일본에서는 PRTR의 대상물질(제Ⅰ종)로 지정, 또 실내 대기중 농도 지침치(240 ㎍/m³)와 하천 등의 일반 환경의 수질감시 지침치(0.2 mg/ℓ)를 설정하고 있다.

관련 법규 : 수질환경보전법(수질오염물)
대기환경보전법(대기오염물질, 특정 대기유해물)

6. 비페닐(biphenyl)

Biphenyl

▸ CAS번호 : 92-52-4

▸ 별명 : Diphenyl, phenylbenzene

▷ 성상 : 무색 또는 결정성 분말(융점 71℃)로서 특이한 감미로운 냄새가 있다.

▷ 용도 : 곰팡이 방지제, 살균제로서 미국에서는 농약(특히 수확 후에 사용하는 post harvest 농약)으로 등록되어 있으나 일본에서는 1971년에 식품첨가물로 지정되어 포도, 레몬, 그리고 오렌지에 잔존량 70 ppm까지 사용이 인정되고 있다.

▷ 유독성 : 경구독성이 있다.

▷ 급성독성 : 그다지 강하지 않으나(쥐의 경구 LD_{50} = 2.4 g/kg) 비교적 다량의 분말을 흡입한 노동자에 간장 · 신장장해와 신경장해가 생기고 두통, 구역질, 소화불량, 위의 통증, 수족의 마비, 피로감 등의 증상이 관찰된다. 눈이나 피부도 자극작용을 받는다.

▷ 만성 일반독성 : 사람에서는 흡입에 의하여 주로 중추신경에 장해가 생기고 두통, 떨림, 불면증, 정서 불안감, 감각마비, 경련 등의 증상이 나타난다. 또 쥐에의 경구투여에서는 신장장해가 눈에 뜨인다(RfD = 0.05 mg/kg/day).

▷ 발생독성 : 임신 쥐에의 경구투여로 태아의 생존율과 체중이 감소한다.

▷ 면역독성 : 피부에 접촉하면 알레르기 증상이 나타나고, 가려움과 발진을 초래한다.

▷ 변이원성 : 마우스의 배양림프종 세포에 유전자 변이를 일으키고, 햄스터의 배양 폐세포에 염색체 이상을 초래한다. 또 경구투여한 쥐의 DNA를 손상한다.

▷ 생태독성 : 수생생물에 대하여 약간 강한 독성을 나타난다(무지개송어의 LC_{50} (96시간) = 1.5 mg/ℓ).

▷ 환경오염 : 본제를 다루는 사업소의 노동환경이 오염되거나 폐액에 의하여 주변의 지하수가 0.2 mg/ℓ까지 오염되는 경우가 일려져 있다. 또 grape fruit에 150ppm, 그리고 미국에서 수입한 오렌지 껍질에 103 ppm의 잔류가 보고되어 있다. 한편 어류에의 생물농축이 약간 높은 수준으로 나타난다(예로서 무지개송어에서는 약 1,300배).

▷ 규제 : NIOSH의 노동환경 대기중 허용농도는 0.2 ppm(1.26 mg/m^3)이다. 미국에서는 유해 대기오염물질로 지정되어(예로서 매사추세츠주의 일반 환경 대기중 허용농도 0.086 μg/m^3) 있고, 또 플로리다주에서는 음료수 중 허용농도를 0.5 μg/ℓ로 설정되어 있다. 일본에서는 PRTR의 대상물질(제 II 종)로 지정되어 있다.

관련 법규 : 산업안전기준에 관한 규칙[발화성 물질(가연성 고체)]

7. 산화트리부틸주석(tributyl tin oxide)

- CAS번호 : 56-35-9
- 계통명 : *bis*-Tributyl tin oxide
- 별명 : 약칭 TBTO
- 화학식 : $(CH_3CH_2CH_2CH_2)_3Sn\text{-}O\text{-}Sn(CH_2CH_2CH_2CH_3)_3$

▷ 성상 : 무색 또는 담황색의 유상(油狀) 액체이다.

▷ 용도 : 어망과 배 밑의 방오제(防汚劑) 그리고 종이, 목재, 도료 등의 살균·곰팡이 방지제로서 널리 사용하였으나 환경오염의 확대와 더불어 각국에서 사용이 억제되어 일본에서도 1990년에 화심법(化審法)의 제Ⅰ종 특정 화학물질로 지정되어 그 제조, 수입 및 사용이 금지되고 있다.

▷ 급성독성 : 상당히 독성이 강하다(쥐의 경구 LD_{50} = 127～234 mg/kg). 쥐와 마우스에 미세한 액적(液滴)을 흡입시키면 코나 목 등을 강하게 자극하여 폐수종을 일으킴과 동시에 장염이나 중추신경계의 장해를 초래한다. 또 피부나 눈에 대하여 아주 강한 자극작용을 나타내고, 발적(發赤)이나 충혈을 초래한다.

▷ 만성 일반독성 : 원숭이에의 아만성 경구투여로 백혈구가 감소하고 쥐나 마우스에의 만성 경구투여로 간장, 담관 그리고 신장에 장해가 생긴다.

▷ 생식독성 : 쥐에의 2세대 경구투여로 신생아의 체중이 감소한다.

▷ 발생독성 : 임신 쥐나 임신 마우스에의 경구투여로 유산이 증가하고, 태아의 발육 저하와 기형(구개열, 골격이상 등)이 나타난다. 쥐의 신생아에 대하여는 행동독성(학습능력의 저하 등)도 관찰된다.

▷ 면역독성 : 쥐에의 아만성 경구투여로 흉선과 림프절이 위축한다. 또 세포성 면역작용(병원체의 배제 등)이 대폭 저하한다. 특히 미량(0.25 mg/kg/day)의 투여로 병원기생충에의 저항력이 감소한다.

▷ 행동독성 : 쥐에의 아만성 경구투여로 자극 회피능력이 저하한다.

▷ 내분비계 장애 : 쥐에의 만성 경구투여로 부신이 비대하고 갑상선이 위축한다. 또 0.001 μg/ℓ의 미량 수중농도로 권패류의 암컷에 수정관(輸精管)이 생기고 수란관(輸卵管)이 퇴화한다(암컷의 수컷화). OSF와 환경성의 내분비계 장애물질 리

스트에 트리부틸주석으로 수록되어 있다.

▷ 발암성 : 쥐에의 경구투여로 췌장암이 생긴다.

▷ 변이원성 : 햄스터의 배양 난소세포와 경구투여 한 마우스의 골수세포에 염색체 이상을 초래한다.

▷ 생태독성 : 수생생물에 대하여 아주 강한 독성을 나타낸다(대부분 어패류의 LC_{50}(96시간) = 2～20 μg/ℓ).

▷ 환경오염 : 환경에서는 분해가 늦고, 반감기는 수중에서 수개월간, 또 토양 중에서는 수년에 이른다. 생물농축도 약간 현저하다(어패류에 대하여 1,000～5,000배). 이 때문에 해수 중의 농도는 0.05～0.5 ppb이나 어패류에는 0.1～0.5 ppm의 오염이 나타난다. 그래서 TBTO를 주로 생선에서 1일에 2～10 μg 섭취하고 있다.

▷ 규제 : 유기주석 화합물 일반에 관한 NIOSH의 노동환경 대기중 허용농도는 주석(원소)에 대하여 0.1 mg/m^3이다. 미국에서는 마찬가지로 음료수 중 허용농도(목표치)를 1.4 μg/ℓ로 설정되어 있다. 일본에서는 화심법(化審法)에서 규제하고, 또 유기주석 화합물로서 극물 그리고 PRTR의 대상물질(제Ⅰ종)로 지정되어 있다.

▷ 관련물질 : TBTO와 마찬가지로 몇 종의 트리부틸주석 화합물과 트리페닐 주석 화합물(표 2-19 참조)이 역시 배 밑 등의 방오제(防汚劑)로서 사용하여 왔다. 후자는 농약(살균제)으로도 사용하여 왔다. 어느 것이나 백색의 고체이고 급성독성이 상당히 강하다. 또 TBTO에 유사하여 면역독성(특히 세포성 면역기능의 저하), 생식독성, 발생독성 그리고 수생생물에 대한 생태독성이 강한 것이 많다.

이들은 최근 각국에서 사용이 억제되고 있는 경향에 있고, 일본에서도 화심법의 제Ⅱ종 특정 화합물로 지정하고 있다. 또 「유해물질을 함유하는 가정용품의 규제에

표 2-19. 트리부틸주석 화합물과 트리페닐주석 화합물

명칭	염화트리부틸주석	초산트리부틸주석	염화트리페닐주석	수산화트리페닐주석
영어명	Tributyltin chloride	Tributyltin acetate	Triphenyltin chloride	Triphenyltin hydroxide
CAS번호	1461-22-9	56-36-0	639-58-7	76-87-9
약칭	TBTC		TPTC	TPTH
화학식	$(C_4H_9)_3SnCl$	$(C_4H_9)_3SnOCOCH_3$	$(C_6H_5)_3SnCl$	$(C_6H_5)_3SnOH$
쥐경구 LD_{50}	129 mg/kg	133 mg/kg	80～135 mg/kg	240 mg/kg

관한 법률」에 의하여 기저귀, 바지, 손장갑, 양말, 도료, 접착제, 구두약 등의 방균·곰팡이 방지제로 사용하는 것을 금지하고 있다. 한편, 유기주석 화합물로서의 극물 그리고 PRPR의 대상물질(제 I 종)로 지정되고 있는 것은 TBTO와 마찬가지이다.

8. 에틸렌옥시드(ethylene oxide)

$$\begin{array}{c} CH_2 - CH_2 \\ \diagdown_{O} \diagup \end{array}$$

Ethylene oxide

▸ CAS번호 : 75-21-8

▸ 별명 : 산화에틸렌, 옥시란(oxirane) ; 카폭스-10(농약으로서의 상품명)

▷ 성상 : 무색의 기체(비점 10.4℃)로서 감미의 냄새가 난다. 물에 잘 녹는다.

▷ 용도 : 저장 곡물, 의류, 서적 등의 훈증제(살충·살균 등, 일본에서는 농약으로 등록), 의료기구, 화장품, 플라스틱제품 등의 소독제, 로켓 추진제, 합성섬유, 비이온성 세제, 부동액, 접착제, 의료품 등의 제조에 이용된다.

▷ 급성독성 : 상당히 강하다(쥐의 경구 LD_{50} = 330 mg/kg). 사람에서 흡입하면 두통, 현기증, 구역질, 우울증, 경련, 의식저하, 호흡곤란 등의 신경장해가 생기고, 중증에서는 사망하는 수가 있다. 또 피부, 눈, 점막 등을 강하게 자극하여 폐수종을 일으킨다.

▷ 만성 일반독성 : 직장에서의 낮은 농도에서도 수년간 흡입을 계속한 노동자에 수족의 떨림과 탈력감, 후각마비 등의 신경장해와 더불어 시력의 저하를 동반하는 백내장이 다발하는 것으로 알려져 있다. 또 간장과 신장의 장해도 나타난다.

▷ 생식독성 : 본제를 다루는 직장의 여성 노동자에 월경불순이나 유산이 다발한다. 특히 본제를 용구의 소독에 사용하는 치과의 여성 조수에게서 유산과 조산이 많았다는 것이 보고되어 있다. 또 동물실험에서도 임신율 저하, 정소의 위축 그리고 정자의 감소가 관찰되고 있다(미국 캘리포니아주에서는 암컷의 생식 독성물질 리스트에 수록).

▷ 발생독성 : 임신 마우스의 흡입노출에 의하여 태아에 기형(소안구증과 무안구증)이 생긴다. 또 임신 쥐에의 흡입노출에서는 태아의 체중이 저하한다.

▷ 발암성 : 직장에서 본제를 흡입하는 기회가 많은 노동자에 백혈병, 위암 그리고

췌장암이 다발한다. 또 쥐에의 흡입노출로 뇌종양과 백혈병이 생긴다. 마우스에의 흡입노출에서는 폐암과 자궁암, 유방암 등이 생긴다(IARC는 그룹 1, 또 EPA는 그룹 B1로 지정).

▷ 변이원성 : *Salmonella*균, 붉은빵곰팡이 그리고 햄스터의 배양 난소세포에 유전자변이를 초래하고, 초파리 그리고 사람의 배양림프구에 염색체 이상을 초래한다. 또 마우스의 생식세포의 DNA를 손상한다. 또 노출을 받은 노동자에 림프구와 골수세포의 염색체 이상을 다발시킨다.

▷ 환경오염 : 사람에의 노출은 본제를 생산하는 공장이나 본제를 소독제 등으로 사용하는 직장에서 일어나기 쉽다. 미국에서는 직접 이와 같은 노출을 받을 가능성이 있는 노동자가 8만 명(처리물품에서 간접적인 노출까지 더하면 22만 명)에 이르는 것으로 추산하고 있다. 본제는 자동차 배기가스와 담배연기에도 함유되어 있다.

▷ 규제 : NIOSH의 노동환경 대기중 허용농도는 0.1 ppm(0.18 mg/m^3)이다. 미국에서는 유해대기 오염물질 그리고 유해폐기물로 지정되어(예로서 노스캐롤라이나주의 일반 환경 대기중 허용농도는 0.1 μg/m^3) 있다. 또 플로리다주에서는 음료수 중 허용농도를 0.01 mg/ℓ로 설정되어 있고, 일본에서는 극물 그리고 PRTR의 대상물질(제Ⅰ종)로 지정되어 있다.

▷ 관련물질 : 본제와 유사 구조의 epoxide 구조를 함유하는 유기화합물로서 propylene oxide(CAS번호 : 75-56-9)가 유사의 목적(훈증제)으로 사용되고 있다.

$$\underset{\diagdown O \diagup}{CH_2 - CH} - CH_3$$

Propylene oxide

산화프로필렌으로 부르는 이 물질은 무색의 휘발성 액체로서 역시 급성독성이 상당히 강하여 흡입노출에 의하여 호흡기계(특히 폐)와 중추신경계에 장해를 일으킨다. 또 만성적으로도 신경독성이나 발생독성도 함께 나타내고(RfC = 0.03 mg/m^3), 쥐와 마우스에의 흡입노출로 비강에 암이 생기고, 또한 쥐에의 경구투여로 전위에 암이 생긴다. IARC는 그룹 2A로 지정하고, 또 EPA는 그룹 B2로 지정하여 실질안전 대기중 농도를 0.3 μg/m^3으로 산정한다. 미국에서는 유해대기 오염물질 그리고 유해폐기물로 지정하고, 일본에서는 PRTR의 대상물질(제Ⅰ종)로 지정되어 있다.

관련 법규 : 수질환경보전법(수질오염물)
대기환경보전법(대기오염물질, 특정 대기유해물)
행정자치부고시(제 89-8호 유해위험물)
산업안전기준에 관한 규칙(인화성 물질, 특정 화학물질)
고압가스안전관리법(자연성 가스, 독성가스)

9. 염화벤잘코늄(benzalkonium chloride)

▸ CAS번호 : 8001-54-5

▸ 계통명 : 염화알킬벤질디메틸암모늄(alkyl benzyldimethyl ammonium chloride)

▷ 주성분 : 염화벤질디메틸도데실암모늄

▷ 성상 : 백색 또는 황백색의 분말(융점 34～37℃)로서 특유한 냄새가 있으며, 물에 녹는다.

▷ 용도 : 항균제(소독액, 세정액, 청정면, 화장품, 탈취제, 청소기의 종이봉지 등에 사용한다.

▷ 급성독성 : 상당히 강하다(마우스 경구 LD_{50} = 150 mg/kg). 경구노출에 의하여 구역질, 우울증, 설사, 근육의 마비, 중추신경의 억제 등의 증상을 일으킨다. 또 수용액은 0.1% 이상의 농도에서 눈(결막)의 점막조직이나 피부를 강하게 자극한다.

▷ 만성 일반독성 : 쥐에의 경구투여로 출혈성의 위장장해, 또 토끼에의 경구투여로 폐와 간장의 장해가 나타난다.

▷ 발생독성 : 임신한 토끼에의 경구투여로 배(胚)의 이상이 관찰되고, 임신 쥐에의 질 내 투여에서는 태아에 발육 이상이 발견된다.

▷ 면역독성 : 본제를 함유하는 마루용 세정액의 사용 후에 실내에 잔존하는 성분에의 노출에 의하여 알레르기성 식이 발증하는 사례가 알려져 있다.

▷ 변이원성 : 2종의 세균의 DNA를 손상한다.

▷ 관련물질 : 염화디데실디메틸 암모늄(didecyl dimethyl ammonium chloride)도 항균제로서 소독액, 비누, 마루・벽용 세정액, 목재 방부제, 풀장의 방오제(防汚劑) 등에 사용하는 수용성의 유사물질로서 역시 급성독성이 강하다. 또 비교적 낮은 농도의 세정액으로서 사람의 접촉피부염(손, 얼굴 등)이 발증한다.

10. 요오드화메틸(methyl iodide)

- CAS번호 : 74-88-4
- 계통명 : 요오드메탄(iodomethane)
- 화학식 : CH_3I

▷ 성상 : 무색의 휘발성 액체(비점 42℃)로서 에테르 같은 강한 냄새가 있고, 물에 약간 녹는다.

▷ 용도 : 토양의 살충용 훈증제, 소화제, 전자회로의 에칭제, 현미경의 염색 고정제, 유기화학 합성에 있어서 메틸화제(의약품이나 농약의 제조) 등에 이용된다.

▷ 급성독성 : 아주 강하다(쥐의 경구 LD_{50} = 76 mg/kg). 사람에서는 증기의 흡입에 의하여 중추신경이 억제되고 현기증, 구역질, 우울증, 운동실조, 언어장해, 의식저하, 혼수 등의 증상이 나타난다. 또 숨이 막히고 폐수종이 생긴다. 또 접촉하면 피부에 수포가 생성하고 눈도 강하게 자극된다.

▷ 만성 일반독성 : 흡입노출에 의하여 급성증상과 마찬가지로 신경장해(특히 방향감각의 소실)나 호흡장해(특히 기관지염 등)가 눈에 뜨인다. 또 신장에의 악영향도 무시할 수 없다.

▷ 발암성 : 마우스에의 복강 내 투여로 폐암이 생긴다. 또 쥐에의 피하투여로 투여 부위에 육종이 생기고, 이것이 다음에 폐로 전이한다(IARC는 그룹 3, 또 EPA는 그룹 C로 지정).

▷ 변이원성 : 햄스터의 배양 폐세포에 유전자변이를 초래하고, 마우스의 배양 림프종세포에 염색체 이상을 초래한다. 또 대장균과 효모의 DNA를 손상한다.

▷ 환경오염 : 사람에의 노출은 본제를 생산 그리고 사용하는 직장이나 훈증 등에 이용하는 작업장에서 생기기 쉽다. 또 폐액 등을 통하여 일반 환경도 오염된다. 예로서 미국에서는 도시의 대기중 농도가 0.5 $\mu g/m^3$에 이른다.

▷ 규제 : NIOSH의 노동환경 대기중 허용농도는 2 ppm(10 mg/m^3)이고, 미국에서는 유해대기 오염물질 그리고 유해폐기물로 지정되어 있다. 일본에서는 극물 그리고 노동안전위생법의 특정 화학물질(제Ⅱ류)로 지정되어 있다.

11. 퀴논(quinone)

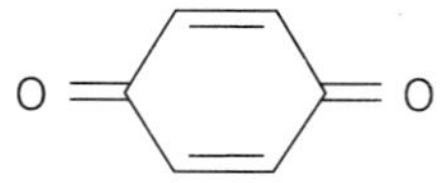

Quinone

- CAS번호 : 106-51-4
- 계통명 : 1,4-벤조퀴논(1,4-benzoquinone)
- 별명 : ρ-Benzoquinone

▷ 성상 : 황색의 결정성 고체(융점 116℃)로서 염소 같은 강한 냄새가 있다.

▷ 용도 : 살균제, 사진 현상, 가죽의 무두질, 산화제, 중합 억제제로서 불포화 polyester 수지에 첨가, 고무, 염료, 화장품, 의약품 등의 제조에도 이용된다.

▷ 급성독성 : 상당히 강하다(쥐의 경구 LD_{50} = 130 mg/kg). 사람이 이 미세분말을 흡입하면 코, 목 그리고 폐가 자극을 받고 빈혈, 목 쉰소리, 기침, 담(가래), 흉통 등이 생긴다. 또 접촉하면 눈이 강하게 자극을 받아서 결막이나 각막이 변색하고 피부에도 염증(發赤)이 나타난다. 동물실험에서는 신장장해가 보고되고 있다.

▷ 만성 일반독성 : 피부에 반복 접촉하면 궤양이 생기고, 흡입을 계속하면 눈이 갈색으로 변하고 각막이 변질하여 시력이 저하한다. 또 기관지염이 생기고 기침, 가래, 담, 숨막힘 등을 초래한다.

▷ 환경오염 : 주로 공장에서 생산 시 또는 사용 시에 대기환경을 오염한다. 또 관련 제품을 다루는 생활환경에서도 오염대기를 흡입하거나 피부 노출을 받을 가능성이 있다. 본제는 담배연기에 조금 함유되어 있다.

▷ 규제 : NIOSH의 노동환경 대기중 허용농도는 0.1 ppm(0.44 mg/m^3)이다. 미국에서는 유해대기 오염물질 그리고 유해폐기물로 지정되어 있다.

12. 크레졸(cresol)

- CAS번호 : 1319-77-3
- 별명 : 메틸페놀(methylphenol), hydroxytoluene

▷ 화학구조 : Methyl기와 수산기의 결합위치에 따라 *ortho*(*o*-), *meta*(*m*-) 그리

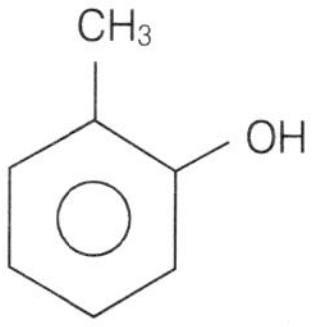

CH3
OH
o-Cresol

고 *para*(ρ -)의 3종의 이성체가 존재하나 보통 사용되는 것은 이들의 혼합물이고, 아래의 설명도 주로 이들을 대상으로 한다.

▷ 성상 : 무색의 고체 또는 갈색의 액체로서 특유의 냄새를 가진다.

▷ 용도 : 소독제, 훈증제, 목재 방부제, 탈취제, 사진 현상액, 세제와 세정제(그리스 제거제 등), 농약, 산화 방지제, 가소제(可塑劑), 폭약 등의 제조에도 이용된다.

▷ 급성독성 : 상당히 강하다(쥐의 경구 LD_{50} = 120～240 mg/kg). 사람에서는 증기를 흡입하면 코나 목이 심하게 자극되고, 피부나 눈에 접촉하면 심한 염증이 생긴다. 또 경구노출에 의하여 소화기계, 호흡기계, 간장, 신장염 그리고 중추신경계에 악영향을 초래하고, 중증에서는 사망을 초래한다. 동물실험에서도 마찬가지 증상이 관찰된다.

▷ 만성 일반독성 : 사람의 경우 두통, 현기증, 식욕부진, 우울증, 설사 등을 동반하는 만성중독이 알려져 있으나 실험동물에의 경구투여에서는 체중 저하, 혈액이상, 간장 · 비장 · 중추신경 장해 등이 나타난다(*o*-cresol과 *m*-cresol에 대하여는 RfD = 0.05 mg/kg/day ; ρ -cresol에 대하여는 RfD = 0.005 mg/kg/day).

▷ 생식독성 : 마우스에의 아만성 경구투여로 정낭이 위축하고, 신생아에 대하여는 체중 감소와 정소나 전립선의 위축이 나타난다.

▷ 면역독성 : 피부에 대하여 알레르기 증상을 초래한다.

▷ 발암성 : 마우스의 피부에의 반복투여로 피부암의 증상을 촉진한다(EPA는 그룹 C로 지정).

▷ 환경오염 : 사람에의 노출은 본제를 생산 그리고 사용하는 공장이나 소독 등에 이용하는 직장에서 생기기 쉽다. 미국에서는 이와 같은 노출을 받을 가능성이 있는 노동자가 60～120만명에 이르는 것으로 추산한다. 또 지하수가 고농도(2～16 ppm)로 오염된 예가 몇 가지 알려져 있다.

▷ 규제 : NIOSH의 노동환경 대기중 허용농도는 2.3 ppm(10.2 mg/m^3)이다. 미국

에서는 유해대기 오염물질 그리고 유해폐기물로 지정되어(예로서 매사추세츠주의 일반 환경 대기중 허용농도는 12 $\mu g/m^3$) 있다. 또 미네소타주에서는 음료수 중 허용농도를 0.03 $\mu g/\ell$ 로 설정하고, 일본에서는 극물 그리고 PRTR의 대상물질(제I종)로 지정되어 있다.

13. 클로르단(chlordane)

▸ CAS번호 : 57-74-9

▷ 성상 : 담황색 또는 호박색 액체이다. 경우에 따라서는 유사한 환상구조를 가진 일련의 화합물(이성체)의 혼합물을 의미하나 주성분은 α- 또는 γ-chlordane이다.

▷ 용도 : 유기염소계의 살충제로서 일본에서는 1950~1960년대에 먼저 농약으로 사용하다가 다시 1970년대부터 1980년대의 전반에 걸쳐 흰개미 구제제 그리고 합판용 방충제로서 대량으로 사용하였다. 그러나 환경오염이 확대되어 1986년에 화심법(化審法)의 제I종 특정 화학물질로 지정되어 그 제조, 수입 그리고 사용이 금지되었다.

▷ 급성독성 : 약간 강하다(쥐의 경구 LD_{50} = 약 500 mg/kg). 사람에서는 다량으로 흡입 또는 경구섭취하면 두통, 구역질, 떨림, 복통, 경련 등이 생기고 중증에서는 착란상태나 의식 소실을 거쳐 사망에 이르는 수가 있다.

▷ 만성 일반독성 : 사람에서는 증기의 흡입에 의하여 신경계, 호흡기계, 간장, 폐 등에 장해가 생기고, 동물실험에서는 흡입노출에 의하여 여기에 더하여 신장과 갑상선에도 이상이 생긴다(RfC = 0.7 $\mu g/m^3$). 또 쥐와 마우스에의 경구투여에서도 간장 장해가 인정된다(RfD = 0.06 μg/kg/day).

▷ 생식독성 : 마우스에의 다세대 경구투여로 신생아의 생존율이 감소한다. 또 쥐에의 2세대 경구투여로 신생아의 바로서기 반사의 능력, 사지의 악력(握力), 후각에 의한 식별능력 등이 저하한다(행동독성이 포함된다).

▷ 발생독성 : 임신 마우스에의 경구투여로 신생아의 면역작용이 저하한다.

▷ 면역독성 : 쥐에의 아급성 경구투여로 비장과 흉선이 위축된다.

▷ 내분비계 장애 : 사람의 배양 유방암세포(MCF-7)의 증식을 촉진하고 estrogen 같은 작용을 나타낸다(OSF와 환경성의 내분비계 장애물질 리스트에 수록).

▷ 발암성 : 쥐(수컷)와 마우스의 경구투여로 간장암이 생긴다. IARC는 그룹 2B

로 지정되어 있다. 또 EPA는 그룹 B2로 지정하고, 흡입단위를 0.0001(실질 안전 대기중 농도는 0.01 μg/m^3), 발암강도인자를 0.35 그리고 실질 안전 음료수 중 농도를 0.1 μg/ℓ로 산정한다.

▷ 변이원성 : 햄스터의 배양 폐세포, 마우스의 배양 림프종세포 그리고 옥수수에 유전자 변이를 일으킨다. 사람의 배양림프구에 염색체 이상을 초래한다.

▷ 생태독성 : 수생생물에의 독성은 아주 강하다(무지개송어의 LC_{50}(96시간) = 0.042 mg/ℓ).

▷ 환경오염 : 환경에서는 분해가 아주 늦고, 토양 중 반감기는 1~3년에 이른다. 또 수중에서의 생물농축도 현저하다(대부분의 어류에 대하여 2~4만 배). 이 때문에 현재에도 여러 지역에서 하천의 저니(底泥), 지하수, 어패류, 인체조직 등에서 상당한 양이 검출된다. 또 흰개미 구제제로서 살포한 주택의 옥내 대기에서는 보통 0.2~2 μg/m^3 정도의 오염이 장기간 지속한다.

▷ 규제 : NIOSH의 노동환경 대기중 허용농도는 0.03 ppm(0.5 mg/m^3)이다. 미국에서는 유해대기, 수질 오염물질 그리고 유해폐기물로 지정되어(예로서 매사추세츠주의 일반 환경 대기중 허용농도는 0.068 μg/m^3) 있다. 또 애리조나주에서는 음료수 중 허용농도를 0.022 μg/ℓ로 설정하고, 스톡홀름 조약의 대상물질이다. 일본에서는 화심법(化審法)에서 규제하고 있다.

▷ 관련물질 : 본제와 아주 유사한 구조를 가진 유기염소계의 살충제로서 heptachlor(CAS번호 : 76-44-8)가 알려져 있고, 일본에서는 1957년부터 농약으로 사용하였으나 급성과 만성 일반독성이 아주 강하고 또한 동물실험에서 발암성을 나타내므로 1972년에 사용이 금지되었다. Heptachlor도 본제와 마찬가지로 분해가 아주 늦고, 스톡홀름 조약의 대상물질이다. 일본에서는 화심법(化審法)의 제I종 특정화학물질로 지정되어 있다.

14. 클로르헥시딘(chlorhexidine)

▸ CAS번호 : 55-56-1

▸ 계통명 : 1,6-di(4'-클로로페닐디구아니노)핵산

▸ 별명 : 히비딘(단, 글루콘산염에 대하여)

▷ 성상 : 백색의 결정성의 분말로서 수용성이다. 70℃ 이상 또는 pH 5 이하에서는 불안정하다.

표 2-20. Chlorhexidine에 의한 사람의 즉시형 알레르기 증상의 사례

성 별	연 령	노출부위(%)※	노출농도(%)※※	증 상
남	58	눈	0.025	AS(혈압저하, 발적)
남	9	피부	0.05	AS
남	56	구강내 점막	0.05	AS(혈압저하, 발적)
남	9	진(唇)외상	0.05	심마진(두드러기), 기침, 피로감
여	37	피부, 질	0.05	심마진(두드러기), 호흡곤란
남	77	피부, 요도	0.05	발진(斑狀)
남	72	피부, 요도	0.05	호흡곤란, 부종, 발진
남	70	피부, 요도	0.05	심마진(두드러기), 발적, 현기증
남	69	피부, 요도	0.05	현기증, 가려움
남	69	피부, 요도	0.05	혈압저하, 흉통, 발한
남	80	피부, 요도	0.05	혈압저하, 기관지경련
남	67	생식기, 요도	0.05	심마진(두드러기),
남	9	눈꺼풀, 요도	0.5	AS, 기관지경련
여	31	질	0.5	심마진(두드러기), 호흡곤란, 복통
남	48	얼굴	0.5	심마진(두드러기),
남	33	피부	0.6	AS(호흡곤란, 의식불명)

AS : Anaphylaxy · shock

※ 요도에의 노출은 chlorohexyldin 배합항균 catether의 삽입에 의한 경우가 많다.

※※ 용액 중

출처 : *Arch. Dermatol.*, 125권 p.50(1989) ; *Med. J. Aust.*, 162권 p. 257(1995)

▷ 용도 : 항균제(의료용기, 청정면, 소염제, 소독제, 세안액, 치약, 비누, 샴푸, 크림, 로션, 청소기의 종이봉지 등에 사용)

▷ 급성독성 : 경구노출에서는 그다지 강하지 않으나(쥐의 경구 LD_{50} = 1,260 mg/kg), 각막이나 구강의 점막조직에 대하여는 비교적 낮은 농도에서도 각종 장해가 발생한다. 배양세포에 대한 독성도 상당히 강하다.

▷ 만성 일반독성 : 급성독성과 마찬가지 경향이 나타나는데, 예로서 본제를 함유한 헹구는 용액을 장기간 사용한 사람의 경우 구강점막이 자극되어 표피의 박리와 미각의 변화가 생긴다.

▷ 생식독성 : 마우스에의 아급성 경구투여로 임신율이 저하한다.

▷ 면역독성 : 0.025% 이상의 용액에 의한 피부 · 점막조직(눈, 코, 구강 등)의 소

독세정 또는 유사량을 배합한 항균 카테테르(catheter)의 정맥·요도에의 삽입 등이 아나필락시(anaphylaxis)·쇼크(shock)를 포함한 사람의 즉시형 알레르기증을 다발한다. 표 2-18에 나타난 것과 같이 최근 10수년 간에 일본, 호주, 영국 등에서 40건 이상의 사례가 보고되었고, 증상으로는 혈압저하, 호흡곤란, 기관지경련 심마진, 피부의 발적(發赤)·부종 등이 나타난다.

▷ 발암성 : 분해산물의 *p*-chloroaniline(보통 약 0.25% 함유)은 쥐와 마우스에 대하여 발암성을 나타낸다.

▷ 변이원성 : *Salmonella*균과 대장균에 유전자 변이를 일으키고, 햄스터의 배양 난소세포에 염색체 이상을 초래한다. 또 고초균의 DNA를 손상한다.

▷ 환경오염 : 0.2%의 용액으로 1분간 양치질하면 구강 내에 30%가 잔존한다.

15. 트리클로산(triclosan)

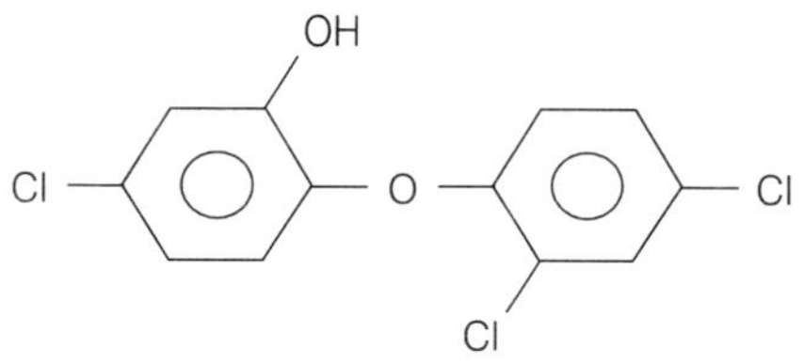

OH

Cl — O — Cl

Cl

Triclosan

- CAS번호 : 3380-34-5
- 계통명 : 2,4,4'-트리클로로-2'-히드록시디페닐에테르(2,4,4'-trichloro-2'-hydroxydiphenyl ether)
- 별명 : 이루가산 DP-300

▷ 성상 : 백색의 결정성의 분말(융점 55~57℃)이다.

▷ 용도 : 항균제(소독액, 치약, 비누, 샴푸, 화장품, 탈취제 등에 사용)

▷ 급성독성 : 강하지 않다(쥐의 경구 LD_{50} = 3.7 g/kg). 토끼의 눈에 현탁액을 적하하면 가벼운 염증과 충혈이 생긴다.

▷ 만성 일반독성 : 쥐에의 아만성 경구투여로 간장과 신장에 장해가 나타난다(최대 무작용량은 50 mg/kg/day).

▷ 발생독성 : 임신 쥐에의 경구투여로 태아의 골격형성이 늦어진다. 투여량이 비

교적 많은 경우에는 유산이나 사산이 증가한다.

▷ 면역독성 : 탈취제 등에 의한 사람의 알레르기성 접촉피부염의 사례가 상당히 보고되고 있다.

▷ 변이원성 : 효모에 유전자 변이를 초래하고 그리고 고초균의 DNA를 손상한다.

▷ 환경오염 : 마우스에의 경구투여 또는 경피투여의 실험에서는 체내(간장, 폐, 혈액, 지방조직 등)에의 흡수가 상당히 나타난다. 한편 본제는 고온(600℃)에서의 가열 또는 수용액의 일광조사에 의하여 dioxin을 생성하는 것이 많다.

16. 티아벤다졸(thiabendazole)

▸ CAS번호 : 148-79-8

▸ 화학명 : 2-(4-티아졸릴)벤지이미다졸[2-(4-thiazolyl)benzimidazole)]

▸ 별명 : 약칭 TBZ

▷ 성상 : 백색의 분말[융점(분해) 304℃]이다.

▷ 용도 : 곰팡이 방지제, 살균제로서 미국, 영국 등에서는 농약(특히 수확 후 농약)으로 등록되어 있으나(표 2-14 참조) 일본에서는 1978년에 식품첨가제(보존료)로 지정되어 감귤류에 10 ppm까지 또 바나나에 3 ppm까지 사용이 인정되어 있다.

▷ 급성독성 : 강하지 않다(쥐의 경구 LD_{50} = 3.1 g/kg).

▷ 만성 일반독성 : 약간 강하다(ADI = 0.3 mg/kg/day).

▷ 생식독성 : 마우스(수컷)에의 아만성 경구투여로 임신율이 저하한다. 아급성 경구투여에서는 정자의 염색체 이상[이수성(異數性)]도 관찰된다.

▷ 발생독성 : 임신 마우스에의 경구투여로 태아에 기형[구개열(口蓋裂), 사지단축, 단미(短尾)・무미(無尾), 척추골의 이상 등]이 다발한다. 쥐와 같은 실험에서는 태아의 체중이 감소한다.

▷ 변이원성 : *Salmonella*균에 유전자 변이를 일으키고 황국균, 사람의 배양림프구, 햄스터의 배양 배세포, 복강 내 투여 후의 마우스 등에 염색체 이상을 초래한다.

▷ 환경오염 : 환경에서는 분해가 늦고, 토양 중 반감기는 400일에 이른다. 일본산이나 일본 수입오렌지에 8.3～8.5 ppm의 잔류 예가 보고되고 있다.

17. 파라벤(paraben)

HO —⟨◯⟩— COOR

Paraben

▸ 화학명 : ρ-히드록시벤조산에스테르(ρ-hydroxybenzoate ester)

▸ 별명 : ρ-옥시벤조산에스테르

▷ 화학구조 : ρ-위치에 수산기가 결합한 벤조산의 에스테르의 총칭이다. 표 2-21에 R(탄화수소기)로서 직쇄상의 alkyl기를 함유하는 대표적인 4종을 나타낸다. 아래의 설명도 주로 이들을 대상으로 한다.

▷ 성상 : 어느 것이나 백색의 결정성 고체로서 물에는 약간 녹는다.

▷ 용도 : 곰팡이 방지나 방부의 목적으로 사용하는 보존료(식품, 음료, 화장품, 의약품 등에 첨가)이다. 일본에서는 에틸, 프로필, 부틸, 이소프로필 그리고 이소부틸 paraben이 식품첨가물로 지정되어 간장, 식초, 청량음료수, 시럽, 과실 등에 대하여 사용이 인정되고 있다.

▷ 급성독성 : 그다지 강하지 않다(메틸파라벤에 대하여는 쥐의 경구 LD_{50} = 2.1g/kg). 사람이 다량을 경구섭취하면 중추신경이 억제됨과 동시에 장점막이 자극된다. 또 피부나 눈에 접촉하면 역시 강한 자극작용이 나타나고 염증이나 결막과 각막의 장해를 일으킨다. 한편 마우스에의 경구투여에서도 신경장해(운동실조나 근육의 마비 등)가 나타나고 쥐에서는 폐의 충혈도 관찰된다.

▷ 만성 일반독성 : 쥐에의 경구투여로 성장의 억제가 나타난다(에틸파라벤과 프로필파라벤의 경우에 ADI = 10 mg/kg/day).

표 2-21. 대표적인 파라벤(paraben)

영어명	명 칭	R	CAS번호	융점(℃)
Methyl paraben	메틸파라벤	$-CH_3$	99-76-3	131
Ethyl paraben	에틸파라벤	$-CH_2CH_3$	120-47-8	116
Propyl paraben	프로필파라벤	$-(CH_2)_2CH_3$	94-13-3	96
Butyl paraben	부틸파라벤	$-(CH_2)_3CH_3$	94-26-8	68

R : 탄화수소기(炭化水素基)

▷ 생식독성 : 사람의 정자를 파라벤의 0.1～0.8 용액에 넣으면 30분 이내에 움짐임이 멈추고 생리활성이 완전히 소실된다.

▷ 면역독성 : 사람의 피부에 대하여 알레르기 증상(특히 접촉피부염)을 일으킨다. 또 메틸파라벤은 마우스에의 경구투여로 항체생산 능력을 억제한다.

▷ 내분비계 장애 : 사람의 estrogen receptor의 유전자를 넣은 효모에 대하여 estrogen과 같은 작용을 한다. 표 2-21의 4종 중에는 탄소수가 많을수록 작용이 강하고 부틸파라벤의 작용은 *bis*-phenol A의 작용과 필적한다. 또 이들의 파라벤은 쥐의 자궁에서 분리한 estrogen receptor에도 결합한다.
한편, 파라벤이 생체 내에서 대사되어 생성된 *ρ*-hydroxybenzoic acid는 어린 마우스(수컷)에의 아급성 피하투여로 자궁의 중량을 증가시킨다.

▷ 변이원성 : 메틸파라벤은 햄스터의 배양 폐세포에 염색체 이상을 초래한다.

▷ 환경오염 : 사람에의 노출은 무엇보다도 본제가 첨가된 식품과 음료의 섭취나 화장품 사용에 의하여 생긴다. 또 본제를 다루는 식품산업 등의 사업장에서 노동자가 노출을 받을 가능성이 있고, 또한 이들 사업소의 폐액에 함유된 파라벤이 부근의 일반 환경(하천 등)을 오염시키는 것도 경시할 수 없다. 예로서 일본에서는 에틸파라벤이 어류에서 약 2 ppm 검출된 예가 알려져 있다.

18. 펜타클로로페놀(pentachlorophenol)

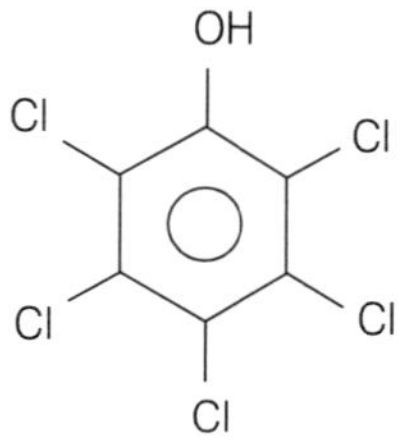

OH, Cl, Cl, Cl, Cl, Cl

PCP

- CAS번호 : 87-86-5
- 계통명 : 히드록시펜타클로로벤젠(hydroxypentachlorobenzene)
- 별명 : 약칭 PCP

▷ 성상 : 무색의 결정성 고체(융점 188℃)로서 고온에서는 특유의 강한 냄새가 있다.

▷ 용도 : 목재 방부제(전주, 철도의 침목, 펜스의 기둥 등), 흰개미 · 괄태충 구제제, 도료나 샴푸의 성분 등에 이용된다. 일본에서는 1955년부터 농약(살균제 및 제초제)으로 사용하였으나 안전상의 이유로 1990년부터 사용이 금지되었다. 여러 외국에서도 일반적으로 사용이 억제되는 경향이다.

▷ 급성독성 : 상당히 강하다(쥐의 경구 LD_{50} = 210 mg/kg). 사람에서는 경구섭취 또는 미세분말의 흡입에 의하여 두통, 발한, 탈력감, 흉통, 복통, 호흡곤란 등의 증상이 나타나고 동시에 심장과 혈관계에도 악영향이 미친다. 또 접촉에 의하여 피부나 눈을 강하게 자극하고 염증이나 시력의 저하를 초래한다. 동물실험에서는 경구투여에 의한 중추신경장해도 나타난다.

▷ 만성 일반독성 : 사람이 반복 접촉하면 피부에 특유의 발진이 생긴다. 또 흡입에 의하여 상기도와 기관지의 염증, 재생 불량성 빈혈, 간장과 신장의 장해 등이 생긴다. 쥐에의 경구투여에서도 같은 영향이 관찰된다(RfD = 0.03 mg/kg/day).

▷ 생식독성 : 양에의 아만성 경구투여로 정자가 감소한다.

▷ 발생독성 : 임신 쥐에의 경구투여로 유산과 사산이 증가한다.

▷ 내분비계 장애 : 양에의 아급성 경구투여로 갑상선의 작용이 저하하고, 혈액 중의 thyroxine 농도가 감소한다. 또 밍크에의 2세대 경구투여에서도 같은 농도의 감소와 더불어 부신(副腎)의 비대가 나타난다(OSF와 환경성의 내분비계 장애물질 리스트에 수록).

▷ 발암성 : 마우스에의 경구투여로 간장과 부신에 암이 생긴다. IARC는 그룹 2B로 지정하고, 또 EPA는 그룹 B2로 지정하고 있다. 발암강도인자를 0.12, 또 실질안전 음료수 중 농도를 0.3 ㎍/ℓ로 산정한다.

▷ 변이원성 : 효모에 유전자 변이를 초래하고, 햄스터의 배양 난소세포에 염색체 이상을 일으킨다.

▷ 생태독성 : 수생생물에 대하여는 아주 강한 독성을 나타낸다(무지개송어의 LC_{50}(96시간) = 0.052 ㎍/ℓ).

▷ 환경오염 : 사람에의 노출은 본제를 방부의 목적으로 사용한 목재를 다루는 직장에서 생기기 쉽다. 또 이와 같은 목재가 폐기물로서 처리될 때도 일반 환경을 오염시킬 염려가 있다. 한편, 농약으로서의 이용도 식품 등의 오염을 초래한다. 일본에서는 최근 본제(300 kg 이상)가 제초제의 목적으로 위법 판매되고 있다고 한다.

한편, 세계적으로 대기, 물(특히 지하수), 토양, 식품 등의 오염이 널리 알려져 있다. 더욱이 본제는 환경에서는 분해가 늦고, 반감기는 대기중에서도 1개월이나 이르다. 또 생물농축도 약간 현저하게 나타난다(대부분의 어류에 대하여는 300~1,000배).

▷ 규제 : NIOSH의 노동환경 대기중 허용농도는 0.046 ppm(0.5 mg/m^3)이다. 미국에서는 유해대기, 수질 오염물질 그리고 유해폐기물로 지정되어(예로서 매사추세츠주의 일반 환경 대기중 허용농도는 0.034 μg/m^3) 있다. 또 EPA는 음료수 중 허용농도를 1 μg/ℓ로 설정하고, 일본에서는 극물, 노동안전위생법의 특정 화학물질(제II류) 그리고 PRTR의 대상물질(제I종)로 지정되어 있다.

19. β-프로피오락톤(β-propiolactone)

```
CH2 — C ═ O
|      |
CH2 — O
```

β-Propiolactone

▸ CAS번호 : 57-57-8

▸ 별명 : Propanolide

▷ 성상 : 무색의 액체(비점 155℃)로서 자극성이 강한 냄새가 있으며, 물에 잘 녹는다.

▷ 용도 : 살균·소독제(특히 백신 제조시), 섬유 가공재료, 의약품이나 플라스틱의 제조 원료로 이용된다.

▷ 급성독성 : 아주 강하다(쥐의 흡입 LC_{50}(30분) = 250 ppm). 사람에서는 증기의 흡입에 의하여 코, 목 그리고 폐가 자극된다. 또 피부나 눈에 접촉하면 강한 자극작용에 의하여 염증이나 수포 그리고 각막의 혼탁이 생기고 맹목(盲目)으로 되는 수가 많다. 쥐에의 경구투여에서는 경련이나 호흡곤란이 나타난다.

▷ 만성 일반독성 : 마우스의 경구투여로 피부에 부스럼 딱지가 생기고 동시에 체모가 탈락된다.

▷ 발암성 : 쥐와 마우스에의 경구투여로 전위(前胃)에 그리고 피부 도포나 피하주사로 투여 부위에 암이 생긴다. 한편 마우스에의 복강 내 투여에서는 림프종과 간장암이 생긴다(IARC는 그룹 2B, 또 EPA는 그룹 B2로 지정).

▷ 변이원성 : *Salmonella*균, 초파리, 효모 그리고 햄스터의 배양 난소세포에 유전자 변이를 초래하고, 고등식물(잠두 등) 그리고 마우스의 배양 림프종세포에 염색체 이상을 초래한다. 또 대장균과 사람의 배양 섬유아세포의 DNA를 손상한다.

▷ 환경오염 : 사람에의 노출은 본제를 생산 그리고 사용하는 공장이나 이것을 살균・소독에 이용하는 의료분야의 직장 등에서 생기기 쉽다. 또 이와 같은 공장이나 직장에서의 폐액을 통하여 일반 환경에도 오염이 확대된다. 특히 대기중에서는 약간 분해하기가 어렵고 반감기는 45일에 이른다.

▷ 규제 : ACGIH의 노동환경 대기중 허용농도는 0.5 ppm(1.5 mg/m^3)이다. 미국에서는 유해 대기오염물질로 지정되어(예로서 뉴욕주의 일반 환경 대기중 허용농도는 5 μg/m^3) 있고, 일본에서는 노동안전위생법의 특정 화학물질(제 II 류)로 지정되어 있다.

20. 플루오로초산 나트륨(sodium fluoroacetate)

- CAS번호 : 62-74-8
- 별명 : 모노플루오로초산 나트륨 ; 플라톨(상품명)
- 화학식 : FCH_2COONa

▷ 성상 : 무색의 흡습성 고체(융점 200℃)로서 물에 잘 녹는다.

▷ 용도 : 살서제였으나 최근 여러 나라에서 사용을 금지 또는 엄하게 제한하고 있다.

▷ 급성독성 : 아주 강하다(쥐의 경구 LD_{50} = 1.7 mg/kg). 사람에서는 경구섭취에 의하여 구역질, 우울증, 불안감, 음성의 환각, 안면근육의 경련, 맥박이상 등의 증상이 생기고, 심혈관계와 중추신경계에 치명적인 장해를 일으킨다.

▷ 만성 일반독성 : 사람의 경우에는 간장과 신장에 장해가 생기고, 또한 중추신경계에 악영향을 미치고 간질과 같은 경련발작과 심한 우울증 상태가 반복된다. 쥐에의 아만성 경구투여로 심장이 비대한다(RfD = 0.02 μg/kg/day).

▷ 생식독성 : 쥐에의 아만성 경구투여로 난소가 위축하고 정자의 형성능력이 저하한다.

▷ 생태독성 : 야생의 포유류나 조류에 대한 독성도 아주 강하고, 경구 LD_{50}의 대부분은 = 0.5～5 mg/kg이다.

▷ 환경오염 : 사람에의 노출은 본제를 취급할 때 미세분말의 혼입 또는 피부로부터 흡수에 의하여 생긴다. 또 야생의 유해동물에 대하여 사용되는 경우에는 이것을 먹고 죽은 노루 등의 고기를 섭취함으로써 2차적인 노출이 생긴다.

▷ 규제 : OSHA의 노동환경 대기중 허용농도는 0.05 mg/m^3이다. 미국에서는 유해폐기물로 지정하고, 일본에서는 독물 그리고 특정 독물로 지정되어 있다.

▷ 관련물질 : 유사 화합물로서 플루오로초산[fluoroacetic acid(CAS번호 : 144-49-0)(FCH_2COOH)] 그리고 플루오로초산 아미드[fluoroacetamide(CAS번호 : 640-19-7)(FCH_2CONH_2)]가 알려져 있고, 역시 살서제(殺鼠劑)로서 사용한다. 양자는 공히 무색의 고체이고, 급성독성이 아주 강하여 일본에서도 독물 그리고 특정 독물로 지정하고 있다. 한편 fluoroacetamide는 별명으로 붓솔(상품명)이라 부르고, 과수용의 살충제로 이용한 경우도 있다. 미국에서는 유해폐기물로 지정되어 있다.

21. 헥사클로로벤젠(hexachlorobenzene, HCB)

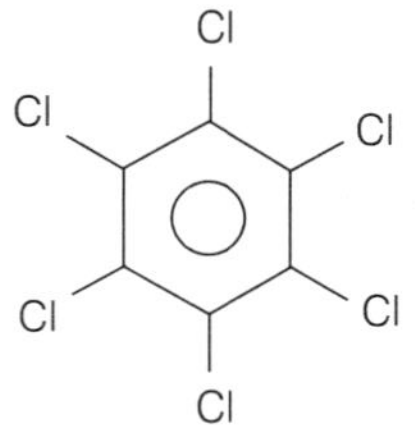

HCB

▸ CAS번호 : 118-74-1

▸ 별명 : Cyclohexane(시클로헥산)

▷ 성상 : 백색의 결정성 고체(융점 231℃)이다.

▷ 용도 : 곡물이나 종자의 곰팡이 방지제, 목재의 방부제, 의료(衣料)의 방염(防炎) 가공제, 그리고 염료, 불꽃, 탄약 등의 합성원료로서 사용되었으나 환경오염의 확대로 각국마다 사용이 억제되어 일본에서도 1979년에 화심법(化審法)의 제 I 종 특정 화합물질로 지정되어 그 제조, 수입 그리고 사용이 금지되었다.

▷ 유독성 : 눈과 피부에 접촉하면 약상을 입고 증기흡입시 기침이나 질식을 일으키고 마취작용에 의한 의식상실을 가져온다.

▷ 급성독성 : 경구섭취에서는 강하지 않으나(쥐의 경구 LD_{50} = 3.5 g/kg), 다량의

노출을 받으면 체온이 상승하고 호흡이 빨라진다. 또 미세분말의 흡입이나 접촉에 의하여 눈, 코, 목 등에 자극이 된다.

▷ 만성 일반독성 : 터키에서는 1954～1959년에 HCB로 오염된 빵을 먹은 사람에 특유의 간 질환이 발생하고 뇨(尿)의 적변(赤變), 피부의 짓무름과 변색, 관절염, 극도의 탈력감, 경련 등의 증상이 나타난다. 유아의 사망률도 증대한다. 동물실험에서는 경구투여로 간장 외에 신경계, 폐, 신장, 갑상선 등에 장해를 초래한다(RfD = 0.8 μg/kg/day).

▷ 발생독성 : 어미 원숭이의 수유기간의 아급성 경구투여로 새끼 원숭이에 기관지폐염, 폐수종, 무기력, 운동실조 등의 증상이 나타난다. 다른 동물실험에서는 신생아의 생존률 저하와 행동이상도 알려져 있다(캘리포니아주의 발생 독성물질 리스트에 수록).

▷ 면역독성 : 쥐에의 아급성 흡입노출 면역계의 작용이 저하한다.

▷ 내분비계 장애 : 쥐(암컷)의 아급성 경구투여로 혈액 중의 estrogen과 prolactin의 농도가 저하하고 발정주기의 이상을 초래한다(OSF와 환경성의 내분비계 장애물질 리스트에 수록).

▷ 발암성 : 마우스와 햄스터의 경구투여로 간장암이 생기고, 쥐에서는 간장 외에 신장이나 상피소체에도 종양이 생성한다. IARC는 그룹 2B로 지정하고, 또 EPA는 그룹 B2로 지정되어 있다. 흡입단위 리스크를 0.00046(실질 안전 대기중 농도는 0.002 μg/m^3), 발암강도인자를 1.6(0.1 mg/kg/day의 섭취로 발암 리스크가 0.16) 그리고 실질 안전 음료수 중 농도를 0.02 μg/ ℓ 로 산정한다.

▷ 환경오염 : 농약에 불순물로서 함유되는 수가 많은데, 예로서 살균제의 PCNB를 산포한 토양이나 농산물에 상당한 양의 HCB가 잔류하는 경우가 많다. 또 화학공업의 부산물로서 산업폐기물에 함유되기도 하고, 또 도시 쓰레기의 소각에 의하여도 생성된다. 환경성의 조사에 의하면 하천의 밑바닥이나 어패류에서도 높은 빈도로 검출되고 있다.

환경에서는 분해가 늦고, 반감기는 3～5년으로 보고 있다. 또 생물농축이 현저하다(예로서 무지개송어에는 5,500배). 생체 내에서는 지방조직이나 간장에 축적되기 쉽다. 임산부에서는 태반을 통하여 태아에도 약간은 이행한다.

▷ 규제 : 미국에서는 유해대기 오염물질 그리고 유해폐기물로 지정되어(예로서 뉴욕주의 일반 환경 대기중 허용농도는 0.03 μg/m^3) 있다. 또 애리조나주에서는 음

료수 중 허용농도를 0.02 ㎍/ℓ로 설정되어 있다. 스톡홀름 조약의 대상물질이며, 일본에서는 화심법(化審法)에서 규제(전술)하고 있다.

관련 법규 : 수질환경보전법(수질오염물)
대기환경보전법(대기오염물질, 특정 대기유해물)

22. DEET

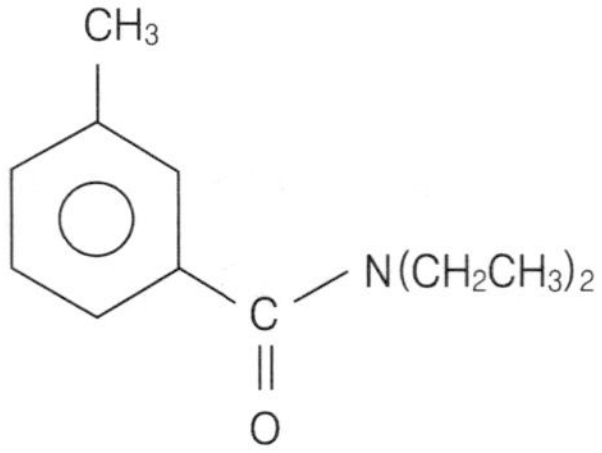

CH_3
$N(CH_2CH_3)_2$
C
O

DEET

- CAS번호 : 134-62-3
- 화학명 : *N,N*-디에틸-*m*-톨루아미드(*N,N*-diethyl-*m*-toluamide)

▷ 성상 : 무색 또는 황색의 액체로서 물에 약간 녹는다.

▷ 용도 : 곤충 기피제, 특히 모기의 방제(사람, 애완동물 그리고 가축의 피부 등에 도포 또는 분무)로 이용된다.

▷ 급성독성 : 경구노출에서는 그다지 강하지 않으나(쥐의 경구 LD_{50} = 1.4～1.8 g/kg) 사람(특히 아이들)이 비교적 고농도의 용액을 피부에 도포 또는 분무하면 경련, 간질, 운동실조, 언어장해, 보행장해, 정신착란 등의 신경장해나 혈압저해가 생기는 사례가 많이 알려져 있다. 동물실험에서도 유사 증상이 나타난다.

▷ 만성 일반독성 : 군인들이 항시 사용함으로써 피부에 수포성의 발진이 다발하는 사례가 보고되고 있다. 말에 분무를 반복한 경우에도 심한 피부장해 발생이 알려져 있다.

▷ 행동독성 : 쥐에의 아급성 피하투여 또는 아만성 흡입노출에 의하여 쇼크 회피능력, 접촉자극에의 응답능력, 협조 운동능력 등의 저하가 관찰되고 있다.

▷ 환경오염 : 피부에서 체내로 상당히 침투하여 흡수된다. 이때의 노출량은 많은 경우에는 1일당 200 mg/kg(체중) 가까이 이르는 것으로 보인다. 또 표준적으로 사용할 때의 옥내 대기중 농도는 700 mg/m^3에 이른다.

23. OPP

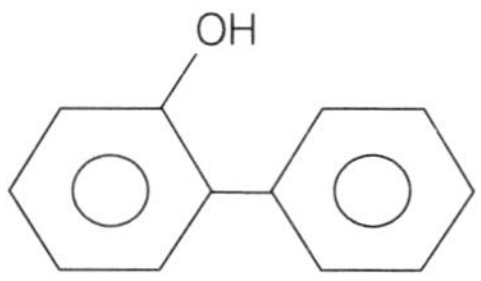

OH

OPP

▸ CAS번호 : 90-43-7

▸ 화학명 : *o*-Phenylphenol, 2-hydroxybiphenyl

▷ 성상 : 백색의 결정성 분말(융점 57℃)로서 나트륨염(OPP-Na)은 물에 상당히 녹는다.

▷ 용도 : 곰팡이 방지제, 살균제로 이용한다. 미국 등에서는 농약(특히 수확 후 농약)으로 등록되어 있다(표 2-14 참조). 일본에서는 1977년에 OPP-Na와 함께 식품첨가물로 지정되어 감귤류에만 10 ppm까지 사용이 인정되고 있다.

▷ 급성독성 : 강하지 않으나(쥐의 경구 LD_{50} = 2.7～3 g/kg) 피부나 눈에 접촉하면 발적(發赤) 증상을 초래한다.

▷ 만성 일반독성 : 쥐에의 경구투여로 발육이 억제된다(ADI = 1 mg/kg/day).

▷ 생식독성 : 쥐에의 아만성 경구투여로 정소가 비대한다.

▷ 발생독성 : 임신 마우스에의 경구투여로 태아에 기형[뇌탈출증이나 안검무폐쇄(眼瞼無閉鎖)]이 다발한다.

▷ 면역독성 : 마우스의 배양 비장세포의 항체 생산능력을 저하한다.

▷ 발암성 : 쥐에의 경구투여로 방광암이 생긴다. 이것은 OPP-Na에 대하여도 마찬가지이다. OPP-Na는 마우스에의 경구투여로 간장암을 일으킨다. IARC는 OPP-Na를 그룹 2B로 지정되어 있다.

▷ 변이원성 : *Salmonella*균과 마우스의 배양림프구에 유전자 변이를 초래하고, 황국균과 사람의 배양 섬유아세포에 염색체 이상을 초래한다. 또 대장균과 경구투여한 쥐의 DNA를 손상한다.

▷ 생태독성 : 수생생물에 대한 독성은 약간 강하다(어느 종의 어류의 LC_{50}(48시간) = 6.1 mg/ℓ).

▷ 환경오염 : 미국에서 수입된 감귤류(레몬 등)에 최고 3.2 ppm의 잔류가 검출되

고 있다. 또 수 ppm의 OPP를 함유한 레몬을 홍차에 넣으면 레몬 티의 OPP의 용출량은 1분으로 전체의 8%, 또 10분으로 22%나 이르는 것으로 알려져 있다.

▷ 규제 : 미국의 플로리다주에서는 음료수 중 허용농도를 18 μg/ℓ로 설정하고 있다.

제 5 장

플라스틱 · 섬유 · 고무질 성분

1. *p*-노닐페놀(*p*-nonylphenol)

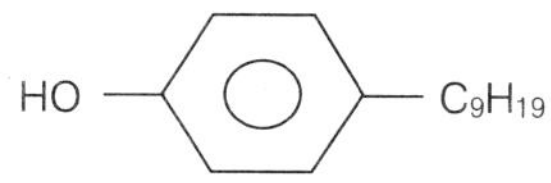

p-Nonylphenol

▸ CAS번호 : 25154-52-3

▸ 별명 : 4-노닐페놀 ; NP(약칭)

▷ 화학구조 : 탄화수소기 측쇄($-C_9H_{19}$)의 구조에 따라 22종의 이성체가 존재하나 보통 사용되는 것은 이들의 혼합물이고, 아래에 기술도 주로 이들을 대상으로 한다.

▷ 성상 : 무색 또는 담황색의 액체(비점 295℃)이다. 점성을 나타내고 약한 페놀 냄새를 가진다. 물에는 약간 녹는다.

▷ 용도 : 공업용 세정제, 분산제, 농약의 유화제, 피임용의 정자 죽이는 약제 등에 사용되는 nonylphenolethoxylate(NPE ; polyoxyethylene nonylpenyl ether)의 합성, 플라스틱 · 고무제품에 첨가하는 인계 산화방지제의 합성, 페놀수지의 원료, 유성 니스, 폴리염화비닐의 안정제, 살균제 등에 이용한다.

▷ 급성독성 : 그다지 강하지 않다(쥐의 경구 LD_{50} = 1.2～2.4 g/kg). 사람이 증기를 흡입하면 코나 목이 자극되어 기침이나 숨막힘이 심하게 되고, 중증에서는 의식의 소실과 폐수종이 생기는 수가 있다. 또 경구섭취에 의하여 구토, 복통, 설사 등이 나타난다. 한편 눈이나 피부에 접촉하면 강한 부식작용을 나타내고 발적(發赤), 고통, 화상과 같은 염증이 생긴다.

▷ 만성 일반독성 : 쥐에의 아만성 경구투여로 간장과 신장의 병변이 관찰된다.

▷ 생식독성 : 어린 쥐에의 아만성 경구투여나 아급성 복강 내 투여로 정소와 정낭이 위축되고 정자가 감소한다.

▷ 발생독성 : 어린 쥐에의 단기간(생후 1～5일)의 복강 내 투여로 정소하강부전(기형)이 생긴다.

▷ 내분비계 장애 : 사람의 배양 유방암세포(MCF-7)의 증식을 촉진하고 estrogen과 같은 작용을 나타낸다. 또 어린 쥐(암컷)에의 아급성 경구투여로 자궁의 중량이 증가하고, 쥐에의 다세대 경구투여 실험에서는 신생아에 발정주기의 연장이 나타난다. 한편, 상당히 낮은 농도(10～12 ㎍/ℓ)로 수컷의 무지개송어나 송사리의 체내에 난황의 전구물질이나 난세포를 생성한다(수컷의 암컷화). OSF와 환경성의 내분비계 장애물질 리스트에 수록되어 있다.

▷ 생태독성 : 수생생물에 대한 독성은 상당히 강하다(어느 종의 담수어의 LC_{50}(96시간) = 0.135 mg/ℓ).

▷ 환경오염 : 본 물질을 생산 또는 사용하는 공장 등에서 는 증기의 흡입이나 피부에의 접촉에 의하여 노동자에의 노출이 일어나기 쉽다. 미국에서는 이와 같은 가능성이 있는 노동자가 모두 6만 명 이상에 이르는 것으로 추산하고 있다. 또 이들 사업소의 폐액이나 폐기물에 함유된 NPE가 미생물의 작용을 받아 분해되면 NP가 생기므로 일반 환경의 오염도 무시할 수 없다. 예로서 일본이나 구미의 하천수에 대하여는 1～7 ㎍/ℓ의 NP 오염이 검출되고 있다. 이것은 수컷의 무지개송어를 암컷화하는 농도에 가깝다. 또 어패류에의 생물농축도 상당히 현저한 것으로 알려져 있다(1,000～3,000배).

한편, 플라스틱의 안정제로서 사용되는 NP는 제품에서 용출하여 생활환경을 오염한다. 인계 산화방지제도 용출 후에 가수분해에 의하여 쉽게 NP를 유리하므로 마찬가지의 오염의 원인이 된다. 예로서 폴리염화비닐의 랩에서 전자렌지 처리(30초 이내)에 의하여 식품 중에 0.8～2.8 ppm의 NP가 용출한 예가 알려져 있다.

▷ 규제 : 유럽의 여러 나라에서는 NPE를 세정제나 유화제로 사용하는 것이 단계적으로 금지할 것이다. 일본에서는 NP와 NPE를 PRTR의 대상물질(제Ⅰ종)로 지정되어 있다.

▷ 관련물질 : NP와 같은 타입의 구조를 가지며, 측쇄의 탄소수가 8개의 화합물은 *p*-octylphenol이라 총칭된다. 역시 NPE와 같이 ethoxylate로서 공업용의 세정제 등

에 사용된다. 이성체 중에는 *p-t*-octylphenol[*p*-(1,1,3,3-tetramethyl butyl) phenol, CAS번호 : 140-66-9]이 사용되는 수가 많다.

p-t-Octylphenol은 백색의 고체(융점 84℃)이고, NP와 마찬가지로 사람의 배양 유방암세포의 증식을 촉진한다. 또 어린 쥐(암컷)에의 아급성 피하투여로 자궁의 중량을 증가시킨다(estrogen 같은 작용). 또한 임신 마우스에의 미량(2 ㎍/kg/day)의 경구투여로 신생아의 정자를 감소한다(OSF와 환경성의 내분비계 장애물질 리스트에 수록). 일본에서는 하천수에 대하여 1.4 ㎍/ℓ의 오염이 검출되고 있다. PRTR의 대상물질(제 I 종)로 지정되어 있다.

2. 데카브로모디페닐에테르[*bis* (decabromodiphenyl) ether]

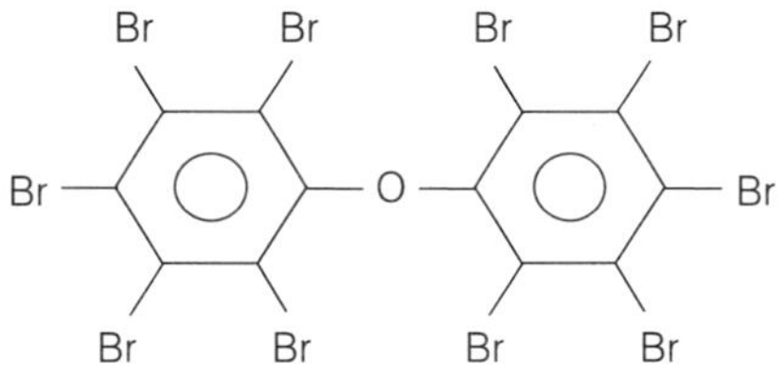

Br Br Br Br
Br — O — Br
Br Br Br Br

DBDE

▸ CAS번호 : 1163-19-5

▸ 별명 : 데카브로모디페닐 옥시드(decabromodiphenyl oxide) ; DBDE로 약칭

▷ 성상 : 백색 또는 담황색의 분말(융점 290~306℃)이다.

▷ 용도 : 플라스틱, 섬유제품, 접착제 등에 첨가하는 난연제(難燃劑)로 이용된다. 특히 polystyrene, ABS resin, polysthylene, polypropylene, polyvinyl chloride, epoxy resin, 불포화 polyester resin 등의 플라스틱에 많이 사용한다.

▷ 급성독성 : 경구섭취에서는 그다지 강하지 않으나 미세분말을 흡입하면 코나 목이 자극되고, 또 접촉하면 눈이나 피부가 자극되어 염증이 생긴다.

▷ 만성 일반독성 : 쥐에의 아만성 경구투여로 간장과 신장에 장해(비대 등)가 나타난다(RfD = 0.01 mg/kg/day).

▷ 발생독성 : 임신 쥐에의 경구투여로 유산이 증가하고, 태아의 뼈의 발육이 지연된다.

▷ 행동독성 : 어린 쥐(생후 3일째)의 1회의 경구투여로 성숙 후에 회복불능의 행

동이상(운동성의 저하 등)이 생긴다.

▷ 내분비계 장애 : 쥐와 마우스에의 아급성 또는 아만성 경구투여로 갑상선이 비대한다.

▷ 발암성 : 쥐에의 경구투여로 간장암과 췌장암이 생기고, 마우스에의 경구투여로 간장암과 갑상선암이 생긴다(IARC는 그룹 3, 그리고 EPA는 그룹 C로 지정).

▷ 생태독성 : 수생생물에 대하여 약간 강한 독성을 나타내고 1 mg/ℓ의 농도로 어느 종의 단세포 조류의 성장이 억제된다.

▷ 환경오염 : 각종의 플라스틱 제품에서 사용 중 또는 폐기 후에 약간씩 배출되고 토양이나 하천・해역(특히 밑바닥)을 오염한다. 난연제(難燃劑)를 취급하는 공장의 폐기물이나 폐수에서 유래하는 오염도 무시할 수 없다[일본에서는 해역의 밑바닥에서 최고 수 ppm(건조 중량당)을 검출하고 있다].

환경에서는 아주 안정하고 생물농축도 어느 정도 인정되고 있으므로 어류나 사람의 지방조직에 축적된다(미국에서는 사람의 경우 대개 0.1 ppb를 검출). 사람에의 노출은 이외에 플라스틱제품을 제조 또는 사이클 하는 공장에서도 흡입이나 피부에의 접촉에 의하여 생기고, 미국에서는 이와 같은 가능성이 있는 노동자가 2만 명에 이르는 것으로 추산하고 있다. 그러나 이 물질은 폐기 후 소각 시에 독성이 강한 취소화(臭素化) 다이옥신(dioxin항 참조)이 생성되는 것도 문제가 되고 있다.

▷ 규제 : 미국에서는 유해폐기물로 지정되어 있고, 유럽연합(EU)에서는 2003년에 전면 사용금지를 결정하였다. 일본에서는 PRTR의 대상물질(제I종)로 지정.

▷ 관련물질 : DBDE와 마찬가지로 diphenyl ether 구조를 함유하나 취소원자(臭素原子) 수 4～8개의 것도 플라스틱 등의 난연제(難燃劑)로서 사용된다. DBDE도 함유하여 폴리취소화 diphenyl ether(polybrominated diphenyl ethers; 약칭 PBDE)라고 부른다. DBDE 이외의 시판품은 보통 취소(臭素)원자수의 다른 혼합물이고, 연간 생산량은 세계 전체에서 약 1만 톤 가량으로 알려져 있다.

PBDE는 어느 실험동물에의 경구투여로 간장 장해나 갑상선의 비대를 초래하고 유사한 성질을 나타낸다. 특히 사취화물(四臭化物)과 오취화물(五臭化物)은 사람의 배양 유방암세포(T47D)에 대하여 estrogen 같은 작용을 나타낸다. 동시에 쥐와 마우스에의 아급성 경구투여로 혈중 thyroxine 농도를 저하한다(PBDE는 전체로서 OSF의 내분비계 장애물질 리스트에 수록).

또 이들의 PBDE는 어린 마우스에의 1회의 경구투여에서 역시 성숙 후에 행동이상(운동성이나 학습능력의 저하)을 일으키고, 또한 아급성 경구투여로 흉선의 위축과 면역작용의 억제를 초래한다.

취소수(臭素數)가 작은 것(사취화물과 오취화물)은 생물농축의 정도도 상당히 큰 것이 특징이다. 이 때문에 어류나 조류의 지방조직에 0.1～1 ppm의 고농도로 검출되고 있다. 또 구미에서는 모유 중에 지방당 1～10 ppb가 발견되고 있다. 한편, DBDE 등도 환경에서는 빛의 작용으로 취소원자(臭素原子)가 이탈하여 사취화물이나 오취화물에 전환하는 수가 많다. 한편, 소각처리에 의한 취소화(臭素化) 다이옥신의 생성은 대부분 PBDE에 공통으로 있다. EU에서는 이들의 PBDE에 대하여도 2003년에 사용금지를 결정하였다.

3. 디부틸주석 디라우레이트(dibutyl tin dilaurate)

- CAS번호 : 77-58-7
- 별명 : 디부틸주석 라우린산염
- 화학식 : $(CH_3CH_2CH_2CH_2)_2Sn(OCOC_{11}H_{23})_2$

▷ 성상 : 담황색의 액체로서 물에 녹는다.

▷ 용도 : 플라스틱의 안정제(주로 폴리염화비닐에 첨가하여 열이나 빛에 의한 분해를 방지), 유기합성의 촉매(예로서 polyurethane 연질폼의 제조), 윤활유 첨가제 등에 이용된다. 한편, 동류의 디부틸주석 이염화물($(C_4H_9)_2SnCl_2$)도 같은 목적으로 자주 사용하고 있다.

▷ 급성독성 : 상당히 강하다(쥐의 경구 LD_{50} = 175 mg/kg). 사람이 증기에 접촉하면 눈, 코, 목 등의 점막이 강하게 자극되어 결막염, 기관지염, 호흡곤란 등이 생긴다. 또 피부에도 발진이나 수포의 형성이 많이 나타난다. 동물실험에서는 이염화물(二塩化物) 등의 경구투여에 의하여 담관에 염증이 생김과 동시에 간장이나 췌장에도 어느 정도의 악영향이 미친다.

▷ 만성 일반독성 : 쥐에의 이염화물(二塩化物)의 아만성 경구투여로 역시 담관에 장해가 생기거나 주위의 조직에도 염증이 확대된다(심한 황저, 간장의 변질, 복막염 등).

▷ 발생독성 : 임신 쥐에의 경구투여로 태아에 기형[설유착, 하악열, 구개열, 무미(無尾), 뇌탈출증, 늑골유착 등]이 생긴다. 이 기형성형은 이염화물, diacetate 등과 같은 종류의 화합물에도 나타난다.

▷ 면역독성 : 쥐에의 이염화물의 아급성 경구투여(사료 중 최저 5 ppm)로 흉선이 위축한다. 또 비장과 림프절의 위축도 이에 따라 다시 세포성의 면역응답능력[예로서 튜베르쿨린(tuberculin) 반응이나 *Listeria*균에의 감염에 대한 저항성]이 현저히 저하한다. 마찬가지의 영향은 쥐나 마우스에의 복강 내 또는 정맥 내 투여에 의해서도 생긴다.

▷ 변이원성 : Dibutyl tin acetate는 햄스터의 배양 난소세포에 염색체 이상을 초래한다.

▷ 환경오염 : 사람에의 노출은 먼저 본 물질을 취급하는 공장 등에서 증기의 흡입 또는 피부에의 접촉에 의하여 생긴다. 미국에서는 이와 같은 가능성이 있는 노동자가 늘어나 6만 명 이상에 이르는 것으로 추산하고 있다. 또 이들 사업장의 폐액에 의한 일반 환경의 오염도 무시할 수 없다. 예로서 미국이나 캐나다에서는 대부분의 하천수 중에 Sn으로서 0.3～3 ㎍/ℓ의 dibutyl tin 화합물이 검출되고 있다. 또 생물농축도 약간 나타난다(붕어에 대하여 약 800배).

한편, 폴리염화비닐제의 식품용기·용기포장 등으로부터 이 물질이 용출하여 일반 소비자가 노출을 받게 된다.

▷ 관련물질 : Dibutyl tin 화합물[$(C_4H_9)_2SnX_2$](X는 Cl 등)은 tributyl tin 화합물, triphenyl tin 화합물과 함께 유기주석 화합물(organo tin compounds)로 총칭된다.

이들은 주석 원자에 탄화수소기의 탄소원자가 결합한 일련의 화합물이고, 생산량이 많은 것으로는 상기한 이외에 dioctyl tin 화합물[$(C_8H_{17})_2SnX_2$]가 잘 알려져 있다. 이 용도는 dibutyl tin 화합물과 마찬가지로 플라스틱의 안정제와 촉매이다. 급성독성은 dibutyl tin 화합물보다 상당히 약하나 면역독성은 같은 정도로 강한 것이 주목된다.

▷ 규제 : 유기주석 화합물 일반에 관한 NIOSH의 노동환경 대기중 허용농도는 Sn으로서 0.1 mg/m^3이다. 미국에서는 마찬가지로 EPA가 음료수 중 허용농도 목표치를 1.4 ㎍/ℓ로 설정하고 있다. 일본에서도 역시 유기주석 화합물 일반에 대하여 극물 그리고 PRTR의 대상물질(제Ⅰ종)로 지정하고 있다. 또 폴리염화비닐제의 식품용기·용기포장에 대하여는 dibutyl tin 화합물 농도를 재질 중 50 ppm 이하로 규제하고 있다.

4. 메타크릴산 메틸(methyl methacrylate)

▸ CAS번호 : 80-62-6

- 계통명 : 이-메틸프로펜산 메틸(methyl 2-methylpropenoate)
- 별명 : MMA(약칭)
- 화학식 : $CH_2=C(CH_3)COOCH_3$

▷ 성상 : 무색의 휘발성 액체(비점 100℃)로서 강한 과실향이 있고, 온수에 상당히 녹는다.

▷ 용도 : 메타크릴수지(플라스틱)의 주원료(monomer)이고, 아크릴수지나 니트릴고무의 부차적인 원료이다. 메타크릴수지는 형광등 커버, TV, 시계, 부엌용품, 식품용기, 문구, 간판, 피아노 건반, 의치(義齒), 콘택트렌즈, 의료용(뼈의 접합제나 접착제), 마루나 벽의 코팅 등에 사용된다.

▷ 급성독성 : 경구섭취에서는 약하나 흡입노출에서는 약간 강하다[쥐의 경구 LD_{50} = 7.8 g/kg ; 쥐의 흡입 LC_{50}(8시간) = 3,750 ppm]. 사람이 약간 다량의 증기를 흡입하면 코와 목의 점막이 자극되어 숨이 막히고 기침이 심하며, 또한 중증에서는 흉통이나 폐수종이 생긴다. 또 두통, 현기증, 피로감, 의식저하 등의 증상도 나타나고, 눈이나 피부에 접촉하면 역시 강한 자극작용을 야기한다. 쥐나 마우스에 대하여도 마찬가지이고, 경구투여에서는 특히 간장에 장해가 생긴다.

▷ 만성 일반독성 : 사람에서나 동물실험에서도 흡입에 의하여 급성증상과 마찬가지로 호흡기계의 영향(코의 염증, 폐의 충혈과 기능 저하 등)이 눈에 뜨인다. 또 사람에서는 구토, 탈력감, 수족의 떨림, 집중력의 저하, 불면, 불안감, 기억장해 등의 신경쇠약 증상이 나타난다. 또 심혈관계의 장해도 나타난다. 동물실험에서는 간장과 신장의 장해 이외에도 전신의 운동성이 저하하고 소모가 심하게 된다(RfD = 1.4mg/kg/day ; RfC = 0.7 mg/m^3).

▷ 발생독성 : 임신 쥐에의 흡입노출로 유산이 증가하고, 태아의 발육이 늦어져 늑골의 이상, 신생아의 사망률이 증대한다.

▷ 면역독성 : 사람에의 노출로 피부에 알레르기 증상을 초래한다. 또 실험동물에의 만성 흡입노출에 의하여 비장과 골수의 조직이 변질한다.

▷ 행동독성 : 쥐(암컷)에의 아급성 경구투여로 일반적인 운동성과 자극을 회피함으로써 학습능력이 저하하고, 외부에서의 전기 쇼크에 대한 공격성이 역으로 증대한다.

▷ 변이원성 : 마우스의 배양 림프종세포에 유전자 변이를 일으키고, 햄스터의 배양 난소세포에 염색체 이상을 초래한다.

▷ 환경오염 : 사람에의 노출은 먼저 본 물질을 취급하는 공장 등에서 증기의 흡입이나 피부에의 접촉에 의하여 생긴다. 미국에서는 이와 같은 가능성이 있는 노동자가 이미 12만 명이 이르는 것으로 추정한다. 또 이들 사업장의 배기가스나 폐액에 함유된 MMA가 일반 환경을 오염하는 것도 무시할 수 없다. 예로서 미국의 하천에 대하여는 10 ㎍/ℓ의 오염 예가 알려져 있다. 한편, 플라스틱 제품에서 잔류 monomer의 MMA가 휘발 또는 용출되어 노출을 받는 경우도 많은 것으로 보고 있다.

▷ 규제 : ACGIH의 노동환경 대기중 허용농도는 50 ppm(204 mg/m^3)이다. 미국에서는 유해대기 오염물질 그리고 유해폐기물로 지정되어(예로서 매사추세츠주의 일반 환경 대기중 허용농도는 7 ㎍/m^3) 있다. 또 플로리다주에서는 음료수 중 허용농도를 25 ㎍/ℓ로 설정하고 있다. 일본에서는 PRTR의 대상물질(제Ⅰ종)로 설정하고, 또 메타크릴 수지제의 식품용기·용기포장에 대하여 용출시험으로 MMA가 15 ppm(= mg/ℓ) 이상 검출되면 안 된다고 규정하고 있다.

5. 4,4'-메틸렌비스(2-클로로아닐린) [4,4'-methylenebis(2-chloroaniline)]

- CAS번호 : 101-14-4
- 계통명 : 3,3'-디클로-4,4'-디아미노디페닐메탄(3,3'-dichloro-4,4'-diaminodiphenylmethane)
- 별명 : MOCA(약칭)

▷ 성상 : 무색(시판품은 황색 또는 담갈색)의 입상(粒狀) 고체(융점 99~107℃)로서 물에 약간 녹는다.

▷ 용도 : Epoxy resin, polyurethane(플라스틱) 등의 제조 시에 경화제로 사용하며, 염료 등의 제조에도 이용된다.

▷ 급성독성 : 약간 강하다(마우스의 경구 LD_{50} = 640 mg/kg). 사람이 경구섭취하면 두통, 현기증, 구역질, 복통, 피로감, 호흡곤란 등의 증상과 함께 신장장해와 티아노제(thianose ; 혈액의 산소운반 능력의 저하에 의한 피부나 입술의 청변)가 생긴다. 또 눈이나 피부에 접촉하면 강하게 자극되어 염증을 일으킨다.

▷ 만성 일반독성 : 경구투여의 동물실험에서 빈혈과 함께 폐, 간장 그리고 신장에 장해가 나타난다(잠정 RfD = 0.7 ㎍/kg/day).

▷ 발암성 : 경구투여에 의하여 마우스의 간장과 혈관, 쥐의 폐, 유선, 간장, 혈관 등 그리고 개의 방광에 종양이 생긴다. 또 영국에서는 MOCA에 의한 노출을 많이 받은 노동자에는 방광암이 다발한다는 보고도 있다. IARC는 그룹 2A에 지정하고, 또 EPA는 그룹 B2에 지정되어 있다. 흡입단위 리스크를 0.000037(실질 안전 대기중 농도는 0.027 $\mu g/m^3$)로 산정한다.

▷ 변이원성 : *Salmonella*균, 대장균, 초파리, 쥐의 배양 배세포 등에 유전자 변이를 초래하고 효모, 햄스터의 배양 난소세포 그리고 복강 내 투여 후의 마우스의 골수세포에 염색체 이상을 초래한다. 또 고초균, 마우스나 쥐에의 배양간세포 등의 DNA를 손상한다.

▷ 환경오염 : 사람에의 노출은 먼저 본 물질을 취급하는 공장 등에서 미세분말의 흡입이나 피부에의 접촉에 의하여 생긴다. 또 이들 사업장의 배기가스나 폐액에 함유된 MOCA가 일반 환경을 오염할 가능성이 있다. 또한 미반응의 MOCA가 어느 정도 잔류하고 있는 것으로 생각되는 각종의 플라스틱제품(특히 도료나 접촉제)에의 접촉에 의하여 노출을 받는 것도 무시할 수 없다.

▷ 규제 : NIOSH의 노동환경 대기중 허용농도는 0.28 ppb(3 $\mu g/m^3$)이다. 미국에서는 유해대기 오염물질 그리고 유해폐기물로 지정되어(예로서 코네티컷주의 일반 환경 대기중 허용농도는 0.015 $\mu g/m^3$) 있다. 스웨덴에서는 사용금지 또는 사용을 엄하게 제한하고 있다. 일본에서는 노동안전위생법의 특정 화학물질(제 II 류) 그리고 PRTR의 대상물질(제 I 종)로 지정되어 있다.

6. 4,4'-메틸렌 디아닐린(4,4'-methylene dianiline)

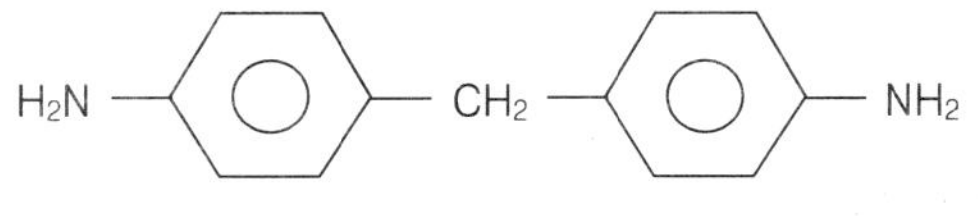

H_2N —⟨벤젠고리⟩— CH_2 —⟨벤젠고리⟩— NH_2

MDA

- CAS번호 : 101-77-9
- 계통명 : 4,4'-디아미노디페닐메탄(4,4'-diaminodiphenylmethane)
- 별명 : MDA(약칭)

▷ 성상 : 담황색의 결정성 고체(융점 92℃)로서 약한 암모니아의 냄새가 있고, 물에 약간 녹는다. 공기에 접촉하면 흑색으로 변한다.

▷ 용도 : Epoxy resin, polyurethane(플라스틱) 등의 제조 시에 사용되는 경화제로 사용하며, 합성고무나 윤활유의 산화방지제로 이용된다. 금속(철 등)의 부식방지제, 염료 등의 제조에도 이용된다.

▷ 급성독성 : 상당히 강하다(쥐의 경구 LD_{50} = 347 mg/kg). 사람이 경구섭취하면 두통, 구역질, 오한, 발열, 복통, 황저, 근육통, 탈력감 등의 증상이 생기고, 특히 간장에 장해를 일으킨다. 또 눈이나 피부에 접촉하면 강하게 자극하여 염증이 생긴다. 쥐에의 경구투여로도 역시 간장에 장해가 나타난다.

▷ 만성 일반독성 : 쥐와 마우스에의 경구투여로 간장과 신장에 장해가 생긴다. 모르모트에의 흡입노출로는 눈에 장해가 생긴다(캘리포니아주의 RfC = 0.02 mg/m^3).

▷ 면역독성 : 피부에 대하여 알레르기 증상을 일으킨다.

▷ 내분비계 장애 : 쥐와 마우스에의 만성 경구투여로 갑상선에 장해가 나타난다.

▷ 발암성 : 쥐와 마우스에의 경구투여로 간장암과 갑상선암이 생긴다(IARC는 그룹 2B로 지정). 캘리포니아주에서는 독자적으로 발암강도인자를 1.6(0.1 mg/kg/day의 섭취로 발암 리스크가 0.16)으로 산정한다.

▷ 변이원성 : *Salmonella*균에 유전자 변이를 초래하고 햄스터의 배양 섬유아세포와 복강 내 투여 후의 마우스의 세포에 이상을 초래한다. 또 쥐의 배양간세포의 DNA를 손상한다.

▷ 환경오염 : 사람에의 노출은 먼저 본 물질을 취급하는 공장 등에서 미세분말의 흡입이나 피부에의 접촉에 의하여 생긴다. 또 이들 사업장에서 배출되는 폐기물의 처리를 통하여 일반 환경도 오염되는 수가 많다. 또 미반응의 MDA가 어느 정도 잔류하고 있는 것으로 보이는 각종 플라스틱 제품(특히 도료나 접착제)에의 접촉에 의한 노출도 무시할 수 없다.

▷ 규제 : OSHA의 노동환경 대기중 허용농도는 0.01 ppm(0.08 mg/m^3)이다. 미국에서는 유해대기 오염물질로 지정되어(예로서 캔자스주의 일반 환경 대기중 허용농도는 0.4 $\mu g/m^3$) 있다. 일본에서는 PRTR의 대상물질(제 I 종)로 지정되어 있다.

7. 무수말레산(maleic anhydride)

- CAS번호 : 108-31-6
- 계통명 : Furan-2,5-dione

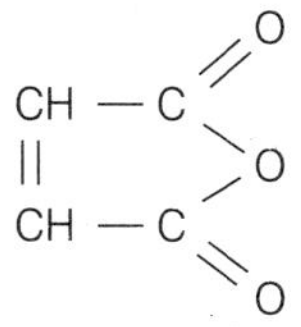

```
             O
           //
CH  —  C
 ||      \
 ||        O
 ||      /
CH  —  C
           \\
             O
```

Maleic anhydride

▷ 성상 : 무색 또는 백색의 결정성 고체(융점 53℃)로서 자극취가 있다. 물과 쉽게 반응하여 말레산(maleic acid)으로 된다.

▷ 용도 : 불포화 폴리에스테르 수지(표 2-21 참조)나 알키드 수지(어느 것이나 플라스틱)의 주원료(단위체)로 사용된다. 윤활유에 첨가하는 안정제, 의약품, 농약, 염료, 가소제(可塑劑), 계면활성제 등의 제조에도 이용된다. 한편 알키드 수지는 주로 도료로서 이용된다.

▷ 급성독성 : 약간 강하다(마우스의 경구 LD_{50} = 465 mg/kg). 사람이 비교적 고농도의 미세분말이나 증기를 흡입하면 코나 목의 점막이 강하게 자극되어 코피나 기침이 심하고 동시에 두통, 구역질, 신경과민 등이 생긴다. 또 눈에 접촉하면 유루(流淚)가 많아 각막에 염증을 초래한다. 모르모트의 실험에서는 기관지천식의 증상이 관찰된다.

▷ 만성 일반독성 : 사람에서는 장기간의 노출에 의하여 상기의 급성증상 이외에도 만성 기관지염이나 폐수종이 생긴다. 또 흡입노출에 의하여 동물실험에서도 호흡기계에의 장해가 눈에 뜨이고, 쥐에의 경구투여에서는 체중의 감소와 더불어 신장의 비대나 변질이 나타난다(RfD = 0.1 mg/kg/day). 한편 미국의 캘리포니아주에서는 독자적으로 RfC(0.2 $\mu g/m^3$)를 산정한다.

▷ 생식독성 : 쥐에의 다세대 경구투여로 임신율이 저하한다.

▷ 면역독성 : 피부에의 반복노출에 의하여 알레르기 증상을 야기한다. 또 호흡기계의 기관에 대하여 기침, 숨이 막힘, 흉통(압박감) 등이 심하게 되는 천식 같은 알레르기 증상을 일으킨다.

▷ 변이원성 : 햄스터의 배양 폐세포에 염색체 이상을 초래한다.

▷ 환경오염 : 사람에의 노출은 주로 본 물질을 취급하는 공장 등에서 미세분말이나 증기의 흡입 또는 피부에의 접촉에 의하여 생긴다. 또 이와 같은 사업소의 배기가스가 함유된 무수말레산이 주변의 대기를 오염하는 가능성도 무시할 수 없다. 또 생활환경에서도 도료 등에 잔류하는 성분과의 접촉에 의하여 노출이 생긴다.

▷ 규제 : ACGIH의 노동환경 대기중 허용농도는 0.1 ppm(0.4 mg/m^3)이다. 미국에서는 유해대기 오염물질 그리고 유해폐기물로 지정되어(예로서 메사추세츠주의 일반 환경 대기중 허용농도는 0.14 ㎍/m^3) 있다. 일본에서는 PRTR의 대상물질(제 I 종)로 지정되어 있다.

8. 무수프탈산(phthalic anhydride)

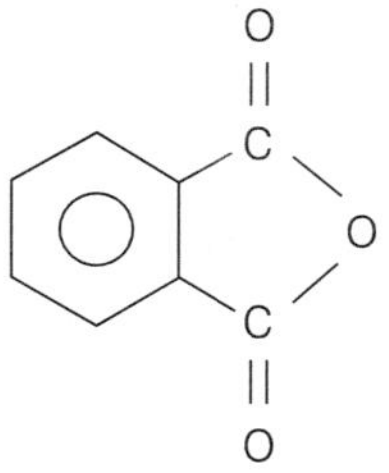

Phthalic anhydride

▸ CAS번호 : 85-44-9

▷ 성상 : 백색의 결정성 고체(융점 131℃)로서 승화성이 있다. 곰팡이 냄새가 있으며, 물에 약간 녹는다.

▷ 용도 : 불포화 폴리에스테르 수지(표 2-21 참조)나 알키드 수지(어느 것이나 플라스틱)의 주원료(단위체)로 사용된다. 가소제(可塑劑, 각종 프탈산 에스테르), 염료, 향료, 의약품 등의 제조에 이용되고, 잉크나 고무제품에의 첨가제, 피혁제품의 처리에도 이용된다. 한편 알키드 수지는 주로 도료로서 사용한다.

▷ 급성독성 : 그다지 강하지 않으나(고양이 경구 LD_{50} = 800 mg/kg), 사람이 고농도의 증기에 접촉하면 눈, 코, 목, 피부 등이 강하게 자극된다. 젖은 피부는 특히 영향을 받기 쉽다.

▷ 만성 일반독성 : 사람에서는 증기의 흡입에 의하여 천식, 기관지염, 혈압의 저하 그리고 중추신경의 흥분이 나타난다. 또 동물실험에서는 흡입에 의하여 폐에 울혈과 손상이 생긴다(잠정 RfC = 0.12 mg/m^3). 마우스에의 경구투여에 의하여 폐 이외 신장, 부신 그리고 시상에도 장해가 생긴다(RfD = 2 mg/kg/day).

▷ 발생독성 : 임신 마우스에의 복강 내 투여로 태아에 구개열 등의 기형이 생긴다.

▷ 환경오염 : 사람에의 노출은 주로 이들을 취급하는 작업장에서 증기나 미세분

말을 흡입함으로써 생긴다. 미국에서는 그 가능성이 있는 노동자가 14만 명을 넘는 것으로 추산하고 있다. 또 이와 같은 사업장의 배기가스에 함유된 무수프탈산이 주변의 대기를 오염하는 것으로 생각한다. 또한 생활환경에서도 도료 등에 잔류하는 성분의 접촉에 의하여 노출이 생긴다.

▷ 규제 : ACGIH의 노동환경 대기중 허용농도는 1 ppm(6 mg/m^3)이다. 미국에서는 유해대기 오염물질 그리고 유해폐기물로 지정되어(예로서 메사추세츠주의 일반환경 대기중 허용농도는 0.82 μg/m^3) 있다. 일본에서는 PRTR의 대상물질(제 I 종)로 지정되어 있다.

9. 부타디엔(butadiene)

- CAS번호 : 106-99-0
- 계통명 : 1,3-부타디엔(1,3-butadiene)
- 화학식 : $CH_2=CHCH=CH_2$

▷ 성상 : 무색의 기체(비점 -4℃)로서 약간 가솔린 냄새가 있다.

▷ 용도 : Styrene butadiene고무(SBR), polybutadiene(BR), nitrile rubber(NBR)(어느 것이나 합성고무) 그리고 ABS 수지(플라스틱)의 주원료(monomer)와 각종 유기화합물의 제조에 이용된다. BR는 주로 타이어에 사용하고 NBR는 호스, 튜브, 접착제 등에 사용한다. SBR과 ABS 수지의 용도는 표 2-23에 나타내었다.

▷ 급성독성 : 치사작용은 약하나(마우스의 경구 LD_{50} = 3,210 mg/kg) 사람이 다량의 기체와 접촉하면 눈, 코, 목 그리고 폐가 강하게 자극되고 또한 두통, 현기증, 피로감, 혈압저하, 시야의 혼탁, 의식의 저하와 소실, 호흡마비 등의 신경장해의 증상이 나타난다. 또 액체의 butadiene이 피부에 접촉하면 차가운 감이 있는 다음에 심한 염증이 생기고 동상과 같은 해를 입는다.

▷ 만성 일반독성 : 사람에서는 흡입에 의하여 심혈관계의 장해(류머티즘, 동맥경화 등)나 혈액 이상을 초래한다. 동물실험에서도 흡입노출에 의하여 호흡기계와 심혈관계에 악영향을 미치고 이외에도 빈혈과 간장 장해도 알려져 있다.

▷ 생식독성 : 마우스에의 아급성 또는 아만성 흡입노출에 의하여 수컷에서는 정소의 위축, 정자의 감소 그리고 두부(頭部)가 이상한 정자의 증가가 나타나고, 암컷에서는 난소와 자궁의 위축을 초래한다. 미국의 캘리포니아주에서는 독자적으로 RfC(8 μg/m^3)를 산정한다.

▷ 발생독성 : 임신 마우스 또는 임신 쥐에의 흡입노출에 의하여 태아의 체중이 감소하고 기형(흉골이나 늑골의 이상)이 생긴다.

▷ 발암성 : 마우스에의 흡입노출로 폐암, 림프종, 심장혈관육종, 난소암, 유방암, 간장암 등을 일으키고, 쥐에의 흡입노출에서는 유방암, 정소암, 갑상선암, 뇌종양, 자궁암, 췌장암 등이 생긴다.

또 합성고무를 제조하는 공장 등에서는 장기간 본 물질에 의한 흡입노출을 받은 노동자에 백혈병과 림프종이 다발하는 것이 확인되고 있다. IARC는 그룹 2A로 지정하고, 또 EPA는 그룹 B2로 지정하고 있으며, 흡입단위 리스크를 0.00028(실질 안전 대기중 농도는 0.004 $\mu g/m^3$)로 산정한다.

▷ 변이원성 : *Salmonella*균에 유전자 변이를 초래하고, 사람의 배양림프구, 햄스터의 배양난소세포 그리고 흡입노출을 받은 마우스의 생식세포나 골수세포에 염색체 이상을 초래한다. 또 쥐의 간세포의 DNA를 손상한다.

▷ 환경오염 : 사람에의 노출은 먼저 본 물질을 취급하는 공장 등에서 흡입이나 접촉에 의하여 생긴다. 또 이와 같은 사업소의 배기가스나 폐액에 함유된 butadiene은 주변의 일반 환경을 오염한다. 자동차의 배기가스에 함유되어 있는 것도 마찬가지이다. 이 때문에 대도시의 공기중에는 0.5～5 $\mu g/m^3$의 butadiene이 검출되는 수가 많다. 이것은 실질 안전농도의 100～1,000배나 이른다.

한편, 본 물질이 잔류 단위체로서 함유하는 플라스틱・합성고무제품(부엌・식탁 용품 등)에서 휘발 또는 용출되어 옥내 대기나 식품・음료를 오염하는 가능성도 무시할 수 없다. 예로서 식용유에 대하여 8～9 ppb의 오염 예가 알려져 있다.

▷ 규제 : OSHA의 노동환경 대기중 허용농도는 1 ppm(2.2 mg/m^3)이다. 미국에서는 유해대기 오염물질로 지정되어(예로서 미시간주의 일반 환경 대기중 허용농도는 0.003 $\mu g/m^3$) 있다. 또 뉴햄프셔주에서는 음료수 중 허용농도를 0.019 $\mu g/\ell$ 으로 설정하고, 일본에서는 PRTR의 대상물질(제 I 종)로 지정되어 있다.

10. 비스페놀 A(bisphenol A)

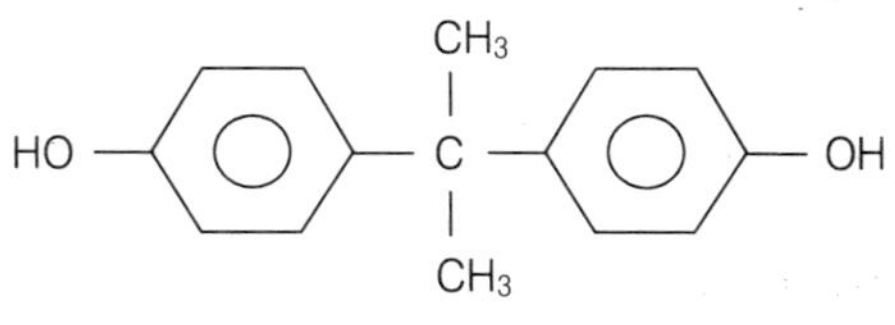

$$HO-C_6H_4-C(CH_3)_2-C_6H_4-OH$$

BPA

▸ CAS번호 : 80-05-7

▸ 계통명 : 2,2-비스(4-히드록시페닐)프로판[2,2-*bis* (4-hydroxyphenyl)propane]

▸ 별명 : BPA(약칭)

▷ 특성 : 비스페놀 A의 주요 오염원은 제조산업(epoxy, polycarbonate, polysulfone resins 제조)에서의 배출수와 대기중 배출가스이다. 4,4′-Isopropylidenediphenol은 epoxy, polycarbonate, polysulfone 등의 합성수지제품 제조에 활용되고 있으며, 도금에 사용되는 분말 페인트와 에폭시 레진의 소각시 발생한다. 4,4′-Isopropylidenediphenol는 또한 소화제와 고무화학물질에도 사용된다. 비스페놀 A는 폴리카르보네이트 플라스틱과 제조에폭시 수지 제조에도 사용된다. 이 플라스틱은 많은 식품과 음료의 포장제로 사용되는데 수지는 캔 용기, 병뚜껑, 상수관 같은 금속제품을 코팅하는 락커(lacquer)로 이용된다. 이 외에도 치과에서 치료에 사용하는 몇몇 중합체도 비스페놀 A를 포함하고 있다.

▷ 성상 : 백색 또는 황갈색의 고체(융점 153℃)로서 약간 phenol 같은 냄새를 갖는다.

▷ 용도 : 폴리카르보네이트(PC), 에폭시 수지 등의 플라스틱 주원료(단위체)로 이용되고, 산화 방지제, 난연제(難燃劑), 곰팡이 방지제, 합성고무의 안정제로도 이용된다. 한편 PC는 식기, 마호병, 식품포장필름, 계량컵, 인공투석기, 전자렌지용기, 파판(波板). 헤어드라이어, 복사기, CD, 헬멧 등에 사용된다. 또 PC의 특수한 가공품이 치과치료의 틈 막이 등에 이용된다.

▷ 급성독성 : 경구섭취에서는 강하지 않으나(마우스 경구 LD_{50} = 2.5 g/kg) 눈이나 피부에 접촉하면 강한 자극작용을 나타내고 염증을 야기한다. 또 사람이 미세분말을 흡입하면 코나 목 등에도 자극된다. 경구투여의 동물실험에서는 운동성의 저하나 심한 설사가 관찰된다.

▷ 만성 일반독성 : 쥐에의 경구투여로 체중이 감소하고, 마우스에서는 간장에도 이상이 나타난다(RfD = 0.05 mg/kg/day).

▷ 생식독성 : 임신 마우스에의 미량(2～20 ㎍/kg/day)의 경구투여로 신생아의 난소가 위축하고 정자가 감소한다. 또 전립선의 비대도 나타난다. 한편 임신 쥐에의 경구투여(수유기간을 포함)에도 신생아의 정낭과 정소상체가 비대한다.

▷ 발생독성 : 임신 쥐에의 경구투여(수유기간 포함)로 신생아의 신장과 비장의 발육이 저하한다.

▷ 면역독성 : 피부에 대하여 알레르기 증상(접촉피부염)을 야기한다.

▷ 행동독성 : 임신 마우스에의 경구투여로 신생아(수컷)의 행동에 이상(공격성의 증대)이 나타난다. 또 임신 쥐에의 마찬가지의 실험에서도 신생아의 운동성의 저하가 관찰되고 있다.

▷ 내분비계 장애 : 낮은 농도(1.2～12 μg/ℓ)로 사람의 배양 유암세포(MCF-7)의 증식을 촉진하고 estrogen 같은 작용을 나타낸다. 또 0.2 μg/ℓ로 쥐의 배양 하수체 세포에 의한 prolactin의 분비를 촉진한다. 이 작용은 난소를 절제한 쥐에의 투여로 혈액 중의 prolactin농도가 증대하는 것으로도 확인되었다.

한편 임신 마우스에의 경구투여로 신생아(암컷)의 성적 성숙을 촉진한다(최초의 발정시기를 빠르게 한다). 또 임신 쥐에의 경구투여에서는 신생아(암컷)의 발정주기에 혼란을 일으킨다(OSF와 환경성의 내분비계 장애물질 리스트에 수록).

▷ 변이원성 : 어린 마우스에의 아급성 경구투여로 난세포에 염색체 이상을 초래하고 감수분열(생식세포에 특유의 세포분열)을 저해한다.

▷ 생태독성 : 수생생물(특히 어류)에 대한 독성은 약간 강하다.

▷ 환경오염 : 사람에의 노출은 먼저 본 물질을 취급하는 공장 등에서 미세분말의 흡입이나 피부에의 접촉에 의하여 생긴다. 또 이와 같은 사업장의 폐액이나 폐기물을 통하여 일반 환경이 오염되는 것도 무시할 수 없다. 예로서 일본의 하천수에 대하여 1～2 μg/ℓ의 BPA오염이 검출되어 어류에 약 200배의 생물농축도 인정되고 있다.

한편, 본 물질이 잔류 단위체로서 함유되는 플라스틱 제품(특히 식기, 마호병, 음

표 2-22. 플라스틱 제품에서의 비스페놀 A의 용출 예

플라스틱 제품	용출농도(ppb)	용출조건
폴리카르보네이트로 만든 식기	64	식품을 상정
폴리카르보네이트로 만든 식기	53	열탕, 30분
폴리카르보네이트로 만든 젖병	3～5	열탕
에폭시 수지를 함유한 통조림	80	식품
에폭시 수지를 함유한 음료캔	212	커피 음료
에폭시 수지를 함유한 음료캔	129	홍차 음료
플라스틱으로 만든 완구	620	40℃의 물, 2시간

료캔의 내면 등)에서 용출하여 식품・음료를 오염하는 경우가 많이 알려져 있다(표 2-22 참조). 오염(용출) 농도는 예로서 통조림식품에서 80 ppb에 이르어 이것을 사람이 매일 섭취한다고 가정하면 이것은 마치 마우스에 생식독성이나 행동독성이 나타나는 노출 수준에 상당한다. 또 스페인에서는 치과치료의 틈 막이에서 용출되는 고농도의 BPA가 문제시 되고 있다.

▷ 규제 : 일본에서는 PRTR의 대상물질(제Ⅰ종)로 지정되어 있다. 또 PC제의 식품용 기구・용기포장에 대하여 재질 중의 BPA의 잔류 단위체 농도를 500 ppm 이하, 그리고 용출시험에서 BPA의 검출농도를 2.5 ppm 이하로 규제하고 있다.

▷ 식품 중 검출현황 : 식품의약품안전청이 국내 유통 중인 캔 식품 130건, 유아용 젖병 7종에 대해 모니터링을 수행한 결과 캔 식품 중 비스페놀 A의 잔류량은 다류 0.93～0.29 μg/kg, 식혜 0.93～8.93 μg/kg, 콜라 및 사이다 0.27～0.92 μg/kg, 소다류 0.55～3.15 μg/kg이었다. 주스류에서는 1.51～4.63 μg/kg, 커피류에서는 4.08～12.41 μg/kg이 검출되었고, 맥주류에서는 검출되지 않았다. 참치캔에서는 3.72～13.66 μg/kg, 고등어는 6.43～7.47 μg/kg, 꽁치에서는 6.15～9.45 μg/kg가 검출되었으며, 기타 육제품에서는 1.41～4.83 μg/kg이 검출되었다. 유아용 젖병 7종에 대한 비스페놀 A 용출 조사에서는 60℃에서 30분간 물로 용출시킨 경우 비스페놀 A가 검출되지 않았으나 끓는 물에 30분간 가열한 결과 4.2～29.3 ppb의 비스페놀 A가 검출되었다.

▷ 국내외 관리동향 : 용기포장 내에 존재하는 내분비계 장애둘질은 포장된 식품에 이행되어 인체에 노출될 수 있으며 이러한 내분비계 장애물질은 소량으로도 유해영향을 나타낼 수 있기 때문에 이러한 내분비계 장애물질이 첨가되지 않은 식품 포장재의 개발 또는 대체물질의 개발이 필요하다. 현재 용기포장 중 문제되는 것으로 잘 알려진 프탈레이트류의 개발이 필요하다. 현재 용기포장 중 문제되는 것으로 잘 알려진 프탈레이트류의 경우는 금지조처가 내려지고 있지만, 아직 비스페놀 A의 경우 아직 여러 나라에서 유보적인 입장을 보이고 있다. 영국의 경우 비스페놀 A가 모든 통조림의 락커에 사용되는 것은 아니지만 포장재 내부 도료를 새로운 조성으로 바꾸는 데에는 문제가 있을 것으로 보고 있으며, 일본의 경우 통조림용 캔 제조업체들은 기존 방식의 캔 생산을 전면 중단하겠다고 발표한 바 있다. 즉, 유기용제의 사용을 전면 중단하고 내분비계 장애물질이 용출되지 않는 대체도료 개발에 착수하며, 에폭시 수지 대신 PET 수지필름을 붙인 캔을 생산 보급할 계획을 발표하였다. 하지만 기존 캔을 교체하는 데 있어서는 식・음료업계 간의 의견교환과 통조

림 등의 장기보존 실험이 요구되기 때문에 교체는 이후 3년 정도의 시간이 소요될 것으로 보고 있다.

우리나라의 경우는 1998년 6월 9일, 우선 디부틸벤젠프탈레이트(BBP), DEHP, 펜타노닐류, 비스페놀 A 등 4종의 물질을 '관찰물질'로 지정하였다.

미국 EPA는 비스페놀 A의 1일 허용섭취량(만성 독성시험을 기초로 설정한 평생 동안 매일 섭취해도 인체에 유해하지 않은 섭취량)을 0.05 mg/kg bw로 하고 있으며, 미국 플라스틱산업협회 조사에 따르면 비스페놀 A의 1일 추정 섭취량은 0.0125 mg/kg bw로 1일 허용섭취량의 4,000분의 1 정도 수준이라고 한다.

11. 스티렌(styrene)

C_6H_5—CH = CH_2

Styrene

- CAS번호 : 100-42-5
- 계통명 : 비닐벤젠(vinylbenzene)
- 별명 : 페닐에틸렌(phenylethylene)

▷ 성상 : 무색의 유상(油狀) 액체(비점 145℃)로서 단맛을 띠는 강한 냄새가 있다.

▷ 용도 : 폴리스티렌, ABS 수지, AS 수지(SAN 수지), 불포화폴리에스테르 수지(어느 것이나 플라스틱) 그리고 스티렌·부타디엔 고무(SBR)의 주원료(단위체)로 이용된다. 이들의 고분자 재료의 용도(사용 예)를 표 2-23에 나타내었다. 그리고 스티렌은 이외에 아크릴 수지나 메타크릴 수지에 단위체로서 혼화하여 독특한 플라스틱을 만들거나 이온교환수지를 제조하는 데도 사용한다.

▷ 유독성 : 눈과 피부, 호흡기 계통, 점막을 자극하고 피부염과 탈지작용이 일어난다. 증기 호흡시에는 호흡기관에 자극을 주고, 고농도인 경우 마취작용을 일으키거나 사망(1,000 ppm, 30~60분간 흡입)한다.

▷ 급성독성 : 경구섭취에서는 그다지 강하지 않으나(쥐의 경구 LD_{50} = 1 g/kg) 흡입노출에서는 약간 강하다(쥐의 LC_{50}(4시간) = 2,700 ppm). 사람이 증기를 흡입하면 코와 목의 점막이 자극되어 위장에도 장해가 생긴다. 고농도에서는 현기증이

표 2-23. 스티렌을 주원료(단위체)로 한 고분자 재료의 용도

고분자재료	스티렌의 연간사용량 (만 톤)(1998년)		용도(보기)
	세계	일본	
폴리스티렌 (스티롤 수지)	1124	130	가전전품(TV, 냉장고, 세탁기 등), 사무기계, 부엌용품, 식기(스픈 등), 식품용품(딸기, 알 포장, 접시 등). 빙과, 요구르트, 면류용기, 완구, 발포스티롤(포장재와 생선상자), 단열재
ABS・AS수지	233	37	가전제품(에아 콘, 냉장고, 선풍기 등), 부엌, 식탁용기(믹서, 조미료 용기 등), 화장품용기, 완구, 시계, 악기
SBR (라텍스 ; 유액)	112	16	접착제, 융단의 이면 풀, 종이의 코팅, 시멘트나 아스팔트의 강화(도로포장)
SBR(고형고무)	84	10	자동차의 타이어, 깔판
불포화 폴리에스테르 수지	75	11	욕조, 물탱크. 화장판, 낚시 대, 의자, 식기, 화분, 단추, 선박, 도료

나 의식의 혼란・소실도 생긴다. 또 접촉에 의하여 눈이나 피부가 자극된다.

▷ 만성 일반독성 : 비교적 낮은 농도에서도 사람이 장기간의 흡입노출을 받으면 중추신경에 장해가 생기고 두통, 피로감, 탈력감, 우울증, 기억・학습능력의 저하, 평형감각의 소실, 집중력 저하, 색채감각의 이상, 난청 등의 증상이 나타난다(RfC = 1 mg/m^3). 말초신경장해나 신장과 혈액의 이상도 관찰된다.

또 동물실험에서도 유사한 증상이 나타나고, 특히 간장과 신장의 장해가 흡입노출과 경구투여에서도 생기는 것이 눈에 뜨인다(RfD = 0.2 mg/kg/day).

▷ 생식독성 : 쥐에의 아만성 경구투여로 정소가 변질하고 정자가 감소한다. 또 3세대 경구투여로 신생아의 생존율이 저하한다. 한편, 플라스틱 제조공장에서 고농도의 스티렌에 의한 노출을 받은 노동자에 이상한 정자모양이 많이 보인다는 보고가 있다.

▷ 발생독성 : 임신 마우스에의 흡입노출로 유산이 증가하고 태아의 체중 감소와 골격이상(늑골의 유착 등)도 나타난다. 또 임신 쥐에의 흡입노출에서는 태아의 체중(두부에서 미부까지)의 단축과 함께 신생아의 사망률 증대와 발육의 지연이 관찰된다. 특히 반사능력이나 학습능력 저하 등의 행동이상이 목격된다. 한편, 임신 쥐

에의 경구투여에서도 유산이 증가하고 태아의 체중이 감소한다.

▷ 면역독성 : 마우스에의 아급성 경구투여로 면역능력이 저하하고 병원 바이러스에 의한 감염에 대한 저항력이 감소한다. 또 공장에서 스티렌에 의한 노출을 많이 받은 노동자에 대해서도 세포성 면역을 담당하는 림프구가 감소하고 면역능력이 저하하는 것이 알려져 있다.

▷ 내분비계 장애 : 마우스(수컷)에의 아급성 경구투여로 혈액 중의 estrogen(대표적인 androgen) 농도가 현저히 감소한다. 또 공장에서 스티렌에 의한 노출을 많이 받은 여성 노동자에 대하여는 혈액 중의 prolactin 농도가 높고, 월경불순이 많이 나타난다고 보고하고 있다.

▷ 발암성 : 마우스에의 경구투여(수컷 만) 또는 흡입노출로 폐암이 생긴다. 또 쥐에의 흡입노출로 유방암이 증가한다. 한편 구미의 플라스틱 생산 공장 등에서 장기간에 걸쳐 스티렌에 의한 흡입노출을 받은 노동자에 백혈병과 림프종이 다발하는 것으로 알려져 있다. IARC는 그룹 2B로 지정되어 있고, 또 EPA는 그룹 C로 지정하고 흡입단위 리스크를 0.0000003(실질 안전 대기중 농도는 3.3 $\mu g/m^3$으로 산정한다.

▷ 변이원성 : *Salmonella*균, 효모 그리고 초파리에 유전자 변이를 일으키고 양파, 사람의 배양림프구, 흡입노출 후의 쥐의 골수세포 등에 염색체 이상을 초래한다. 또 복강 내 투여에서도 마우스의 간세포의 DNA를 손상한다. 한편, 직장에서 흡입노출을 받은 노동자의 림프구에도 염색체 이상이 다발하고, 또 스티렌과 DNA의 결합이 다량으로 생성하는 것도 확인되었다.

▷ 환경오염 : 사람에의 노출은 우선 본 물질을 취급하는 공장에서 증기의 흡입 또는 피부에의 접촉에 의하여 생긴다. 또 이들 공장의 배기가스나 폐액에 함유된 스티렌이 일반 환경을 오염하는 수가 많다. 예로서 구미에서는 도시의 대기중에 0.5～5 $\mu g/m^3$, 또 지하수 중에 1～10 $\mu g/\ell$ 의 스티렌이 검출되고 있다.

한편, 스티렌을 주원료로 하는 각종의 플라스틱・합성고무 제품에는 보통 100～3,000 ppm의 스티렌이 잔류 단위체로서 함유되므로 이것이 일용품, 부엌용품, 식품용기포장 등에서 휘발 또는 용출하여 옥내 대기나 식품・음료를 오염할 가능성도 무시할 수 없다. 스티렌에 의한 옥내 대기오염은 50 $\mu g/m^3$에 이르는 것으로 알려져 있고, 식품의 오염도 표 2-24에 나타낸 것과 같이 10～200 ppm에 달하는 경우가 많다.

이 때문에 사람은 1일에 0.3～0.8 $\mu g/kg$(체중)의 스티렌을 체내에 섭취하는 것으

표 2-24. 플라스틱제 용기에서 식품에의 스티렌(단위체)의 용출 예

식　　품	식품 중의 스티렌 농도(ppb)
버터크림	59
사워크림	236
치즈	9
마가린	9
버터	22
쿠키	216
도넛	23
양념 알	103
벌꿀	23
요구르트	240
두유	34

로 추산하고 있다. 한편 일본의 2001년도의 PRTR에서는 계출 외 배출량이 약 1만톤, 대기중으로의 계출 배출량이 약 5,000톤(제 8위), 그리고 폐기물로서의 계출 이동량이 약 3,000톤으로 공표하였다.

▷ 규제 : ACGIH의 노동환경 대기중 허용농도는 20 ppm(85 mg/m^3)이다. 미국에서는 유해대기 오염물질로 지정되어(예로서 인디아나주의 일반 환경 대기중 허용농도는 3.5 μg/m^3) 있고, 또 메인주에서는 음료수 중 허용농도를 54 μg/ ℓ 로 설정하고 있다.

일본에서는 PRTR의 대상물질(제 I 종)로 지정하고 또한 실내 대기중 농도 지침치(220 μg/m^3)를 설정하고 있다. 또 식품용기 · 용기포장에 사용하는 스티렌에 대하여 재질 중의 잔류 휘발성 물질의 총량을 5,000 ppm(0.5%) 이하로 규제하고 있다.

▷ 관련물질 : 폴리스티렌 등을 이용한 제품에는 스티렌의 단위체만이 아니라 그 2분자 또는 3분자가 중합하여 생성한 여러 종류의 화합물도 불순물로 하여 합쳐서 1% 가까이 함유되고 있다. 이들은 각각 스티렌 이량체 그리고 삼량체라고 총칭되고 있으나 단위체와 마찬가지로 폴리스티렌제의 식기나 용기에서 식품(채소기름, 컵라면 등) 중에 상당히 용출된다.

이들 화합물의 일반 독성은 아직 잘 알려져 있지 않으나 몇 가지의 것은 내분비계 장애를 조사한 결과 사람의 배양 유방암세포(MCF-7)의 증식을 촉진하고 estrogen 같은 작용을 나타내는 것이 확인되었다. 또 estrogen과 receptor의 결합을 저해한다(OSF의 내분비계 장애물질 리스트에 수록).

관련 법규 : 산업안전보건법(유해위험물)
수질환경보전법(수질오염물)
대기환경보전법(대기오염물질, 특정 대기유해물)
산업안전기준에 관한 규칙(인화성 물질, 특정 화학물질)

12. 아디프산(2-에틸헥실) [di(2-ethylhexyl) adipate]

▸ CAS번호 : 103-23-1

▸ 별명 : DEHA(약칭) ; 아디프산 디옥틸(DOA)

▷ 성상 : 무색의 유상(油狀) 액체(비점 335℃)이다.

▷ 용도 : 플라스틱(특히 폴리염화비닐제의 레인코드, 레저용품, 농업용 하우스, 식품포장 필름 등)이나 화장품(립스틱, 아이섀도 등)에 첨가하여 유연성을 증가하기 위한 가소제(可塑劑)로 이용한다. 윤활유나 기계유로서도 사용된다.

▷ 급성독성 : 경구투여로는 아주 약하다(쥐의 경구 LD_{50} = 5.6 g/kg).

▷ 만성 일반독성 : 쥐에의 아만성 경구투여로 간장이 비대한다(RfD = 0.6 mg/kg/day). 신장에도 이상이 나타난다.

▷ 생식독성 : 쥐에의 2세대 경구투여로 신생아의 수가 감소하고 발육이 억제된다. 또 마우스에의 복강 내 투여로 임신율이 저하한다.

▷ 발생독성 : 임신 쥐에의 경구투여로 태아에 골격화가 늦어지면 기형(요관의 주름과 팽창)이 나타난다.

▷ 내분비계 장애 : 무지개송어의 간장에서 분리한 estrogen receptor에 정상 호르몬이 결합하는 것을 방해한다(환경성의 내분비계 장애물질 리스트에 수록).

▷ 발암성 : 마우스에의 경구투여로 간장암이 생긴다. IARC는 그룹 3으로 지정하고, 또 EPA는 그룹 C로 지정하고 발암강도인자를 0.0012 또한 실질 안전 음료수 중 농도를 30 μg/ℓ로 산정한다.

▷ 변이원성 : 마우스(수컷)에의 복강 내 투여로 생식세포에 염색체 이상을 초래한다.

▷ 환경오염 : 플라스틱에 첨가하는 가소제(可塑劑)는 일반적으로 제품에서 환경으로 휘발 또는 용출되기 쉽다. 이 때문에 DEHA는 대기, 지하수 등에서 자주 검출되고 있다. 또 식품 중에도 플라스틱제 용기포장에서의 이행(용출)이 나타나고 육

류, 치즈, 비스킷, 샌드위치에 대하여 10～100 ppm의 오염 예가 알려져 있다. 또 화장품에서 체내로 들어가는 것도 무시할 수 없다.

▷ 규제 : 일본에서는 PRTR의 대상물질(제Ⅰ종)로 지정되어 있다.

13. 아크릴로니트릴(acrylonitrile)

- CAS번호 : 107-13-1
- 계통명 : 프로펜니트릴(propenenitrile)
- 별명 : 시안화비닐(vinyl cyanide), 시아노에틸렌(cyanoethylene)
- 화학식 : CH_2=CHCN

▷ 성상 : 무색의 휘발성 액체(융점 77℃)로서 양파, 마늘과 같은 자극적인 냄새가 있다. 물에 녹기 쉽다.

▷ 용도 : 아크릴계 합성수지(캐시미론, 본넬 등), 합성고무(NBR) 그리고 플라스틱(ABS 수지, AS 수지 등)의 주원료(단위체)로 이용된다. 농약, 염료, 도료, 접착제, 산화 방지제, 가소제(可塑劑) 등의 제조 원료로 사용한다. ABS 수지와 AS 수지의 용도는 표 2-21에 나타내었다.

▷ 급성독성 : 아주 강하다(쥐의 경구 LD_{50} = 78 mg/kg ; 쥐의 흡입 LC_{50}(4시간) = 425 ppm). 사람에서는 증기의 흡입에 의하여 두통, 현기증, 구역질, 불안감, 판단력 저하, 탈력감, 불규칙 호흡, 경련 등의 신경장해의 증상 이외에도 점막자극, 황저, 빈혈 등도 생긴다. 또 눈이나 피부에 접촉하면 심한 염증을 야기한다.

▷ 만성 일반독성 : 직장에서 장기간의 노출을 받은 노동자에 급성증상과 마차가지의 신경장해(두통, 구역질, 피로감 등)가 나타난다. 쥐의 흡입시험에서는 뇌에 병변이 나타남과 동시에 호흡기계의 기관(특히 코의 점막)에 염증이나 궤양이 생긴다(RfC = 2 $\mu g/m^3$). 또 경구투여에서는 뇌 이외에 간장, 신장, 전위 등의 병변이 눈에 뜨인다.

▷ 생식독성 : 마우스에의 아만성 경구투여로 정소가 변질하고 정자의 감소와 운동성의 저하가 나타난다(잠정 RfD = 1 μg/kg/day).

▷ 발생독성 : 임신 쥐에의 경구투여로 태아에 기형[단미(短尾), 추골결손, 내장탈출 등)이 생긴다. 또 임신 햄스터에의 복강 내 투여에서도 태아에 기형(뇌 탈출, 늑골의 분기와 유착 등)이 생긴다.

▷ 발암성 : 쥐에의 경구투여 또는 흡입노출로 뇌, 척수, 전위, 소장, 혀, 유선 등에 종양이 생긴다. 또한 섬유공장에서 본 물질을 취급하는 노동자에 폐암과 전립선암이 다발하는 것이 알려져 있다. IARC는 그룹 2B로 지정하고, 또 EPA는 그룹 B1로 지정하고 흡입단위 리스크를 0.000068(실질 안전 대기중 농도는 0.01 ㎍/m^3), 발암강도인자를 0.54, 또한 실질 안전 음료수 중 농도를 0.06 ㎍/ ℓ 로 산정한다.

▷ 변이원성 : *Salmonella*균, 대장균, 마우스의 배양 림프종세포 등에 유전자 변이를 일으키고, 사람의 배양림프구, 햄스터의 배양 난소세포 등에 염색체 이상을 초래한다. 또 쥐의 간세포의 DNA를 손상한다.

▷ 환경오염 : 사람에의 노출은 먼저 본 물질을 취급하는 공장 등에서 증기의 흡입이나 피부에의 접촉에 의하여 생긴다. 또 이와 같은 사업장의 배기가스나 폐액에 함유된 아크릴로니트릴이 일반 환경을 오염하는 경우도 많다. 예로서 미국에서는 도시의 대기중에 1～10 ㎍/m^3의 오염이 검출되고 있다.

또한 본 물질이 잔존 단위체로서 함유되는 섬유제품이나 부엌・식탁용품(주서, 커피 메이커, 정수기, 포트, 설거지 용기, 계량컵 등)에서 휘발 또는 용출하여 옥내 대기나 식품・음료를 오염하는 가능성도 무시할 수 없다.

▷ 규제 : NIOSH의 노동환경 대기중 허용농도는 1 ppm(2.2 mg/m^3)이다. 미국에서는 유해대기, 수질・음료수 오염물질 그리고 유해폐기물로 지정되어 있다. 예로서 인디아나주의 일반 환경 대기중 허용농도는 0.015 ㎍/m^3이다. 또 뉴햄프셔주의 음료수 중 허용농도는 0.06 ㎍/ ℓ 이다.

일본에서는 극물, 노동안전위생법의 특정 화학물질(제Ⅱ류) 그리고 PRTR의 대상물질(제Ⅰ종)로 지정되어 있다. 또 대기오염의 리스크 저감(低減)을 위한 지침치(2㎍/m^3)를 설정한다.

14. 아크릴산(acrylic acid)

- CAS번호 : 79-10-7
- 계통명 : 프로펜산(propenoic acid)
- 화학식 : CH_2=CHCOOH

▷ 성상 : 무색의 액체(융점 13℃ ; 비점 141℃)로서 물에 녹기 쉽다.

▷ 용도 : 폴리아크릴산(플라스틱)의 주원료(단위체)로 이용되고, 불직포(不織布) 바인더, 섬유나 고무의 질 개량제, 의료용 접착제, 콘택렌즈의 소재 등의 제조에도

이용된다. 한편 폴리아크릴산은 폐수처리용의 응집제(흡수성 수지)나 의약품, 화장품 등의 증점제(增粘劑)로서 사용한다.

▷ 유독성 : 눈에 들어가면 각막과 결막을 상하고, 시력저하와 실명할 우려가 있다. 호흡기와 폐를 자극하고 점막을 다치며 다량인 경우, 혐오감, 두통, 구토, 현기증, 호흡곤란을 일으킨다.

▷ 급성독성 : 상당히 강하다(쥐의 경구 LD_{50} = 340 mg/kg). 사람이 그 증기를 흡입하면 호흡기계 기관이 강하게 자극되어 폐수종이 생긴다. 중증에서는 의식이 소실된다. 또 피부나 눈에 대하여 부식성을 나타내고 접촉하면 발적(發赤), 통증, 수포 등이 생긴다. 시력이 약해지는 수가 있다.

▷ 만성 일반독성 : 쥐와 마우스에의 아만성 흡입노출로 점막의 손상이 인정된다. 또 신장에서도 장해가 나타난다(RfC = 1 $\mu g/m^3$).

▷ 생식독성 : 쥐에의 2세대 경구투여로 신생아의 체중이 감소한다(RfD = 0.5 mg/kg/day).

▷ 면역독성 : 피부에 대하여 알레르기 증상을 야기한다.

▷ 환경오염 : 사람에의 노출은 주로 공장에서 생산 시 또는 사용 시에 흡입이나 접촉에 의하여 생긴다. 또 관련 플라스틱 제품을 다루는 생활환경에서도 이들에서 휘발 또는 용출하는 잔류 아크릴산(단위체)에 의하여 소비자가 노출을 받을 가능성을 생각할 수 있다.

▷ 규제 : ACGIH의 노동환경 대기중 허용농도는 2 ppm(5.9 mg/m^3)이다. 미국에서는 유해대기 오염물질 그리고 유해폐기물로 지정되어(예로서 노스다코타주의 일반 환경 대기중 허용농도는 3 $\mu g/m^3$) 있다. 일본에서는 극물 그리고 PRTR의 대상물질(제 I 종)로 지정되어 있다.

관련 법규 : 수질환경보전법(수질오염물)
대기환경보전법(대기오염물질, 특정 대기유해물)
산업안전기준에 관한 규칙(인화성 물질, 특정 화학물질)

15. 아크릴산 에틸(ethyl acrylate)

- CAS번호 : 140-88-5
- 계통명 : 프로펜산에틸(ethyl propenoate)

▸ 화학식 : $CH_2=CHCOOCH_2CH_3$

▷ 성상 : 무색의 액체(비점 100℃)로서 강한 자극냄새가 있다. 물에 약간 녹는다.

▷ 용도 : 아크릴 수지(플라스틱)와 아크릴 고무의 주원료(단위체)로 이용된다. 아크릴 수지는 도료, 접착제, 치과의 충전제, 섬유・종이・피혁류의 가공 등에 사용한다.

▷ 유독성 : 액체는 눈과 피부에 화상을 입히고 자극을 준다. 증기를 흡입하면 기관지 장해, 기침, 두통, 메스꺼움, 구토, 설사를 일으킨다.

▷ 급성독성 : 경구섭취로는 그다지 강하지 않다(쥐의 경구 LD_{50} = 760～1,020 mg/kg), 흡입독성은 상당히 강하다(쥐의 LC_{50}(4시간) = 1,000～2,000 ppm). 사람에서는 증기의 흡입에 의하여 코, 목, 폐 등이 자극되고 동시에 두통, 현기증, 구토, 의식저하, 경련 등의 신경장해의 증상이 생긴다. 동물실험에서도 유사한 영향이 나타나나 경구투여에서는 특히 위장장해(점막의 비대와 염증)가 눈에 뜨인다.

▷ 만성 일반독성 : 쥐와 마우스에의 흡입노출로 코의 점막에 염증이 생기고 동시에 간장과 신장이 비대하고 폐에도 악영향이 나타난다. 또 경구투여 실험에서는 전위에 궤양이 많이 관찰된다.

▷ 발생독성 : 임신 쥐에의 경구투여로 유산이 증가하고 태아의 뼈 발육이 늦어진다.

▷ 면역독성 : 반복 접촉함으로써 피부에 알레르기 증상을 야기한다.

▷ 발암성 : 쥐와 마우스에의 경구투여로 전위에 종양이 생긴다(IARC는 그룹 2B로 지정).

▷ 변이원성 : *Salmonella*균에 유전자 변이를 초래하고, 햄스터의 배양 난소세포, 마우스의 배양림프구, 복강 내 투여한 마우스의 골수세포 등에 염색체 이상을 초래한다.

▷ 환경오염 : 본 물질을 생산 또는 사용하는 직장에서는 증기의 흡입이나 피부에의 접촉에 의한 노출을 받을 우려가 있고, 미국에서는 그 가능성이 있는 노동자가 3만 명 이상에 이르는 것으로 추산하고 있다. 또 이와 같은 직장에서 배출되는 폐가스나 폐액에 의한 일반 환경의 오염도 무시할 수 없다.

한편 아크릴 수지를 함유한 제품(예로서 종이의 가공품이나 도료)에는 본 물질이 단위체 그대로 상당히 잔류하고 있어 일반 소비자가 자주 이들과 접촉함으로써 노출을 받는다.

▷ 규제 : ACGIH의 노동환경 대기중 허용농도는 5 ppm(20 mg/m^3)이다. 미국에서는 유해대기 오염물질 그리고 유해폐기물로 지정되어(예로서 매사추세츠주의 일반 환경 대기중 허용농도는 0.28 μg/m^3) 있다. 일본에서는 PRTR의 대상물질(제I종)로 지정되어 있다.

관련 법규 : 수질환경보전법(수질오염물)
대기환경보전법(대기오염물질, 특정 대기유해물)
산업안전기준에 관한 규칙(인화성 물질, 특정 화학물질)

16. 아크릴아미드(acrylamide)

- CAS번호 : 79-06-1
- 계통명 : 프로펜아미드(propenamide)
- 화학식 : $CH_2=CHCONH_2$

▷ 성상 : 백색의 결정성 또는 박편상의 고체(융점 84℃)로서 물에 녹기 쉽다.

▷ 용도 : 중합하여 폴리아크릴아미드(플라스틱 같은 폴리머) 등의 형태로 응집제(수질 정화를 위한 침강제), 토양 개량제, 섬유의 주름방지 가공, 지력(紙力) 증강제, 도료, 접착제, 석유 회수제 등에 사용한다.

▷ 급성독성 : 상당히 강하다(쥐의 경구 LD_{50} = 124 mg/kg). 사람에서는 미세분말의 흡수에 의하여 중추 그리고 말초신경에 장해가 생기고, 의식 저하, 환각, 착란상태 등이 나타난다. 또 피부나 눈에 접촉하면 강하게 자극하여 발진이나 염증을 초래한다. 쥐의 경구투여에서도 신경에의 악영향이 알려져 있으나 원숭이에서는 주사에 의하여 신장에도 장해가 생긴다.

▷ 만성 일반독성 : 사람이나 동물실험에서도 경구섭취에 의하여 역시 신경계에 영향이 미치고, 수족의 마비나 탈력감, 평형감각의 소실, 운동실조, 발한 등의 증상이 나타난다(RfD = 0.2 μg/kg/day). 또 미국의 캘리포니아주에서는 쥐에의 흡입노출에 의한 신경장해에 기초하여 독자적으로 RfC = 0.7 μg/m^3가 산정되고 있다.

▷ 생식독성 : 쥐에의 2세대 경구투여로 임신율의 저하와 유산의 증가가 나타난다. 또 마우스(수컷)에의 아급성 경구투여에서도 정자의 감소와 이상한 정자의 증가에 의하여 임신율이 저하한다(표 2-25 참조).

▷ 발생독성 : 임신 마우스에의 복강 내 투여로 태아에 기형(다지증, 多指症)이

표 2-25. 아크릴아미드의 생식독성

실험동물	투여조건	생식독성
쥐	2세대 경구투여 (5 mg/kg/day)	제1세대의 임신률이 67%로 저하(대조는 100%) 제1세대의 유산이 34%로 증가(대조는 8%) 제2세대의 유산이 23%로 증가(대조는 4%)
마우스 (수컷)	4～6주간의 경구투여 (1.2 mM 함유 음료수의 섭취)※	정소상체 1 mg당의 정자 수가 231만으로 감소 (대조는 358만) 이상한 정자가 8.1%로 증가(대조는 3.7%) 임신률이 22%로 저하(대조는 89%)

※ 1 mM = 71(분자량) mg/ ℓ

자료 : *Reprod. Toxicol.,* 17권, p. 1(2003)

생긴다. 또 임신 쥐에의 경구투여로 신생아의 사망률이 증대한다.

▷ 발암성 : 쥐에의 경구투여로 수컷의 갑상선, 부신 그리고 음낭과 암컷의 갑상선, 구강, 유선 그리고 자궁에 종양을 만들고, 마우스에의 경구투여로 폐암과 피부암을 생성한다. IARC는 그룹 2A로 지정하고, 또 EPA는 그룹 B2로 지정하고 흡입단위 리스크를 0.0013(실질 안전 대기중 농도는 0.0008 $\mu g/m^3$), 발암강도인자를 4.5(0.1 mg/kg/day의 섭취로 발암 리스크가 0.45) 그리고 실질 안전 음료수 중 농도를 0.008 μg/ ℓ 로 산정한다.

▷ 변이원성 : 초파리와 복강 내 투여한 마우스의 생식세포에 유전자 변이를 초래하고, 마우스의 배양 배세포와 배양림프구, 햄스터의 배양폐세포, 복강 내 투여한 쥐의 골수세포 등에 염색체 이상을 초래한다.

▷ 환경오염 : 본 물질을 생산 또는 사용하는 공장 등에서는 흡입이나 피부에의 접촉에 의하여 노동자에의 노출이 생긴다. 이와 같은 사업장에서 배출되는 폐수나 폐기물에 의한 일반 환경의 오염도 무시할 수 없다. 예로서 영국의 하천수나 수돗물에서 1～3 μg/ ℓ 의 오염이 검출되고 있다.

한편 전분 등의 당류와 aspartic acid(아미노산의 일종)을 함유한 식품을 120℃ 이상으로 강하게 가열하면 이들이 반응하여 아크릴아미드가 생성되는 것이 2002년에 처음으로 밝혀져 화제가 되었다. 생성농도는 최고가 감자칩에서 1.2 ppm이고, 비스킷과 크래커가 0.41 ppm, 오토밀이 0.16 ppm, 콘칩이 0.15 ppm로 상당히 고농도의 오염 예가 알려져 있다. 이 때문에 이와 같은 식품가공의 조리법의 발본적인 개선이 급선무로 되었다.

▷ 규제 : NIOSH의 노동환경 대기중 허용농도는 0.01 ppm(0.03 mg/m^3)이다. 미국에서는 유해대기 오염물질 그리고 유해폐기물로 지정되어 있고, 또 애리조나주에서는 음료수 중 허용농도를 0.01 μg/ℓ로 설정되어 있다. 일본에서는 노동안전위생법의 특정 화학물질(제II류) 그리고 PRTR의 대상물질(제I종)로 지정되어 있다.

17. 에티렌 티오요소(ethylene thiourea)

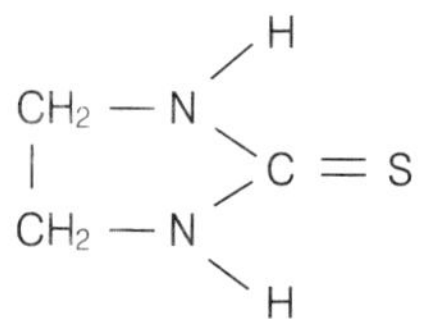

```
           H
          /
CH2 — N
   |        \
   |          C = S
   |        /
CH2 — N
          \
           H
```

ETU

- CAS번호 : 96-45-7
- 별명 : ETU(약칭) ; 2-메르카프토이미다졸린(2-mercaptoimidazoline)

▷ 성상 : 백색 또는 담녹색의 결정성 고체(융점 203℃)로서 물에 잘 녹는다.

▷ 용도 : 합성고무의 가황촉진제(품질 향상을 위하여 첨가)로 이용한다. 의약품, 농약, 염료, 산화 방지제 등의 제조에도 이용된다.

▷ 급성독성 : 그다지 강하지 않다(쥐의 경구 LD_{50} = 1,832 mg/kg). 다량의 노출을 받으면 현기증, 구역질, 발한, 맥박의 증가, 혈압상승 등이 생긴다. 또 접촉하면 피부나 눈이 자극된다.

▷ 만성 일반독성 : 경구투여의 동물실험으로 간장에의 악영향이 알려져 있다(RfD = 0.08 μg/kg/day). 한편 미국의 캘리포니아주에서는 독자적으로 RfC(3 μg/m^3)을 산정한다.

▷ 발생독성 : 임신 쥐에의 경구투여(또는 복강 내 투여)로 태아에 기형(수두증, 뇌 탈출증, 골격이상 등)이 생긴다(캘리포니아주의 발생 독성물질 리스트에 수록).

▷ 내분비계 장애 : 쥐에의 미량(0.25 mg/kg/day)의 만성 경구투여로 갑상선이 비대한다. 마우스에서도 마찬가지의 결과가 관찰된다(OSF의 내분비계 장애물질 리스트에 수록).

▷ 발암성 : 쥐 또는 마우스에의 경구투여로 갑상선암과 간장암이 생긴다. 마우스에서는 하수체(下垂體)에도 종양의 생성이 나타난다. IARC는 그룹 3으로 지정하고, 또 EPA는 그룹 B2로 지정하고 발암강도인자를 0.11로 산정한다.

▷ 변이원성 : *Salmonella*균, 초파리 등에 유전자 변이를 초래하고 효모, 황국균 등에 염색체 이상을 일으킨다. 또 대장균과 고초균의 DNA를 손상한다.

▷ 환경오염 : ETU는 디티오카르바메이트계의 농약의 주된 분해산물로 농작물에서 널리 검출되고 있다. 특히 이들의 농약이 잔류하고 있는 식품의 조리에 의해서도 새로이 생성되는 것이 주목된다. 예로서 일본, 캐나다, 이태리 등에서는 과실, 야채 그리고 이들의 가공식품 · 음료(토마토케첩, 포도주 등)에 대하여 0.02～0.4 ppm의 ETU 혼입이 발견되고 있다.

사람에의 노출은 이와 같은 오염식품의 섭취와 더불어 본 물질을 취급하는 공장에서의 미세분말의 혼입과 피부에의 접촉에 의하여 생긴다. 미국에서는 이와 같은 노출의 가능성이 있는 노동자가 아마 1만 명을 넘을 것으로 추산하고 있다. 또 이들의 공장에서 배출되는 폐액에 의한 일반 환경의 오염도 무시할 수 없다. 예로서 네덜란드에서는 지하수에서 최고 1.5 $\mu g/\ell$의 ETU가 검출되고 있다.

▷ 규제 : 미국에서는 유해대기, 음료수 오염물질 그리고 유해폐기물로 지정되어 있다. 예로서 펜실베이니아주의 일반 환경 대기중 허용농도는 0.7 $\mu g/m^3$이다. 또 메인주의 음료수 중 허용농도는 3 $\mu g/\ell$이다. 스웨덴에서는 사용을 금지 또는 엄하게 제한하고 있으며, 또 핀란드에서는 모든 식물기원의 식품에 대하여 잔류 허용량을 0.02 ppm으로 설정하고 있다.

18. 에피클로로히드린(epichlorohydrin)

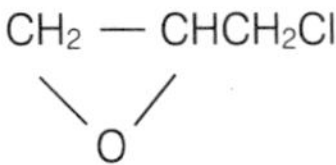

Epichlorohydrin

▸ CAS번호 : 106-89-8

▸ 계통명 : 1-Chloro-2,3-epoxypropane

▷ 성상 : 무색의 액체(비점 116℃)로서 감미가 있는 마늘과 같은 자극취가 있고, 물에 상당히 녹는다.

▷ 용도 : 에폭시 수지(플라스틱)의 주원료(단위체)로 이용되고 고무, 플라스틱, 래커 등의 용제로 이용된다. 의료(衣料) 처리제(주름예방 가공), 유기염소화합물 등에 첨가하는 안정화제, 가소제(可塑劑), 살충훈제, 글리시린, 계면활성제, 의료품 등의 제조 원료에 이용된다. 한편 에폭시 수지는 급수탱크, 낚싯대, 코팅재(캔의 내면, 마루), 도료, 접착제 등에 널리 이용된다.

▷ 급성독성 : 아주 강하다(쥐의 경구 LD_{50} = 90 mg/kg). 사람에서는 증기의 흡입에 의하여 코나 목이 자극되어 폐에 염증이 생긴다. 기침과 숨가쁨이 눈에 뜨이고 중증에서는 폐수종이나 호흡곤란을 초래한다. 또 눈이나 피부에 접촉하여도 강한 자극작용을 나타낸다. 쥐나 마우스의 흡입실험에서도 마찬가지로 호흡기계의 장해가 생기고, 또 중추신경 억제에 의한 호흡마비 등도 나타난다.

▷ 만성 일반독성 : 사람에서는 장기간의 직업적인 호흡노출에 의하여 호흡기계에의 악영향과 함께 적혈구와 백혈구가 감소한다. 또 쥐에의 아만성 흡입노출에서는 비점막의 염증이나 폐의 충혈과 함께 간장과 신장에 장해가 생긴다(RfC = 1 $\mu g/m^3$; 잠정 RfD = 2 μg/kg/day).

▷ 생식독성 : 마우스에의 흡입노출로 이상한 모양의 정자가 증가하고, 쥐(수컷)에의 경구투여 또는 흡입노출로 임신율이 저하한다(캘리포니아주의 수컷의 생식 독성 물질 리스트에 수록).

▷ 면역독성 : 사람의 피부나 호흡기계에 대하여 알레르기 증상을 일으킨다. 후자의 경우에는 특히 흉통, 호흡곤란 등의 천식 같은 증상을 동반한다.

▷ 발암성 : 쥐에의 경구투여와 흡입노출로 각각 전위와 비강에 종양이 생기고, 마우스에의 피하투여에서도 투여 부위에 종양이 생긴다. 또한 미국의 공장에서 본 물질을 취급하는 노동자에 폐암이 다발하는 것이 알려져 있다. IARC는 그룹 2A로 지정하고, 또 EPA는 그룹 B2로 지정하고 흡입단위 리스크를 0.0000012(실질 안전 대기중 농도는 0.8 $\mu g/m^3$), 발암강도안자를 0.01, 또한 실질 안전 음료수 중 농도를 3 $\mu g/\ell$ 로 산정한다.

▷ 변이원성 : *Salmonella*균, 효모. 붉은곰팡이 그리고 초파리에 유전자 변이를 일으키고, 사람의 배양림프구와 경구투여한 마우스의 골수세포에 염색체 이상을 초래한다. 또 대장균의 DNA를 손상한다. 또한 노출을 받은 노동자의 림프구에 대하여도 염색체 이상의 증가가 관찰된다.

▷ 환경오염 : 사람에의 노출은 먼저 본 물질을 취급하는 공장 등에서 증기의 흡

입이나 피부에의 접촉에 의하여 생긴다. 덴마크에서는 이와 같은 가능성이 있는 노동자가 총 3만 명 이상에 이르는 것으로 추정하고 있다. 또 이들 사업장에서의 배기가스나 폐액에 의한 일반 환경의 오염도 무시할 수 없다.

또한 본 물질이 잔류 단위체로서 함유한 플라스틱 제품(특히 도료, 접착제, 음료캔의 내면 등)에서 휘발 또는 용출하여 옥내 대기나 식품・음료를 오염하는 것도 다발하고 있다.

▷ 규제 : ACGIH의 노동환경 대기중 허용농도는 0.5 ppm(1.9 mg/m^3)이다. 단 NIOSH는 가능한 한 낮은 농도가 바람직하다고 권고하고 있다. 미국에서는 유해대기 오염물질 그리고 유해폐기물로 지정되어 있고, 또 플로리다주에서는 음료수 중 허용농도를 3 μg/ℓ로 설정하고 있다. 일본에서는 극물 그리고 PRTR의 대상물질(제I종)로 지정되어 있다. 또 환경의 수질감시 지침치(0.4 μg/ℓ)를 설정하였다.

19. 에틸렌 글리콜(ethylene glycol)

- CAS번호 : 107-21-1
- 계통명 : 1,2-에탄디올(1,2-ethanediol).
- 화학식 : $CH_2(OH)CH_2OH$

▷ 성상 : 무색의 약간 점성이 있는 액체(비점 197℃)로서 물에 잘 녹는다.

▷ 용도 : 가열 냉각설비의 부동액, 폴리에스테르계의 합성섬유(폴리에틸렌프타레이트 등)와 플라스틱(알키드 수지 등)의 주원료(단위체)로 이용된다. 도료, 잉크 등의 용제(溶劑), 내한(耐寒) 윤활유, 전해(電解) 콘덴서용 페스트, 아교의 건조방지, 공항 활주로의 동결방지, 향료, 화장품, 염료 등의 제조에도 이용된다.

▷ 유독성 : 눈에 들어가면 약한 자극이 있고, 장기간 피부에 접촉하면 약상을 입는다. 증기를 흡입하면 중추신경장해, 환각, 의식불명, 구토, 호흡곤란을 일으킨다.

▷ 급성독성 : 치사작용은 약하다(쥐의 경구 LD_{50} = 6,140 mg/kg). 사람이 다량을 섭취하면 중추신경이 억제되어 두통, 구역질, 우울증, 의식저하, 경련, 혼수, 호흡곤란 등의 증상이 나타난다.

▷ 만성 일반독성 : 사람에서는 증기의 흡입노출에 의하여 목과 상기도가 자극된다. 동물실험에서도 아만성 흡입노출로 눈이 변질되고 폐에 염증이 생긴다. 한편, 쥐에의 만성 경구투여에서는 간장과 신장에 장해가 생긴다(RfD = 2 mg/kg/day).

한편, 미국의 캘리포니아주에서는 독자적으로 RfC(0.4 mg/m^3)를 산정한다.

▷ 생식독성 : 마우스에의 아급성 경구투여로 임신 후의 유산이 증가한다.

▷ 발생독성 : 임신 쥐 또는 임신 마우스에의 경구투여로 태아에 기형(뇌 탈출증, 구개열, 늑골의 이상 등)과 골격화가 지연된다. 흡입노출에서도 마찬가지 결과가 얻어진다.

▷ 환경오염 : 사람에의 노출은 먼저 본 물질을 취급하는 사업장 등에서 흡입이나 피부에의 접촉에 의하여 생긴다. 미국에서는 이와 같은 가능성이 있는 노동자가 아마 100만 명을 넘을 것으로 추산하고 있다. 또 이와 같은 사업장의 배기가스나 폐액에 함유된 에틸렌 글리콜은 일반 환경을 오염한다.

또한 본 물질을 잔류 단위체로서 함유한 섬유・플라스틱 제품에서의 용출과 부동액, 용제 등에의 접촉이 생활환경에서의 노출 기회를 증가시킨다. 영국에서는 포장 필름에서 과자류(케이크 등)에의 이행에 의하여 20～30 ppm의 오염이 검출되고 있다. 일본의 2001년도의 PRTR에서도 본 물질의 계출 외 배출량이 약 24,000톤(제 8위), 또 폐기물로서의 계출 이동량이 약 6,000톤(제 10위)에 달한다.

▷ 규제 : NIOSH의 노동환경 대기중 허용농도는 50 ppm(127 mg/m^3)이다. 미국에서는 유해대기 오염물질로 지정되어(예로서 매사추세츠주의 일반 환경 대기중 허용농도는 0.17 mg/m^3) 있다. 또 코네티컷주에서는 음료수 중 허용농도를 0.1 mg/ ℓ 로 설정하고, 일본에서는 PRTR의 대상물질(제I 종)로 지정되어 있다.

관련 법규 : 수질환경보전법(수질오염물)
대기환경보전법(대기오염물질, 특정 대기유해물)

20. 에틸렌이민(ethyleneimine)

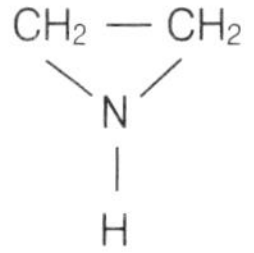

Ethyleneimine

- CAS번호 : 151-56-4
- 계통명 : 아자시클로프로판(azacyclopropane)
- 별명 : 아지리딘(aziridine)

▷ 성상 : 무색의 휘발성 액체(비점 56℃)로서 강한 암모니아 냄새를 가진다. 물에 잘 녹는다.

▷ 용도 : 중합체의 폴리에틸렌이미딘(플라스틱 같은 다량체)의 형태로 응집제(폐수처리용), 섬유처리제(주름방지 가공 등), 지질 개량제, 접착제, 니스, 래커, 코팅제, 석유정제 등에 사용된다. 의약품, 화장품, 염료, 농약 등의 제조에도 이용한다.

▷ 급성독성 : 아주 강하다(쥐의 경구 LD_{50} = 15 mg/kg ; 토끼의 흡입 LC_{50}(30분) = 50 ppm). 사람에서는 증기의 흡입에 의하여 주로 호흡기계 기관이 자극되어 염증이 생긴다. 즉 기침, 숨이 막힘, 목의 짓무름 상태, 기관지염, 폐수종 등이 눈에 뜨이고, 이외에 두통, 현기증, 구역질 등이 나타난다.

또 피부나 점막에 접촉하면 부식작용을 일으켜 수포 등이 생긴다. 눈에 대하여도 각막의 혼탁이나 결막의 이상을 일으킨다. 경구섭취에서는 식도의 조직이 파괴된다.

▷ 만성 일반독성 : 반복 흡입노출을 받으면 신장과 간장에 장해가 생기고, 혈액의 이상도 관찰된다.

▷ 생식독성 : 동물실험에서 정소에 장해를 일으키는 것으로 알려져 있다.

▷ 발생독성 : 임신한 실험동물이 노출을 받으면 태아에 악영향을 미친다.

▷ 면역독성 : 피부에 대하여 알레르기 증상을 야기한다.

▷ 발암성 : 마우스에의 경구투여 또는 피하투여로 간장암과 폐암이 생긴다(피하투여에서는 림프종도 생긴다). 또 쥐에의 피하투여로 투여 부위에 육종이 생긴다(IARC는 그룹 2B로 지정).

▷ 변이원성 : *Salmonella*균, 효모, 황국균, 붉은빵 곰팡이 등에 유전자 변이를 일으키고 고등식물(양파와 보리), 초파리, 사람의 배양림프구, 흡입노출된 쥐의 골수세포 등에 염색체 이상을 일으킨다. 또 마우스의 배세포의 DNA를 손상한다.

▷ 환경오염 : 본 물질을 생산 또는 사용하는 사업장에서는 노동자가 흡입이나 피부에의 접촉에 의하여 노출을 받을 가능성이 높다. 또 이와 같은 사업장에서 배출되는 폐수나 산업폐기물에 의한 일반 환경의 오염도 무시할 수 없다. 또 본 물질을 잔류 단위체로서 함유한 섬유・종이제품에서의 휘발 또는 용출에 의한 노출 기회도 많을 것으로 여겨진다.

▷ 규제 : ACGIH의 노동환경 대기중 허용농도는 0.5 ppm(1 mg/m^3)이다. 미국에서는 유해대기 오염물질 그리고 유해폐기물로 지정되어(예로서 뉴욕주의 일반 환경

대기중 허용농도는 3.3 μg/m^3) 있다. 또 수질의 목표 허용농도를 14 μg/ℓ로 설정하고 있다. 벨기에와 스웨덴에서는 사용을 금지 또는 엄하게 제한하고 있으며, 일본에서는 노동안전위생법의 특정 화학물질(제II류) 그리고 PRTR의 대상물질(제I종)로 지정되어 있다.

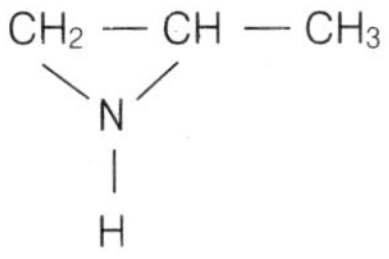

$$\begin{array}{c} CH_2 - CH - CH_3 \\ \diagdown \; \diagup \\ N \\ | \\ H \end{array}$$

Propyleneimine

▷ 관련물질 : 에틸렌이민과 같은 계열의 화합물로서 propyleneimine(CAS번호 : 75-55-8)이 알려져 있고, 역시 섬유 처리제, 지질 개량제, 코팅지 등에 이용되는 무색의 액체이다. 이 물질도 쥐에의 경구투여로 유방암, 장암, 백혈병 등을 일으킨다. IARC는 그룹 2B의 발암물질로 지정하고 있고, 또 미국에서는 유해대기 오염물질 그리고 유해폐기물로 지정되어(예로서 펜실베이니아주의 일반 환경 대기중 허용농도는 12 μg/m^3) 있다.

21. 염화비닐(vinyl chloride)

- CAS번호 : 75-01-4
- 계통명 : 클로로에텐(chloroethene)
- 별명 : 클로에틸렌(chloroethylene)
- 화학식 : CH_2=CHCl

▷ 성상 : 무색의 기체(비점 -14℃)로서 약간 감미의 냄새를 가지며, 물에 약간 녹는다.

▷ 용도 : 폴리염화비닐(플라스틱)의 주원료(단위체)로 이용되고, 일부는 다른 유기염소화합물 합성에 이용된다. 폴리염화비닐(별명은 염화비닐수지 ; 약칭은 PVC)은 가소제(可塑劑)의 함유량이 10%보다 많고 적음에 따라 연질과 경질의 제품으로 대별된다. 각각의 사용 예는 표 2-26에 나타낸 바와 같이 다양하다.

▷ 급성독성 : 그다지 강하지 않으나 사람이 다량을 흡입하면 중추신경이 억제되어 두통, 현기증, 구역질, 탈력감, 의식의 저하 또는 소실 등의 증상이 나타난다. 동물실험에서도 운동실조, 경련, 부정맥 등이 나타난다. 또 눈, 코, 목, 피부 등에 자극

표 2-26. 폴리염화비닐의 용도

종 별		용 도(예)
연질	문방구	지우개, 접착테이프, 수첩커버
	생활용품	호스, 모자, 벨트, 가방, 슬리퍼,
	식품포장	랩 필름
	완구	비치 볼, 인형, 트램프, 간이 풀
	우구(雨具)	레인코트, 우산, 우화, 카퍼, 우비용 하의
	건재	방수시트, 철판피복, 외벽, 창문도료, 벽지
	레저	자동차의 핸들과 좌석시트, 자전거의 사돌
	농업용품	하우스용 필름, 훈증용 천막
	의료용품	수혈용의 팩이나 튜브,
	기타	전선피복제, 낚시줄, 방충망, 어망, 로프
경질	건재	천정 재료, 지붕 재료, 창틀 사시, 마루타일, 비 물받이, 간판 수도관, 배수파이프, 벤치, 아코티온 카튼
	식품용기	계란용기, 과실 팩, 두부용, 과자용, 어묵용, 접시, 즉석 식품용, 조미료 병
	보틀	소스용, 국물용, 화장품용, 세제용
	기타	레코드, 프로필디스크, 냉장고의 패킹이나 내장 발이

되어 중증에서는 폐수종이 생긴다.

▷ 만성 일반독성 : 사람에서는 흡입에 의하여 중추신경 장해(급성증상 이외에도 기억소실, 시각·청각장해, 불면 등)와 말초신경 장해(수족의 마비와 통증)가 나타난다. 또 직장에서 장기간 흡입노출을 받은 노동자에 손가락의 뼈가 짧아지거나 피부에 균열이 생기거나 하는 독특한 증상이 다발하는 것으로 알려져 있다. 동물실험에서는 간장과 신장의 장해도 눈에 뜨인다(RfD = 3 μg/kg/d ; RfC = 0.1 mg/m^3).

▷ 생식독성 : 쥐(수컷)에의 만성 흡입노출로 정소에 장해가 생기고, 임신율이 저하한다. 또 직업적인 노출을 받은 남성 노동자의 배우자에 유산이 다발한다는 보고도 있다.

▷ 발생독성 : 임신 쥐에의 흡입노출로 태아의 체중이 감소하고, 신생아에 기형이 나타난다. 또 사람에서도 노출을 받으면 임신 여성에서 태워난 아이에서도 기형의 발생률이 높다는 보고도 있다.

▷ 발암성 : 직장에서 장시간 본 물질을 계속 흡입한 노동자에 간 혈관육종, 간장암, 뇌종양, 폐암, 림프종 등이 다발하는 것이 확실하다. 또 쥐와 마우스에의 경구투

여 또는 흡입노출에 의해서도 간 혈관육종, 간장암, 폐암, 유방암, 피부암 등이 생긴다. IARC는 그룹 1로 지정되어 있고, 또 EPA는 그룹 A로 지정하고 흡입단위 리스크를 0.0000088(실질 안전 대기중 농도는 0.11 ㎍/m^3) 그리고 발암강도인자를 1.5(0.1 mg/kg/day의 섭취로 발암 리스크가 0.15)로 산정한다.

▷ 변이원성 : *Salmonella*균, 효모, 자주 닭의장풀 그리고 초파리에 유전자 변이를 일으킨다. 사람의 배양림프구에 염색체 이상을 초래한다. 또 대장균과 쥐의 배양간세포의 DNA를 손상한다. 또 직업적인 노출을 받은 노동자의 림프구에 대하여도 염색체 이상이 증가하는 것으로 알려져 있다.

▷ 환경오염 : 사람에의 노출은 먼저 본 물질을 취급하는 공장에서 주로 흡입에 의하여 생긴다. 또 이들 공장의 배기가스나 폐액에 함유된 염화비닐이 일반 환경을 오염하는 것도 무시할 수 없다. 예로서 구미에서는 산업폐기물처리 · 매립시설 주변의 대기중에 10～50 mg/m^{3}이 검출되고, 또 지하수 중에 0.1～1 mg/ℓ의 고농도의 염화비닐이 검출되고 있다. 이들의 오염의 원인으로서는 배출된 tetrachloroethylene과 trichloroethylene의 분해산물이 큰 비중을 차지하는 것으로 본다.

한편 PVC제의 용기포장, 수도관, 장난감, 하우스용 필름 등에서 본 물질(잔류 단위체)이 휘발 또는 용출함으로써 일반 사람이 노출을 받을 가능성이 높다(미국에서는 음료수 중에 1～10 ㎍/ℓ의 오염 예를 검출). 그리고 PVC는 소각로에서 dioxin을 생산하는 중요한 물질이기도 하다.

▷ 규제 : OSHA의 노동환경 대기중의 허용농도는 1 ppm(2.6 mg/m^3)이다. 단, NIOSH는 가능한 한 낮은 농도가 바람직하다고 권고하고 있다. 미국에서는 유해대기, 수질 오염물질 그리고 유해폐기물로 지정되어(예로서 노스캐롤라이나주의 일반 환경 대기중 허용농도는 0.038 ㎍/m^3) 있다. 또 미네소타주에서는 음료수 중 허용농도를 0.15 ㎍/ℓ로 설정되어 있다.

일본에서는 노동안전위생법의 특정 화학물질(제II류) 그리고 PRTR의 대상물질(제I종)로 지정되어 있고, 또 대기오염의 리스크 저감(低減)을 위한 지침치(10 ㎍/m^3)와 환경의 수질감시 지침치(2 ㎍/ℓ)를 설정함과 동시에 식품위생법에 따라 식품용 기구 · 용기 포장에 대하여 염화비닐의 잔류 단위체 농도를 재질 중 1 ppm 이하로 규제하고 있다. 또 유해물질을 함유하는 가정용품의 규제에 관한 법률에 따라 분사제로서의 사용을 금지하고 있다.

▷ 우리나라의 규제 : 대기환경보전법(시행령 및 시행규칙)에서 vinyl chloride의 대기오염 배출 허용기준은 시설에 따라 20～100 ppm으로 규정되어 있다.

22. 염화비닐리덴(vinylidene chloride)

▸ CAS번호 : 75-35-4

▸ 계통명 : 1,1-디클로로에텐(1,1-dichloroethene)

▸ 별명 : 1,1-디클로로에티렌(1,1-dichloroethylene)

▸ 화학식 : $CH_2=CCl_2$

▷ 성상 : 무색의 휘발성 액체(비점 32℃)로서 연한 감미가 있는 냄새가 있다.

▷ 용도 : 폴리염화비닐리덴(플라스틱)의 주원료(단위체)로 이용된다. 이 플라스틱(별명 : 염화비닐리덴 수지)은 식품포장용 필름(가정용 플라스틱이나 햄·소시지용의 케이싱), 섬유제품(커텐류, 방충망 등), 접착제 등에 사용한다.

▷ 유독성 : 눈, 피부, 점막을 자극하고, 증기를 흡입하면 혼수상태에 이른다.

▷ 급성독성 : 상당히 강하다(쥐의 경구 LD_{50} = 200 mg/kg). 사람이 증기를 흡입하면 중추신경이 억제되어 의식의 혼란, 저하 또는 소실을 초래하고 경련이 생긴다. 또 코나 목이 강하게 자극되어 기침과 숨막힘이 심하게 되어 점막에 염증이 생긴다.

▷ 만성 일반독성 : 사람에서는 간장장해가 알려져 있고, 동물실험에서도 경구투여 등에 의한 간장, 신장, 중추신경 그리고 폐에 악영향을 보고하고 있다(RfD = 9 ㎍/kg/day). 또 미국의 캘리포니아주에서는 독자적으로 RfC(20 ㎍/m^3)를 산정한다.

▷ 발생독성 :임신 쥐에의 자궁 내 투여로 태아에 심장의 기형이 생긴다. 또 임신 쥐 또 임신 마우스에의 흡입노출에서도 신생아에 기형이 나타난다.

▷ 발암성 : 마우스에의 흡입노출로 신장암, 유방암, 폐암, 간 혈관육종 등이 생기고, 쥐(수컷)에의 경구투여로 부신(副腎)에 종양이 생긴다. IARC는 그룹 3으로 지정하고, 또 EPA는 그룹 C로 지정하고 흡입단위 리스크를 0.00005(실질 안전 대기중 농도는 0.02 ㎍/m^3), 그리고 발암강도인자를 0.6으로 산정한다.

▷ 변이원성 : *Salmonella*균, 효모 그리고 자주 닭의장풀에 유전자 변이를 일으킨다. 또 흡입노출에 의하여 쥐와 마우스의 간세포나 신세포의 DNA를 손상한다.

▷ 환경오염 : 사람에의 노출은 우선 본 물질을 취급하는 공장에서 주로 증기의 흡입에 의하여 생긴다. 또 이들 공장의 배기가스나 폐액에 함유된 염화비닐리덴이 일반 환경을 오염하는 것도 무시할 수 없다. 예로서 미국에서는 도시의 대기중에 0.1～1 ㎍/m^3, 또 지하수나 음료수에 0.1～1 ㎍/ℓ의 염화비닐리덴이 검출되고 있

다. 이들의 오염 원인으로서 배출되는 tetrachloroethylene이나 trichloroethylene의 분해산물도 큰 비중을 차지하는 것으로 보고 있다.

한편 폴리염화비닐리덴제의 랩 등에서 본 물질(잔류 단위체)이 휘발 또는 식품 중에 용출함으로써 일반 소비자가 노출을 받을 가능성도 높다. 특히 유성식품(油性食品)에의 용출은 폭 넓고 그리고 아주 서서히 진행한다.

▷ 규제 : ACGIH의 노동환경 대기중 허용농도는 5 ppm(20 mg/m^3)이나 독일에서는 이것을 2 ppm으로 설정하고 있다. 미국에서는 유해대기, 수질 오염물질 그리고 유해폐기물로 지정되어 있다. WHO(세계보건기구)에서는 음료수 중 허용농도를 0.3 ㎍/ℓ로 설정하고 있다.

일본에서는 건강보호를 위한 수질환경기준(20 ㎍/ℓ)을 설정하고, 또 PRTR의 대상물질(제Ⅰ종)로 지정되어 있다. 또 식품위생법에 따라 식품용 기구 · 용기 포장에 대하여 염화비닐리덴의 잔류 단위체 농도를 재질 중 6 ppm 이하로 규제하고 있다.

▷ 우리나라의 규제 : 먹는 물 관리법(시행령 및 시행규칙)에서 먹는 물(수돗물) 중의 vinyliden chloride(1,1-dichloroethane, 1,1-dichloroethylene)의 허용기준은 0.03 mg/ℓ 이하로 규정되어 있다.

관련 법규 : 수질환경보전법(수질오염물)
대기환경보전법(대기오염물질, 특정 대기유해물)
산업안전기준에 관한 규칙(인화성 물질, 특정 화학물질)

23. 우레탄(urethane)

- CAS번호 : 51-79-6
- 별명 : 카르바민산 에틸(ethyl carbamate), 에틸 우레탄(ethylurethane)
- 화학식 : $NH_2COOCH_2CH_3$

▷ 성상 : 무색의 결정성 고체 또는 백색의 입상 분말(융점 49℃)로서 물에는 잘 녹는다. 승화한다.

▷ 용도 : 가교 결합제[formaldehyde와 반응시켜 의료(衣料)의 주름(구김살) 방지 가공에 이용]와 아미노산 수지(플라스틱)의 원료로 이용된다. 또 농약, 훈증제, 화장품 등의 가용화제(녹기 쉽게 하는 것), 의료품 등의 제조 원료로 이용되고, 마취제나 항암제로도 이용된다.

▷ 급성독성 : 그다지 강하지 않으나 사람이 비교적 다량의 노출을 받으면 두통, 현기증, 구역질, 착란상태, 의식 소실, 혼수 등의 중추신경장해의 증상이 생긴다. 또 골수에도 악영향을 미치고, 각종 조직에서 출혈이 나타난다.

▷ 만성 일반독성 : 신경장해 이외에도 간장과 신장에도 장해가 생긴다.

▷ 발생독성 : 임신 마우스에의 경구투여로 태아의 사망률이 증대하고 기형[척추골의 융합, 다지증(多指症) 등]이 생긴다(미국 캘리포니아주의 발생 독성물질 리스트에 수록).

▷ 면역독성 : 골수에 장해가 생기고 면역능력이 저하한다(예로서 양의 적혈구에 대한 항체 생성이 억제된다.).

▷ 발암성 : 마우스에의 흡입노출로 폐암이 생기고, 쥐에의 경구투여로 유방암이 생긴다. 또 마우스나 햄스터에의 경구투여로 폐암 이외에 간장암, 위장, 피부암, 유방암, 백혈병 등이 생긴다(표 2-27 참조). IARC는 그룹 2B로 지정되어 있다. 한편 미국의 캘리포니아주에서는 이들 데이터에서 흡입단위 리스크를 0.00029, 또 발암강도인자를 1로 산정한다.

▷ 변이원성 : 붉은빵 곰팡이와 햄스터의 배세포에 유전자 변이를 일으키고, 초파리와 사람의 배양림프구에 염색체 이상을 초래한다. 또 효모의 DNA를 손상한다.

표 2-27. 경구동물실험에 있어서 urethane의 발암성

실험동물	투여량 (mg/kg/d)	종양이 생긴 동물의 수 (%)			
		수 컷		암 컷	
		악성종양 (폐암 등)	양성종양	악성종양 (유방암 등)	양성종양
쥐	0	0	3	6	0
	2.5	3	3	15	10
	12.5	8	0	32	21
마우스	0	11	0	5	5
	2.5	36	36	32	35
	12.5	44	47	55	45

투여기간은 2년 : 실험동물 수는 각 30～40마리

자료 : *Food Chem. Toxicol.,* 28권, p. 205(1990)

▷ 환경오염 : 사람에의 노출은 먼저 본 물질을 취급하는 공장 등에서 미세분말의 흡입과 피부에의 접촉에 의하여 생긴다. 또 이와 같은 사업장의 배기가스나 폐액에 함유된 urethane이 일반 환경에도 오염한다. 예로서 미국에서는 지하수 중에 검출되고 있다.

또 urethane은 발효로서 만든 식품(빵, 요구르트, 치즈 등)이나 음료(포도주, 맥주, 위스키 등)에도 미량(1～10 ppb)이 함유되는 수가 있다.

▷ 규제 : 여러 나라에서 사용을 금지 또는 엄하게 제한하고 있다. 미국에서는 유해대기 오염물질 그리고 유해폐기물로 지정되어(예로서 뉴욕주의 일반 환경 대기중 허용농도는 0.03 $\mu g/m^3$) 있다.

24. 이소프렌(isoprene)

- CAS번호 : 78-79-5
- 계통명 : 2-메틸-1,3-부타디엔(2-methyl-1,3-butadiene)
- 화학식 : $CH_2=C(CH_3)CH=CH_2$

▷ 성상 : 무색의 휘발성 액체(비점 34℃)로서 약간 석유 같은 냄새가 있다.

▷ 용도 : 타이어나 신발에 사용되는 이소프렌 고무(IR)의 주원료(단위체)로 이용되고 이외에 부틸고무 제조에도 이용된다. 또 IR은 천연고무와 같은 기본구조를 만든다.

▷ 유독성 : 독성, 자극성이 있으며 눈에 들어가면 점막을 자극하고 피부 접촉시 점막과 피부를 부식시킨다. 과다노출의 증상은 현기증, 혼수상태, 마취작용, 질식 또는 사망에 이른다.

▷ 급성독성 : 그다지 강하지 않으나 사람이 다량의 증기를 흡입하면 두통, 현기증, 구역질, 착란상태, 의식 소실 등의 중추신경 장해의 증상이 생긴다. 또 눈이나 피부에 접촉하면 강한 자극작용을 나타낸다.

▷ 만성 일반독성 : 사람이 반복하여 노출을 받으면 기관지염이 생기고 기침, 담, 숨막힘 등이 심하다. 폐에도 악영향을 미친다. 마우스의 아만성 흡입실험에서는 코나 전위의 상피조직이 변질하고 빈혈이 생김과 동시에 후지의 마비가 관찰된다.

▷ 생식독성 : 마우스에의 아만성 흡입노출로 정소가 위축한다.

▷ 발생독성 : 임신 마우스에의 흡입노출로 태아의 발육이 저하하고 기형(늑골의

과잉)이 나타난다.

▷ 발암성 : 마우스에의 흡입노출로 수컷의 간장, 폐, 전위 등과 암컷의 비장, 하수체(下垂體) 등에 종양을 일으킨다. 또 쥐에의 흡입노출로 정소, 신장, 그리고 유선에 종양을 일으킨다(IARC는 그룹 2B로 지정).

▷ 변이원성 : 흡입노출 후의 마우스의 골수세포에 염색체 이상을 초래한다.

▷ 환경오염 : 본 물질을 생산 또는 사용하는 공장에서는 노동자가 주로 증기의 흡입에 의하여 노출을 받는 것으로 본다. 이와 같은 공장의 배기가스나 폐액을 통하여 일반 환경도 오염된다. 예를 들면 미국이나 캐나다에서는 도시의 대기중에 1～4 ㎍/m^3)의 이소프렌이 검출되고 있다. 한편 합성고무를 함유한 제품에서 본 물질(잔류단위체)이 휘발 또는 용출하여 일반 소비자가 노출을 받을 가능성도 무시할 수 없다.

▷ 규제 : 미국에서는 유해대기 오염물질로 지정되어 있고, 일본에서는 PRTR의 대상물질(제Ⅰ종)로 지정되어 있다.

관련 법규 : 대기환경보전법(대기오염물질, 특정 대기유해물)
산업안전기준에 관한 규칙(인화성 물질, 특정 화학물질)

25. 초산비닐(vinyl acetate)

▸ CAS번호 : 108-05-4

▸ 화학식 : $CH_2=CHOCOCH_3$

▷ 성상 : 무색의 휘발성 액체(비점 73℃)로서 단 과실냄새가 있고, 물에 녹기 쉽다.

▷ 용도 : 폴리초산비닐(플라스틱)의 주원료(단위체)로 이용되고, 이외에 염화비닐 등과의 공중합체(共重合體, 플라스틱)나 폴리비닐알코올(주로 합성섬유 제조용)의 원료에도 이용된다. 폴리초산비닐(별명 ; 초산비닐 수지)은 도료, 접착제, 래커, 호료(糊料), 섬유 가공제, 종이의 코팅, 셀로 테이프, 추잉 검 등에 많이 이용된다.

▷ 유독성 : 눈, 피부, 목을 자극한다.

▷ 급성독성 : 경구섭취에서는 그다지 강하지 않다(마우스의 경구 LD_{50} = 1,613mg/kg). 증기의 흡입노출에는 상당히 강하다(마우스의 LC_{50}(4시간) = 1,550 ppm). 사람에서는 흡입에 의하여 코나 목이 자극되고 기침과 숨막힘이 많다. 고농도에서는

현기증, 피로감, 불면, 착란상태, 신경과민 등의 증상이 나타난다. 흡입동물실험에서는 호흡곤란, 경련, 폐장해도 나타난다. 또 접촉으로 눈이나 피부에도 자극된다.

▷ 만성 일반독성 : 사람이나 동물실험에서도 흡입에 의하여 영향을 받고 급성증상과 마찬가지로 호흡기계와 신경계의 장해가 눈에 뜨인다. 특히 쥐와 마우스에 대하여는 코와 기관지의 점막 염증이 관찰된다(RfC = 0.2 mg/m^3). 쥐에의 경구투여에서는 신장에도 장해가 일어난다(잠정 RfD = 1 mg/kg/day).

▷ 생식독성 : 쥐에의 다세대 경구투여로 임신율이 저하한다.

▷ 발생독성 : 임신 쥐에의 흡입노출로 태아의 발육이 저하하고 미세한 골격이상이 생긴다.

▷ 발암성 : 쥐에의 경구투여로 간장암, 자궁암, 갑상선암, 구강암 그리고 식도암이 생기고, 마우스에의 경구투여로도 구강암, 식도암, 전위암 그리고 후두암이 생긴다. 그리고 쥐에의 흡입노출에서는 비강암이 생긴다(IARC는 그룹 2B로 지정).

▷ 변이원성 : 햄스터의 배양 배세포에 유전자 변이를 일으키고, 사람의 배양림프구, 햄스터의 배양 난소세포 그리고 복강 내 투여한 마우스의 골수세포에 염색체 이상을 초래한다.

▷ 환경오염 : 본 물질을 생산 또는 사용하는 사업장에서는 증기의 흡입이나 피부에의 접촉에 의하여 노출을 받을 가능성이 높고, 미국에서는 이와 같은 노동자가 약 3만 명에 이르는 것으로 추산하고 있다. 또 이들 사업장의 배기가스나 폐액에 함유된 초산비닐이 일반 환경을 오염하는 것도 무시할 수 없다.

한편, 폴리초산비닐계의 플라스틱 제품이나 이것을 배합한 섬유·종이제품에는 본 물질(단위체)이 많건 적건 잔류하면 사용 시에 이것이 휘발 또는 용출하여 일반 소비자가 노출을 받을 기회가 많다.

▷ 규제 : NIOSH의 노동환경 대기중 허용농도는 4 ppm(14.1 mg/m^3)이다. 미국에서는 유해대기, 수질 오염물질로 지정되어(예로서 버지니아주의 일반 환경 대기중 허용농도는 5 μg/m^3) 있다. 또 플로리다주에서는 음료수 중 허용농도를 0.25 mg/ ℓ로 설정하고, 일본에서는 PRTR의 대상물질(제 I 종)로 지정되어 있다.

관련 법규 : 수질환경보전법(수질오염물)
대기환경보전법(대기오염물질, 특정 대기유해물)
산업안전기준에 관한 규칙(인화성 물질, 특정 화학물질)

26. 취화비닐(브롬화비닐 : vinyl bromide)

- CAS번호 : 593-60-2
- 계통명 : 브로모에텐(bromoethene)
- 별명 : 브로모에틸렌(bromoethylene)
- 화학식 : CH_2=CHBr

▷ 성상 : 무색의 기체(비점 16℃)로서 기분이 좋은 냄새를 가진다.

▷ 용도 : 메타크릴산 수지(플라스틱)를 제조할 때에 첨가하는 중합촉진제이다. 난연성(難燃性) 합성섬유의 원료(주로 아크릴계에 이용)로 이용된다. 연질의 폴리염화비닐의 원료로서 사용하는 수도 있다. 메타크릴산 수지는 식탁용품, 일용잡화, 문구, 형광등 카버, TV, 간판, 피아노 건반, 의치(義齒), 의안(義眼), 자동차부품 등에 많이 사용된다.

▷ 급성독성 : 약간 강하다(쥐의 경구 LD_{50} = 500 mg/kg). 사람이 비교적 다량을 흡입하면 두통, 현기증, 구역질, 의식 저하, 언어 불명확, 방향감각의 손실, 경련 등의 신경장해가 생긴다. 쥐에의 흡입노출에서도 역시 신경에의 악영향(운동성의 저하, 마취상태 등)이 나타난다. 또한 간장과 신장의 장해도 눈에 뜨인다. 한편, 토끼의 눈에 대하여 액상으로 접촉하면 자극작용을 일으킨다.

▷ 만성 일반독성 : 쥐에의 흡입노출에 의하여 간장과 신장이 비대하고 또한 변질한다. 또 적혈구와 혈중 헤모글로빈 농도가 감소한다(RfC = 3 $\mu g/m^3$).

▷ 면역독성 : 쥐에의 아만성 흡입노출로 비장이 비대한다.

▷ 발암성 : 쥐에의 흡입노출로 간장에 혈관 육종이 생긴다(IARC는 그룹 2A. 또 EPA는 그룹 B2로 지정).

▷ 변이원성 : *Salmonella*균과 자주 닭의장풀에 유전자 변이를 초래하고, 초파리에 염색체 이상을 초래한다.

▷ 환경오염 : 사람에의 노출은 먼저 본 물질을 취급하는 공장 등에서 주로 흡입에 의하여 생긴다. 또 이와 같은 사업장의 배기가스에 함유되는 취화비닐(브롬화비닐)은 주변의 대기를 오염한다. 또한 플라스틱 제품(특히 식탁용품)에서 본 물질(잔류 단위체)이 휘발 또는 용출하여 옥내 대기나 식품・음료를 오염하는 가능성도 무시할 수 없다.

▷ 규제 : ACGIH의 노동환경 대기중 허용농도는 0.5 ppm(2.2 mg/m^3)이다. 또

NIOSH는 가능한 한 낮은 농도가 바람직하다고 권고하고 있다. 미국에서는 유해대기 오염물질로 지정되어(예로서 버지니아주의 일반 환경 대기중 허용농도는 2 $\mu g/m^3$) 있다.

27. 클로로프렌(chloroprene)

▸ CAS번호 : 126-99-8

▸ 계통명 : 2-클로로-1,3-부타디엔(2-chloro-1,3-butadiene)

▸ 별명 : 베타-클로로프렌(β -chloroprene)

▸ 화학식 : $CH_2=CCl-CH=CH_2$

▷ 성상 : 무색의 휘발성 액체(비점 59℃)로서 에테르 같은 냄새가 있다. 물에 약간 녹는다.

▷ 용도 : 클로로프렌 고무(CR)의 주성분(단위체)이다. CR는 네오프렌이라고 부른다. 전선의 피복, 벨트, 호스, 쿠션, 패킹, 자동차부품, 접착제 등에 사용한다.

▷ 급성독성 : 상당히 강하다(쥐의 경구 LD_{50} = 450 mg/kg ; 마우스의 경구 LD_{50} = 146 mg/kg). 사람이 증기를 흡입하면 중추신경이 억제되어 두통, 현기증, 구역질, 피로감, 불면, 신경과민, 의식소실 등의 증상이 생기고, 이외에 호흡기계의 자극, 흉통, 맥박의 증가, 위장장해 등도 나타난다. 눈에 접촉하면 결막염과 각막의 변질을 초래한다. 한편 쥐에의 경구투여에서는 간장이나 신장의 장해도 관찰된다.

▷ 만성 일반독성 : 사람에서는 상기의 급성증상 이외에도 피부염, 탈모, 간장과 신장의 장해 등이 자주 나타난다. 또 동물실험에서도 주로 호흡노출에 의하여 유사한 증상이 생기고 특히 눈, 코, 폐, 전위, 갑상선 등의 장해나 행동이상, 혈액이상 등이 관찰되고 있다(잠정 RfC = 7 $\mu g/m^3$; 잠정 RfD = 0.02 mg/kg/day).

▷ 생식독성 : 쥐에의 아만성 흡입노출에 의하여 정소가 변질하고, 정자의 감소와 운동성의 저하를 초래한다. 또 노출을 받은 남성 노동자의 배우자에 유산이 다발한다는 보고가 있다.

▷ 발생독성 : 임신 쥐에의 흡입노출로 유산이 증가한다.

▷ 면역독성 : 마우스에의 아급성 흡입노출에 의하여 흉선의 위축과 변질을 초래한다. 또 쥐에의 경구투여가 비장에 장해를 일으킨다.

▷ 발암성 : 쥐에의 흡입노출로 구강, 갑상선, 폐, 신장 그리고 유선에 종양이 생기

고, 마우스에의 흡입노출로 전위, 폐, 유선, 신장(수컷), 간장(암컷) 그리고 피부(암컷)에 종양이 생긴다(IARC는 그룹 2B로 지정).

▷ 변이원성 : *Salmonella*균, 초파리 그리고 햄스터의 배양 배세포에 유전자 변이를 초래한다. 또 직장에서 노출을 받은 노동자의 림프구에 염색체 이상이 많이 생기는 것이 보고되고 있다.

▷ 환경오염 : 사람에의 노출은 먼저 본 물질을 생산 또는 사용하는 공장 등에서 주로 증기의 흡입에 의하여 생긴다. 미국에서는 이와 같은 가능성이 있는 노동자가 약 2만 명에 이르는 것으로 추산하고 있다. 또 이들 사업장에서 방출되는 배기가스나 폐액은 일반 환경을 오염한다. 예로서 미국 도시의 대기중에 1～10 $\mu g/m^3$의 클로로프렌이 검출되고 있다. 한편, 합성고무를 함유하는 제품에서 본 물질(잔류 단위체)이 휘발 또는 용출함으로써 일반 소비자가 노출을 받는 경우도 무시할 수 없다.

▷ 규제 : NIOSH의 노동환경 대기중 허용농도는 1 ppm(3.6 mg/m^3)이다. 미국에서는 유해대기 오염물질로 지정되어(예로서 매사추세츠주의 일반 환경 대기중 허용농도는 2.5 $\mu g/m^3$) 있다.

28. 테트라브로모비스페놀 A(tetrabromobisphenol A)

Br Br CH3 HO C OH CH3 Br Br

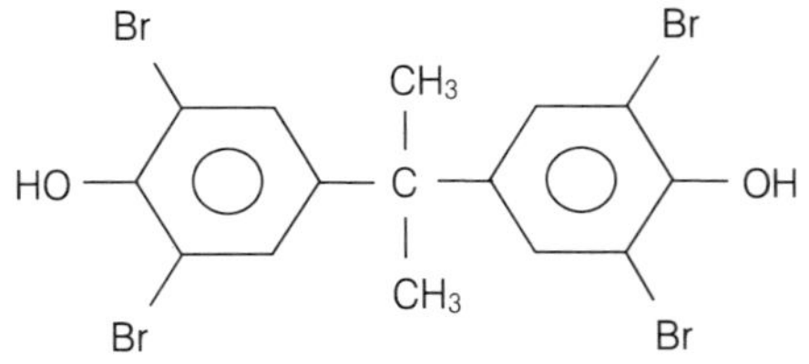

TBBPA

- CAS번호 : 79-94-7
- 화학명 : 2,2', 6,6'-테트라브로모비스페놀(2,2', 6,6'-tetrabromobisphenol A)
- 별명 : TBBPA(약칭)

▷ 성상 : 회백색의 분말(융점 180℃)이다.

▷ 용도 : 플라스틱, 섬유제품, 종이제품 등에 첨가하는 난연제(難燃劑)로 이용된다. 특히 ABS 수지, 에폭시 수지, 페놀 수지, 불포화폴리에스테르 수지, 폴리카르보네이트 등의 플라스틱에 많이 사용한다. 또 가소제(可塑劑)나 다른 난연제의 합성

중간물질로도 사용된다.

▷ 급성독성 : 경구섭취에서는 강하지 않다(쥐의 경구 LD_{50} = 5 g/kg 이상). 배양 적혈구에 대하여 용혈작용을 나타낸다. 또 배양 간세포에 대하여도 막 구조의 손상을 초래한다.

▷ 발생독성 : 쥐의 배양 배(胚)에 대하여 비교적 낮은 농도(1 mg/ℓ)로 안면부에 혈종(혈관에서 나온 혈액 덩어리)을 일으킨다. 또 심박수를 감소시킨다.

▷ 면역독성 : 마우스의 배양 비장세포에 대하여 비교적 낮은 능도(1.6 mg/ℓ)로 세포성 면역작용의 활성화를 현저히 저해한다.

▷ 내분비계 장애 : 사람의 배양 유방암세포(NCF-7)의 증식을 촉진하고 estrogen 같은 작용을 나타낸다. 또 유사한 배양생물계에서 thyroxine을 수송하는 단백질과 강하게 결합하고 갑상선 호르몬의 작용을 교란하는 가능성을 나타낸다.

▷ 생태독성 : 수생생물에 대한 독성은 상당히 강하다(무지개송어의 LC_{50}(96시간) = 0.4 mg/ℓ).

▷ 환경오염 : 각종 플라스틱 제품에서 사용 중 또는 폐기 후에 용출하여 토양이나 하천 · 호소(湖沼) · 해저의 저질(底質)을 오염한다. 난연제를 취급하는 공장의 폐기물이나 폐수에 유래하는 오염도 무시할 수 없다(일본에서는 저질(底質)에 대하여 건조 중량당 최고 0.15 ppm을 검출).

환경에서는 상당히 안정하다. 또 생물농축도 어느 정도 인정된다(500～1,000배). 어류나 사람의 지방조직에 축적된다. 사람의 모발 중에 2～5 ppb의 오염이 검출된다. 사람에의 노출은 이외에 플라스틱 제품을 제조 또는 재생하는 공장에서의 흡입과 피부에의 접촉에 의하여 생긴다.

▷ 관련물질 : TBBPA와 같은 페놀취화물로서 2,4,6-tribromophenol(약칭 TBP ; CAS번호 : 118-79-6)이 알려져 있다. TBP는 일본에서는 연간 약 500톤 생산하고 난연제의 제조, 살균제, 목제 방부제 등에 사용된다.

급성독성은 그다지 강하지 않으나 임신 쥐에의 경구투여 또는 흡입노출에 의하여 유산이 증가하고, 태아의 발육 지연과 이상(내장의 혈종 등)이 나타난다. 또 신생아의 행동능력도 억제된다. 환경에서는 상당히 안정하다. 일본에서는 하천의 저질(底質)에서 4 ppb가 검출되고 있다. 생물농축도 어느 정도 인정된다(약 500배). 한편 TBP는 일본에서는 PRTR의 대상물질(제Ⅰ종)로 지정되어 있다.

29. 티오요소(thiourea)

▸ CAS번호 : 62-56-6

▸ 별명 : 티오카르바미드(thiocarbamide)

▸ 화학식 : $CS(NH_2)_2$

▷ 성상 : 무색의 결정성 고체(융점 180℃)로서 물에 상당히 녹는다.

▷ 용도 : 섬유제품(특히 나일론)의 난연(難燃) 가공제로 이용된다. 고무의 품질을 좋게 하는 가황촉진제, 금속의 방청제, 사진의 정착시약, 폐수처리제, 의약품, 농약, 염료 등의 제조 원료로 이용된다.

▷ 급성독성 : 상당히 강하다(쥐의 경구 LD_{50} = 125 mg/kg). 사람이 미세분말을 흡입하면 코나 목의 점막이 강하게 자극된다. 또 눈에 접촉하면 염증을 일으키고 발적(發赤)이 생긴다.

▷ 만성 일반독성 : 경구섭취나 경피흡수에 의하여 골수에 장해를 일으키고 적혈구, 백혈구, 혈소판 등이 감소하여 빈혈을 초래한다.

▷ 생식독성 : 면양이나 양에의 아만성 경구투여로 정자의 형성이 저해된다.

▷ 발생독성 : 임신 쥐에의 경구투여로 유산이 증가하고 태아에 기형이 생긴다(유산은 마우스와 같은 실험으로도 볼 수 있다).

▷ 면역독성 : 접촉을 반복함으로써 피부에 대하여 알레르기 증상을 야기한다.

▷ 행동독성 : 임신 말기에서 수유기간에 걸쳐 모친 쥐에 경구투여하면 신생아에 행동이상(음향자극에의 응답능력의 저하)이 나타난다.

▷ 내분비계 장애 : 쥐에의 아만성 흡입노출 그리고 면양에의 아만성 경구투여에 의하여 갑상선의 활동이 저하된다.

▷ 발암성 : 쥐에의 경구투여로 간장, 갑상선, 눈꺼풀 등에 종양이 생긴다(IARC는 그룹 3, 또 EPA는 그룹 B2로 지정).

▷ 변이원성 : *Salmonella*균, 효모, 쥐의 배양 배세포, 마우스의 배양림프구 등에 유전자 변이를 초래하고 대장균, 쥐의 배양 간세포 등의 DNA를 손상한다.

▷ 환경오염 : 사람에의 노출은 주로 본 물질을 생산 또는 사용하는 공장 등에서 미세분말이나 그 용액과 접촉함으로써 생긴다. 예로서 미국에서는 이와 같은 노출의 가능성이 있는 노동자는 약 3만 명에 이르는 것으로 추산하고 있다. 또 이들 사

업장의 폐액에 함유되는 티오요소가 주변의 일반 환경을 오염하는 것도 경시할 수 없다.

▷ 규제 : 미국에서는 유해폐기물로 지정되어 있으며, 또 뉴욕주에서는 일반 환경 대기중 허용농도를 0.03 $\mu g/m^3$로 설정하고 있다. 스웨덴에서는 사용을 금지 또는 엄하게 제한하고 있으며, 일본에서는 PRTR의 대상물질(제 I 종)로 지정되어 있다.

30. 페놀(phenol)

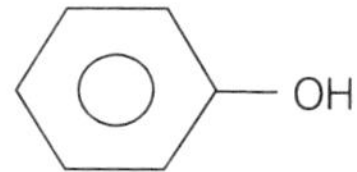

Phenol

▸ CAS번호 : 108-95-2

▸ 계통명 : 히드록시벤젠(hydroxybenzene)

▸ 별명 : 석탄산

▷ 성상 : 무색 또는 백색의 결정성 고체(융점 41℃)로서 타르와 같은 강한 불쾌취가 있고, 물에 상당히 녹는다. 시판품은 수분을 흡수하여 액상의 것이 많다.

▷ 용도 : 페놀 수지(플라스틱)의 주원료(단위체)로 이용된다. 소독제, 의료용 국부 마취제, 각종 유기화합물과 의약품, 향료, 염료, 가소제(可塑劑) 등의 제조에도 이용된다.

한편 페놀 수지는 베크라이트라고 부르며, 전기기기 부품(소켓, 스위치, 배전판 등), 자동차 용품(브레이크, 핸들 등), 가정용품(찻잔, 접시, 젓가락), 접착제(목재용), 종이의 가공 등에 이용된다.

▷ 유독성 : 1～2 g 먹으면 중독증상이 나타나며, 5～10 g 먹으면 치사한다. 눈에 들어가면 각막, 결막에 염증이 나타나며, 피부에는 피부염과 국소장애를 일으킨다. 수용액 상태에서도 유독하다.

▷ 급성독성 : 약간 강하다(쥐의 경구 LD_{50} = 530 mg/kg). 사람이 미세분말이나 증기를 흡입하면 코나 목의 점막이 강하게 자극되어 기침이나 숨막힘이 심하게 됨과 동시에 중증에서는 폐수종이 생긴다. 또 두통, 현기증. 피로감, 탈력감, 수족의 떨림, 운동실조, 경련, 호흡곤란 등의 중추신경 장해도 나타난다. 이것은 혈액의 산소 운반능력의 저하에 유래되는 것으로 생각된다. 또 피부나 눈에 접촉하면 역시

강한 자극작용에 의하여 염증이 생긴다.

▷ 만성 일반독성 : 사람에서는 급성증상 이외에도 설사, 식욕저하, 위장의 염증, 타액의 분비과잉, 뇨의 이상(신장장해), 간장의 비대, 근육의 통증, 부정맥 등이 나타난다. 또 흡입노출에 의한 동물실험에서도 중추신경계, 호흡기계, 심혈관계, 간장 그리고 신장에 장해가 생긴다(잠정 RfC = 6 μg/m^3).

▷ 생식독성 : 쥐에의 2세대 경구투여로 신생아의 자궁이나 전립선이 위축하고 생존율이 저하한다.

▷ 발생독성 : 임신 쥐에의 경구투여로 태아의 발육이 저하하고 유산이 증가한다(RfD = 0.6 mg/kg/day). 마우스에 대한 동일 실험에서는 유산과 함께 태아의 두부에 기형이 생긴다.

▷ 발암성 : 쥐(수컷)에의 경구투여로 갑상선암과 백혈병이 생긴다. 또 마우스 피부에의 장기간 투여에 의하여 다른 발암물질이 피부암을 일으키는 작용을 촉진한다.

▷ 변이원성 : *Salmonella*균과 햄스터의 배양 배세포에 유전자 변이를 초래하고 초파리, 사람의 배양림프구, 경구투여 후의 마우스의 골수세포 등에 염색체 이상을 초래한다. 또 마우스의 배양림프구의 DNA를 손상한다.

▷ 생태독성 : 수생생물에 대한 독성은 약간 강하다(무지개송어의 LC_{50}(24시간) = 5.6～11.3 mg/ ℓ).

▷ 환경오염 : 사람에의 노출은 먼저 본 물질을 취급하는 직장에서 흡입이나 피부에의 접촉에 의하여 생긴다. 미국에서는 이와 같은 가능성이 있는 노동자가 모두 30만 명 이상 이르는 것으로 추산하고 있다. 또 이들 직장의 배기가스나 폐액에 함유된 페놀이 주변의 일반 환경을 오염하는 것도 무시할 수 없다. 예로서 유럽에서는 빗물 중에 2～5 μg/ ℓ 의 오염이 검출되고 있다.

한편 페놀 수지제의 가정용품이나 접착제에서 본 물질(잔류 단위체)이 용출하여 식품 등을 오염하거나 소독제나 마취제로 사용된 것이 피부나 점막에서 흡수되거나 하여 일반 소비자가 노출을 받는 경우도 생각된다. 예로서 치즈나 소시지가 오염된 예가 알려져 있다.

▷ 규제 : OSHA의 노동환경 대기중 허용농도는 5 ppm(19 mg/m^3)이다. 스웨덴에서는 이 값을 엄하게 1 ppm로 설정하고 있다. 미국에서는 유해대기, 수질 오염물질 그리고 유해폐기물로 지정되어(예로서 뉴욕주의 일반 환경 대기중 허용농도는 10μg/m^3) 있다. 또 캘리포니아주에서는 음료수 중 허용농도를 1 μg/ ℓ 로 설정되어(EU

에서는 0.5 μg/ ℓ) 있다.

일본에서는 극물, 노동안전위생법의 특정 화학물질(제 III 류) 그리고 PRTR의 대상물질(제 I 종)로 지정되어 있다. 또 페놀 수지제의 식품용 기구 · 용기포장에 대하여 용출시험으로 페놀이 검출되어서는 안 된다고 정하고 있다.

▷ 우리나라의 규제 : 먹는 물 관리법(시행령 및 시행규칙)에서 먹는 물(수돗물) 중의 phenol의 허용기준은 0.005 mg/ ℓ 이하로 규정되어 있다. 토양환경보전법(시행령 및 시행규칙)에서 토양중의 phenol의 허용기준은 농경지에서 4 mg/kg 이하 그리고 공장, 산업지역에서 20 mg/kg 이하로 규정되어 있다. 또 대기환경보전법(시행령 및 시행규칙)에서 phenol 화합물의 대기오염 배출 허용기준은 시설에 따라 10ppm 규정되어 있다.

관련 법규 : 산업안전보건법(유해위험물)
수질환경보전법(수질오염물)
대기환경보전법(대기오염물질, 특정 대기유해물)
산업안전기준에 관한 규칙[발화성 물질(가연성 고체)]
유해화학물질관리법(유독물질)

31. *p*-페닐렌디아민(*p*-phenylenediamine)

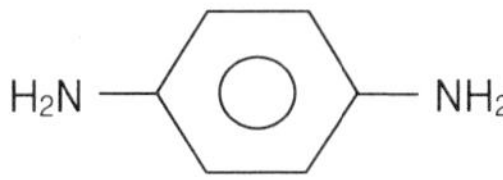

p-Phenylenediamine

- CAS번호 : 106-50-3
- 계통명 : 1,4-벤젠디아민(1,4-benzenediamine)
- 별명 : 1,4-페닐렌디아민(1,4-phenylenediamine), 파라-디아미노벤젠(*p*-diaminobenzene)

▷ 성상 : 백색 또는 담홍색의 결정성 고체(융점 147℃)로서 물에 상당히 녹는다. 공기중에서 점차 검게 변한다.

▷ 용도 : 모발이나 모피의 염색(백발 염료 등), 사진 현상액, 합성고무의 품질향상을 위하여 첨가되는 가황촉진제, 고무나 가솔린의 산화방지제, 아조염료의 제조

등에 이용된다.

▷ 급성독성 : 아주 강하다(쥐의 경구 LD_{50} = 80 mg/kg). 사람이 미세분말을 흡입하면 코, 목, 폐 등이 강하게 자극된다. 또 두통, 현기증, 구역질, 피로감, 수족의 떨림, 경련, 발작, 호흡곤란, 혼수 등의 중추신경 장해가 나타난다. 이것은 혈액의 산소운반 능력의 저하에서 유래하는 것으로 본다.

이외에 고혈압, 위염, 복통 등이 나타난다. 또 피부나 눈에 접촉하면 강한 자극작용에 의하여 심한 염증이나 유루(流淚)가 생긴다.

▷ 만성 일반독성 : 사람에서는 반복노출을 받으면 적혈구 파괴가 진행되고 빈혈이 심하다. 또 눈의 수정체에 흐름이 생겨 백내장이 다발한다. 쥐에의 경구투여로 간장과 신장의 장해가 눈에 뜨인다(잠정 RfD = 0.19 mg/kg/day).

▷ 면역독성 : 피부에의 반복노출에 의하여 알레르기 증상(습진 같은 접촉피부염)을 야기한다. 또 호흡기계의 기관에 대해서도 기침, 숨막힘, 흉통(압박감) 등이 심하게 되면 천식 같은 알레르기 증상이 생긴다.

▷ 변이원성 : 쥐나 햄스터의 배세포나 초파리에 유전자 변이를 초래하고, 양파에 염색체 이상을 초래한다.

▷ 생태독성 : 수생생물에 대한 독성은 약간 강하다(금붕어의 LC_{50}(48시간) = 5.75 mg/ℓ).

▷ 환경오염 : 사람에의 노출은 주로 본 물질을 생산 또는 사용하는 사업장 등에서 흡입 또는 피부에의 접촉에 의하여 생긴다. 특히 염모제(머리염색)로서 사용하는 미용원 등에서는 미용사나 염색 대상자도 함께 노출을 받을 가능성이 높다. 또 가정용의 염모 화장품을 통하여 생기는 노출도 무시할 수 없다.

▷ 규제 : ACGIH의 노동환경 대기중 허용농도는 0.023 ppm(0.1 mg/m^3)이다. 미국에서는 유해대기 오염물질로 지정되어(예로서 뉴욕주의 일반 환경 대기중 허용농도는 0.33 μg/m^3) 있고, 일본에서는 극물 그리고 PRTR의 대상물질(제 I 종)로 지정되어 있다.

▷ 관련물질 : 본 물질과 마찬가지로 모발의 염색, 사진약품, 염료의 제조 등에 사용되는 관련 화합물로서 *o*-phenylenediamine(CAS번호 : 95-54-5)과 *m*-phenylene-diamine(CAS번호 : 108-45-2)이 알려져 있다(계통명은 각각 1,2- 그리고 1,3-ben-zenediamine).

이들은 어느 것이나 상온에서는 결정성의 고체이고, 급성독성은 *p*-화합물보다 약간 약하나 적혈구의 파괴에 의하여 빈혈을 초래하고, 또한 피부에 대하여 알레르기 증상을 야기하는 공통의 독성을 나타낸다. ACGIH의 노동환경 대기중 허용농도는 어느 것이나 0.1 mg/m^3)이고, 일본에서는 다 같이 극물 그리고 PRTR의 대상물질(제 I 종)로 지정되어 있다.

32. 포름알데히드(formaldehyde)

```
H — C — H
    ||
    O
```

Formaldehyde

- CAS번호 : 50-00-0
- 계통명 : 메타날(methanal)
- 별명 : 포르말린(formalin : 수용액에 대하여))
- 화학식 : HCHO

▷ 성상 : 무색의 기체(비점 -19℃)로서 강한 자극취를 가지며 물에 녹기 쉽다. 보통 약 40%의 포르말린 수용액으로서 시판되고 있다.

▷ 용도 : 요소 수지, 페놀 수지, 멜라민 수지 그리고 폴리아세탈(어느 것이나 플라스틱)의 주원료(단위체)로 이용된다. 방부 · 살균제, 사진 현상액, 피혁제품의 가공, 각종 유기화합물의 합성에 이용된다. 상기 플라스틱은 성형품 외에 목공제품의 접착제, 의료의 주름방지 가공, 종이제품의 내수가공 등에 많이 사용된다(표 2-28 참조).

▷ 급성독성 : 아주 강하다(쥐의 경구 LD_{50} = 100 mg/kg ; 쥐의 흡입 LC_{50}(4시간) = 390 ppm). 사람이 흡입하면 코나 목의 점막이 강하게 자극되어 기침이나 숨막힘이 심하게 되고, 후두염이나 기관지염과 함께 중증에서는 폐렴이나 폐수종이 생긴다. 또 눈이나 피부에 접촉하면 심한 염증이 생긴다. 한편 경구섭취 후에는 구강, 식도 그리고 위에 염증이나 위궤양이 나타난다.

▷ 만성 일반독성 : 흡입노출에 의하여 급성증상과 마찬가지로 호흡기계의 장해가 눈에 뜨이고 사람은 여기에 더하여 두통, 현기증, 구역질, 식욕감소, 피로감, 무기력, 불면증, 집중력 저하 등의 중추신경 장해도 나타난다. 또 쥐에의 경구투여로 전위나

표 2-28. 포름알데히드의 용도

요소 수지	접착제	목제가구 조도(調度), 풀로링 마루, 압축목재, 합판, 파이버 보드, 종이제품
	성형품	우레탄 폼, 건축용 단열재
	의료처리	의복, 커튼, 카펫
	코팅처리	종이제품(내수가공 등), 기타
페놀 수지	합판(접착제), 건축용 단열재, 건축용 접합제, 전기기기 부품, 자동차 부품, 가정용품(차반 등)	
멜라민 수지	목제가구 조도(調度), 목공제품(접착제), 도자기, 라미네트 가공품	
폴리아세탈	자동차 부품, 배관 부품, 전자기기 부품	
방부・살균제	이과표본, 의과대학・장의사 등에서의 유체(遺體) 보존, 도료, 클리닝용 세제, 세탁 풀, 화장품, 의약품, 농작물, 식품, 목공제품	
기 타	사진현상, 고무제품, 피혁제품(무두질), 금속제품(부식 방지제), 각종 유기화합물의 합성	

신장에 장해가 생긴다(RfD = 0.2 mg/kg/day). 한편, 미국 유해물질 질병등록국(ATSDR)은 일반 독성에 관하여 RfC 상당치를 4 $\mu g/m^3$으로 산정한다.

▷ 발생독성 : 임신 쥐에의 흡입노출로 신생아의 발육이 늦어지면(특히 뼈나 치아) 행동이상(운동과잉, 배변과 배뇨의 증가 등)이 나타난다.

▷ 면역독성 : 알레르기성의 접촉피부염이나 습진이 생긴다. 또 호흡기계의 기관에 대하여도 기침, 천식소리(이상 호흡음), 흉통(압박감) 등을 포함한 천식 같은 알레르기 증상을 야기한다.

▷ 발암성 : 쥐나 마우스에의 흡입노출로 비강에 암이 생긴다. 또 쥐에의 경구투여에서는 백혈병 그리고 전위와 소장의 암이 생긴다. 한편, 직장에서 본 물질에 의한 노출을 장기간 받은 노동자에 비강, 인두, 후두, 폐 등의 암과 뇌종양이 다발하는 것으로 알려졌다. IARC는 그룹 1로 지정되어 있고, 또 EPA는 그룹 B1로 지정하고 흡입단위 리스크를 0.000013(실질 안전 대기중 농도는 0.08 $\mu g/m^3$)으로 산정한다.

▷ 변이원성 : *Salmonella*균, 붉은빵 곰팡이, 초파리, 햄스터의 배양 폐세포 등에 유전자 변이를 초래하고, 사람의 배양림프구나 흡입노출 후의 쥐의 골수세포에 염색체 이상을 일으킨다. 또 대장균, 효모 등의 DNA를 손상한다. 또 직장에서 고농

도의 흡입노출을 받은 노동자의 림프구에도 염색체 이상이 많이 나타난다고 보고하고 있다.

▷ 환경오염 : 사람에의 노출은 먼저 본 물질을 취급하는 직장에서 흡입이나 피부에의 접촉에 의하여 생긴다. 요소 수지 등의 플라스틱을 생산 또는 이용하는 공장에서 뿐만 아니라 포르말린을 방부 · 살균제로서 사용하는 사업장도 포함된다. 예로서 미국에서는 이와 같은 노출의 가능성이 있는 노동자는 총 130만 명에 이르는 것으로 추산하고 있다.

또 이들 공장이나 사업장의 배기가스와 폐액을 통하여 주변의 일반 환경이 오염된다. 또한 자동차의 배기가스에도 본 물질이 함유되어 있어 오염이 확대되고 있다. 이 때문에 도시의 대기중에는 1～10 $\mu g/m^3$의 포름알데히드가 검출되는 수가 많다(오염되지 않는 자연계의 원래의 농도는 일반적으로 0.05 $\mu g/m^3$).

한편 본 물질은 잔류 단위체로서 함유되는 플라스틱 · 의료 · 종이제품(건재, 가구 등의 접착제를 포함)에서 휘발하여 옥내 대기를 현저히 오염한다(소위 쇼크 하우스의 주요한 원인물질). 일반 주택이나 학교에서 보통 20～60 $\mu g/m^3$의 오염(발암 리스크는 1만분의 3～8)이 나타나고, 환기가 충분하지 않으면 수백 $\mu g/m^3$에 이르는 경우도 알려져 있다. 일본에서는 2001년의 PRTR도 본 물질의 계출 외 배출량이 약 27,000톤(제 7위)에 달하고 있다.

▷ 규제 : NIOSH의 노동환경 대기중 허용농도는 0.016 ppm(20 $\mu g/m^3$)이다. 미국에서는 유해대기 오염물질 그리고 유해폐기물로 지정되어(예로서 매사추세츠주의 일반 환경 대기중 허용농도는 0.77 $\mu g/m^3$이나 노스캐롤리나주에서는 엄하여 대기중에 검출되지 않는 것을 규제의 기준으로 함) 있다. 또 뉴저지주에서는 음료수 중 허용농도를 0.7 $\mu g/\ell$로 설정하고 있다.

일본에서는 실내 대기중 농도 지침치(100 $\mu g/m^3$)와 건강에 관한 수질기준(80 $\mu g/\ell$)를 설정하고 있다. 또한 극물(포르말린으로서), 노동안전위생법의 특정 화학물질(제 III 류) 그리고 PRTR의 대상물질(제 I 종)로 지정되어 있다. 또 플라스틱제의 식품용 기구 · 용기포장에 대하여 용출시험으로 포르말린이 검출되어서는 안 된다고 규정하고 섬유제품 중 바지, 장갑, 양말 등에 대하여는 재질 중 75 ppm 이하(유아용은 16 ppm 이하)로 규제하고 있다.

▷ 우리나라의 규제 : 대기환경보전법(시행령 및 시행규칙)에서 포름알데히드의 대기오염 배출 허용기준은 모든 배출시설에서 10 ppm으로 규정되어 있다.

33. 프탈산 디(2-에틸헥실) [di(2-ethylhexyl) phthalate]

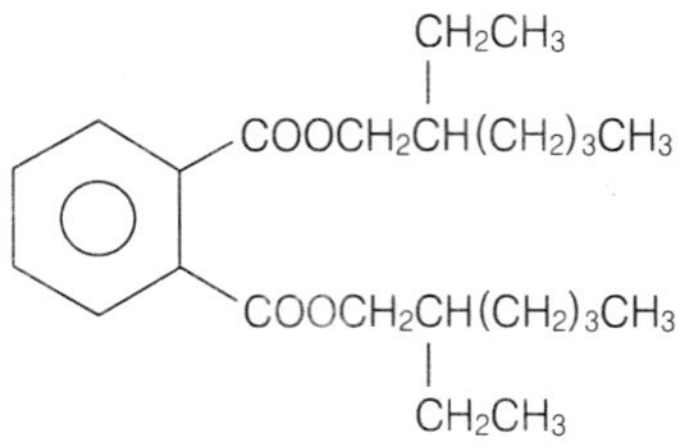

CH_2CH_3

$COOCH_2CH(CH_2)_3CH_3$

$COOCH_2CH(CH_2)_3CH_3$

CH_2CH_3

DEHP

- CAS번호 : 117-81-7
- 계통명 : 1,2-벤젠디카르복실산비스(2-에틸헥실)[*bis*(2-ethylhexyl) 1,2-benzenedicarboxylate]
- 별명 : DEHP(약칭) ; 프탈산디옥틸(DOP)

▷ 성상 : 무색의 유상 액체(비점 386℃)로서 물에 약간 녹는다.

▷ 용도 : 플라스틱(특히 폴리염화비닐)이나 합성고무에 첨가하여 제품을 부드럽게 하기 위한 가소제(可塑劑)이다. 표 2-26의 연질 폴리염화비닐 제품에는 본제가 10～50%까지 함유된다(단 장난감에는 사용 금지). 이외에 절연유, 잉크의 용제, 윤활유, 소포제 등에도 사용된다.

▷ 급성독성 : 아주 약하다(쥐의 경구 LD_{50} = 25 g/kg 이상). 그러나 사람에서는 증기를 흡입하면 코나 목 등이 자극된다. 적혈구가 감소되는 경우도 알려져 있다. 또 다량을 경구섭취하면 위장장해가 생긴다. 동물실험에서는 간장과 신장에의 악영향이 나타난다.

▷ 만성 일반독성 : 쥐나 모르모트의 동물실험에서는 흡입노출로나 경구투여로도 간장에 장해가 생긴다. 빈혈도 간혹 나타난다. 흡입실험에서는 폐에도 장해가 미친다(RfD = 0.02 mg/kg/day). 미국의 캘리포니아주에서는 독자적으로 RfC(0.01 mg/m^3)를 산정한다.

▷ 생식독성 : 마우스에의 아만성 경구투여로 정소, 정소상체 그리고 전립선이 위축하고 정자가 감소(이상한 정자의 비율은 증가)한다. 임신율과 신생아의 생존율도 저하한다. 또 쥐에서의 2세대 경구투여에도 마찬가지 결과가 생기고 또한 난소의 위축과 배란의 억제가 나타난다.

▷ 발생독성 : 임신 마우스에의 경구투여로 태아의 사망률이 증대하고 각종의 기

형(척추골, 늑골, 사지, 꼬리, 눈, 심장 등의 이상이나 뇌 탈출증)이 생긴다. 태아의 사망률 증대는 쥐의 실험에서도 마찬가지로 나타난다.

▷ 면역독성 : 마우스에의 아급성 경구투여로 흉선이 위축한다.

▷ 행동독성 : 모친 쥐에의 임신기간과 수유기간의 경구투여에 의하여 신생아의 자극회피 행동의 학습능력이 저하한다.

▷ 내분비계 장애 : 쥐에의 자궁에서 분리한 estrogen의 receptor에 결합한다. 또 항 androgen 작용이 현저하고, 모친 쥐에의 임신기간과 수유기간의 경구투여에 의하여 신생아(수컷)에 혈중 androgen 농도의 감소, 정소 하강부전(기형), 암컷화의 징후(유방의 성숙과 항문 성기간 거리의 단축) 등이 생긴다. 유사한 징후는 사람의 역학 데이터에서도 관찰된다(OSF와 환경성의 내분비계 장애물질 리스트에 수록).

▷ 발암성 : 쥐와 마우스에의 경구투여로 간장에 종양이 생긴다. IARC는 그룹 3으로 지정하고, 또 EPA는 그룹 B2로 지정하고 발암강도인자를 0.014 그리고 실질 안전 음료수 중 농도를 3 ㎍/ℓ로 산정한다.

▷ 변이원성 : 마우스의 배양 림프종세포에 유전자 변이를 일으키고, 햄스터의 배양 폐세포에 염색체 이상을 초래한다. 또 고초균의 DNA를 손상한다.

▷ 생태독성 : 수생생물에 대하여 약간 강한 독성을 나타낸다(무지개송어의 LC_{50} (48시간) = 1∼5 mg/ℓ).

▷ 환경오염 : 플라스틱에 첨가되는 가소제(可塑劑)는 일반적으로 제품에서 환경중으로 휘발 또는 용출하기 쉽다. 이 때문에 DEHP는 각국에서 도시의 대기중에 0.01∼0.1 ㎍/m^3(옥내에서는 간혹 이보다 수배 높은 값), 또는 하천수나 지하수에 1∼10 ㎍/ℓ의 오염이 검출되고 있다. 또 식품 중에도 플라스틱제 용기포장에서의 이행(용출) 등에 의하여 0.1∼1 ppm의 오염이 발견되는 수가 많다. 특히 어패류에는 수백 배의 생물농축이 진행되는 것도 이 오염의 원인 때문이다.

그 결과 사람이 1일에 주로 식품에서 체내로 들어오는 DEHP의 총량은 체중 1kg 당 3∼30 ㎍로 보고 있고, 그 생애 발암 리스크는 10만분의 4∼40에 이른다. 또 장난감에서의 노출이 많은 때에는 유아의 체내로 들어오는 양이 일반 성인 경우의 수배에 달하는 경우도 관찰되고 있다. 또한 수혈 · 점적용의 주머니나 혈액 투석용의 튜브에 연질 폴리염화비닐이 많이 쓰이고 있어 이것에서 용출되는 DEHP에 의한 환자의 혈액오염은 아주 높은 것으로 알려져 있다.

▷ 규제 : OSHA의 노동환경 대기중 허용농도는 0.31 ppm(5 mg/m^3)이다. 미국에

표 2-29. 내분비계 장애를 나타내는 DEHP 관련물질

명 칭	프탈산 디부틸	프탈산 부틸벤질	프탈산 디이소노닐
영어명	Dibutyl phthalate	Butylbenzyl phthalate	Diisononyl phthalate
약칭	DBP	BBP	DINP
CAS번호	84-74-2	85-68-7	28553-12-0
RfD	0.1 mg/kg/day	0.2 mg/kg/day	-
대기중 허용농도	0.22 mg/m^3 (일본의 실내 지침치)	0.1 mg/m^3 (플로리다주의 일반 환경)	-
음료수 중 허용농도	0.1 mg/ ℓ 위스콘신주	0.1 mg/ ℓ 미네소타주	-

서는 유해대기, 수질 오염물질 그리고 유해폐기물로 지정되어(예로서 로드아일랜드주의 일반 환경 대기중 허용농도는 0.5 $\mu g/m^3$) 있다. 또 캘리포니아주에서는 음료수 중 허용농도를 4 μg/ ℓ 로 설정하고 있다. 한편, 유럽 대부분의 나라에서는 유아의 장난감에 DEHP를 사용하는 것을 금지하고 있다.

일본에서는 PRTR의 대상물질(제 I 종)로 지정하고, 또 실내 대기중 농도 지침치(0.12 mg/m^3)와 수질감시 지침치(60 μg/ ℓ)를 설정하고 있다.

▷ 관련물질 : DEHP와 같은 프탈산에스테르에 속하는 가소제(可塑劑)로서 표 2-29에 나타낸 3종의 화합물이 자주 사용된다. 어느 것이나 유상의 액체이고, 각종의 플라스틱 제품에 적량이 첨가된다. 이 중에서 특히 DBP는 매니큐어의 광택제나 헤어스프레이에도 함유되어 있다. 또 곤충 기피제(방충)로도 이용된다.

이들의 급성독성은 그다지 강하지 않으나 DEHP에 유사한 내분비계 장애를 나타내는 큰 특징이 있다. 즉 임신 쥐에의 경구투여로 신생아(수컷)에 정소의 위축과 기형, 정자의 감소, 암컷화의 징후가 생긴다. DBP와 BBP는 사람의 배양 유방암세포(MCF-7)를 활성화하여 estrogen 같은 작용을 명확하게 나타낸다(양 화합물은 OSF와 환경성의 내분비계 장애물질 리스트에 수록).

한편 BBP는 발암성도 알려져 있고 쥐에의 경구투여로 백혈병을 일으킨다(IARC는 그룹 3, 또 EPA는 그룹 C로 지정). 미국에서는 DBP는 유해대기, 수질 오염물질 그리고 유해폐기물로, 또 BBP는 유해수질 오염물질로 지정되어 있다. 일본에서는 양 물질 다 함께 PRTR의 대상물질(제 I 종)로 지정되어 있다.

34. BHT

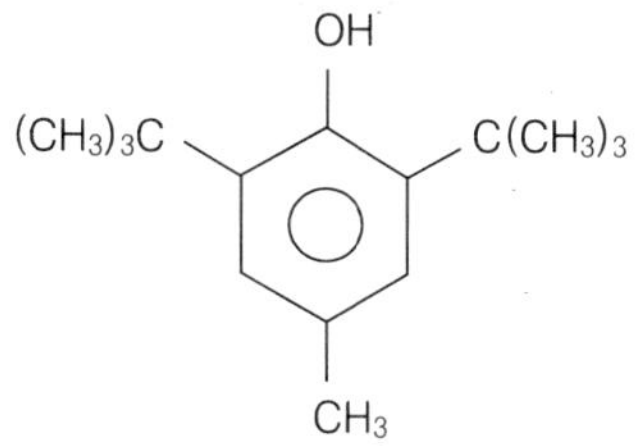

OH

$(CH_3)_3C$ $C(CH_3)_3$

CH_3

BHT

- CAS번호 : 128-37-0
- 계통명 : 2,6-디-*t*-부틸-4-메틸페놀(2,6-di-*t*-butyl-4-methylphenol)
- 별명 : Butylated hydroxytoluene

▷ 성상 : 백색의 결정성 고체(융점 69℃)로서 약간의 phenol 냄새가 난다.

▷ 용도 : 산화방지제(플라스틱, 합성고무, 화장품, 비누, 유지 등에 첨가), 자동차 그리고 항공용 가솔린의 안정제로 이용된다. 일본과 우리나라에서는 식품첨가물로 사용하고 있다. 즉 유지성분의 산화에 의한 변질을 방지하기 위하여 어패냉동품에 1,000 ppm까지, 그리고 버터, 마가린, 튀김기름, 샐러드기름, 어패건조품, 어패염장품 등에 200 ppm까지 첨가가 인정되고 있다.

▷ 급성독성 : 그다지 강하지 않다(쥐의 경구 LD_{50} = 890 mg/kg). 눈이나 피부에 접촉하면 일정한 자극작용을 나타낸다. 쥐에서의 약간 다량의 아급성 경구투여에서는 간장과 신장에 장해가 생기고, 전신에 출혈이 나타난다. 또 마우스와 개에의 같은 투여에서는 간에 장해가 생긴다.

▷ 만성 일반독성 : 마우스에의 경구투여로 간장에 장해(세포의 괴사나 공포의 형성)가 생긴다(ADI = 0.3 mg/kg/day).

▷ 생식독성 : 마우스에의 만성 경구투여로 신생아의 생존율이 감소한다.

▷ 발생독성 : 임신 마우스에의 경구투여로 신생아에 기형(소안구증)이 생긴다.

▷ 면역독성 : 쥐에의 만성 경구투여로 비장이 위축한다.

▷ 행동독성 : 쥐와 마우스에의 임신기간을 포함하여 아만성 경구투여로 신생아에 발육이 늦어지면 행동이상[다동성(多動性), 학습능력 저하 등]이 관찰된다.

▷ 내분비계 장애 : 쥐에의 아급성 경구투여로 부신(副腎)이 비대한다.

▷ 발암성 : 마우스에의 경구투여로 폐암이 생긴다. 또 쥐에의 2세대 경구투여로 간장암의 발생률이 증대한다(IARC는 그룹 3에 지정). 그리고 어느 종의 *N*-nitroso 화합물에 의한 쥐의 식도암 생성을 촉진하는 작용을 나타낸다.

▷ 변이원성 : 마우스의 배양림프종 세포와 햄스터의 배양 폐세포에 유전자 변이를 일으킨다. 초파리와 햄스터의 배양 난소세포에 염색체 이상을 초래한다. 또 고초균의 DNA를 손상한다.

▷ 환경오염 : 폴리에틸렌제의 식품 용기에서 식용유 중에 상당히 용출하는 것이 알려져 있다. 체내에서는 지방조직에 축적하는 경향이 있고, 일반 사람의 체지방에서 검출되고 있다.

▷ 규제 : NIOSH의 노동환경 대기중 허용농도는 10 mg/m^3이다.

35. PBB

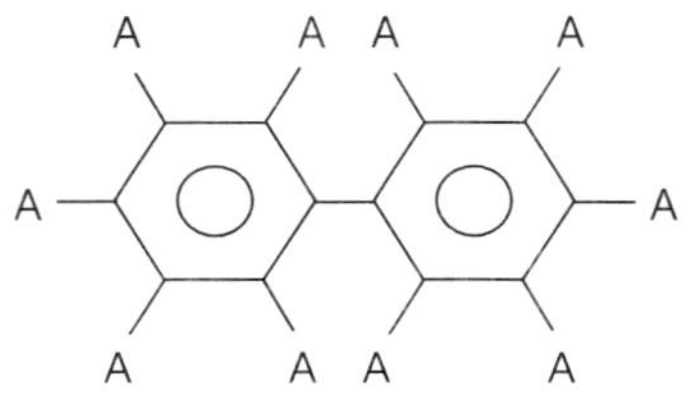

PBB(A = Br 또는 H)

▸ 화학명 : 폴리브롬화비페닐(polybrominated biphenyls)

▷ 화학구조 : 그림에 나타낸 biphenyl 골격의 10개 결합부위(A)에 임의 개수의 취소원자(臭素原子)가 도입된 화합물의 총칭이다. 시판 제품에는 취소수가 6~10개의 화합물을 주성분으로 하는 것이 많다.

▷ 성상 : 무색 또는 담황색의 고체이다.

▷ 용도 : 플라스틱(특히 ABS 수지와 폴리우레탄)이나 섬유제품에 첨가되는 난연제(難燃劑)이다. 일본에서는 거의 사용하지 않으나 구미에서는 1970~1990년대에 널리 사용되었다.

▷ 급성독성 : 그다지 강하지 않다. 사람에서는 접촉 또는 미세분말의 흡입에 의하여 피부에 특유의 염증이 생긴다. 동물실험에서는 경구투여로 간장이 비대하고 쇠약(체중의 감소 등)이 진행된다.

▷ 만성 일반독성 : 쥐에의 장기간 경구투여로도 주로 간장에 장해가 나타난다. 1973년에 미국의 미시간주에서 발생한 대규모의 PBB오염사고(가축의 사료에 PBB가 혼입하여 1만 두 이상의 소와 돼지가 피해를 받은 사례)에서 소에 대하여는 간장과 신장의 장해와 더불어 유루(流淚), 탈모, 피부의 각화(角化), 양의 변형 등이 관찰되었다.

▷ 생식독성 : 상기의 사고로 축산식품의 섭취 등을 통하여 PBB에 의한 노출을 받은 여성에서 태어난 아이(여)에 대하여 성장 후 월경의 개시가 수개월간 빠른 것으로 알려졌다. 또 이 사고로 오염된 소는 우유 분비량이 감소하고 불임이 증가하였다.

▷ 발생독성 : 쥐나 원숭이가 임신기간에 노출을 받으면 신생아의 발육불량, 행동이상 그리고 기형이 나타난다(캘리포니아주의 발생 독성물질 리스트에 수록).

▷ 면역독성 : 쥐에의 아만성 경구투여로 흉선이 위축하고 면역기능이 저하한다. 또 앞서 설명한 사고로 오염된 우유 등을 섭취한 주민에 대하여 림프구의 감소와 그 작용의 저하가 관찰되고 있다.

▷ 내분비계 장애 : 쥐에의 장기간 경구투여로 갑상선이 비대하고 혈액 중의 thyroxine 농도가 감소한다. 갑상선의 기능 저하는 직업적으로 PBB에의 노출을 받은 사람에서도 나타난다(OSF와 환경성의 내분비계 장애물질 리스트에 수록).

▷ 발암성 : 취소수(臭素數)가 주로 6개의 시판 제품을 쥐 또는 마우스에 경구투여하면 간장암이 생긴다(IARC는 그룹 2B, 또 EPA는 그룹 B2로 지정).

▷ 환경오염 : 각종 플라스틱 제품에서 사용 또는 폐기 후에 조금씩 배출되어 토양이나 하천의 저질(底質)을 오염한다. 환경에서는 아주 안정하다 또 생물농축이 효율 좋게 진행하여 어패류를 거쳐 대형 야생동물(예로서 해표)이나 사람의 지방조직에 축적된다. 사람의 체내에 있어서 반감기는 6년 반으로 보고 있다. 앞서 설명한 사고에서는 주변의 주민 지방조직에서 평균 0.4 ppm의 오염을 보였다.

또한 PBB는 폐기 후의 소각 시에 독성이 강한 취소화(臭素化) dioxin을 생성하는 것도 문제시 된다.

▷ 규제 : 미국에서는 유해폐기물로 지정되어 있고, 바젤 조약의 대상물질이다.

36. 2,4-TDI

▸ CAS번호 : 584-84-9

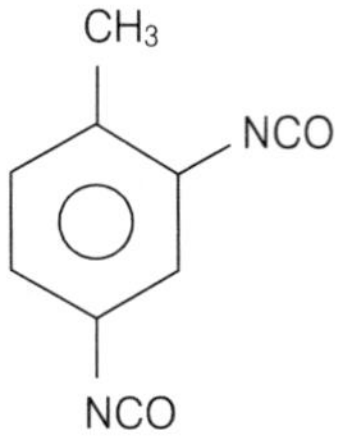

CH3 NCO NCO

2,4-TDI

▸ 화학명 : 2,4-톨루엔 디이소시아네이트(2,4-toluene diisocyanate)

▸ 별명 : 트리렌디이소시아네이트 ; TDI(시판품의 대부분은 2,4-TDI(약 80%)와 2,6-TDI(약 20%)의 혼합물이고, 간단히 TDI(CAS번호 : 26471-62-5)로 부르고 있다.

▷ 성상 : 무색 또는 담황색의 액체(융점 22℃ ; 비점 251℃)로서 강한 자극취가 있다.

▷ 용도 : 폴리우레탄(플라스틱)의 주원료(단위체)로 이용된다. 폴리우레탄은 연질 폼(form) 제품(쿠션, 매트리스 등), 경질 폼(form) 제품(냉장고의 단열재 등), 도료(목재, 금속용), 접착제, 의료처리제 등에 사용한다.

▷ 급성독성 : 경구섭취에서는 그다지 강하지 않으나 흡입독성은 아주 강하다(쥐의 LC_{50}(4시간) = 14 ppm). 사람에서는 증기의 흡입 또는 접촉에 의하여 눈, 코, 목 등의 점막과 피부가 강하게 자극된다.

▷ 만성 일반독성 : 사람이 반복 흡입하면 폐의 기능이 저하하고 기침, 담, 호흡곤란, 기관지 수축, 흉통 등을 동반하는 천식 같은 증상이 나타난다. 또 기억력이나 집중력이 저하한다. 동물실험에서도 호흡기계에 악영향이 미치고 기관지 폐렴이 생긴다[TDI(혼합물)에 대하여 RfC = 0.07 $\mu g/m^3$].

▷ 면역독성 : 장기간 노출에 의하여 피부에 알레르기 증상이 생긴다.

▷ 발암성 : 쥐에의 경구투여로 췌장암과 유방암이 생기고, 마우스(암컷)에의 경구투여로 간장암이 생긴다(IARC는 그룹 2B로 지정). 그리고 미국의 캘리포니아주에서는 흡입단위 리스크를 0.000011(실질 안전 대기중 농도는 0.09 $\mu g/m^3$), 또 발암강도인자를 0.039로 산정한다.

▷ 환경오염 : TDI나 폴리우레탄을 제조하는 공장에서는 노동자가 증기의 흡입이나 피부에의 접촉에 의한 노출을 받는 기회가 많다. 미국에서는 이와 같은 경우가

모두 1만 명에 이른 것으로 추산하고 있다. 또 TDI는 공장에서 배출되는 폐기물의 처리를 통하여 환경을 오염한다. 한편, 폴리우레판제의 도료나 접착제에는 TDI(단위체)가 상당히 잔류하여 있고, 일반 소비자가 사용 중에 휘발하는 TDI를 흡입하는 염려도 있다.

▷ 규제 : ACGIH의 노동환경 대기중 허용농도는 0.005 ppm(0.04 mg/m^3)이다. 미국에서는 유해대기 오염물질 그리고 유해폐기물로 지정되어(예로서 뉴욕주의 일반환경 대기중 허용농도는 0.13 μg/m^3) 있다. 일본에서는 노동안전위생법의 특정 화학물질(제 II 류)로 지정되어 있다.

제 6 장

용제 · 세정제

1. 2-니트로프로판(2-nitropropane)

▸ CAS번호 : 79-46-9

▸ 화학식 : $(CH_3)_2CHNO_2$

▷ 성상 : 무색의 유상 액체(비점 120℃)로서 과실냄새가 있고, 물에 약간 녹는다.

▷ 용도 : 인쇄잉크, 페인트, 와니스, 유지, 납, 접착제, 수지(코팅용) 등의 용제 · 세정제, 로켓 추진제, 경기용 자동차의 연료, 의약품, 염료, 농약 등의 제조 원료로 이용된다.

▷ 유독성 : 점막을 자극하고 과다 노출되면 두통, 메스꺼움, 구토, 무산소증, 설사 등을 일으킨다.

▷ 급성독성 : 상당히 강하다(쥐의 흡입 LC_{50}(6시간) = 400 ppm). 사람에서는 흡입에 의하여 두통, 현기증, 탈력감, 티아노제(피부와 입술의 청변) 등이 생기며, 동시에 간장과 신장의 장해가 나타난다. 또 폐수종이 생겨 호흡곤란을 초래한다.

▷ 만성 일반독성 : 흡입노출을 받은 노동자에 두통, 구역질, 설사, 폐의 염증 등이 나타난다. 쥐의 흡입실험에서는 간장, 신장 그리고 폐에 장해가 생긴다(RfC = $0.02mg/m^3$).

▷ 발생독성 : 임신 쥐에의 복강 내 투여에 의하여 태아의 심장 발육이 저하한다.

▷ 발암성 : 쥐에서의 흡입노출 또는 경구투여에 의하여 간장암이 발생한다(IARC는 그룹 2B, 또 EPA는 그룹 B2로 지정).

▷ 변이원성 : *Salmonella*균과 대장균에 유전자 변이를 초래하고 사람의 배양림프구에 염색체 이상을 일으킨다. 또 쥐의 배양 간세포의 DNA를 손상한다.

▷ 생태독성 : 수상생물에 대한 독성은 약간 강하고, 어떤 종의 생선의 LC_{50}(96시간)은 4.71 m/ℓ 이다.

▷ 환경오염 : 사람에의 노출은 주로 노동환경(도장업, 인쇄업 등)으로 생기고 미국에서는 그 가능성이 있는 노동자가 18만명 이상에 이르는 것으로 추산하고 있다.

▷ 규제 : ACGIH의 노동환경 대기중 허용농도는 10 ppm(36 mg/m^3)이다. 미국에서 유해대기 오염물질 그리고 유해폐기물로 지정되어(예로서 로드아일랜드주의 일반 환경 대기중 허용농도는 0.2 ㎍/m^3) 있다.

관련 법규 : 수질환경보전법(수질오염물)
대기환경보전법(대기오염물질, 특정 대기유해물)
산업안전기준에 관한 규칙(인화성 물질, 특정 화학물질)

2. 1,4-디옥산(1,4-dioxane)

```
  CH2 — CH2
 /         \
O           O
 \         /
  CH2 — CH2
```

Dioxane

▸ CAS번호 : 123-91-1

▸ 별명 : 디에티렌옥시드(diethylene oxide) ; dioxane(별칭)

▷ 성상 : 무색의 액체(융점 12℃ ; 비점 101℃)로서 그윽한 에테르 냄새를 가진다. 물에 녹기 쉽다.

▷ 용도 : 유지, 납, 수지, 페인트, 니스, 래커, 그리스 등의 용제·세정제로 이용되고, 유기염소계 용제에 안정화의 목적으로 첨가한다. 섬유의 가공처리, 화장품 성분(샴푸 등)에도 사용한다.

▷ 유독성 : 눈, 피부와 접촉하면 약상을 입고 증기를 흡입하면 기침, 질식, 혐오감, 구토, 의식불명, 폐수종을 일으킨다.

▷ 급성독성 : 그다지 강하지 않다(쥐의 LC_{50} = 12,800 ppm). 사람이 다량의 증기를 흡입하면 두통, 현기증, 구역질, 의식저하, 식욕부진 등이 생기고, 간장과 신장에 장해를 초래한다. 또 눈, 코, 목 등을 자극하여 호흡곤란을 초래한다.

▷ 만성 일반독성 : 쥐에의 흡입노출이나 경구투여로 간장과 신장장해가 관찰된다.

▷ 발암성 : 경구투여 실험에서 쥐의 간장과 비강, 마우스의 간장 그리고 모르모트의 간장과 담낭에 종양이 생긴다. IARC는 그룹 2B로 지정하고 또 EPA는 그룹 B2로 지정하고 발암강도인자를 0.011 그리고 실질 안전 음료수 중 농도를 3 ㎍/ℓ로 산정한다.

▷ 변이원성 : 고등식물에 염색체 이상을 초래하고, 또 쥐의 배양 간세포의 DNA에 손상을 준다.

▷ 환경오염 : 사람에의 노출은 우선 용제 등의 사용 시에 증기의 흡입 또는 피부에의 접촉에 의하여 생긴다. 미국에서는 이와 같은 노출의 가능성이 있는 노동자가 30만 명을 넘는 것으로 추산되고 있다. 또 관련 공장에서의 폐기물에 의하여 하천이나 지하수가 오염되어 있으므로 음료수에 의하여 일반 사람에의 노출도 무시할 수 없다. 예로서 일본의 수돗물 원천 지하수에 대하여 30～100 ㎍/ℓ의 오염 예가 검출되고 있다.

▷ 규제 : NIOSH의 노동환경 대기중 허용농도는 1.0 ppm(3.6 mg/m^3)이다. 미국에서는 유해대기 오염물질 그리고 유해폐기물로 지정되어(예로서 매사추세츠주의 일반 환경 대기중 허용농도는 2.4 ㎍/m^3) 있다. 또 미시간주에서는 음료수 중 허용농도를 3 ㎍/ℓ로 설정하고 있으며, 일본에서는 PRTR의 대상물질(제 I 종)로 지정하고, 또한 수도 수질기준(50 ㎍/ℓ)을 설정하였다.

관련 법규 : 산업안전보건법(유해위험물)
수질환경보전법(수질오염물)
대기환경보전법(대기오염물질, 특정 대기유해물)
산업안전기준에 관한 규칙(인화성 물질, 특정 화학물질)

3. 1,2-디클로로에탄(1,2-dichloroethane)

- CAS번호 : 107-06-2
- 별명 : 이염화에틸렌(ethylene dichloride) ; EDC(약칭)
- 화학식 : CH_2ClCH_2Cl

▷ 성상 : 무색의 휘발성 액체(비점 84℃)로서 유상(油狀)으로 감미로운 냄새를 가진다. 물에는 약간 녹는다.

▷ 용도 : 유지, 왁스, 고무, 수지, 아스팔트 등의 용제로 이용되고 페인트, 니스, 그리스 등의 세정제이다. 염화비닐(단위체)의 합성원료, 농산물의 훈증제, 가솔린의

첨가제로도 이용된다.

▷ 유독성 : 증기는 눈과 호흡기 계통을 자극하고, 과다 노출 시 현기증, 혼수상태, 복부경련, 중추신경의 기능저하를 일으킨다.

▷ 급성독성 : 상당히 강하다(쥐의 LC_{50} = 1,000 ppm). 사람에서는 증기의 흡입에 의하여 두통, 현기증, 구역질, 부정맥, 호흡곤란, 의식의 소실, 간장과 신장의 장해가 생긴다. 또 접촉에 의하여 눈을 자극하고 각막의 혼탁을 초래한다.

▷ 만성 일반독성 : 동물실험에서는 흡입노출이나 경구투여에서도 역시 간장과 신장의 장해가 눈에 뜨인다. 중추신경계의 영향이나 폐와 기관지의 장해도 나타난다.

▷ 생식독성 : 쥐에의 흡입노출에 의하여 정소에 장해가 생기고 임신율이 저하한다.

▷ 면역독성 : 마우스나 토끼에서 상당히 낮은 농도(10 mg/m^3)의 아만성 흡입실험에서 항체 생산량이 감소하고, 병원균에의 저항력이 저하한다.

▷ 발암성 : 쥐에의 경구투여로 전위의 종양, 혈관 육종 그리고 유방암이 다발하고 마우스에의 경구투여로 폐암, 간장암, 자궁암 그리고 유방암이 다발한다. IARC는 그룹 2B로 지정, 또 EPA는 그룹 B2로 지정하고 흡입단위 리스크를 0.000026(실질 안전 대기중 농도는 0.04 ㎍/m^3), 발암강도인자를 0.091, 또한 실질 안전 음료수 중 농도를 0.4 ㎍/ℓ로 산정한다.

▷ 변이원성 : *Salmonella*균과 햄스터의 배양 난소세포에 유전자 변이를 초래하고, 황국균에 염색체 이상, 그리고 초파리에 유전자 변이와 염색체 이상을 초래한다. 또 쥐와 마우스의 간세포의 DNA에 손상을 준다.

▷ 환경오염 : 주로 공장 등에서 사용 중에 휘발하여 대기를 오염한다. 대기중에는 약간 안정하다(반감기가 1개월 정도). 도시의 대기중 농도는 0.5∼5 ㎍/m^3에 달하고, 사람의 1일 섭취량은 많으면 100 ㎍을 넘는다.

▷ 규제 : NIOSH의 노동환경 대기중 허용농도는 1 ppm(4.05 mg/m^3)이다. 미국에서는 유해대기, 수질 오염물질 그리고 유해폐기물로 지정되어(예로서 로드아일랜드주의 일반 환경 대기중 허용농도는 0.04 ㎍/m^3) 있다. 또 애리조나주에서는 음료수중 허용농도를 0.38 ㎍/ℓ로 설정하고, 일본에서는 건강보호를 위한 수질환경기준(4 ㎍/ℓ)을 설정하고 있다. 또한 PRTR의 대상물질(제 I 종)로 지정되어 있다.

▷ 관련물질 : EDC와 같은 염소화 에탄계의 화합물로서 표 2-30에 나타낸 3종의 화합물이 잘 알려져 있다. 어느 것이나 급성독성이 상당히 강하고 증기 흡입과 더

표 2-30. 염소화 에탄계의 유해물질

물 질 명		1,1,1-트리클로로에탄	1,1,2,2-테트라클로로에탄	헥사클로로에탄
영어명 CAS번호 화학식		1,1,1-Trichloroethane 71-55-6 CH_3CCl_3	1,1,2,2-Tetrachloroethane 79-34-5 $CHCl_2CHCl_2$	Hexachloroethane 67-72-1 CCl_3CCl_3
성 상		무색의 휘발성 액체 (비점 74℃)	무색의 액체 (비점 146℃)	백색의 결정성 분말 (승화점 185℃)
용 도		용제, 세정제	용제, 세정제, 추출제(유지)	가축의 구충제, 발연제, 난연제
발암성	그룹지정 IARC EPA	3	3 C	2B C
	종양 발생부위	마우스의 폐 (흡입노출)	마우스의 간장 (경구투여)	마우스의 간장 (경구투여)
	실질 안전 대기중 농도 ($\mu g/m^3$)		0.02	0.3
일본의 PRTR 지정		제 I 종	제 II 종	

불어 중추신경에 악영향을 미친다. 또 만성적인 노출에 의하여 폐와 간장에 종양을 일으키고 발암성을 나타낸다. 미국에서는 어느 것이나 유해대기 오염물질 그리고 유해폐기물로 지정되어 있다.

또한 1,1,1-trichloroethane은 오존층 파괴물질이기도 하고, 몬트리올 의정서에 의하여 선진공업국에서는 이미 생산과 사용이 전폐되고 있다(발전도상국에서는 2015년이 전폐의 기한).

▷ 우리나라의 규제 : 먹는 물 관리법(시행령 및 시행규칙)에서 먹는 물(수돗물) 중의 1,1,1-trichloroethane의 허용기준은 0.07 mg/ℓ 이하로 규정되어 있다.

관련 법규 : 수질환경보전법(수질오염물)
대기환경보전법(대기오염물질, 특정 대기유해물)
산업안전기준에 관한 규칙(인화성 물질, 특정 화학물질)

4. 메탄올(methanol)

- CAS번호 : 67-56-1
- 별명 : 메틸알코올(methyl alcohol)
- 화학식 : CH_3OH

▷ 성상 : 무색의 휘발성 액체(비점 65℃)로서 약간의 알코올 냄새가 있고, 물에 잘 녹는다.

▷ 용도 : 잉크, 수지, 접착제, 염료, 의약품 등의 용제, 페인트나 니스의 세정제(박리)로 이용된다. 가솔린의 부동액, 간이 스토브와 자동차의 연료, 각종 공업제품의 원료로도 사용한다.

▷ 유독성 : 눈에 들어가면 시신경에 장애를 주어 실명하며, 피부에 접촉하면 염증을 일으킨다. 증기를 흡입하면 중추신경 장해, 두통, 기침, 구토, 마취, 실명(7～8 ㎖)을 한다. 30～100 ㎖ 먹으면 사망한다. 또한 증기는 환각성 물질이다.

▷ 급성독성 : 실험동물에 대하여 그다지 강하지 않다(쥐의 흡입 LC_{50} = 64,000 ppm). 사람에 대하여는 상당히 강하고, 증기의 흡입 또는 경구섭취에 의하여 두통, 현기증, 구역질, 피로감, 보행의 혼란 등의 중추신경 장해를 일으킨다. 또 시야의 혼탁, 동공의 확대 그리고 실명을 초래하고, 중증에서는 호흡곤란과 혼수상태를 거쳐 사망하는 수도 있다.

▷ 만성 일반독성 : 사람이 흡입 또는 경구섭취하면 급성증상과 더불어 불면, 위통, 결막염, 근육 마비 등의 증상이 생긴다. 쥐에의 경구투여에서는 간장 장해와 뇌의 위축이 나타난다(RfD = 0.5 mg/kg/day).

▷ 발생독성 : 임신 쥐나 임신 마우스에의 흡입노출로 태아에 기형(구개열, 뇌 탈출, 늑골이상 등)이 생긴다. 또 임신 쥐에의 경구투여에서는 태아의 발육 저하와 함께 정소 하강부전, 무안구증 등의 기형이 생긴다.

▷ 행동독성 : 임신한 붉은털 원숭이의 흡입노출로 신생아의 기억능력 저하가 관찰된다. 또 임신 쥐의 흡입실험에서도 신생아의 운동능력에 변화가 나타난다.

▷ 내분비계 장애 : 쥐(수컷)에의 아만성 흡입노출로 혈액 중의 testosterone(대표적인 androgen) 함유가 저하한다.

▷ 환경오염 : 공장에서나 생활환경에서도 사용 중에 휘발하여 대기를 오염한다. 미국에서는 작업장에서 흡입 또는 경피노출의 가능성이 있는 노동자가 200만 명을

넘을 것으로 추산하고 있다. 가솔린과 자동차 배기가스도 발생원으로서 무시할 수 없다. 이 때문에 도시의 대기중 methanol 농도는 보통 4～40 $\mu g/m^3$에 달하고 있다.

▷ 규제 : OSHA의 노동환경 대기중 허용농도는 200 ppm(260 mg/m^3)이다. 미국에서는 유해대기 오염물질 그리고 유해폐기물로 지정되어(예로서 매사추세츠주의 일반 환경 대기중 허용농도는 36 $\mu g/m^3$) 있다. 또 미네소타주에서는 음료수 중 허용농도를 3 mg/ℓ로 설정하고, 일본에서는 극물로 지정하고, 또한 가정용 스프레이 제품의 용제 중 함량을 5% 이하로 규제하고 있다.

관련 법규 : 수질환경보전법(수질오염물)
대기환경보전법(대기오염물질, 특정 대기유해물)
행정자치부고시(제 89-8호 유해위험물)
산업안전기준에 관한 규칙(인화성 물질, 특정 화학물질)
유해화학물질관리법(유독물질)

5. 메틸 *t*-부틸에테르(methyl *t*-butyl ether)

- CAS번호 : 1634-04-4
- 계통명 : 2-메톡시-2-메틸프로판(2-methoxy-2-methylpropane)
- 별명 : MTBE(약칭)
- 화학식 : $CH_3OC(CH_3)_3$

▷ 성상 : 무색의 휘발성 액체(비점 54℃)로서 특이한 강한 냄새가 있다. 물에 상당히 녹는다.

▷ 용도 : 가솔린의 안티노크제, 용제, 식물유의 추출제, 담석 용해제로 사용한다.

▷ 급성독성 : 경구섭취로는 강하지 않으나(쥐의 경구 LD_{50} = 2,960 mg/kg) 사람이 약간 다량의 증기를 흡입하면 중추신경이 억제되어 두통, 현기증, 구역질, 발한, 운동실조, 방향감각 소실, 의식저하 등의 증상이 생긴다. 눈, 코, 목 등의 점막도 상당히 자극된다.

▷ 만성 일반독성 : 쥐 또는 마우스에의 아만성 흡입노출에 의하여 간장과 신장의 장해, 뇌의 위축, 운동실조, 허탈상태 등이 나타난다(RfC = 3 mg/m^3).

▷ 생식독성 : 쥐에의 아만성 흡입노출로 차세대 동물의 발육과 생존율이 저하한다.

▷ 발생독성 : 임신 마우스에의 흡입노출로 태아의 기형(구개열과 흉골의 이상)과 사망률의 증대가 관찰된다.

▷ 발암성 : 쥐에의 경구투여에 의하여 수컷에서는 정소암, 또 암컷에서는 림프종, 백혈병 그리고 자궁암이 생긴다. 또 쥐에의 흡입노출에 의하여도 정소와 신장에 종양이 생기고, 마우스에의 흡입노출에서는 간장에 종양이 생긴다(IARC는 그룹 3, 또 EPA는 그룹 C에 지정).

▷ 변이원성 : 마우스의 배양 림프종세포에 유전자 변이를 일으킨다.

▷ 환경오염 : 주로 가솔린에서 휘발하여 대기를 오염한다. 미국에서는 가솔린 스탠드의 대기오염 농도가 최고 5.2 mg/m^3, 또 자동차 수리공장에서는 마찬가지로 43mg/m^{3}에 이른다는 오염 예가 보고되고 있다. 또한 지하수에 대해서도 최고 23mg/ℓ의 오염이 검출되고 있다.

▷ 규제 : ACGIH의 노동환경 대기중 허용농도는 40 ppm(144 mg/m^3)이다. 미국에서는 유해대기, 음료수 오염물질로 지정되어(예로서 캘리포니아주의 음료수 중 허용농도는 5 ㎍/ℓ) 있으며, 캘리포니아주에서는 이미 본제의 사용을 금지하고 있다. 일본에서는 수도수의 오염을 감시하기 위하여 수질관리 목표치(20 ㎍/ℓ)를 설정하고 있다.

6. 메틸에틸케톤(methyl ethyl ketone)

- CAS번호 : 78-93-3
- 계통명 : 2-부타논(2-butanone)
- 별명 : MEK(약칭)
- 화학식 : $CH_3COCH_2CH_3$

▷ 성상 : 무색의 휘발성 액체(비점 80℃)로서 쾌적한 박하 같은 냄새가 있다. 물에 잘 녹는다.

▷ 용도 : 고무, 합성수지, 초산셀룰로오스, 자기테이프, 도료, 니스, 래커, 접착제, 인쇄잉크 등의 용제로 이용되고, 추출제(윤활유 정제 등), 세정제, 향료, 고무의 가황촉진제로도 사용한다. 각종 화학제품의 합성 중간체이다.

▷ 급성독성 : 상당히 강하고, 사람이 증기를 흡입하면 코나 목이 자극되고 아울러 중추신경이 억제되어 두통, 현기증, 구역질 등이 생기고 수족이 마비된다. 고농도에

서는 시야의 혼탁과 의식의 소실이 나타난다. 또 피부나 눈에 접촉하면 염증, 발진, 각막염 등을 초래한다. 단 동물실험에 있어서 급성독성은 그다지 강하지 않다(쥐의 흡입 LC_{50} = 7,970 ppm).

▷ 만성 일반독성 : 직업적으로 반복노출을 받으면 역시 중추신경계의 장해와 피부염이 생긴다. 쥐의 아만성 흡입실험에서는 간장과 신장에 악영향을 미친다(RfD = 0.6 mg/kg/day). 더구나 MEK는 hexane 등의 신경독성이나 사염화탄소 등의 간장독성을 높이는 작용을 갖고 있다.

▷ 발생독성 : 임신 마우스에의 흡입노출에 의하여 태아의 발육이 저하하고 흉골에 기형이 생긴다(RfC = 1 mg/m^3). 또 임신 쥐의 마찬가지 실험에서도 태아의 체중 감소와 골격기형[무미(無尾)와 하악골 단소(短小)]이 관찰된다.

▷ 행동독성 : 쥐, 마우스 그리고 사람에 대하여 비교적 낮은 농도의 아급성 흡입노출이 행동이상을 초래하는 것으로 알려져 있다.

▷ 변이원성 : 효모에 염색체 이상을 초래한다.

▷ 환경오염 : 사람에의 노출은 먼저 본제를 취급하는 공장 등에서 주로 흡입에 의하여 생긴다. 미국에서는 이와 같은 노출의 가능성이 있는 노동자가 120만 명을 넘는 것으로 추산하고 있다. 또 일반 환경에서도 특히 옥내에서 본제를 함유한 상품의 사용 시에 노출을 받을 염려가 있다.

▷ 규제 : NIOSH의 노동환경 대기중 허용농도는 200 ppm(590 mg/m^3)이다. 미국에서는 유해대기, 음료수 오염물질 그리고 유해폐기물로 지정되어(예로서 매사추세츠주의 일반 환경 대기중 허용농도는 0.16 mg/m^3 ; 마찬가지로 음료수 중 허용농도는 60 ㎍/ℓ) 있다. 일본에서는 극물로 지정되어 있다.

7. 메틸이소부틸케톤(methyl isobutyl ketone)

- CAS번호 : 108-10-1
- 계통명 : 4-메틸-2-펜타논(4-methyl-2-pentanone)
- 별명 : MIBK(약칭)
- 화학식 : $CH_3COCH_2CH(CH_3)_2$

▷ 성상 : 무색의 액체(비점 118℃)로서 장뇌에 가까운 특이한 냄새를 가지며 물에 약간 녹는다.

▷ 용도 : 고무, 합성수지, 도료, 니스, 래커, 니트로셀룰로오스 등의 용제로 이용되고, 추출제(광물유의 탈랍, 우라늄의 회수 등), 드라이클리닝용 세정제, 향료로도 이용된다.

▷ 급성독성 : 그다지 강하지 않으나(마우스의 흡입 LC_{50} = 5,680 ppm) 사람이 증기를 다량 흡입하면 두통, 현기증, 구역질, 피로감, 운동실조, 감각마비 등이 생긴다. 또 눈이나 점막이 강하게 자극된다.

▷ 만성 일반독성 : 사람에는 직업적인 노출에 의하여 두통, 눈의 염증, 탈력감, 불면증, 복통, 의식저하 등의 증상이 나타난다. 쥐나 마우스에의 경구투여로는 감각마비와 더불어 간장과 신장의 비대가 관찰되고 있다(잠정 RfD = 0.05 mg/kg/day).

▷ 발생독성 : 임신 쥐와 임신 마우스에의 흡입노출로 태아의 발육이 저하(마우스에서는 신생아 수도 감소)한다.

▷ 환경오염 : 사람에의 노출은 우선 본제를 취급하는 공장 등에서 주로 흡입에 의하여 생긴다. 미국에서는 이와 같은 노출 가능성이 있는 노동자가 40만 명에 이르는 것으로 추산하고 있다. 또 일반 환경에서도 본제를 함유한 상품을 사용 시에 노출을 받을 염려가 있다. 또 지하수에 대하여 0.09 mg/ℓ의 오염이 검출된 예가 알려져 있다.

▷ 규제 : NIOSH의 노동환경 대기중 허용농도는 50 ppm(205 mg/m^3)이다. 미국에서는 유해대기, 음료수 오염물질 그리고 유해폐기물로 지정되어(예로서 매사추세츠주의 일반 환경 대기중 허용농도는 0.28 mg/m^3 ; 마찬가지로 음료수 중 허용농도는 0.04 mg/ℓ) 있다.

8. 벤젠(benzene)

Benzene

- CAS번호 : 71-43-2
- 별명 : 벤졸(benzol)
- 화학식 : C_6H_6

▷ 성상 : 무색의 휘발성 액체(비점 80℃)로서 특유한 냄새가 있다.

▷ 용도 : 방향족 유기화합물을 대표하는 대표적인 화합물질이므로 각종 공업제품의 원료로서 널리 사용된다. 또 플라스틱, 유지, 잉크, 페인트, 플라스틱, 고무 등의 용제로서도 이용된다. 한편, 석유(가솔린 등) 중에 수 %까지 함유되어 있다.

▷ 유독성 : 눈에 들어가면 자극을 주고 피부 접촉시 자극성, 탈지작용이 있다. 급성 중독시는 마취증상이 강하게 나타나고 두통, 빈혈, 메스꺼움, 호흡곤란을 초래하고, 장시간 노출 시에는 만성중독으로 간장장해, 빈혈, 뇌와 신경장해, 백혈병 등을 일으키며 심하면(20,000 ppm, 5～10분 흡입) 사망한다.

▷ 급성독성 : 그다지 강하지 않으나(쥐의 흡입 LC_{50} = 9,800 ppm) 사람이 약간 다량의 증기를 흡입하면 코나 목의 자극과 함께 두통, 현기증, 의식저하, 피로감 등의 신경장해의 증상이 생긴다. 중증에서는 경련, 맥박이상, 착란상태 등을 거쳐 사망하는 수도 있다. 피부에의 접촉에 의하여 발적(發赤)이나 수포가 생긴다.

▷ 만성 일반독성 : 낮은 농도의 증기에서도 반복 흡입하면 골수의 조혈기능이 장해를 받아 재생 불량성의 빈혈이나 심한 출혈이 나타난다. 이것은 사람에서도 동물실험(경구투여의 경우를 포함하여)에서도 마찬가지이다.

▷ 생식독성 : 직업적으로 노출을 받은 여성에서는 월경불순, 난소의 위축 그리고 임신율의 저하가 많이 관찰되고 있다. 또 마우스에의 복강 내 투여로 정자 형성에 이상을 일으킨다(캘리포니아주의 수컷의 생식 독성물질 리스트에 수록).

▷ 발생독성 : 임신 동물에의 흡입노출에 의하여 태아에 체중 감소, 골의 발육이 늦어지고 골수장해 등을 일으킨다(캘리포니아주의 발생 독성물질 리스트에 수록).

▷ 면역독성 : 실험동물에의 만성 흡입노출에 의하여 혈액 중의 항체량과 백혈구수가 감소하고 병원균에 대한 저항력이 약해진다.

▷ 발암성 : 화학공업이나 구두제조업의 작업장에서 용제 등으로부터 반복 흡입노출을 받은 노동자에 백혈병이 다발한다. 또 쥐와 마우스에의 흡입노출 또는 경구투여에 의하여 비강, 간장, 전위, 폐, 난소, 유선 등의 여러 부위에 암이 생긴다. IARC는 그룹 1로 지정되어 있으며, 또 EPA는 그룹 A로 지정하고 흡입단위 리스크를 0.0000083(실질 안전 대기중 농도는 0.1 $\mu g/m^3$)으로 산정한다.

▷ 변이원성 : 고등식물(자주 닭의장풀 등)에 유전자 변이를 초래하고, 마우스의 골수세포와 사람의 배양림프구에 염색체 이상을 초래한다. 림프구의 이상은 직업환경에서 노출을 받은 사람에서도 나타난다.

▷ 환경오염 : 사람에의 노출은 공장의 작업장 이외에 일반 환경에서도 가솔린에서 휘발되는 것과 자동차 배기가스에 함유된 것의 흡입에 의하여 생긴다. 특히 도시의 대기중에는 1～10 ㎍/m³(실질 안전 수준의 10～100배)의 벤젠이 검출되고 있으며, 급유시설의 주변은 이보다 상당히 높은 농도의 오염이 나타나는 수가 많다.

▷ 규제 : NIOSH의 노동환경 대기중 허용농도는 0.1 ppm(0.33 mg/m³)이다. 미국에서는 유해대기, 수질 오염물질 그리고 유해폐기물로 지정되어(예로서 노스캐롤라이나주의 일반 환경 대기중 허용농도는 0.12 ㎍/m³) 있다. 또 캘리포니아주에서는 음료수 중 허용농도를 1 ㎍/ℓ로 설정되어 있다.

일본에서는 대기의 환경기준(3 ㎍/m³)과 건강보호를 위한 수질환경기준(10 ㎍/ℓ)을 설정하고, 또한 노동안전위생법의 특정 화합물질(제II류) 그리고 PRTR의 대상물질(제I종)로 지정되어 있다. 그리고 가솔린 중의 허용농도가 최근 구미와 마찬가지로 1% 이하로 규정되어 있다.

▷ 우리나라의 규제 : 먹는 물 관리법(시행령 및 시행규칙)에서 먹는 물(수돗물) 중의 benzene의 허용기준은 0.01 mg/ℓ 이하로 규정되어 있다. 또 대기환경보전법(시행령 및 시행규칙)에서 벤젠의 대기오염 배출 허용기준은 모든 배출시설에서 10ppm으로 규정되어 있다.

관련 법규 : 산업안전보건법(유해위험물)
수질환경보전법(수질오염물)
대기환경보전법(대기오염물질, 특정 대기유해물)
행정자치부고시(제89-8호 유해위험물)
산업안전기준에 관한 규칙(인화성 물질, 특정 화학물질)
고압가스안전관리법(자연성 가스, 독성 가스)
유해화학물질관리법(유독물질)

9. 2-브로모프로판(2-bromopropane)

- CAS번호 : 75-26-3
- 별명 : 브롬화이소프로필(isopropyl bromide)
- 화학식 : $CH_3CHBrCH_3$

▷ 성상 : 무색의 휘발성 액체(비점 59℃)로서 감미로운 냄새를 가지고, 물에 약간 녹는다.

▷ 용도 : 전자부품의 세정제로 이용되고 의약품, 농약, 염료 등의 제조 원료로 사용된다.

▷ 급성독성 : 그다지 강하지 않다(마우스의 흡입 LC_{50}(4시간) = 약 31,000 ppm). 사람에서는 다량의 증기 흡입에 의하여 두통, 현기증, 신경통, 감각 이상, 의식 소실, 피하출혈 등의 증상이 나타난다. 또 피부와 눈에 접촉하면 자극작용을 일으킨다.

▷ 만성 일반독성 : 한국의 공장에서 증기의 흡입노출(6~18개월 간)을 받은 노동자에 빈혈(적혈구나 백혈구의 감소)이 다발하였고 한다. 또 쥐에의 아만성 흡입노출에서도 마찬가지의 결과가 생긴다.

▷ 생식독성 : 상기의 노동자에 정자의 감소와 운동성의 저하 그리고 월경의 정지가 많이 나타난다. 또 쥐에의 아만성 흡입노출에 의해서도 정소의 위축과 변질, 정자의 감소, 발정주기의 연장과 불규칙화, 난포의 감소 등과 유사한 결과가 생긴다. 또한 아급성 복강 내 투여로 임신율이 저하한다.

▷ 변이원성 : *Salmonella*균에 유전자 변이를 일으킨다.

▷ 환경오염 : 사람에의 노출은 본제를 취급하는 공장에서 증기의 흡입이나 피부에의 접촉에 의하여 생긴다. 특히 1990년대 이후에 프론류의 대체물질로서 세정제로 다용하고 나서부터 노출의 기회가 증가하고, 노동자의 건강장해 사례가 알려지고 있다. 이들 공장의 배기가스나 폐액에 함유된 것이 주변의 일반 환경을 오염하는 가능성도 무시할 수 없다.

▷ 규제 : 일본에서는 PRTR의 대상물질(제Ⅰ종)로 지정되어 있다.

▷ 관련물질 : 1-Bromopropane(CAS번호 : 106-94-5)은 취소원자(臭素原子)의 결합위치만 다른 본제의 이성체(비점 71℃의 액체 ; 화학식 $CH_3CH_2CH_2Br$)이고, 역시 전자부품의 세정제 등으로 사용되고 있다. 또 쥐에의 2세대 흡입노출로 본제에 유사한 생식독성을 나타내고, 정소의 감소와 운동성의 저하, 전립선의 위축, 발정주기의 연장 등을 초래하고 또한 임신 쥐에의 흡입노출로 태아의 발육도 억제된다.

10. 사염화탄소(carbon tetrachloride)

- CAS번호 : 56-23-5
- 계통명 : 테트라클로로메탄(tetrachloromethane)

▸ 화학식 : CCl_4

▷ 성상 : 무색의 휘발성 액체(비점 76℃)로서 에테르 같은 감미로운 냄새를 가진다. 연소되지 않으며, 대기중에서 아주 안정(수명은 약 50년)하다.

▷ 용도 : Freon의 제조 원료, 각종 용제・세정제, 소화제, 훈증제 등으로 이용된다. 단 오존층을 파괴하는 것이 밝혀져 몬트리올 의정서에 의해 선진공업국에서는 1996년부터 생산과 소비가 원칙적으로 금지되고 있다(발전도상국에서도 2010년부터 금지 예정).

▷ 급성독성 : 상당히 강하고, 사람에서는 증기의 흡입 등에 의하여 중추신경계의 억제(두통, 현기증, 구역질, 의식저하 등) 그리고 간장과 신장의 장해가 생긴다. 또 접촉하면 피부나 눈을 강하게 자극하여 시각을 잃을 염려가 있다.

▷ 만성 일반독성 : 사람에서나 동물실험에서도 역시 간장과 신장의 장해가 눈에 뜨인다(RfD = 0.7 ㎍/kg/day).

▷ 생식독성 : 쥐에의 경구투여 또는 흡입노출에 의하여 임신율이 저하, 정소의 괴사와 정자의 감소, 그리고 신생아의 생존율 저하가 관찰된다.

▷ 발생독성 : 임신 쥐에의 경구투여로 유산이 증가한다.

▷ 발암성 : 쥐, 마우스 또는 햄스터에의 경구투여로 간장에 종양이 생긴다. 쥐에 대하여는 피하투여로 유방암의 생성도 나타난다. IARC는 그룹 2B로 지정하고, 또 EPA는 그룹 B2로 지정하고 흡입단위 리스크를 0.000015(실질 안전 대기중 농도는 0.07 $\mu g/m^3$), 발암강도인자를 0.13, 또한 실질 안전 음료수 중 농도를 0.3 ㎍/ℓ로 산정한다.

▷ 생태독성 : 양서류에 대한 독성은 약간 강하다(LC_{50}(8일 간) = 1～3 mg/ℓ).

▷ 환경오염 : 대기오염은 지구 전체에 확대되어 있고, 그 농도는 약 0.1 ppb 정도이나 최근 들어 조금씩 감소된다고 한다.

▷ 규제 : NIOSH의 노동환경 대기중 허용농도는 2 ppm(12.6 mg/m^3)이다. 미국에서는 유해대기, 수질 오염물질 그리고 유해폐기물로 지정되어(예로서 로드아일랜드 주의 일반 환경 대기중 허용농도는 0.03 $\mu g/m^3$) 있다. 또 애리조나주에서는 음료수 중 허용농도를 0.27 ㎍/ℓ로 설정하고 있다. 일본에서는 건강보호를 위하여 수질환경기준(2 ㎍/ℓ)을 설정하고 또한 극물, 화심법(化審法)의 제Ⅱ종 특정 화합물질 그리고 PRTR의 대상물질(제Ⅰ종)로 지정되어 있다.

▷ 우리나라의 규제 : 먹는 물 관리법(시행령 및 시행규칙)에서 먹는 물(수돗물) 중의 사염화탄소의 허용기준은 0.002 mg/ℓ 이하로 규정되어 있다.

11. 아세토니트릴(acetonitrile)

- CAS번호 : 75-05-8
- 계통명 : 에탄니트릴(ethanenitrile)
- 별명 : 시안화메틸(methyl cyanide)
- 화학식 : CH_3CN

▷ 성상 : 무색의 휘발성 액체(비점 82℃)로서 에테르 냄새를 가진다. 물에 잘 녹는다.

▷ 용도 : 각종 화합물질(특히 butadiene이나 유지)의 추출제·용제로 이용되고 의약품, 향료, 농약, 고무제품 등의 원료로도 이용된다. 콜타르에도 함유되어 있다.

▷ 유독성 : 눈에 들어가거나 피부에 접하면 심한 통증을 일으킨다. 증기 흡입시 가벼운 마취작용이 있고 구토, 호흡장애가 있으며 심하면 사망에 이른다.

▷ 급성독성 : 아주 강하다(모르모트의 경구 LD_{50} = 18 mg/kg). 증기 흡입 또는 피부에서의 흡수에 의하여 소위 시안중독을 초래한다. 즉, 신경계, 호흡기계 그리고 순환기계에 악영향이 미치고, 노출에서 수시간 지나면 두통, 타액의 이상분비, 우울증, 호흡과 맥박의 증가, 안면홍조, 흉통 등의 증상이 생긴다. 중증에서는 경련, 착란상태, 혼수 등을 거쳐 사망하는 수도 있다. 또 눈, 코, 목, 피부, 폐 등을 강하게 자극한다.

▷ 만성 일반독성 : 쥐와 마우스의 아만성 흡입실험에서 뇌의 출혈, 폐기종, 간장장해, 흉선의 위축, 혈액이상 등이 나타난다(RfC = 0.06 mg/m^3 ; 잠정 RfD = 6 μg/kg/day).

▷ 발생독성 : 임신 햄스터에의 흡입노출 또는 경구투여에 의하여 태아의 체중이 감소하고 뇌와 심장의 기형이 생긴다.

▷ 변이원성 : 효모와 초파리에 염색체 이상을 초래한다.

▷ 환경오염 : 사람에의 노출은 주로 공장에서 이들을 취급하는 작업 시에 나타나나 일반 환경의 오염도 공장 배기가스·폐액, 자동차의 배기가스 그리고 담배 연기에 의해서도 생긴다. 또 폐기물(특히 합성섬유)의 소각에 의해서도 생성되어 오염

을 확대한다.

▷ 규제 : NIOSH의 노동환경 대기중 허용농도는 20 ppm(34 mg/m^3)이다. 미국에서는 유해대기 오염물질 그리고 유해폐기물로 지정되어 있고, 일본에서는 극물 그리고 PRTR의 대상물질(제Ⅰ종)로 지정되어 있다.

관련 법규 : 수질환경보전법(수질오염물)
대기환경보전법(대기오염물질, 특정 대기유해물)
산업안전기준에 관한 규칙(인화성 물질, 특정 화학물질)
유해화학물질관리법(유독물질)

12. 아세토페논(acetophenone)

Acetophenone

▸ CAS번호 : 98-86-2

▷ 성상 : 무색의 유상(油狀) 액체(융점 21℃, 비점 202℃)로서 재스민의 꽃과 같은 감미로운 냄새를 가진다.

▷ 용도 : 플라스틱의 용제로 이용된다. 식품(아이스트림, 푸린 등), 비누, 화장품 등의 향료, 부가 중합반응의 촉매로도 이용된다.

▷ 급성독성 : 그다지 강하지 않다(쥐의 경구 LD_{50} = 815 mg/kg). 피부나 눈에 대하여 자극작용을 나타낸다. 사람이 다량의 증기를 흡입하면 두통, 현기증, 구역질, 등이 생긴다. 쥐에서는 폐나 신장의 충혈이 관찰된다. 또 사람에 따라 경구섭취로 최면작용이 나타나고 맥박이 약하게 된다.

▷ 만성 일반독성 : 쥐에의 아만성 흡입실험에서 취각세포의 변질이나 간장의 이상이 관찰된다(RfD = 0.1 mg/kg/day).

▷ 환경오염 : 본제를 사용하는 사업장이나 각종 소각시설의 배기가스에 함유되어 주변의 대기를 오염한다. 환경에서는 비교적 분해하기 쉬우나 도시의 대기중에 약 0.5 μg/m^3, 또 음료수 중에 1～5 μg/ℓ의 오염이 검출되고 있다.

▷ 규제 : ACGIH의 노동환경 대기중 허용농도는 10 ppm(50 mg/m^3)이다. 또 UNEP(국제연합 환경계획)의 일반 환경 대기중 허용농도는 3 $\mu g/m^3$이다. 미국에서는 유해대기 오염물질 그리고 유해폐기물로 지정되어 있고, 또 플로리다주에서는 음료수 중 허용농도를 0.7 mg/ ℓ 로 설정되어 있다.

▷ 관련물질 : Acetophenone에서 쉽게 합성되는 2-chloroacetophenone(CAS번호 : 532-27-4)은 α-chlorophenone이라 부르며, 경찰이나 군대에서 최루가스(독가스)로 사용한다. 미군이 베트남 전쟁에서 CN가스의 이름으로 사용한 것으로 알려져 있다.

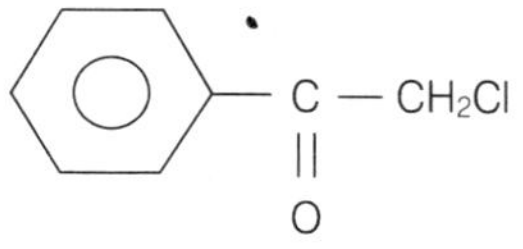

C — CH_2Cl
||
O

2-Chloroacetophenone

이 물질은 무색 또는 회색의 사상(砂狀)의 결정성 분말로서 살포되면 피부나 눈을 심하게 자극한다. 특히 눈에 대하여는 최루작용만이 아니라 각막에 장해를 일으킨다. 또 흡입하면 폐에 염증을 일으켜 호흡곤란을 초래한다. 쥐에 대한 만성 장해도 주로 호흡기계에 나타난다(RfC = 0.03 $\mu g/m^3$). ACGIH와 NIOSH의 노동환경 대기중 허용농도는 0.3 mg/m^3이다.

13. 에틸렌글리콜 모노에틸에테르(ethylene glycol monomethyl ether)

- CAS번호 : 109-86-4
- 계통명 : 2-Methoxyethanol
- 별명 : 메틸셀로솔브(methyl cellosolve)
- 화학식 : $CH_3OCH_2CH_2OH$

▷ 성상 : 무색의 액체(비점 125℃)로서 약간 에테르 냄새가 있다. 물에 잘 녹는다.

▷ 용도 : 페인트, 니스, 래커, 에나멜, 수지, 초산셀룰로오스 등의 용제로 이용된다. 제트엔진 연료의 부동액, 창이나 유리의 세정제, 액체비누, 화장품 등의 성분, 사진용 필름, 가소제(可塑劑) 등의 원료로도 이용된다.

▷ 급성독성 : 그다지 강하지 않으나(토끼의 경구 LD_{50} = 890 mg/kg) 사람이 비교

적 다량의 증기를 흡입하면 신경계에 악영향을 미치고, 경증에서는 현기증, 중증에서는 의식불명 등이 생긴다. 또 접촉에 의하여 피부나 눈이 자극된다. 동물실험에서도 신경계의 장해가 눈에 뜨인다.

▷ 만성 일반독성 : 아만성의 동물실험에서 간장과 신장의 장해와 빈혈이 나타난다.

▷ 생식독성 : 상기의 실험에서는 정소가 위축하고 정자의 감소와 불임도 관찰된다(RfC = 0.02 mg/m^3)(캘리포니아주의 수컷의 생식 독성물질 리스트에 수록).

▷ 발생독성 : 임신 쥐나 임신 마우스의 경구투여로 태아의 성장 지연과 기형(외뇌증 등)이 생긴다(캘리포니아주의 발생 독성물질 리스트에 수록).

▷ 환경오염 : 노출은 함유상품의 사용 시나 공장에 있어서 관련 작업 시에 나타나고, 미국에서는 이와 같은 노출의 가능성이 있는 노동자가 약 10만 명 이상에 이르는 것으로 추산하고 있다.

▷ 규제 : NIOSH의 노동환경 대기중 허용농도는 0.1 ppm(0.31 mg/m^3)이다. 미국에서는 glycol ether류로서 유해대기 오염물질로 지정되어(예로서 매사추세츠주의 일반 환경 대기중 허용농도는 21 ㎍/m^3) 있고, 일본에서는 PRTR의 대상물질(제I종)로 지정되어 있다.

▷ 관련물질 : Ethylene glycol monoethyl ether(CAS번호 : 110-80-5)도 유사한 목적으로 사용되며, 또한 유사한 독성을 나타낸다. 화학식은 $CH_3CH_2OCH_2CH_2OH$.

14. 에틸벤젠(ethylbenzene)

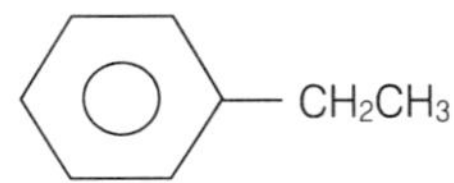

Ethylbenzene

- CAS번호 : 100-41-4
- 별명 : 페닐에탄(phenylethane)

▷ 성상 : 무색의 액체(비점 136℃)로서 가솔린 같은 냄새가 난다.

▷ 용도 : 페인트나 래커의 용제로 이용된다. 가솔린에도 약간 함유되어 있다.

▷ 유독성 : 눈, 피부, 호흡기계통을 자극한다.

▷ 급성독성 : 그다지 강하지 않으나(쥐의 LC_{50} = 17,360 mg/m^3) 눈, 코, 목 등을 상당히 자극한다. 또 사람이 다량의 증기를 흡입하면 현기증이 생기고 의식을 잃는 수가 있다. 동물실험에서도 흡입에 의하여 호흡기계나 중추신경계에 대한 장해가 나타난다.

▷ 만성 일반독성 : 쥐에의 흡입노출과 경구투여에 의하여 혈액이상, 간장장해 그리고 신장장해가 관찰된다(RfD = 0.1 mg/kg/day).

▷ 발생독성 : 임신한 쥐와 토끼에 흡입시키면 신생아의 감소와 늑골이상이 나타난다(RfC = 1 mg/m^3).

▷ 발암성 : 쥐에의 흡입노출로 신장암과 정소암이 생기고, 마우스의 흡입노출에서는 폐암과 간장암이 생긴다. 또 쥐에의 경구투여로 비강에 종양을 일으킨다. IARC는 그룹 2B로 지정한다.

▷ 변이원성 : 사람의 배양림프구에 염색체 이상을 초래한다.

▷ 생태독성 : 수생생물에 대하여는 약간 강한 독성을 나타낸다[무지개송어의 LC_{50}(96시간) = 4.2 mg/ℓ. 또 물벼룩의 LC_{50}(48시간) = 1.8 mg/ℓ].

▷ 환경오염 : 사람에의 노출은 우선 본제를 사용하는 작업장이 있어서 증기의 흡입과 피부에의 접촉에 의하여 생긴다. 또 이들 작업장의 배기가스를 통하여 일반 환경도 오염된다. 예로서 도시의 대기중 농도는 1~10 ㎍/m^{3}에 이르고 있고, 사람의 하루 섭취량은 많으면 200 ㎍을 넘는다. 일본에서는 2001년도의 PRTR에서도 대기중에의 계출 배출량이 약 9,000톤(제4위)에 이르고, 또 계출 외 배출량이 별도로 약 1만 톤으로 추산하고 있다.

▷ 규제 : OSHA의 노동환경 대기중 허용농도는 100 ppm(430 mg/m^3)이다. 미국에서는 유해대기, 수질 오염물질로 지정되어(예로서 매사추세츠주의 일반 환경 대기중 허용농도는 0.12 mg/m^3) 있고, 또 일리노이주에서는 음료수 중 허용농도를 1 ㎍/ℓ로 설정하고 있다. 일본에서는 실내 대기중 농도 지침치(3.8 mg/m^3)를 설정하고, 또한 PRTR의 대상물질(제I종)로 지정되어 있다.

▷ 우리나라의 규제 : 먹는 물 관리법(시행령 및 시행규칙)에서 먹는 물(수돗물) 중의 ethylbenzene의 허용기준은 0.3 mg/ℓ 이하로 규정되어 있다.

관련 법규 : 수질환경보전법(수질오염물)
대기환경보전법(대기오염물질, 특정 대기유해물)
산업안전기준에 관한 규칙(인화성 물질, 특정 화학물질)

15. 염화메틸렌(methylene chloride)

▸ CAS번호 : 75-09-2

▸ 계통명 : 디클로로메탄(dichloromethane)

▸ 화학식 : CH_2Cl_2

▷ 성상 : 무색의 휘발하기 쉬운 액체(비점 40℃)로서 약간 감미로운 냄새를 가진다.

▷ 용도 : 유지, 왁스, 래커, 잉크 등의 용제, 전자부품이나 금속제품의 세정제로 이용된다. 도료의 박리제(剝離劑), 스프레이 분사제, 향료의 추출제, 농산물(곡류나 딸기)의 수확 후 훈증제, 또 의료품, 농약, 플라스틱 등의 제조 원료로도 이용된다.

▷ 급성독성 : 그다지 강하지 않으나(쥐의 경구 LD_{50} = 2,100 mg/kg) 사람이 고농도의 증기를 흡입하면 중추신경과 심장에 장해가 생기고 현기증, 구역질, 수족의 떨림과 마비, 피로감, 맥박 증가 등의 증상이 나타난다. 중증에서는 환각이 생기거나 의식을 잃고 죽음에 이르는 수도 있다. 또 피부나 점막에 접촉하면 이들을 자극하여 피부의 발적(發赤)이나 각막의 장해가 생긴다.

▷ 만성 일반독성 : 낮은 농도의 증기에서도 사람이 반복 흡입하면 청력과 시력이 저하한다. 동물실험에서도 흡입 또는 음료수에 의한 반복투여로 간장과 신장에 장해가 생긴다(RfD = 0.06 mg/kg/day).

▷ 발생독성 : 임신 쥐의 흡입실험에서 태아의 체중 저하가 보고되고 있다.

▷ 발암성 : 마우스의 흡입노출에 의하여 폐암과 간장암이 생기고, 쥐의 같은 실험에서 유방암, 경부의 육종 그리고 백혈병이 생긴다. 또 경구투여에서도 마우스의 폐암과 쥐의 간장암의 생성이 인정되고 있다. IARC는 그룹 2B로 지정하고 또 EPA는 그룹 B2로 지정하고 흡입단위 리스크를 0.00000047(실질 안전 대기중 농도는 2 $\mu g/m^3$), 발암강도인자를 0.0075, 또한 실질 안전 음료수 중 농도를 5 $\mu g/\ell$로 산정하고 있다.

▷ 변이원성 : *Salmonella*균과 효모에 유전자 변이 그리고 포유류의 배양세포에 염색체 이상을 초래한다.

▷ 환경오염 : 공장에서나 생활환경에서도 사용 중에 휘발하여 대기를 오염한다. 도시의 옥외 대기중 농도는 1～10 $\mu g/m^3$이지만 옥내에는 이보다 한 단위 이상 높은 경우가 많고, 유럽에서는 일련의 건물에 대한 평균치가 0.67 mg/m^3에 이르는 예

가 보고되고 있다. 또 미국에서는 옥내 노출의 가능성이 있는 노동자가 100만 명을 넘는 것으로 추산하고 있다.

한편, 폐기된 후에는 하천이나 지하수(예로서 핀란드에서는 평균 0.04 mg/ℓ)의 오염이 초래되고 있다. 일본의 2001년도의 PRTR에서는 염화메틸렌의 계출 외 배출량이 약 57,000톤에 이르고, 대부분의 조사 화합물질 중에서 제3위의 자리를 차지하고 있는 것이 주목된다. 한편, 대기중에의 계출 배출량(마찬가지로 제3위)과 폐기물로서의 계출 이동량(제5위)도 합하여 약 37,000톤에 달하고 있다.

▷ 규제 : OSHA의 노동환경 대기중 허용농도는 25 ppm(87.5 mg/m^3)이다. 미국에서는 유해대기, 수질 오염물질 그리고 유해폐기물로 지정되어(예로서 로드아일랜드주의 일반 환경 대기중 허용농도는 0.2 μg/m^3) 있고, 또 뉴저지주에서는 음료수중 허용농도를 2 μg/ℓ로 설정하고 있다.

일본에서는 대기의 환경기준(0.15 mg/m^3)과 건강보호를 위한 수질환경기준(0.02mg/ℓ)을 설정하고, 또한 PRTR의 대상물질(제I종)로 지정되어 있다.

▷ 우리나라의 규제 : 먹는 물 관리법(시행령 및 시행규칙)에서 먹는 물(수돗물) 중의 dichloromethane(methylene chloride)의 허용기준은 0.02 mg/ℓ 이하로 규정되어 있다.

16. 직쇄 알킬벤젠설폰산염(linear alkylbenzene sulfonate)

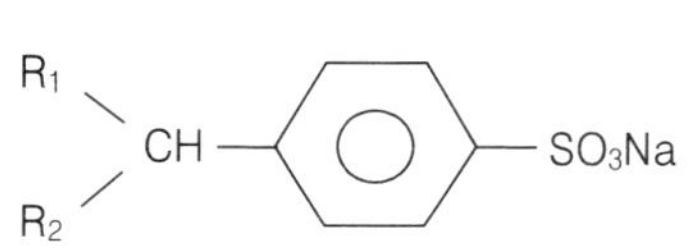

R_1, R_2 — CH — (벤젠환) — SO_3Na

LAS

▸ 별명 : LAS(약칭)

▷ 화학식 : 그림 구조의 R_1이 보통 C_1～C_5, 또 R_2가 C_4～C_{12}의 직쇄알킬기이고, 벤젠환에 결합하고 있는 탄소원자를 포함하여 알킬기의 총 탄소 수가 C_{10}～C_{14}의 각종 화합물의 혼합물이다. 나트륨염이 더욱 많이 사용되므로 아래의 설명도 이것을 대상으로 한다.

▷ 성상 : 시판품은 물을 함유한 백색 호상(糊狀)의 물질로서 물에 잘 녹는다.

▷ 용도 : 음이온성의 계면활성제로서 가정용 합성세제(주로 의료용과 주거용), 공업용 세정제, 염색조제, 농약 유화제, 비료응고 방지제, 피치 분산제 등에 이용된다.

▷ 급성독성 : 약간 강하다(쥐의 경구 LD_{50} = 400～800 mg/kg). 특히 용액과의 접촉은 눈의 점막이나 피부를 상당히 자극한다. 쥐에의 아급성 경구투여에서는 설사, 식욕저하, 빈혈 등을 초래하고 간장이 비대한다.

▷ 만성 일반독성 : 쥐에의 아만성 경구투여로 간장과 심장에 장해가 나타난다. 또 사람이 세제의 용제 등으로 반복 접촉함으로써 거칠어진다(지질과 단백질의 변성에 의한 각질화 등).

▷ 생식독성 : 마우스에의 아급성 경구 또는 경피투여로 임신율 저하가 관찰된다.

▷ 발생독성 : 임신 마우스에의 경구투여로 태아의 발육이 저하하고, 골격화의 지연이 나타난다.

▷ 생태독성 : 수생생물에 대하여 상당히 강한 독성을 나타낸다(대부분의 어류의 LC_{50}(96시간) = 0.5～5 mg/ℓ). 특히 몇 가지의 패류에 대하여는 0.05 mg/ℓ 부근의 농도로 알이나 유생(幼生)의 발육을 현저히 억제한다.

▷ 환경오염 : 일본의 2001년도의 PRTR에서는 LAS의 계출 외 배출량이 33,000톤에 이르고, 모든 조사 화학물질 중 제6위 자리를 차지하고 있다. 이것은 가정 등에서 세제로서 사용한 것 중에서 제거 또는 분해하지 않고 환경으로 방출된 것 중의 총량을 나타낸 것으로 본다.

이 때문에 도시의 하천수에는 보통 0.01～0.1 mg/ℓ의 LAS가 함유되어 있다. 또 하천 저질(底質)의 농도는 상당히 높고 1～10 ppm의 축적이 나타난다. LAS는 이들의 환경에서는 미생물에 의하여 비교적 용이하게 분해하지만(반감기는 10～15일), 비누 등에 비하여 분해속도가 상당히 늦으므로 생태계에의 영향을 경시할 수는 없다.

▷ 규제 : 일본에서는 PRTR의 대상물질(제I종)로 지정되어 있다. 또 수도 수질기준 중 성상에 관련하는 항목으로서 음이온성 계면활성제의 총량 기준치(0.2 mg/ℓ)를 설정하고 있다.

17. 퀴놀린(quinoline)

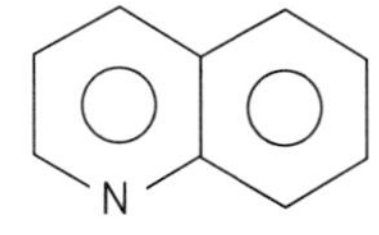

Quinoline

▸ CAS번호 : 91-22-5

▷ 성상 : 무색의 흡습성 액체(비점 238℃)로서 강한 자극취가 있다. 빛이나 공기의 작용으로 서서히 다색(茶色)으로 된다. 냉수에는 녹기 어려우나 열수에는 잘 녹는다.

▷ 용도 : 수지나 terpene류의 용제로 이용되고, 가솔린의 안티 노킹제, 에폭시수지를 경화하기 위한 촉매로도 이용된다. 해부 표본의 방부제, 야금시의 금속 부식방지제로 이용되고 염료, 탈취제, 국소마취약 등의 제조에도 이용된다. 콜타르에도 함유되어 있다.

▷ 급성독성 : 상당히 강하다(쥐의 경구 LD_{50} = 331 mg/kg). 사람이 그 증기를 흡입하면 코, 목 그리고 폐가 자극되어 호흡이 불충분하게 된다. 또 두통, 현기증, 구역질, 발열이 생기고, 중증에서는 복부의 경련, 혼수상태 등이 생긴다.

▷ 만성 일반독성 : 사람에서는 망막에 악영향을 미치고 시력이 저하한다. 동물실험에서는 경구투여로 간장에 장해가 생긴다.

▷ 발암성 : 쥐와 마우스에의 경구투여로 간장암과 혈관내피종이 생긴다(EPA는 그룹 C로 지정). 또 마우스의 피부암 발생에 관하여 initiator로서 작용한다.

▷ 변이원성 : *Salmonella*균에 유전자 변이를 일으키고, 햄스터의 배양 난소세포에 염색체 이상을 초래한다. 또 대장균의 DNA를 손상하다.

▷ 환경오염 : 사람에의 노출은 화학산업의 작업장에서 증기 또는 액적을 흡입함으로써 생기나 석유나 석탄을 취급하는 사업장에서도 오염의 가능성이 상당히 높다.

▷ 규제 : 미국에서는 유해대기 오염물질로 지정되어(예로서 뉴욕주의 일반 환경대기중 허용농도는 0.03 $\mu g/m^3$) 있다.

18. 크실렌(xylene)

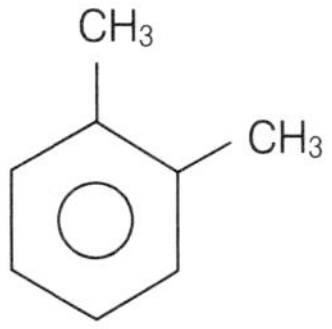

CH_3

CH_3

o-Xylene

▸ CAS번호 : 1330-20-7

▸ 별명 : 디메틸벤젠(dimethylbenzene)

▷ 화학구조 : 2개의 methyl기의 결합위치에 따라 *orth*(*o*-), *meta*(*m*-), *para*(*p*-)의 3종의 이성체가 존재하나 보통 사용하고 있는 것은 이들의 혼합물이고, 아래에서 설명하는 것도 주로 이것을 대상으로 한다.

▷ 성상 : 무색의 액체(비점 137～140℃)로서 특유의 취기(臭氣)가 있다.

▷ 용도 : 인쇄잉크, 페인트, 니스, 접착제, 농약, 흰개미구제제 등의 용제로 이용되고 시너와 세정제(얼룩 제거제 등), 가솔린(특히 항공기용)에도 배합된다. *Ortho*, *para* 이성체는 특히 의약품, 향료, 플라스틱 등의 원료로도 이용된다.

▷ 유독성 : 눈에 들어가면 점막을 자극하고 피부로 흡수되면 탈지작용과 중독증상이 나타난다. 독성은 benzene보다 약하다. 증기를 흡입하면 현기증, 두통, 구토, 호흡기 자극, 의식불명이 나타나며 중독되면 빈혈, 위장장애를 일으킨다. 고농도에 노출되면 환각작용, 마비상태, 의식상실, 사망에 이른다(2,000 ppm ; 중독증상, 7,500 ppm 30～60분 ; 사망, 20,000 ppm 5～10분 ; 사망).

▷ 급성독성 : 피부나 점막(눈, 코, 목 등)에 대한 자극작용이 아주 강하고, 약간 고농도의 증기를 흡입하면 위장장해나 호흡곤란을 초래한다. 또 중추신경에 악영향을 미치고 두통, 피로감, 평형감각의 마비, 정신착란 등의 증상이 나타난다. 중증에서는 의식을 잃고 사망하는 수도 있다(쥐의 LC_{50}(4시간) = 6,000～7,000 ppm).

▷ 만성 일반독성 : 저농도의 증기에서도 반복 흡입하면 역시 신경장해가 생기고 현기증, 수족의 떨림, 기억력 감퇴, 집중력 저하 등의 증상이 나타난다. 흉통이나 심장박동수의 증가도 나타난다. 동물실험에서는 간장과 신장의 장해가 눈에 뜨인다.

▷ 생식독성 : 동물실험에서 정소의 위축과 정자의 감소가 관찰된다.

▷ 발생독성 : 임신 쥐의 흡입실험으로 태아의 체중 감소와 뼈의 발육불량이 보고되고 있다. 또 신생아의 학습능력과 운동능력의 저하와 조건반사의 억제도 나타나는데 행동기형의 표현으로 여겨진다(RfD = 0.144 mg/kg/day).

▷ 환경오염 : 공장이나 생활환경에서도 사용 중에 휘발하여 대기를 오염한다. 가솔린과 자동차 배기가스도 발생원으로서 무시할 수 없다. 이 때문에 도시의 옥외 대기중 크실렌 농도는 대부분의 경우 0.01～0.1 mg/m^{3}에 달하고 있다. 또 옥내에서도 같은 농도가 이보다 상당히 높은 경우도 많고, 미국에서는 이와 같은 옥내 노출의 가능성이 있는 노동자가 150만 명을 넘는 것으로 추산하고 있다.

일반 사람에의 노출은 흡입 외에 산업폐기물 등에 의하여 오염된 하천이나 지하수에 유래하는 음료수에서도 생긴다. 음료수 중의 농도는 0.01 mg/ℓ 에 이른다. 일본에서는 2001년도의 PRTR에서 크실렌의 대기중에의 계출 배출량이 52,000톤에 이르고, 모든 조사 화학물질 중에서 제2위의 자리를 차지하는 것에 주목된다. 한편 계출 외 배출량도 마찬가지로 제2위이고, 또 폐기물로서의 계출 이동량도 제3위로서 합하여 총 72,000톤에 달한다.

▷ 규제 : ACGIH의 노동환경 대기중 허용농도는 100 ppm(435 mg/m^3)이다. 미국에서는 유해대기 오염물질 그리고 유해폐기물로 지정되어(EPA의 일반 대기중 허용농도는 0.057 mg/m^3) 있다. 또 플로리다주에서는 음료수 중 허용농도를 0.02 mg/ℓ 로 설정되어 있다.

일본에서는 실내 대기중 농도 지침치(0.87 mg/m^3)와 일반 환경의 수질감시 지침치(0.4 mg/ℓ)를 설정하고 또한 극물 그리고 PRPR의 대상물질(제I종)로 지정되어 있다.

▷ 우리나라의 규제 : 먹는 물 관리법(시행령 및 시행규칙)에서 먹는 물(수돗물) 중의 xylene의 허용기준은 0.5 mg/ℓ 이하로 규정되어 있다.

관련 법규 : 산업안전보건법(유해위험물)
수질환경보전법(수질오염물)
대기환경보전법(대기오염물질, 특정 대기유해물)
행정자치부고시(제89-8호 유해위험물)
산업안전기준에 관한 규칙(인화성 물질, 특정 화학물질)
유해화학물질관리법(유독물질)

19. 클로로벤젠(chlorobenzene)

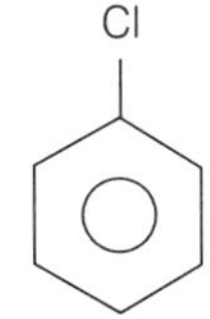

Chlorobenzene

▸ CAS번호 : 108-90-7

▸ 별명 : 염화페닐(phenyl chloride), 모노클로로벤젠(monochlorobenzene) ; MCB(약칭)

▷ 성상 : 무색의 액체(비점 132℃)로서 아몬드 같은 냄새를 가진다.

▷ 용도 : 페인트, 니스, 그리스, 아스팔트, 농약 등의 용제 및 세정제로 이용된다. 의약품, 염료, 고무약품, 산화 방지제 등의 제조 원료로 이용되고, 열 매체나 섬유가공제로도 이용된다.

▷ 유독성 : 눈과 피부에 접촉하면 자극하고 결막염과 피부염을 일으킨다. 증기 흡입시 마취작용, 두통, 기침, 폐부종, 의식 상실을 일으키고 대량 흡입시는 사망에 이른다. 독성은 benzene보다 약하다.

▷ 급성독성 : 경구섭취에서는 그다지 강하지 않으나(쥐의 경구 LD_{50} = 400～1,600 mg/kg) 비교적 다량의 증기를 흡입한 노동자에는 두통, 현기증, 근육의 경련 등이 나타난다. 또 눈이나 코를 자극하고 접촉하면 피부에 염증이 생긴다.

▷ 만성 일반독성 : 사람에서는 흡입을 반복함으로써 중추신경계에 장해가 생기고 수족의 떨림이나 역으로 감각과민증 등을 초래한다. 호흡기계에도 장해가 미친다. 동물실험에서는 간장과 신장의 장해도 눈에 뜨인다(RfD = 0.02 mg/kg/day).

▷ 생식독성 : 쥐에의 만성적인 흡입노출에 의하여 정소의 괴사가 생긴다. 또 개에의 아만성 경구투여에도 정자형성의 저해가 나타난다.

▷ 변이원성 : 황국균의 유전자 변이를 초래한다. 또 마우스에의 복강 내 적혈구에 염색체 이상을 초래한다. 또 마우스나 쥐의 간장, 신장 그리고 폐의 DNA와 결합하여 이것을 손상한다.

▷ 환경오염 : 직업적인 노출은 주로 작업장에 있어서 증기의 흡입에 의하여 생기나 일반 환경에서도 도시의 대기중 농도는 0.3～3.0 $\mu g/m^3$에 달하고 있고, 사람의 1일 섭취량은 체중 1 kg당 약 1 μg로 추산하고 있다.

▷ 규제 : ACGIH의 노동환경 대기중 허용농도는 10 ppm(0.46 mg/m^3)이다. 미국에서는 유해대기 오염물질 그리고 유해폐기물로 지정되어(예로서 매사추세츠주의 일반 환경 대기중 허용농도는 6.3 $\mu g/m^3$) 있다. 또 뉴저지주에서는 음료수 허용농도를 2 $\mu g/\ell$ 로 설정하고, 일본에서는 PRTR의 대상물질(제Ⅰ종)로 지정되어 있다.

관련 법규 : 산업안전보건법(유해위험물)
수질환경보전법(수질오염물)
대기환경보전법(대기오염물질, 특정 대기유해물)
행정자치부고시(제 89-8호 유해위험물)
산업안전기준에 관한 규칙(인화성 물질, 특정 화학물질)

20. 클로로포름(chloroform)

▸ CAS번호 : 67-66-3

▸ 계통명 : 트리클로로메탄(trichloromethane)

▸ 화학식 : $CHCl_3$

▷ 성상 : 무색의 휘발성 액체(비점 62℃)로서 특유의 감미의 냄새를 가지며, 물에 약간 녹는다.

▷ 용도 : 유지, 고무, 그리스 등의 용제・추출제 및 세정제(드라이 클리닝 등)로 이용되고, 곡물 등의 훈증제, 소화제 등으로도 이용된다. 냉매, 농약, 염료 등의 제조 원료로도 이용된다.

▷ 급성독성 : 상당히 강하다. 사람이 약간 다량(900 ppm 이상)의 증기를 흡입하면 중추신경계가 억제되어 현기증, 두통, 피로감에 이어 마취상태가 생긴다. 사람의 경구섭취에 의한 치사량은 약 200 mg/kg로 본다. 또 피부나 점막을 강하게 자극하고 염증을 야기한다.

▷ 만성 일반독성 : 사람에서는 흡입에 의하여 간장과 중추신경계의 장해, 또 경구섭취에 의하여 간장과 신장의 장해 그리고 부정맥이 나타난다. 동물실험에서도 유사한 영향이 알려져 있다(RfD = 0.01 mg/kg/day).

▷ 생식독성 : 마우스의 흡입실험으로 이상한 정자의 증가와 임신율의 저하가 관찰된다.

▷ 발생독성 : 임신 쥐 또는 임신 마우스에의 흡입노출로 유산이 증가하고 신생아에 기형이 생기다. 경구투여에서도 쥐에 대하여는 역시 유산이 증가한다.

▷ 발암성 : 쥐에의 경구투여로 신장과 갑상선에 종양이 생기고, 마우스에의 경구투여로 간장과 신장에 종양이 생긴다. IARC는 그룹 2B로 지정하고, 또 EPA는 그룹 B2로 지정하고 흡입단위 리스크를 0.000023(실질 안전 대기중 농도는 0.04 ㎍/m^3), 발암강도인자를 0.0061, 또 실질 안전 음료수 중 농도를 6 ㎍/ℓ로 산정한다.

▷ 변이원성 : 효모에 유전자 변이, 또 마우스의 골수세포와 사람의 배양림프구에 염색체 이상을 초래한다.

▷ 환경오염 : 각종의 발생원에서 휘발하여 대기를 오염한다. 도시의 옥외에서의 농도는 0.1～1 ㎍/m^3에 이르나 옥내에서는 이보다 약간 높은 경우도 있다. 이것은 주로 수돗물의 이용(특히 샤워)에 유래한다. 수돗물에는 정수과정에서 살균제로서

표 2-31. Trihalomethane(chloroform 제외)

물질명		브로모디클로로메탄	디브로모클로로메탄	브로모포름
영문명 CAS번호 화학식		Bromodichloromethane 75-27-4 $CHCl_2Br$	Dibromochloromethane 124-48-1 $CHClBr_2$	Bromoform 75-25-2 $CHBr_3$
발암성	그룹지정 IARC EPA	 2B B2	 3 C	 3 B2
	종양 발생부위 쥐 마우스	 신장, 대장 신장, 간장	 간장	 대장 폐※
	발암강도인자	0.062	0.084	0.008
	실질 안전 음료수 중 농도 (㎍/ ℓ)	0.6	0.4	4
일본의 수도 수질기준(㎍/ ℓ)		30	100	90

※ 복강 내 투여, 다른 것은 어느 것이나 경구투여

사용되는 염소와 혼합하는 유기물질의 반응에 의하여 생성된 chlorofom이 얼마간(20～90 ㎍/ ℓ) 함유되어 있다.

▷ 규제 : NIOSH의 노동환경 대기중 허용농도는 2 ppm(9.8 mg/m^3)이다. 미국에서는 유해대기, 수질・음료수 오염물질 그리고 유해폐기물로 지정되어(예로서 미시간주의 일반 환경 대기중 허용농도는 0.04 ㎍/m^3, 또 일리노이주의 음료수 중 허용농도는 1㎍/ ℓ) 있다. 일본에서는 건강에 관한 수도 수질기준(60 ㎍/ ℓ)을 설정하고 또한 극물 그리고 PRTR의 대상물질(제Ⅰ종)로 지정되어 있다.

▷ 관련물질 : 표 2-31에 나타낸 3종의 화합물질도 정수과정에서 상기와 마찬가지의 방법으로 생성하고 수돗물 중에는 많거나 적게 함유되어 있다. 이들 역시 발암물질이고 chloroform과 합하여 trihalomethane이라 총칭한다. 일본에서는 그 총량에 대하여도 수도 수질기준(100 ㎍/ ℓ)이 설정되어 있다.

▷ 우리나라의 규제 : 먹는 물 관리법(시행령 및 시행규칙)에서 먹는 물(수돗물) 중의 chloroform의 허용기준은 0.08 mg/ ℓ 이하로 규정되어 있다. 그리고 trihalomethane의 허용기준은 0.1 mg/ ℓ 이하로 규정되어 있다.

21. 테트라클로로에틸렌(tetrachloroethylene)

▸ CAS번호 : 127-18-4

▸ 계통명 : 테트라클로로에텐(tetrachloroethene)

▸ 별명 : 퍼클로로에티렌(perchloroethylene) ; 퍼클렌

▸ 화학식 : $CCl_2=CCl_2$

▷ 성상 : 무색의 연소하기 어려운 액체(비점 121℃)로서 아주 단맛이 나는 냄새를 가진다.

▷ 용도 : 의료의 드라이클린용 그리고 금속기계 부품의 세정제로 이용된다. 의약품, 향료, 고무, 도료, 수지 등의 용제로도 이용된다.

▷ 급성독성 : 경구노출에서는 강하지 않으나(쥐의 경구 LD_{50} = 2.6 g/kg) 흡입노출에서는 약간 강하고, 눈이나 코를 자극함과 동시에 현기증, 머리의 휘청거림, 운동실조, 의식 저하, 폐수종 등의 증상을 일으킨다.

▷ 만성 일반독성 : 사람이나 동물실험에서도 흡입노출에 의한 중추신경계에의 악영향(두통, 기억장해, 집중력 저하 등)이 눈에 뜨인다. 이외에 간장과 신장의 장해 그리고 부정맥이 생긴다(RfD = 0.01 mg/kg/day).

▷ 생식독성 : 직장(드라이클링의 사업장)에서 반복된 노출을 받은 부인 노동자에 월경불순과 유산이 많은 것을 지적하고 있다.

▷ 발생독성 : 임신 쥐에의 흡입노출로 신생아에 행동이상이 관찰된다.

▷ 발암성 : 마우스에의 경구투여 또는 흡입노출로 간장암이 생기고, 쥐에의 흡입노출에서는 신장암과 백혈병이 생긴다. 백혈병은 사람에서도 음료수에서 섭취한 아이들에도 다발한다는 보고도 있다(IARC는 그룹 2A, 또 EPA는 그룹 B2로 지정).

▷ 변이원성 : 효모와 쥐에의 배양 배세포에 유전자 변이를 초래한다.

▷ 생태독성 : 수생생물에 대한 독성은 약간 강하다(무지개송어의 LC_{50}(96시간) = 5 mg/ℓ).

▷ 환경오염 : 본제를 사용하는 사업장에서의 폐액에 의하여 주변의 환경오염이 확대되고, 일본에서는 특히 1980년대 이후, 음료수용의 우물을 포함한 지하수의 오염이 현저한 사실이 밝혀졌다(수질환경 기준을 넘는 오염 사례만 600건 이상). 이 농도는 1∼100 mg/ℓ에 이른다. 일본의 2001년도의 PRTR어서도 본제의 계출외

배출량이 많아(약 36,000톤) 모든 조사 화학물질 중에서 제5위를 차지하고 있다.

본제는 대기중에서는 2개월 이내에 분해하나 지하수 중에서는 분해가 아주 늦어 수년 이상을 요한다. 생물농축도 어느 정도 나타난다. 또한 미국에서는 주로 옥내 대기에서의 노출에 의한 리스크가 높은 노동자가 50만 명을 넘는 것으로 추산하고 있다.

▷ 규제 : ACGIH의 노동환경 대기중 허용농도는 25 ppm(170 mg/m^3)이다. 미국에서는 유해대기, 수질 오염물질 그리고 유해폐기물로 지정되어(예로서 로드아일랜드주의 일반 환경 대기중 허용농도는 0.05 μg/m^3) 있다. 또 뉴햄프셔주에서는 음료수 중 허용농도를 0.67 μg/ℓ으로 설정하고 있다.

일본에서는 대기의 환경기준(0.2 mg/m^3)과 건강보건을 위한 수질환경기준(10 μg/ℓ)을 설정하고, 또한 화심법(化審法)의 제II종 특정 화합물질 그리고 PRTR의 대상물질(제I종)로 지정되어 있다.

▷ 우리나라의 규제 : 먹는 물 관리법(시행령 및 시행규칙)에서 먹는 물(수돗물) 중의 tetrachloroethylene의 허용기준은 0.01 mg/ℓ 이하로 규정되어 있다.

토양환경보전법(시행령 및 시행규칙)에서 토양중의 크롬의 허용기준은 농경지에서 8 mg/kg 이하로 그리고 공장, 산업지역에서 40 mg/kg 이하로 규정되어 있다.

22. 톨루엔(toluene)

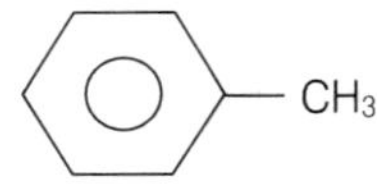

Toluene

▸ CAS번호 : 108-88-3

▸ 별명 : 메틸벤젠(methylbenzene)

▷ 성상 : 무색의 액체(비점 111℃)로서 특유의 냄새가 있다.

▷ 용도 : 인쇄잉크, 페인트, 래커, 접착제, 세정제, 수지, 고무 등의 용제로 이용된다. 시너, 가솔린의 안티 노킹제로도 이용된다. 합성섬유, 염료, 의약품, 향료 등의 제조 원료로도 이용된다.

▷ 유독성 : 눈에 들어가면 점막을 자극하고 피부로 흡수되면 탈지작용과 중독증상이 나타난다. 독성은 benzene보다 약하다. 증기를 흡입하면 현기증, 두통, 구토,

호흡기 자극, 의식불명이 나타나며 중독되면 빈혈, 위장장애를 일으키며 고농도에 노출되면 환각작용, 마비상태, 의식상실, 사망에 이른다(2,000 ppm ; 중독증상, 7,500 ppm 30～60분 ; 사망, 20,000 ppm 5～10분 ; 사망).

▷ 급성독성 : 약간 강하다(쥐의 흡입 LC_{50}(6시간) = 4,620 ppm). 사람이 다량의 증기를 흡입하면 중추신경에 악영향을 미치고 두통, 구역질, 피로감, 식욕부진, 집중력 저하 등의 증상이 나타난다. 또 코나 목이 자극되고 또한 부정맥이 생긴다. 동물실험에서도 거의 마찬가지 결과가 보고되고 있다.

▷ 만성 일반독성 : 소량이라도 사람이 반복하여 흡입하면 역시 신경장해가 생기고, 급성증상 이외에도 현기증, 불면, 기억력 감퇴, 청력저하, 평형감각 이상, 정신착란 등의 증상이 나타난다(RfC = 0.4 mg/m^3). 동물실험에서는 간장, 신장 그리고 폐에도 장해가 나타난다(RfD = 0.2 mg/kg/day).

▷ 생식독성 : 쥐에의 아만성 흡입노출로 정소상체가 위축하고 정자가 감소한다. 또 인쇄산업의 현장에서 일상적으로 톨루엔의 증기를 많이 흡입하는 여성 노동자에 대하여는 생산능력의 저하가 보고되고 있다.

▷ 발생독성 : 임신 쥐에의 흡입노출로 태아의 발육이 저하하고 치사율이 증대한다. 또 신생아의 인식능력도 감퇴한다. 한편, 임신 중에 톨루엔의 증기를 많이 흡입한 모친에서 태어난 아이는 발육불량, 안면이나 사지의 기형, 신장장해 그리고 행동이상(집중력 저하 등)이 관찰된다(캘리포니아주의 발생 독성물질 리스트에 수록).

▷ 변이원성 : 쥐나 마우스에의 복강 내 또는 피하투여에 의하여 골수세포에 염색체 이상을 초래한다.

▷ 환경오염 : 공장에서나 생활환경에서도 사용 중에 휘발하여 대기를 오염한다. 가솔린과 자동차 배기가스도 발생원으로서 무시할 수 없다. 이 때문에 도시의 옥외 대기중 톨루엔 농도는 대개의 경우 0.01～0.1 mg/m^3에 이르고 있다. 또 옥내나 차량 중에서는 같은 농도가 이보다 높은 경우가 많다.

사람에의 노출은 흡입 이외에 접촉에 의한 피부로부터 얻어지고 또 산업폐기물 등에 의한 지하수의 오염을 통한 음료수로부터도 생긴다. 일본에서는 2001년도의 PRTR에서는 톨루엔의 대기중에의 계출 배출량이 13만 2,000천 톤에 이르고, 모든 조사 화합물질 중에서 최고의 자리를 차지하는 것이 주목된다. 또한 계출 외 배출량과 폐기물로서의 계출 이동량도 더 많고 합하여 총 13만 4,000천 톤에 이르고 있다.

▷ 규제 : ACGIH의 노동환경 대기중 허용농도는 50 ppm(189 mg/m^3)이다. 미국에서는 유해대기, 수질 오염물질 그리고 유해폐기물로 지정되어(예로서 캘리포니아주의 일반 환경 대기중 허용농도는 0.05 mg/m^3) 있다. 또 플로리다주에서는 음료수중 허용농도를 0.04 mg/ℓ로 설정되어 있다.

일본에서는 실내 대기중 농도 지침치(0.26 mg/m^3)와 수질감시 지침치(0.6 mg/ℓ)를 설정하고, 또한 극물 그리고 PRTR의 대상물질(제 I 종)로 지정되어 있다.

▷ 우리나라의 규제 : 먹는 물 관리법(시행령 및 시행규칙)에서 먹는 물(수돗물)중의 toluene의 허용기준은 0.4 mg/ℓ 이하로 규정되어 있다.

관련 법규 : 산업안전보건법(유해위험물)
수질환경보전법(수질오염물)
대기환경보전법(대기오염물질, 특정 대기유해물)
행정자치부고시(제 89-8호 유해위험물)
산업안전기준에 관한 규칙(인화성 물질, 특정 화학물질)
유해화학물질관리법(유독물질)

23. 트리클로론에틸렌(trichloroethylene)

- CAS번호 : 79-01-6
- 계통명 : 트리클로로에탄(trichloroethene)
- 별명 : 트리클렌
- 화학식 : $CHCl=CCl_2$

▷ 성상 : 무색의 휘발성 액체(비점 87℃)로서 연소하기 어렵고 약간 감미로운 냄새가 있다.

▷ 용도 : 금속 기계부품, 양모, 피혁 등에서 그리스나 유지성분을 제거하는 세정제로 이용되고, 도료, 접착제, 고무, 황 등의 용제로 이용된다.

▷ 급성독성 : 경구노출에서는 강하지 않으나(쥐의 경구 LD_{50} = 4,920 mg/kg) 흡입노출에서는 약간 강하고, 눈이나 폐를 자극함과 동시에 두통, 현기증, 우울증, 구역질, 집중력 저하, 운동실조, 의식 저하 등의 증상을 일으킨다.

▷ 만성 일반독성 : 사람의 경우에 흡입노출에 의한 중추신경계에의 악영향(두통, 현기증, 시야의 혼탁, 안면마비, 기억장해, 의식 저하, 피로감 등)이 눈에 뜨인다. 이

외에도 간장과 신장에 장해가 생긴다. 경구노출에 의한 장해도 흡입의 경우와 거의 같다.

▷ 생식독성 : 마우스에의 흡입노출로 이상한 정자가 증가한다. 또 직장에서 본제의 노출을 강하게 받은 것으로 생각되는 간호사에 유산이 다발한다.

▷ 발생독성 : 임신 쥐에의 경구투여로 배(胚)의 흡수가 증가하고 신생아에 심장기형이 생긴다. 한편 본제로 오염된 음료수를 섭취한 모친에서 태어난 아이는 발육의 불량이 관찰된다.

▷ 면역독성 : 사람의 경우는 음료수에서 장기간 섭취함으로써 면역 활동이 저하한다. 또 피부에의 접촉에 의하여 알레르기 증상을 야기한다.

▷ 발암성 : 마우스에의 경구투여 또는 흡입노출로 간장암과 폐암이 생기고, 쥐에의 흡입노출로 신장암이 생긴다. 한편 사람에서도 음료수에서 본제를 섭취한 아이에 백혈병이 다발한다는 보고가 있다(IARC는 그룹 2A, 또 EPA는 그룹 B2로 지정).

▷ 변이원성 : 대장균, 효모, 자주 닭의장풀 등에 유전자 변이를 초래하고 황국균, 사람의 배양림프구, 햄스터의 배양 난소세포 등에 염색체 이상을 초래한다. 또 쥐나 마우스의 배양 간세포의 DNA를 손상한다.

▷ 환경오염 : 본제를 사용하는 사업장에서의 폐액에 의한 주변의 환경오염이 확대되고, 일본에서는 특히 1980년대 이후, 음료수용의 우물을 포함하여 지하수의 오염이 현저한 것을 알게 되었다(수질환경 기준을 초과하는 오염 사례만도 400건 이상). 그 농도는 5～500 mg/ ℓ 에 이른다. 일본의 2001년도의 PRTR에도 본제의 계출 외의 배출량이 많고(약 53,000톤), 모든 조사 화합물질 중에서 제 4위를 차지하고 있다.

본제는 대기중에서는 비교적 서서히 분해하나 지하수 중에서는 분해가 아주 늦고 수년 이상을 요한다. 또한 미국에서는 흡입노출에 의한 리스크가 높은 노동자가 30만 명에 가까운 것으로 추산하고 있다.

▷ 규제 : NIOSH의 노동환경 대기중 허용농도는 25 ppm(134 mg/m^3)이다. 미국에서는 유해대기, 수질 오염물질 그리고 유해폐기물로 지정되어(예로서 애리조나주의 일반 환경 대기중 허용농도는 0.25 μg/m^3) 있다. 또 뉴저지주에서는 음료수 중 허용농도를 1μg/ ℓ 로 설정하고 있다.

일본에서는 대기의 환경기준(0.2 mg/m^3)과 건강보호를 위한 수질환경기준(30 μg/

ℓ)을 설정하고, 또한 화심법(化審法)의 제II종 특정 화합물질 그리고 PRTR의 대상물질(제I종)로 지정되어 있다.

▷ 우리나라의 규제 : 먹는 물 관리법(시행령 및 시행규칙)에서 먹는 물(수돗물) 중의 trichloroethylene의 허용기준은 0.03 mg/ℓ 이하로 규정되어 있다.

24. 포름아미드(formamide)

- CAS번호 : 75-12-7
- 계통명 : 메탄아미드(methanamide)
- 화학식 : $HCONH_2$

▷ 성상 : 무색의 점성 액체(비점 211℃)로서 흡습성을 나타내고 물에 잘 녹는다.

▷ 용도 : 플라스틱, 잉크, 의약품 등의 용제로 이용된다. 합성섬유, 종이, 아교 등의 호료(糊料), 벽돌공사 등의 응고제로 이용되고, 각종 화학상품의 제조 원료에도 이용된다.

▷ 급성독성 : 피부에 접촉하면 자극작용이 강하여 발진이 생긴다. 눈에 대하여도 염증을 일으킨다. 또 흡입하면 코, 목 등이 자극되고 아울러 중추신경계가 영향을 받는다.

▷ 생식독성 : 마우스에의 아만성 경구투여로 임신율이 저하한다(특히 암컷의 발정 정지기간이 길어짐).

▷ 발생독성 : 쥐와 토끼에 대한 임신기간의 경구투여로 태아의 발육이 저하하고 유산이 증가한다.

▷ 변이원성 : 보리의 염색체 이상을 초래하다.

▷ 규제 : NIOSH의 노동환경 대기중 허용농도는 10 ppm(15 mg/m^3)이다. 미국의 뉴욕주에서는 일반 환경 대기중 허용농도를 0.1 mg/m^{3}로 설정하고 있다.

▷ 관련물질 : 엔, 엔-디메틸포름아미드(*N,N*-dimethyl formamide, CAS번호 : 68-12-2)는 주로 용제로서 사용되는 무색의 액체(화학식 $HCON(CH_3)_2$이고, 역시 마우스에의 아만성 경구투여로 임신율이 저하한다(생식독성). 또 발생독성으로 임신 쥐나 임신 마우스에의 경구투여로 태아의 발육 저하와 함께 두개골이나 흉골의 기형이 생긴다. 토끼에 대하여는 흡입노출에서도 기형이 나타난다. 또한 만성 일반독성으로는 간장 장해가 눈에 뜨인다(RfC = 0.03 mg/m^3).

사람에의 노출은 이것을 아크릴섬유나 염료·안료의 용제로서 사용하는 사업장 등에서 증기의 흡입 또는 피부에의 접촉으로 생긴다. NIOSH의 노동환경 대기중 허용농도는 10 ppm이고, 미국에서는 유해대기 오염물질로 지정되어(예로서 매사추세츠주의 일반 환경 대기중 허용농도는 8.1 $\mu g/m^3$) 있다. 일본에서는 PRTR의 대상물질(제 I 종)로 지정되어(2001년도의 각종 배출·이동량은 합하여 약 35,000톤) 있다.

관련 법규 : 산업안전보건법(유해위험물)
수질환경보전법(수질오염물)
대기환경보전법(대기오염물질, 특정 대기유해물)
산업안전기준에 관한 규칙(인화성 물질, 특정 화학물질)

25. 푸란(furan)

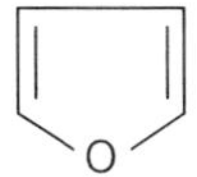

Furan

▸ CAS번호 : 110-00-9

▸ 계통명 : 옥사시클로펜타디엔(oxacyclopentadiene)

▷ 성상 : 무색의 휘발성 액체(비점 31℃)로서 쾌적한 냄새를 가진다.

▷ 용도 : 수지의 용제로 이용되고 의약품, 농약, 도료, 플라스틱 안정제 등의 제조 원료로도 이용된다.

▷ 유독성 : 눈에 들어가면 약상을 입고, 피부에 접촉하면 점막을 자극하고 증기 흡입시 기침, 질식, 마취작용이 있다.

▷ 급성독성 : 사람이 증기를 흡입하면 코, 목, 그리고 폐가 강하게 자극되어 기침이 나오거나 숨이 차게 된다. 다량의 노출을 받은 경우에는 폐수종이나 호흡곤란도 나타난다. 또 두통이나 현기증을 동반하여 의식의 소실을 초래하는 수가 있다. 한편 접촉에 의하여 피부나 눈도 자극된다.

▷ 만성 일반독성 : 쥐 또는 마우스에의 아만성 경구투여로 간장과 신장에 장해가 생긴다(RfD = 1 $\mu g/kg/day$).

▷ 생식독성 : 쥐에의 아만성 경구투여로 정소나 난소가 위축하여 임신율이 저하한다.

▷ 면역독성 : 사람의 피부에 알레르기 증상(발진과 가려움)을 일으킨다. 또 쥐에의 경구투여로 흉선이 위축한다.

▷ 발암성 : 쥐에의 경구투여로 간장암과 백혈병이 생기고, 마우스에의 경구투여로는 간장암 이외에도 부신에도 종양이 생긴다(IARC는 그룹 2B로 지정).

▷ 변이원성 : 마우스의 배양 림프종세포에 유전자 변이를 초래하고, 햄스터의 배양 난소세포에 염색체 이상을 초래한다.

▷ 환경오염 : 본제를 취급하는 사업장에서 사용 중에 휘발하여 대기를 오염한다. 또 석유 정제공장이나 석탄가스화 공장의 배기가스, 자동차 배기가스, 담배연기 등에도 함유되어 있어 노동자나 일반 사람에의 노출은 주로 이들의 흡입에 의하여 생긴다.

▷ 규제 : UNEP(국제연합 환경계획)의 노동환경 대기중 허용농도는 0.5 mg/m^3이다. 미국에서는 유해폐기물로 지정되어 있다.

26. 헥사클로로부타디엔(hexachlorobutadiene)

- CAS번호 : 87-68-3
- 계통명 : 헥사클로-1,3-부타디엔(hexachloro-1,3-butadiene)
- 화학식 : $CCl_2=CClCCl=CCl_2$

▷ 성상 : 무색으로 연소하기 어려운 액체(비점 215℃)로서 희미하게 테르펜기름의 냄새를 가진다.

▷ 용도 : 2004년까지 고무의 용제, 각종 세정제, 열 매체, 윤활유 등에 사용되었다. 유럽에서는 포도원의 훈증제로도 이용한다.

▷ 급성독성 : 아주 강하고(쥐의 경구 LD_{50} = 90 mg/kg), 중추신경계에 악영향을 미친다. 마우스에의 흡입노출로 코나 목의 자극과 함께 호흡곤란이나 신장장해도 나타나고, 쥐에의 경구투여에서는 신장 이외에도 간장에도 장해가 생긴다.

▷ 만성 일반독성 : 쥐나 마우스에의 경구투여로 신장과 간장에 장해가 생긴다.

▷ 발생독성 : 임신 쥐에의 흡입노출 혹은 경구투여로 신생아의 발육이 저하한다.

▷ 발암성 : 쥐에의 경구투여로 신장암이 생긴다. IARC는 그룹 3으로 지정하고,

또 EPA는 그룹 C로 지정하고 흡입단위 리스크를 0.000022(실질 안전 대기중 농도는 0.05 mg/m^3), 발암강도인자를 0.078, 또한 실질 안전 음료수 중 농도를 0.5 μg/ℓ로 산정한다.

▷ 생태독성 : 어독성은 상당히 강하고, LC_{50}(96시간)이 0.1 mg/ℓ의 경우도 있다.

▷ 환경오염 : 환경에서는 분해가 늦고, 대기중이나 지하수 중에서의 반감기는 수개월에서 1년에 이른다. 또 생물농축이 현저하다(예로서 무지개송어에서는 17,000배). 사람에의 노출(흡입 등)은 주로 공장의 작업장에서 나타나고, 일반 환경도 공장 배기가스 · 폐액에 의하여 오염된다. 예로서 미국에서는 도시의 대기중에 0.1 μg/m^3, 또 수돗물 중에 0.2 μg/ℓ의 오염이 검출되고 있다. 또한 캐나다 사람의 지방조직 중에는 평균 4 ppb 함유되어 있다.

▷ 규제 : NIOSH의 노동환경 대기중 허용농도는 0.02 ppm(0.24 mg/m^3)이다. 미국에서는 유해대기, 수질 · 음료수 오염물질 그리고 유해폐기물로 지정되어(예로서 뉴햄프셔주에서는 음료수 중 허용농도를 0.5 μg/ℓ로 설정되어 있다. 일본에서는 화심법의 제 I 종 특정 화학물질로 지정되어 있다.

27. 헥산(hexane)

- CAS번호 : 110-54-3
- 별명 : 노르말-핵산(*n*-hexane)
- 화학식 : $CH_3(CH_2)_4CH_3$

▷ 성상 : 무색의 휘발성 액체(비점 69℃)로서 연한 가솔린 같은 냄새를 가진다.

▷ 용도 : 아교, 니스, 잉크, 접착제 등의 용제로 이용되고, 식용유지의 추출제, 섬유 · 피혁제품과 정밀기계의 세정제로 이용된다. 잉크의 시너, 저온용 온도계의 액체 성분으로도 이용되고, 천연에도 석유 중에 존재한다(석유 에테르나 석유 벤젠의 주성분).

▷ 급성독성 : 그다지 강하지 않다(쥐의 흡입 LC_{50}(수시간) = 48,000 ppm). 사람이 다량의 증기를 흡입하면 중추신경이 억제되어 두통, 현기증, 구역질 등이 생기고 마취작용에 의하여 의식을 잃는 수가 많다. 또 코나 목이 자극되어 호흡곤란을 초래하는 수가 있다.

▷ 만성 일반독성 : 직장에서 장기간(3～6개월간)의 흡입노출을 받으면 수족의 떨

림과 통증, 근력 저하, 근육위축, 보행 장해 등의 증상을 포함한 다발성 신경염이 생긴다. 이와 같은 신경장해는 쥐나 마우스에의 아만성 흡입노출에 의하여도 나타난다. 마우스에 대하여는 호흡기계의 조직에도 염증이 생긴다(RfC = 0.2 mg/m^3).

▷ 생식독성 : 쥐에의 장기간의 흡입노출로 정소에 장해가 나타나고, 신생아의 체중도 감소한다.

▷ 환경오염 : 사람에의 노출은 노동환경에서 증기의 흡입에 의하여 생기는 경우가 많고, 미국에서는 이와 같은 가능성이 있는 노동자가 총 35만 명에 이르는 것으로 추산하고 있다. 특히 자동차 수리공장에서는 가솔린에서의 휘발에 의한 대기오염도 무시할 수 없다. 유럽에서는 옥내에서 평균 10～20 ㎍/m^3의 대기오염이 검출되고 있다.

▷ 규제 : NIOSH의 노동환경 대기중 허용농도는 50 ppm(180 mg/m^3)이다. 미국에서는 유해대기 오염물질로 지정되어 있고, 또 플로리다주에서는 음료수 중 허용농도를 10 ㎍/ℓ로 설정되어 있다.

관련 법규 : 산업안전보건법(유해위험물)
수질환경보전법(수질오염물)
대기환경보전법(대기오염물질, 특정 대기유해물)

제 7 장

기 타

1. *N*-니트로소디메틸아민(*N*-nitrosodimethylamine)

$$(H_3C)_2N-NO$$

N-Nitrosodimethylamine

- ▸ CAS번호 : 62-75-9
- ▸ 별명 : 디메틸니트로소아민(dimethylnitrosamine) ; NDMA(약칭)

▷ 성상 : 황색의 유상(油狀) 액체(비점 152℃)로서 물에 잘 녹는다.

▷ 용도 : 로켓 연료의 제조 원료로 이용한다. 고무제품의 난연제(難燃劑), 윤활유의 산화 방지제 등에 사용되었으나 현재에는 여러 나라에서 연구용을 제외하고는 사용이 금지되어 있다.

▷ 급성독성 : 아주 강하다(쥐의 경구 LD_{50} = 27~41 mg/kg). 사람이 흡입 또는 섭취에 의하여 노출을 받으면 간장에 장해 그리고 두통, 현기증, 구토, 발열, 위경련, 설사, 피로감 등의 증상이 생긴다. 동물실험에서도 간장에 출혈성의 괴사가 나타난다.

▷ 만성 일반독성 : 사람이나 동물실험에서도 간장 장해가 눈에 뜨인다. 사람에서는 특히 황달증상을 동반한 혈소판 감소가 나타난다. 또 쥐에의 아만성 경구투여에서는 신장과 폐의 출혈과 위장 출혈도 관찰된다.

▷ 생식독성 : 마우스에의 아만성 경구투여로 임신율이 저하한다. 또 쥐에의 복강내 1회 투여로 정소에 장해(괴사 등)가 생긴다.

▷ 발생독성 : 임신 마우스에의 미량(0.02 mg/kg/day)의 경구투여로 유산과 사산이 증가한다. 임신 쥐에의 경구투여에서도 마찬가지이다.

▷ 면역독성 : 마우스에의 아급성 복강 내 투여로 항체 생상능력과 세포성 면역기능이 저하하고, 병원체(리스테리아균 등)의 감염에 대한 저항성이 감소한다.

▷ 발암성 : 쥐와 마우스에의 경구투여 또는 흡입노출로 간장암과 신장암이 생긴다. 마우스에서는 폐암, 그리고 쥐(경구투여)에서는 정소암이 생긴다. 또한 임신 마우스에의 경구투여로 신생아에도 간장암과 신장암이 생긴다.

IARC는 그룹 2A로 지정하고, 또 EPA는 그룹 B2로 지정하고 흡입단위 리스크를 0.014(실질 안전 대기중 농도는 0.07 ng/m^3), 발암강도인자를 51(0.01 mg/kg/day의 섭취로 발암 리스크가 0.51), 또한 실질 안전 음료수 중 농도를 0.7 ng/ℓ로 산정한다.

▷ 변이원성 : *Salmonella*균, 효모, 붉은빵 곰팡이 햄스터의 배양 폐세포 등에 유전자 변이를 초래한다. 초파리, 사람의 배양림프구, 흡입노출 후의 마우스의 골수세포 등에 염색체 이상을 초래한다. 또 대장균과 쥐의 배양 간세포의 DNA를 손상한다.

▷ 환경오염 : 본 물질은 dimethylamine[$NH(CH_3)_2$]과 아질산염에서 쉽게 생성된다. 따라서 이들을 취급하는 분야(염료, 농약, 고무의 제조나 식품가공)의 공장 등에서 부산물로서 생긴 NDMA가 배기가스나 폐액에 함유되어 주변의 환경(대기와 물)을 오염하는 사례가 간혹 있다. 폐기물 처리시설에서의 배수도 마찬가지의 오염원으로 되기 쉽다.

한편 dimethylamine은 해산어류 등의 동물성 식품 중에도 어느 정도 함유되어 있고, 아질산염이 공존하면 역시 NDMA를 생성한다. 아질산염은 타액 중에도 약간 함유되어 있으므로 일본에서는 그 이상의 양(50～70 ppm)을 식품첨가물(발색제)로서 식육제품이나 어육 햄·소시지 등에 사용하는 것이 허가되어 있고, 관련 식품 중에 NDMA가 생성되는 가능성을 무시할 수 없다.

또 현실적으로도 각종 식품(베이컨, 치즈, 우육 등)에 0.5～5 ppb의 NDMA 오염의 검출 예가 알려져 있다. 이 때문에 사람의 섭취량이 0.01 μg/kg/day에 이르고, 생애 발암 리스크가 1만분의 1을 약간 넘는 경우도 많이 있다.

▷ 규제 : 미국에서는 유해대기, 수질 오염물질 그리고 유해폐기물로 지정되어 있다. 또 캔자스주에서는 음료수 중 허용농도를 1.4 ng/ℓ로 설정되어 있다.

▷ 관련물질 : 본 물질과 마찬가지로 2개의 같은 또는 다른 탄화수소기(R)가 그림

표 2-32. *N*-Nitrosodimethylamine의 유사 화합물의 발암성

명칭(영어명)	그룹 지정			동물실험의 주된 발암부위	발암강도 인자
	CAS번호	IARC	EPA		
N-니트로소메틸에틸아민 (*N*-Nitrosomethylethylamine)	10595-95-6	2B	B2	간장, 식도, 비강	22
N-니트로소디에틸아민 (*N*-Nitrosodiethylamine)※	55-18-5	2A	B2	간장, 폐	150
N-니트로소디-*n*-프로필아민 (*N*-Nitrosodi-*n*-propylamine)※	621-64-7	2B	B2	간장, 식도, 비강	7
N-니트로소디-*n*-부틸아민 (Nitrosodi-*n*-butylamine)※	924-16-3	2B	B2	간장, 폐, 방광	5.4
N-니트로소디페닐아민 (*N*-Nitrosodiphenylamine)※※	86-30-6	3	B2	방광	0.005

※ 미국에서는 유해폐기물로 지정

※※ 일본에서는 PRTR의 대상물질(제 I 종)로 지정

과 같이 결합한 화합물은 *N*-nitrosamine류로 총칭되고 있으나 어느 것이나 강력한 발암물질로 알려져 있다. 표 2-32에 이들의 그룹 지정, 발암부위, 그리고 강도인자를 나타내었다. 동물실험은 쥐, 마우스, 햄스터 등에 대하여 주로 경구투여로 되고 있고, 간장암이 생성하는 경우가 많은 것이 특징이다.

이 중 비교적 발암강도가 낮은 *N*-nitrosodiphenylamine은 난연제(難燃劑)나 고무의 가황촉진제로서 널리 사용되고 있으나 다른 화합물에 대한 용도는 거의 알려져 있지 않다. 그러나 유사 amine류가 dimethylamine과 마찬가지로 산업에 이용되고 있고, 식품 중에도 많거나 적게 함유되어 있으므로 아질산염과 공존할 때는 *N*-nitrosamine류가 생성되는 가능성은 경시할 수 없다.

2. 1-니트로피렌(1-nitropyrene)

- CAS번호 : 5522-43-0
- 별명 : 3-니트로피렌(3-nitropyrene)

▷ 성상 : 황색의 결정성 고체(융점 155℃)이다.

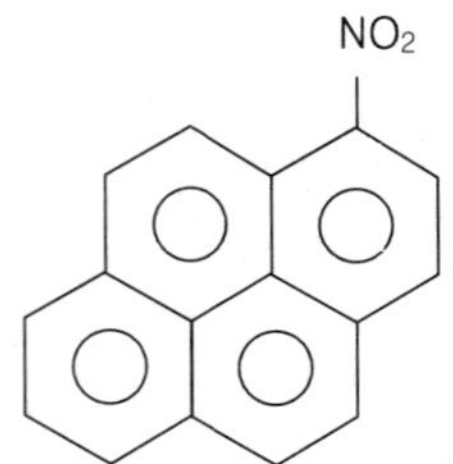

1−Nitropyrene

▷ 소재 : 자동차 특히 디젤차(트럭 등)의 배기가스, 석탄 연소시의 비회(飛灰), 복사기의 토너 등에 함유되어 있으나 용도는 알려져 있지 않다. 일반적으로 탄소 성분의 불완전 연소에 의하여 생긴다.

▷ 발암성 : 쥐에의 경구 또는 복강 내 투여로 유방암이 생기고, 피하투여에서는 투여부위에 육종이 생긴다. 또 마우스에의 복강 내 투여로는 유방암과 폐암이 생긴다(IARC는 그룹 2B로 지정).

▷ 변이원성 : *Salmonella*균, 대장균 등에 유전자 변이를 초래하고, 햄스터의 배양 난소세포에 염색체 이상을 초래한다. 또 사람의 배양림프구, 쥐나 마우스의 배양간 세포 등의 DNA를 손상한다.

▷ 환경오염 : 도시에서는 공장이나 트럭의 배기가스에 의하여 대기중에 0.02～0.2 ng/m^3의 1-nitropyrene 오염이 나타난다. 또 본 물질은 대기에서 강하하여 하천, 토양, 농작물 등을 널리 오염시킨다. 또한 수중에서의 생물농축도 어느 정도(약 4,000배) 인정된다. 사람에의 노출은 이들의 오염에서 유래하고, 일본에서는 폐암 환자의 폐에서 본 물질이 7.5 ppb 검출된 예가 알려져 있다.

▷ 관련물질 : 본 물질과 마찬가지로 다환 방향족 탄화수소에 니트로기($-NO_2$)가 결합한 화합물은 디젤차의 배기가스 중에 이 외에도 많이 알려져 있고 nitroarene이라 총칭한다. Nitroarene에는 변이원성 이외에도 동물실험에서 발암성을 나타내는 것이 많다(예로서 1,3-dinitropyrene, 1,6-dinitropyrene 등).

3. 다이옥신(dioxin)

▷ 특성 : 다이옥신이란 비슷한 특성과 독성을 가진 여러 가지 화합물들을 말한다. 75가지의 다른 형태가 있고, 이 중 가장 독성이 강한 것이 2, 3, 7, 8-사염화디벤조-파라-다이옥신(일명 TCDD)이다. 우리가 보통 다이옥신이라는 말을 사용할 때는

다이옥신과 다이옥신 유사물질들을 총칭해서 말하는 것이다. 다이옥신의 독성은 1g으로 몸무게 50kg의 사람 2만 명을 죽일 수 있을 정도이며, 청산가리보다 1만 배나 강한 독성을 지니고 있다. 우리나라에서 다이옥신이 문제가 되기 시작한 것은 베트남전쟁에서 고엽제로 알려진 제초제에 다이옥신이 불순물로 함유되었고, 이에 노출된 참전군인들과 그 2세들에서 여러 가지 건강장애가 나타나서 1990년대 초반부터 이 물질에 관심을 갖게 되었다. 최근에는 쓰레기 소각장에서 다이옥신의 과다한 유출로 시민들의 관심을 갖게 되었고, 지난 1997년 4월에는 마산만의 어패류에서 규정치보다 310만 배나 높은 다이옥신이 검출되어 문제로 부각되고 있는 독성화학물질이다. 다이옥신은 일반적으로 제조되거나 사용되는 물질은 아니다. 보통 염소나 브롬을 함유하는 산업공정에서 화학적인 오염물로서 생성되고, 또 염소가 들어 있는 화합물을 태울 때 생긴다. 다이옥신 자체는 실제로 사용되는 것은 아니다.

다이옥신은 쓰레기를 태울 때 제일 많이 생긴다. 특히 PVC 제재가 많이 포함되어 있는 병원 폐기물과 도시 쓰레기를 태울 때 제일 많이 나온다. 자동차 배기가스, 화력발전소, 제지 및 펄프산업, 철강산업 등 염소 및 브롬을 사용하는 산업공정에서 발생될 수도 있다. 농약이 뿌려진 수풀이나 산림의 화재로 다이옥신이 발생할 수

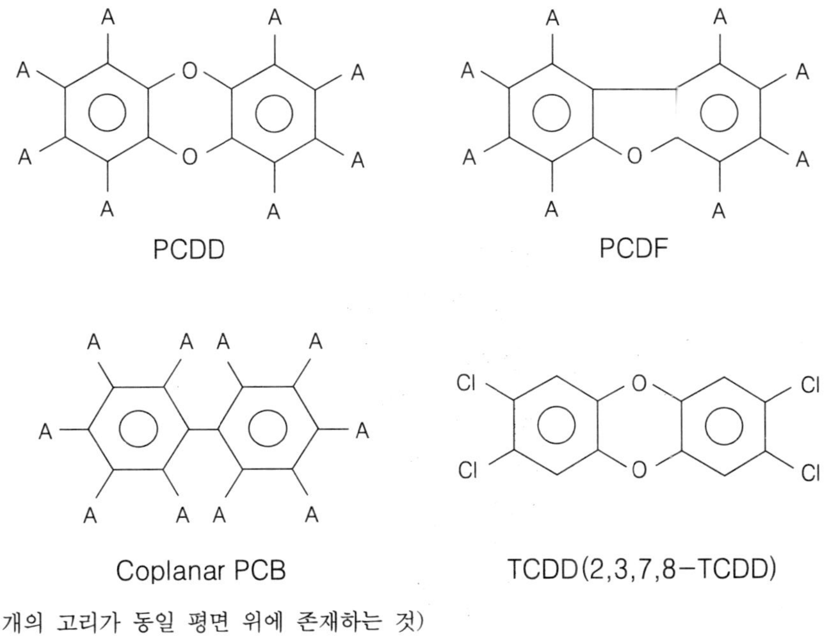

PCDD

PCDF

Coplanar PCB
(2개의 고리가 동일 평면 위에 존재하는 것)

TCDD(2,3,7,8-TCDD)

그림 2-4. Dioxin의 화학구조(A=Cl 또는 H)

있고 심지어는 담배연기에서도 다이옥신이 발생된다.

▷ 화학구조 : 그림 2-4에 나타낸 것과 같이 75종의 폴리염화디벤조-파라-디옥신(polychlorodibenzo-*p*-dioxins ; 약칭 PCDD), 135종의 폴리염화디벤조푸란(polychlorodibenzofurans ; 약칭 PCDF) 그리고 10수종의 coplanar PCB의 총칭.

이들 중 더욱 독성이 강하고 그리고 상세히 조사한 화합물은 마찬가지로 그림 2-4에 나타낸 2,3,7,8-tetrachlorodibenzo-*p*-dioxin(약칭 2,3,7,8-TCDD 혹은 간단히 TCDD(CAS번호 : 1746-01-6)이고, 이하의 독성에 관한 설명은 주로 TCDD를 대상으로 한다.

▷ 성상 : 물에 녹기 어려운 고체(TCDD의 융점은 305℃)이다. 화학적으로는 안정하다.

▷ 소재 : 일반 혹은 산업폐기물의 소각로나 금속의 정련로에서 폴리염화 비닐(플라스틱) 등에서 생성하고, 연기나 재에 섞여 대기중으로 배출된 다음 지상에 강하하여 물, 토양 그리고 물고기 등을 오염시킨다. 또 농약에 불순물로서 함유되어 살포와 함께 토양으로 방출되는 것도 상당량에 달하는 것으로 보고 있다. PCB를 제외하고 상업적인 용도는 알려져 있지 않다.

▷ 급성독성 : 아주 강하다(TCDD의 모르모트의 경구 LD_{50} = 0.6～2 μg/kg). 이 LD_{50} 값은 지금까지 알려져 있는 인공화학물질 중 가장 강한 치사독성을 의미한다. 사람이 노출을 받으면 클로르아크네라고 부르는 특유의 피부 장해가 생긴다. 즉 얼굴에 여드름 같은 부스럼이 생기고 염증, 색소의 침착, 각질화 등을 동반한다.

이것은 1976년 이태리의 세벤에서 발생한 농약공장의 폭발사고로 비산한 TCDD를 체내로 흡입한 많은 주민에서 관찰된 증상이다. 또 두통, 현기증, 구역질, 우울증, 탈력감 등의 신경장해도 나타난다.

▷ 만성 일반독성 : 직업적으로 반복된 노출을 받은 노동자에 수주간 또는 수개월에 거쳐 역시 클로르아크네가 발증하는 수가 많다. 또 간장 장해나 식욕 저하와 더불어 수족의 떨림과 통증, 정신적인 불안정 등의 신경장해도 나타난다. 경구투여의 동물실험에서는 체중의 감소와 탈모가 눈에 뜨인다. 미국의 ATSDR(유해물질 질병 등록국)은 RfD 상당치를 1 pg/kg/day로 산정한다.

▷ 생식독성 : 쥐에의 아만성 경구투여로 정자의 형성이나 배란이 억제되어 임신율이 저하한다. 또 원숭이(암컷)에의 초미량(0.126 ng/kg/day)의 장기간 투여(사료중 함량은 5 ppt)로 자궁내막증이 현저히 증가한다. 또 위에서 설명한 세벤의 사고로 노출을 받은 남성이 그 후 결혼하여 태어난 아이에는 통계적으로 남아가 적었다

고 보고하고 있다.

▷ 발생독성 : 임신 마우스에의 피하투하로 태아에 기형[구개열과 수현증(水腎症)]이 생긴다. 또 임신 쥐나 임신 햄스터에의 경구투여로 신생아의 발육이 저하하고 정자가 감소한다. 한편, 원숭이의 임신 초기의 경구투여로 유산이 다발한다(캘리포니아주의 발생 독성물질 리스트에 수록).

▷ 면역독성 : 마우스나 쥐에의 아급성(또는 1회) 경구투여(또는 복강 내 투여)로 흉선이 위축하고 세포성 면역기능이나 항체생산 능력이 저하한다. 또 그 결과 병원균이나 병원바이러스의 저항성이 감소한다. 또한 임신기간에 투여하면 신생아에도 마찬가지의 영향이 나타난다.

▷ 행동독성 : 원숭이(암컷)에의 임신기간과 그 전후의 경구투여로 신생아에 학습능력의 저하와 집단에 있어서 행동이상이 나타난다. 또 임신 쥐에의 경구투여로 신생아(암컷)의 발정기 특유의 행동(차의 회전)이 활발하지 않게 된다.

▷ 내분비계 장애 : 일반적으로 estrogen의 작용을 유전자 정보의 발현 수준으로 억제하고 각종의 발생・생식이상을 일으킨다. 또 임신 쥐에의 경구투여로 신생아의 혈중 thyroxine 그리고 androgen 농도가 저하한다. 직장에서 노출을 받은 노동자에도 혈중 testosterone 농도의 감소가 알려져 있다(OSF와 환경성의 내분비계 장애물질 리스트에 수록).

▷ 발암성 : 마우스 또는 쥐에의 경구투여로 간장암과 폐암이 생기고 또 갑상선에도 종양이 나타난다. 마우스에는 림프종, 또는 쥐에서는 혀와 비강의 암도 생긴다. 한편, 위의 세벤의 사고나 몇몇 농약공장에서 노출을 받은 주민과 노동자에 폐암이나 림프종이 다발하는 것도 확인되었다.

IARC는 TCDD를 그룹 1로 지정하고, 또 EPA는 같은 그룹 A로 지정하고 실질 안전 대기중 농도를 0.03 pg/m^3, 실질 안전 음료수 중 농도를 0.22 pg/ℓ, 또한 실질 안전 경구섭취량을 0.001 pg/kg/day로 산정한다.

▷ 변이원성 : 사람의 배양림프구에 염색체 이상을 일으키고, 쥐에의 경구투여로 간세포의 DNA를 손상한다.

▷ 환경오염 : 일본의 전형적인 다이옥신의 오염농도(독성의 강약을 고려하여 TCDD의 상당량으로 환산한 것)는 대기에서 0.1～0.3 pg/m^3, 하천 등의 수질에서는 0.2～0.4 pg/ℓ, 마찬가지로 저니(底尼)에서 10～30 ppt, 어류에서 1 ppt 전후(많은 것은 수 ppt), 또 다른 식품에서 0.3 ppt 이하이다.

이 때문에 평균적으로 일본 사람은 일상적으로 주로 식품에서 2 pg/kg/day 전후의 다이옥신을 섭취하고 있다. 이 섭취량은 위에서 설명한 RfD 상당치의 거의 2배이고 또한 발암 리스크에 관한 실질 안전량의 거의 2,000배에 이른다. 한편 어패류에서 취입되는 것이 전체의 약 70%를 차지하는 것이 주목된다. 섭취된 다이옥신은 주로 간장과 지방조직에 축적되고, 반감기는 7~10년으로 추산하고 있다. 또 모유에는 고농도의 다이옥신이 함유되어 유아의 섭취량은 50~100 pg/kg/day로 보고 있다.

▷ 규제 : 미국에서는 유해대기, 수질 오염물질로 지정되어 있다. 스톡홀름조약(PCDD 그리고 PCDF로서)과 바젤조약의 대상물질이다. 일본에서는 다이옥신류 대책특별조치법에 기초하여 대기의 환경기준(0.6 pg/m^3), 수질환경기준(1 pg/ℓ), 하천·호소(湖沼)·해역의 저질[底質 ; 저니(底泥)]의 환경기준(150 ppt)을 등을 설정하고, 또한 PRTR의 대상물질(제 I 종)로 지정되어 있다. 또 TDI를 4 pg/kg/day로 산정한다(이것은 TCDD의 발암성에 한계값이 존재한다고 가정하여 다시 원숭이의 자궁내막증의 자료를 무시하여 구하고 있다).

▷ 관련물질 : 다이옥신의 구성 염소원자(鹽素原子) 대신에 취소원자(臭素原子)가 결합한 화합물은 모두 취소화(臭素化) 다이옥신이라 한다. 이것은 유기취소화합물(난연제의 decabromodiphenyl ether 등)을 함유하는 화학제품의 소각에 의하여 생긴다. 또 이와 같은 제품에 많거나 적거나 불순물로서 함유하는 수도 많다. 환경에서는 상당히 안정하고, 대기나 하천의 저니(底泥)에는 다이옥신의 수준에 가까운 오염이 검출되고 있다.

취소화(臭素化) 다이옥신의 대부분은 동물실험에서 다이옥신과 같은 정도의 강한 독성을 나타낸다. 예로서 쥐에의 아급성 또는 아만성 경구투여로 정자형성의 억제(생식독성), 흉선의 위축(면역독성), 혈중 thyroxine 농도의 저하(내분비계 장애) 등이 나타난다. 임신 마우스에의 경구투여로 태아에 구개열, 수신증(水腎症) 등의 기형이 생긴다(발생독성).

▷ 위해성 및 건강영향 : 다이옥신은 자연계에 한 번 생성되면 잘 분해되지 않고 안정적으로 존재하게 된다. 토양이나 침전물들 속에서 축적되고 생물체 내로 유입되면 수십 년 혹은 수백 년까지도 존재할 수 있다. 물에 잘 녹지 않으므로 생물체 안으로 들어온 다이옥신은 오줌으로 잘 배설되지 않는다. 그러나 다이옥신은 지방에는 잘 녹아서 생물체의 지방 조직에 잘 축적된다. 물고기, 가재, 조류, 포유류와 사람은 음용수 및 식품을 섭취하거나 호흡을 통해 다이옥신을 섭취하게 된다. 사람

은 먹이사슬의 가장 높은 자리를 차지하고 있기 때문에 모든 동물들이 먹은 다이옥신은 최종적으로 사람의 몸 속에 고농도로 축적된다. 한 번 생성된 다이옥신은 좀처럼 없어지지 않고 우리 몸에 축적되면서 장기적으로 건강장애를 일으킨다. 사람은 음식물을 통하여 97～98%의 다이옥신을 섭취하고 있으며, 호흡을 통한 섭취는 2～3% 정도인 것으로 알려져 있다. 소고기와 낙농 유제품, 우유, 닭고기, 돼지고기를 통해 섭취하는 것이 대부분이고 식수를 통한 섭취는 무시해도 좋은 수준이다. 이 외에도 염소 표백된 종이제품에서도 다이옥신이 검출되기 때문에 음식물 포장재로부터 음식에 오염되는 것도 생각해야 한다. 또 담배연기를 통해서도 다이옥신이 섭취될 수 있다. 다이옥신은 가장 강력한 발암물질로서 폐암, 간암, 임파선암, 혈액암, 유방암, 고환암, 전립선암 등 암 발생률을 높인다. 불임, 출생시 장애, 기형, 발육장애 등 심한 생식계 장애와 발달장애가 일어날 수 있다. 면역계의 손상으로 여러 가지 전염성 질환에 잘 걸릴 수도 있고, 또 호르몬의 조절기능에 손상이 일으킬 수도 있다. 그 외에 간장·신장의 파손, 당뇨 및 갑상선 질환, 피부병, 기형아, 유전자 이상, 성격 이상, 정서불안 등을 일으키거나 고환 크기의 감소, 당조절 능력의 변화, 자궁내막증, 정자수 감소, 남성호르몬 감소 등이 올 수 있다고 한다.

▷ 국내외 관리동향 : 2005년 9월 23일 해양수산부가 제출한 '수산물의 소비형태에 따른 내분비계 장애물질의 잔류 실태 및 섭취경로 연구(2003) 보고서'에 따르면 청어의 다이옥신 잔류량은 4.222 pgTEQs/g으로 수산물 가운데 가장 높았으며 다음은 마른멸치 2.610, 도루묵 2.233, 임연수 1.521, 삼치 1.360, 전어 1.349 순으로 나타났다.

여기에 고등어가 1.121 pgTEQs/g, 고등어 통조림 0.934, 전갱이 0.704, 갈치 0.375, 참치 0.372 순으로 분석됐다. 꼬막은 0.079, 바지락 0.059, 조기 0.047, 명태 0.035, 도미 0.034 등으로 비교적 낮게 나타났다. 보고서에는 2001년 이전 5년간 통계자료를 기준으로 조사한 결과 우리나라 국민은 1인당 하루 평균 86 g의 어패류를 소비, 신체로 유입되는 다이옥신은 53 pgTEQs/day로 나타났는데 이는 독일 34pgTEQs/day, 미국 18 pgTEQs/day, 캐나다 17 pgTEQs/day, 영국 7.7 pgTEQs/day 등에 비해 크게 높은 수치라고 분석했다.

그러나 미국 환경청이 수산물 내의 다이옥신 잔류량이 1.2 pg/TEQs/g 이상이면 한 달에 한 차례도 섭취(1회 기준 섭취량은 227 g)하지 말 것을 권고하고 있다는 것을 감안하면 청어, 도루묵, 건멸치, 임연수, 전어 등을 섭취할 때는 상당한 주의가 필요한 것으로 지적됐다.

4. 2,4-디니트로톨루엔(2,4-dinitrotoluene)

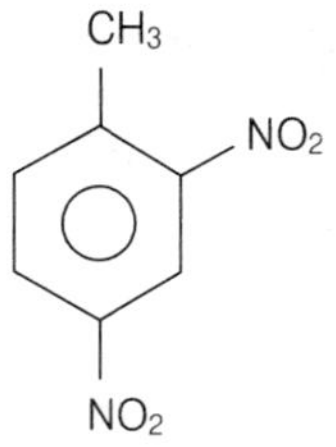

CH_3
NO_2
NO_2

2,4-Dinitrotoluene

▸ CAS번호 : 121-14-2

▸ 계통명 : 1-메틸-2,4-디니트로벤젠(1-methyl-2,4-dinitrobenzene)

▷ 성상 : 황색의 결정성 고체(융점 70℃)이다.

▷ 용도 : TDI(플라스틱 성분)의 합성에 이용되고 폭약(방수제로서), 무연화약, 염료 등의 제조 원료로 이용된다.

▷ 급성독성 : 상당히 강하다(쥐의 경구 LD_{50} = 268 mg/kg). 사람이 노출을 받으면 혈중 헤모글로빈이 산화되어 산소 운반능력이 저하하고 두통, 현기증, 피로감, 피부와 입술의 청변(thianose) 등이 생긴다. 중증에서는 호흡곤란, 허탈상태 등을 거쳐 사망하는 수가 있다. 또 피부나 눈에 접촉하면 심한 염증을 초래한다. 경구투여의 동물실험에서도 운동실조나 혈액 이상이 나타난다.

▷ 만성 일반독성 : 사람에서는 미세분말이나 증기의 흡입에 의하여 신경장해(두통, 구역질, 식욕저하, 미각이상, 탈력감, 수족의 통증, 불면 등)과 thianose(청변)와 빈혈이 생긴다. 또 쥐, 마우스 그리고 개에의 경구투여에서는 이들과 유사한 증상(사지의 떨림과 마비, 빈혈 등)과 함께 간장과 신장의 장해도 관찰된다(RfD = 2 ㎍/kg/day). 또 미국의 캘리포니아주에서는 독자적으로 RfC(7 ㎍/m^3)를 산정한다.

▷ 생식독성 : 직장에서 장기간 노출을 받은 노동자에 정자의 감소 예가 많이 알려져 있다. 쥐에의 아만성 경구투여에서도 정소와 난소의 기능 저해 그리고 임신율의 저하가 나타난다(캘리포니아주의 암컷과 수컷의 생식 독성물질 리스트에 수록).

▷ 발생독성 : 직장에서 일정기간의 노출을 받은 여성노동자에 유산이 다발한다.

▷ 발암성 : 쥐에의 경구투여로 간장암과 유방암이 생기고, 마우스(수컷)에의 경구투여로 신장암이 생긴다. EPA는 2,6-dinitrotoluene(이성체)와의 혼합물에 대하여 그룹 B2로 지정하고, 발암강도인자를 0.68로 산정한다. 한편 캘리포니아주에서는

독자적으로 흡입단위 리스크를 0.000089(실질 안전 대기중 농도는 0.011 μg/m^3)로 산정한다.

▷ 변이원성 : *Salmonella*균과 마우스의 배양림프구에 유전자 변이를 초래하고, 초파리와 햄스터의 배양 난소세포에 염색체 이상을 초래한다. 또 쥐에의 배양 간세포의 DNA를 손상한다.

▷ 환경오염 : 사람에의 노출은 주로 본 물질을 생산 또는 사용하는 공장에서 미세분말의 흡수나 피부에의 접촉에 의하여 생긴다. 또 이들의 공장에서 배출되는 폐액이나 폐기물에 함유된 것이 일반 환경을 오염시키는 것도 무시할 수 없다. 예로서 유럽에서는 하천수 중에 0.1～1 μg/ℓ의 오염이 검출되고 있다.

▷ 규제 : ACGIH의 노동환경 대기중 허용농도는 0.027 ppm(0.2 mg/m^3)이다. 미국에서는 유해대기, 수질・음료수 오염물질 그리고 유해폐기물로 지정되어(예로서 위스콘신주의 음료수 중 허용농도는 0.05 μg/ℓ) 있다. 일본에서는 극물 그리고 PRTR의 대상물질(제I종)로 지정되어 있다.

5. 2,4-디아미노톨루엔(2,4-diaminotoluene)

CH_3 / NH_2 / NH_2

2,4-Diaminotoluene

- CAS번호 : 95-80-7
- 계통명 : 2,4-디아미노-1-메틸벤젠(2,4-diamino-1-methylbenzene)
- 별명 : 톨루엔-2,4-디아민(toluene-2,4-diamine)

▷ 성상 : 무색 또는 갈색의 결정성 고체(융점 99℃)로서 뜨거운 물에 잘 녹는다.

▷ 용도 : TDI(플라스틱의 성분)의 합성에 이용된다. 염료(특히 모발용과 피부용)와 산화 방지제의 제조 원료로 이용되고 섬유의 보강제, 사진 현상액으로도 이용된다.

▷ 급성독성 : 약간 강하다(쥐의 경구 LD_{50} = 590 mg/kg). 사람이 미세분말을 흡

입하면 코나 목이 자극되어 천식증상이 나타난다. 또 혈중 헤모글로빈이 산화되어 산소 운반능력이 저하하고 두통, 현기증, 피로감, 혈압상승, 피부와 입술의 청변(thianose), 중증에서는 경련, 혼수상태 등을 일으킨다. 또 피부나 눈에 접촉하면 심한 염증이 생기고 실명에 이르는 수가 있다.

▷ 만성 일반독성 : 사람에서는 급성증상과 마찬가지로 두통, 구역질, 탈력감, 수족의 떨림 등의 신경계의 악영향이 눈에 뜨인다. 쥐나 마우스에의 반복노출에서는 간장에 장해(조직의 파괴 등)가 나타난다.

▷ 생식독성 : 쥐에의 아만성 경구투여로 정자가 감소하고 임신율이 저하한다.

▷ 발생독성 : 임신 마우스에의 경구투여로 유산과 사산이 증가한다.

▷ 발암성 : 쥐 또는 마우스에의 경구투여로 간장암, 유방암, 림프종, 백혈병 등이 생긴다. IARC는 그룹 2B로 지정하고, 또 EPA는 그룹 B2로 지정하고 발암강도인자를 3.2(0.1 mg/kg/day의 섭취로 발암 리스크는 0.32), 또 실질 안전 음료수 중 농도를 0.011 μg/ℓ로 산정한다.

▷ 변이원성 : *Salmonella*균과 초파리에 유전자 변이를 초래하고, 햄스터의 배양 난소세포와 복강 내 투여 후의 마우스의 골수세포에 염색체 이상을 초래한다. 또 사람이나 쥐의 배양 간세포의 DNA를 손상한다.

▷ 환경오염 : 사람에의 노출은 주로 본 물질을 생산 또는 사용하는 공장에서 미세분말의 흡입이나 피부에의 접촉에 의하여 생긴다. 또 이들 공장에서 배출되는 폐액이나 폐기물에 함유된 것이 주변 하천 등의 오염을 초래할 가능성도 무시할 수 없다.

▷ 규제 : UNEP(국제연합 환경계획)의 노동환경 대기중 허용농도는 0.4 ppm ($2mg/m^3$)이다. 미국에서는 유해대기 오염물질 그리고 유해폐기물로 지정되어 있고, 일본에서는 극물 그리고 PRTR의 대상물질(제I종)로 지정되어 있다.

6. 메틸수은(methylmercury)

▸ CAS번호 : 22967-92-6

▸ 화학식 : CH_3Hg^+(양이온) 또는 CH_3HgX(X는 Cl, 아미노산, 단백질 등)

▷ 성상 : 지용성이 풍부하다.

▷ 용도·소재 : 이전에는 곡류의 종자 소독이나 목재의 방부제로서 사용하였으나 현재에는 상업적인 용도는 알려지지 않고 있다. 그러나 환경에서는 무기수은화합물

에서 미생물의 작용으로 합성된다. 한편으로는 acetaldehyde의 생산시에 촉매로서 사용되는 무기수은화합물에서 화학적으로 생성되어 환경으로 배출되어 소위 미나마타병(水俣病)을 일으키는 것으로 알려져 있다.

▷ 급성독성 : 아주 강하다(쥐의 경구 LD_{50} = 58 mg/kg). 실험동물에의 경구투여로 먼저 설사와 구토증이 생기고 이어 중추신경이 억제되어 혼수상태를 초래한다. 또 식욕이 저하하여 체중의 감소와 신체의 쇠약이 현저하고 또한 실명이나 신장장해를 동반하는 수가 많다.

▷ 만성 일반독성 : 경구섭취 후 수개월의 잠복기를 거쳐 각종 중추신경장해가 나타나는 것이 미나마타병(水堡病) 등에서 밝혀져 있다. 먼저 수족의 떨림, 피로감, 시야의 혼탁 등이 생기고 이어 청각장해, 언어(발음) 장해, 운동실조, 시야의 수축(협착) 등의 증상이 나타난다. 중증에서는 혼수상태를 거쳐 사망하는 수가 많다.

▷ 생식독성 : 마우스(수컷)에의 복강 내 1회 투여로 정자의 형성이 억제되고 임신율이 저하한다. 또 암컷의 경우에는 교배 전과 마찬가지 투여로 임신 후에 유산이 증가한다.

▷ 발생독성 : 미나마타병(水堡病) 등의 경우에 임신 중에 노출을 받은 모친에서 태어난 아이에 수족의 기형, 소두증(小頭症), 맹목(盲目), 난청, 운동실조, 보행 장해가 나타난다. 특히 모친에서는 거의 장해가 나타나지 않는 낮은 수준의 노출에 의하여도 아이에는 악영향을 미치는 경우가 많다.

또 원숭이, 쥐, 마우스 등에서도 임신 중의 경구투여에 의하여 태아나 신생아에 마찬가지의 장해(발육 지연, 기형, 운동장해 등)가 나타나고 유산이나 사산도 증가한다(캘리포니아주의 발생 독성물질 리스트에 수록).

▷ 행동독성 : 임신 중에 노출을 받은 모친에서 태어난 아이에게서 학습능력이나 기억능력의 저하(지능지수의 감소 등)가 나타난다. 또 원숭이나 쥐에 있어서도 임신 중의 경구투여에 의하여 신생아와 마찬가지의 장해(미로에서 오류 증가 등)가 나타나고 또한 행동이상도 관찰된다(RfD = 0.1 μg/kg/day).

▷ 내분비계 장애 : 쥐(수컷)에의 아급성 복강 내 투여에 의하여 부신(피질)에서의 corticosterone(당질 등의 대사를 조절하는 호르몬)의 분비와 정소에서의 testosterone(대표적인 androgen)의 분비를 억제한다.

▷ 발암성 : 마우스(수컷)에의 염화물의 경구투여로 신장암이 생긴다(IARC는 그룹 2B, 또 EPA는 그룹 C로 지정).

▷ 변이원성 : 초파리에 유전자 변이를 초래하고, 사람의 배양림프구에 염색체 이상을 초래한다. 또 햄스터의 배양 폐세포의 DNA를 손상한다.

▷ 환경오염 : 하천이나 해역의 저질(底質) 등에서 생성된 메틸수은은 어패류의 체내에 현저하게(수만 배로) 농축되어 그 오염농도는 보통 0.1∼0.5 ppm(대형어는 0.8∼1.5ppm)에 이른다. 이 때문에 일반 사람의 평균적인 섭취량은 0.04∼0.06 ㎍/kg/day로 추산된다. 단 생선을 많이 먹는 일본사람의 섭취량은 0.10∼0.14 ㎍/kg/day로 예상하고 있다.

▷ 규제 : Alkyl 수은화합물에 관한 NIOSH의 노동환경 대기중 허용농도는 수은 성분에 대하여 0.01 mg/m^{3}이다. 일본에서는 노동안전위생법의 특정 화학물질(제II류)로 지정되어 있고, 또 건강보건을 위한 수질환경기준(검출되지 않을 것)과 어패류(참치류 제외)의 허용기준(0.3 ppm)을 설정한다. 한편, 대형어(大型魚)의 메틸수은은 공존하는 셀렌과의 결합에 의하여 독성이 약간 약해진다고 생각되나, 2001∼2005년에 일본을 위시한 각국에서 임산부에 대하여 메틸수은 농도가 높은 생선의 섭취제한이 바람직하다는 주의 권고가 공표되었다.

7. 벤조페논(benzophenone)

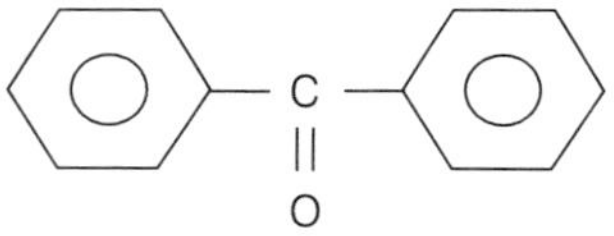

Benzophenone

▸ CAS번호 : 119-61-9

▸ 계통명 : 디페닐케톤(diphenyl ketone)

▷ 성상 : 백색 또는 담황색의 결정성 고체(융점 48℃)로서 장미꽃 같은 냄새가 있다.

▷ 용도 : 착향료 또는 보향제(특히 비누용)와 플라스틱 제조시의 중합 억제제로 이용된다. 의약품, 살충제, 자외선 흡수제 등의 제조 원료로도 이용된다.

▷ 급성독성 : 그다지 강하지 않다(마우스의 경구 LD_{50} = 2,895 mg/kg ; 복강 내 LD_{50} = 727 mg/kg). 다량을 경구섭취하면 구역질, 우울증, 위통 등이 생긴다. 눈이나 피부에 접촉하면 자극작용을 일으킨다.

▷ 만성 일반독성 : 쥐에의 아급성 또는 아만성 경구투여로 적혈구의 감소, 간장과

신장의 비대 등이 나타난다.

▷ 내분비계 장애 : 무지개송어의 간장에서 분리한 estrogen의 receptor에 정상 호르몬이 결합하는 것을 방해한다(OSF와 환경성의 내분비계 장애물질 리스트에 수록).

▷ 환경오염 : 사람에의 노출은 우선 본 물질을 취급하는 공장 등에서 미세분말의 흡입이나 피부에의 접촉에 의하여 생긴다. 또 본 물질은 이들 사업장에서 배출되는 폐액이나 폐기물 이외에도 화력발전소나 자동차 배기가스에도 함유되어 있고, 일반환경(대기나 지하수)의 오염을 초래한다. 한편 석유 등의 사용을 통하여 노출을 받는 경우도 무시할 수 없다.

▷ 규제 : ACGIH의 노동환경 대기중 허용농도는 5 mg/m^{3}이다.

▷ 관련물질 : 본 물질에 수산기(-OH), methoxy(-OCH_3) 등이 치환된 화합물에는 플라스틱이나 화장품의 자외선 흡수제로서 사용되는 것이 많다. 예를 들면 2-hydroxy-4-methoxybenzophenone(별명 benzophenone-3 또는 Bp-3 ; CAS번호 : 131-57-7)는 담황색의 결정성 고체이고 이 목적에 잘 사용된다.

Bp-3은 일반 독성은 그다지 강하지 않으나 benzophenone과 마찬가지로 내분비계 장애(estrogen 같은 행동거리)를 나타내는 것이 알려져 있다. 그래서 사람의 배양 유방암세포(MCF-7)의 증가를 촉진함과 동시에 어린 쥐(암컷)에의 아급성 경구투여로 자궁의 중량을 증대시킨다. 한편, 자외선 흡수제에는 이외도 이와 같은 내분비 장애를 나타내는 것이 몇 개 알려져 있고, 화장품(볕에 타는 것을 방지) 등을 통하여 사람의 체내에 취입되었을 때 안전성이 문제로 되어 있다.

8. 벤조(*a*)피렌(benzo(*a*)pyrene)

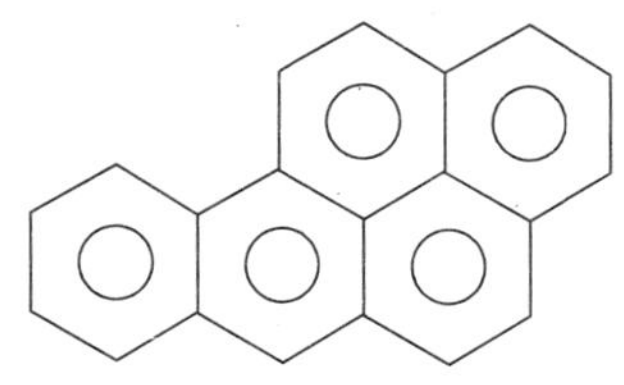

Benzo(*a*)pyrene

▸ CAS번호 : 50-32-8

▸ 별명 : 3,4-벤조피렌(3,4-benzopyrene ; BaP(약칭)

▷ 성상 : 황록색의 결정성 고체(융점 179℃)로서 형광을 발한다.

▷ 소재 : 콜타르, 그을음, 자동차 배기가스, 담배연기 등에 함유되어 있으며 상업적인 용도는 알려져 있지 않다. 일반적으로 탄소 성분의 불완전 연소에 의하여 생긴다.

▷ 급성독성 : 약간 강하다(마우스의 복강 내 LD_{50} = 약 250 mg/kg). 피부와 눈에 대하여 자극작용을 나타내고 발증과 염증을 일으킨다.

▷ 만성 일반독성 : 피부에 반복 접촉할 때 사마귀, 부스럼이 생기고 색이 흑색으로 된다. 동물실험에서는 근육 내 투여 등으로 동맥경화를 일으킨다.

▷ 생식독성 : 마우스에의 다세대 경구투여로 임신율이 저하한다. 또 아급성 복강 내 투여에서도 정자의 이상과 배란의 억제가 나타난다.

▷ 발생독성 : 임신 마우스에의 복강 내 투여로 태아의 기형이 생기고 사산이 증가한다. 또 임신 쥐에의 경구 또는 피하투여에서도 사산과 유산이 증가한다.

▷ 면역독성 : 임신 마우스에의 경구투여로 신생아의 흉선이 위축하고 세포성 면역기능이 저하한다.

▷ 내분비계 장애 : 사람의 배양 태반조직에서 성선자극호르몬이 분비되는 것을 억제한다. 또 임신 쥐에의 흡입노출로 혈중 prolactin 농도가 저하한다(OSF와 환경성의 내분비계 장애물질 리스트에 수록).

▷ 발암성 : 쥐, 마우스, 모르모트, 토끼, 원숭이 등의 9종류의 동물에 대하여 경구투여, 피부도포, 피하투여 그리고 흡입노출의 어느 방법으로도 위암, 피부암, 유방암, 폐암 등을 높은 빈도로 일으킨다. 한편 콜타르 등을 취급하는 작업자에 폐암이나 방광암이 다발한다. IARC는 그룹 2A로 지정하고, 또 EPA는 그룹 B2로 지정하고 발암강도인자를 7.3(0.1 mg/kg/day의 섭취로 발암 리스크가 0.73), 또한 실질안전 음료수 중 농도를 5 ng/ℓ로 산정한다.

▷ 변이원성 : *Salmonella*균과 고초균에 유전자 변이를 초래하고, 효모와 초파리에 염색체 이상을 일으킨다. 또 대장균의 DNA를 손상한다. 한편 쥐, 마우스, 햄스터 등과 이들의 각종 배양세포 그리고 사람의 배양림프구에 대하여는 유전자 변이, 염색체 이상 그리고 DNA 손상을 포함한 여러 형태의 변이원성을 나타낸다.

▷ 생태독성 : 갑각류나 수생곤충에 대하여 독성은 아주 강하다(무지개송어의 LC_{50}(96시간) = 5 μg/ℓ).

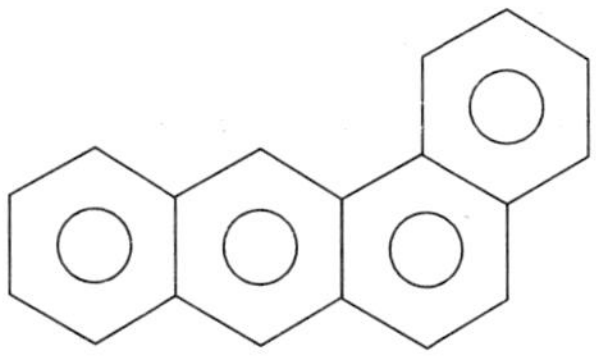

benzo(*a*)anthracene
[56-55-3] 2A

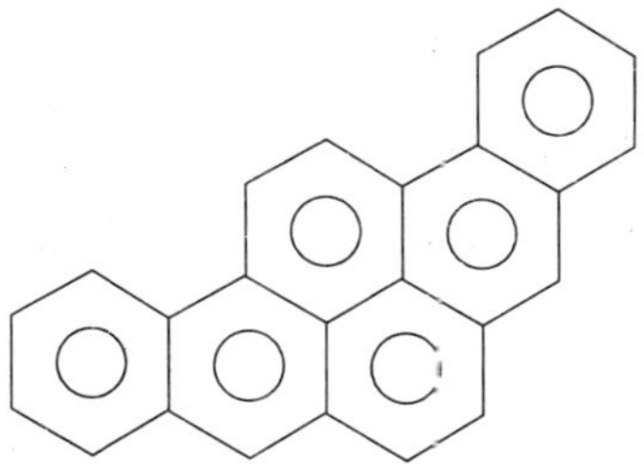

dibenzo(*a,i*)pyrene
[189-55-9] 2B

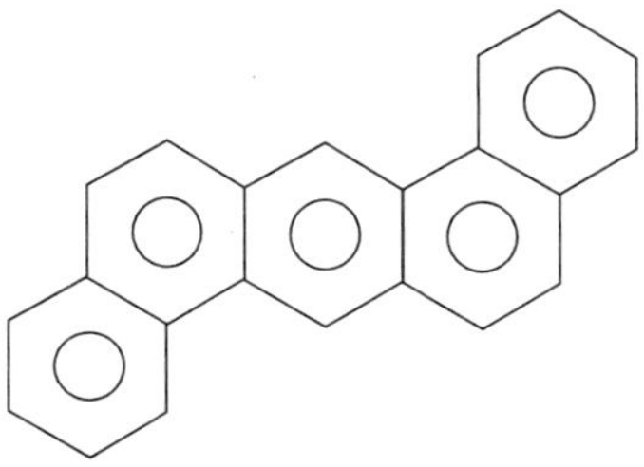

dibenzo(*a,h*)anthracene
[53-70-3] 2A

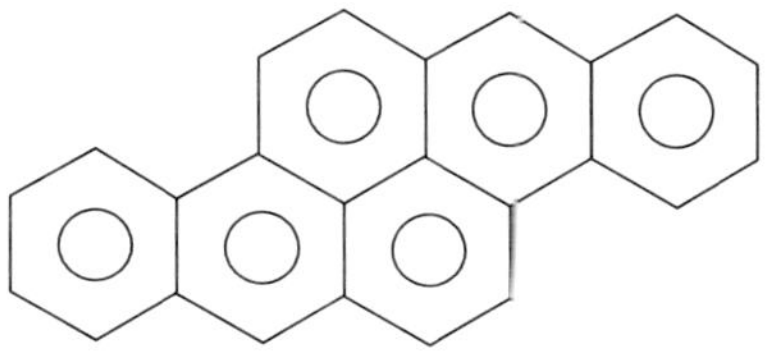

dibenzo(*a,h*)pyrene
[189-64-0] 2B

그림 2-5. 발암성을 나타내는 다환 방향족 탄화수소
(2A와 2B 기호는 IARC의 그룹 지정을 표시)

▷ 환경오염 : 공장이나 자동차의 배기가스에 의하여 도시의 공기 중에는 0.2～2ng/m^{3}의 BaP 오염이 나타난다. 또 대기에서 BaP의 미립자가 강하하여 하천, 토양, 농작물 등을 널리 오염시키고 있다. BaP는 환경에서는 상당히 안정하고, 토양 중 반감기는 100～300일에 이른다. 또한 수중에서의 생물농축도 어느 정도 확인된다(어패류에 대하여 300～3,000배).

이 때문에 일반 사람은 1일에 주로 식품(평균 0.15 ppb 함유)에서 0.2～1.6 μg의 BaP를 체내에 취입하는 것으로 추산하고 있다(이 노출량은 발암 리스크에 관한 실질 안전량의 약 10～100배). 한편 코크스로의 주변이나 콜타르를 취급하는 직장에서는 특히 높은 수준의 노출이 생기기 쉽다.

▷ 규제 : 스웨덴의 노동환경 대기중 허용농도는 5 μg/m^3(ACGIH는 노동자에의 노출을 가능한 한 저감하는 것을 권고)이다. 미국에서는 유해수질 오염물질 그리고

유해폐기물로 지정되어(예로서 애리조나주의 음료수 중 허용농도는 3 ng/ℓ) 있다. 또 펜실베니아주에서는 일반 환경 대기중 허용농도를 0.7 ng/m^3으로 설정하고 있다.

▷ 관련물질 : BaP와 같이 몇 개의 벤젠환이 축합된 구조를 가진 화합물이 역시 자동차의 배기가스 중에서 많이 알려져 있고, 다환 방향족 탄화수소(polycyclic aromatic hydrocarbon ; 약칭 PAH)로 총칭하고 있다. PAH에는 동물실험에서 발암성을 나타내는 것이 상당히 많이 함유되어 있다. 그림 2-5에 몇 개를 예시해 놓았다. 한편 환경을 오염시키고 있는 PAH의 총량은 발암성으로 보아 BaP 양의 약 25배에 이르는 것으로 추정하고 있다.

9. 벤지딘(benzidine)

H_2N–(C₆H₄)–(C₆H₄)–NH_2

Benzidine

- CAS번호 : 92-87-5
- 별명 : 4,4'-디아미노비페닐(4,4'-diaminobiphenyl)

▷ 성상 : 백색 또는 황적미를 띤 회백색의 결정성 고체(융점 127℃)이다.

▷ 용도 : 주로 염료의 제조 원료로 이용되고 있으며 고무의 경화제, 화학분석 시약 등에 사용되고 있으나 현재에는 여러 나라에서 연구용을 제외하고는 사용이 금지되고 있다.

▷ 급성독성 : 상당히 강하다(쥐의 경구 LD_{50} = 309 mg/kg). 사람이 경구섭취하면 두통, 구역질, 의식의 혼란, 티아노제(청변, aniline 항 참조) 등의 증상이 생긴다. 또 눈이나 피부에 접촉하면 염증이나 발진을 일으킨다.

▷ 만성 일반독성 : 마우스에의 염산염의 경구투여로 간장, 담관, 신장, 방광, 뇌 등의 조직에 장해가 나타난다(RfD = 3 μg/kg/day). 한편 미국의 캘리포니아주에서는 독자적으로 RfC(0.01 mg/m^3)를 산정한다.

▷ 생식독성 : 마우스에의 만성 경구투여로 난소가 위축한다.

▷ 면역독성 : 피부에 대하여 알레르기 증상을 일으킨다. 또 마우스에의 만성 경구투여로 비장과 골수에 장해가 나타난다.

▷ 발암성 : 본 물질의 생산 공장이나 염료의 제조공장에서 오랜 동안 노출을 받은 노동자에 방광염이 다발하였다. 한편 쥐에의 경구투여로 유방암이 생기고, 흡입 노출로 백혈병이 생긴다. 또 마우스에의 피하투여로 간장암과 림프종이 생긴다.

IARC는 그룹 1로 지정하고, 또 EPA는 그룹 A로 지정하고 흡입단위 리스크를 0.067(실질 안전 대기중 농도는 0.02 ng/m^3), 발암강도인자를 230(1 μg/kg/day의 섭취로 발암 리스크가 0.23), 또한 실질 안전 음료수 중 농도를 0.2 ng/ ℓ 로 산정한다.

▷ 변이원성 : *Salmonella*균, 햄스터의 배양 배세포 등에 유전자 변이를 초래하고 효모, 초파리, 사람의 배양림프구, 복강 내에 투여한 마우스의 골수세포 등에 염색체 이상을 초래한다. 또 대장균, 고초균, 쥐의 배양 간세포 등의 DNA를 손상한다.

▷ 생태독성 : 수생생물에 대한 독성은 약간 강하다(무지개송어의 LC_{50}(96시간) = 7.4 mg/ ℓ).

▷ 환경오염 : 실험실에서 본 물질을 연구목적으로 사용할 때 미세분말의 흡입이나 피부에의 접촉에 의하여 노출이 생길 염려가 있다. 또 본 물질은 몇 개의 azo염료가 열이나 체내의 효소 작용으로 분해하여 생성되므로 이와 같은 염료를 취급하는 직장의 위생관리가 중요하다. 예로서 인도에서는 이와 같은 직장의 노동자의 오줌에 본 물질이 검출되고 있다.

▷ 규제 : NIOSH와 ACGIH는 노동환경에 대한 노출을 가능한 한 저감하는 것이 바람직하다고 권고하고 있다. 미국에서는 유해대기, 수질 오염물질 그리고 유해폐기물로 지정되어(예로서 노스캐롤라이나주의 일반 환경 대기중 허용농도는 14 pg/m^3) 있다. 또 애리조나주에서는 음료수 중 허용농도를 0.1 ng/ ℓ 로 설정하고, 일본에서는 노동안전위생법에서 제조금지 물질로 지정되어 있다.

▷ 관련물질 : 벤지딘(benzidine)에 2개의 methyl기 또는 2개의 염소원자가 결합한 3,3'-dimethylbenzidine(CAS번호 : 119-93-7)과 3,3'-dichlorobenzidine(CAS번호 : 91-94-1)은 모두 염료제조 원료이고, 또한 쥐에의 경구투여로 방광암, 간장암 등이 생긴다(IARC는 그룹 2B, 또 EPA는 그룹 B2로 지정).

두 화합물은 미국에서는 유해대기 오염물질 그리고 유해폐기물로 지정되어 있고, 일본에서는 PRTR의 대상물질(제 I 종)로 지정되어 있다[3,3'-dichlorobenzidine은 미국에서는 유해수질 오염물질 그리고 일본에서는 노동안전위생법의 특정 화학물질(제 I 류)로 지정].

10. 비스(클로로메틸)에테르([*bis* (chloromethyl) ether]

- CAS번호 : 542-88-1
- 별명 : BCME(약칭) ; 1,1'-디클로로디메틸 에테르(1,1'-dichlorodimethyl ether)
- 화학식 : $(CH_2Cl)_2O$

▷ 성상 : 무색의 휘발성 액체(융점 104℃)로서 질식할 만큼의 특유한 냄새가 있다.

▷ 용도 : 플라스틱이나 이온교환수지의 제조, 섬유・고무제품의 가공, 중합반응의 용매 등에 사용되었으나 현재는 여러 나라에서 연구용을 제외하고는 금지되고 있다. 그러나 중국에서는 octachlorodiporopyl ether[$(CH_2CHClCCl_3)_2O$] (약칭 S-2 ; 살충제의 효력 증진제)의 합성에 사용되고 있다.

▷ 급성독성 : 아주 강하다(쥐의 경구 LD_{50} = 278 mg/kg ; 쥐의 흡입 LC_{50}(7시간) = 7 ppm). 특히 흡입에 의하여 코, 목 등의 점막이 자극되어 기침, 숨가쁨이 심하게 되고 동시에 구역질, 식욕부족, 피로감, 신경과민 등의 증상이 나타난다. 중증에서는 폐수종이 생기고 호흡곤란을 초래한다. 동물실험에서도 폐에 충혈과 출혈이 나타난다. 또 눈이나 피부에 접촉하면 각막의 혼탁과 각종 염증을 야기한다.

▷ 만성 일반독성 : 사람이나 동물에서도 흡입노출에 의하여 급성증상과 마찬가지로 호흡기계에 장해가 나타난다(기관지염 등). 미국의 ATSDR(유독물질 질병등록국)은 RfC 상당치를 1.4 $\mu g/m^3$으로 산정한다.

▷ 발암성 : 공장에서 본 물질을 오랜 동안 취급한 노동자에 폐암이 다발한다. 또한 마우스나 쥐에의 흡입노출에서도 폐암이나 기도(비강 등)의 암이 생긴다. IARC는 그룹 1로 지정하고, 또 EPA는 그룹 A로 지정하고 흡입단위 리스크를 0.062(실질 안전 대기중 농도는 0.016 ng/m^3), 발암강도인자를 220(1 μg/kg/day의 섭취로 발암 리스크가 0.22), 또한 실질 안전 음료수 중 농도를 0.16 ng/ℓ로 산정한다.

▷ 변이원성 : *Salmonella*균, 대장균 그리고 사람의 배양 폐세포에 유전자 변이를 초래한다. 또 사람의 배양 피부세포의 DNA를 손상한다.

▷ 환경오염 : BCME는 환경 중에서 상당히 서서히 분해한다. 더구나 최근에는 사용이 엄하게 제한되어 있으므로 사람에의 노출의 기회는 적다. 그러나 중국에서는 연간 약 200톤이 S-2의 제조에 사용되고 있으므로 관련 공장의 작업장에서 흡입함으로써 노출의 염려가 있다.

또 S-2는 코일형의 모기향에 많아 0.5% 전후 첨가되고 있으며, 가열 사용시에 분해되어 BCME를 대기중에 방출하는 것으로 알려져 있다. 이와 같이 모기향에는 중국만이 아니라 인도네시아나 미국에서도 판매되고 있으므로 우리나라에서도 상품의 전체 점검이 필요하다.

▷ 규제 : ACGIH의 노동환경 대기중 허용농도는 1 ppb(4.7 $\mu g/m^3$)이다. 미국에서는 유해대기 오염물질 그리고 유해폐기물로 지정되어 있다. 또 뉴햄프셔주에서는 음료수 중 허용농도를 0.16 ng/ ℓ 로 설정하고, 일본에서는 노동안전위생법에서 제조금지 물질로 지정되어 있다.

11. 아닐린(aniline)

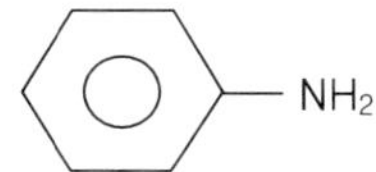

Aniline

- CAS번호 : 62-53-3
- 별명 : 아미노벤젠(aminobenzene)

▷ 성상 : 무색 또는 갈색의 유상 액체(비점 184℃)로서 특유한 냄새를 가진다.

▷ 용도 : 염료, 의약품, 향료, 감미료, 농약, 화약, 플라스틱(폴리우레탄) 등의 제조 원료로 이용된다. 니스, 페인트, 인쇄잉크, 무두질 재료 등에도 함유되어 있다.

▷ 유독성 : 연소시 유독성 가스를 발생한다. 눈에 들어가면 충혈되며 피부에 닿으면 약상을 입는다. 증기를 흡입하거나 피부로 흡입하면 티아노제(thianose, 청변), 위장염, 질식, 의식상실, 사망에 이른다.

▷ 급성독성 : 약간 강하다(쥐의 경구 LD_{50} = 440 mg/kg). 사람이 다량의 증기를 흡입하면 코나 목이 자극되고 동시에 혈중 헤모글로빈이 산화되어 산소 운반 능력이 저하하고 두통, 현기증, 우울증, 피부와 입술의 티아노제(thianose, 청변) 등이 생긴다. 중증에서는 호흡곤란, 혼수, 허탈생태 등을 거쳐 사망하는 수도 있다. 또 피부나 소화관에서도 쉽게 흡수되어 마찬가지 증상이 나타난다.

▷ 만성 일반독성 : 직장에서 미량으로도 수년간 흡입을 계속한 노동자에 상기 형태의 혈액이상, 빈혈, 신경장해(피로감, 경련, 언어장해, 의식불명, 등) 그리고 간장장해가 많이 나타난다. 동물실험에서도 흡입노출에 의하여 혈액 이상이 인정된다(RfC = 1 $\mu g/m^3$).

▷ 생식독성 : 상기 노동자에 월경불순, 유산 등의 다발이 관찰되고 있다.

▷ 발생독성 : 임신 마우스에의 경구투여로 신생아의 생존율이 저하하고 임신 쥐에의 피하투여로는 구개열 등의 기형이 나타난다.

▷ 면역독성 : 사람이나 동물실험에서도 흡입노출에 의하여 비장에 장해가 나타난다. 피부 등에 알레르기 증상을 야기한다.

▷ 발암성 : 쥐에의 경구투여로 비장에 혈관육종을 일으킨다. IARC는 그룹 3으로 지정하고, 또 EPA는 그룹 B2로 지정하고 발암강도인자를 0.0057, 또한 실질 안전 음료수 중 농도를 6 μg/ ℓ 로 산정한다.

▷ 변이원성 : 마우스의 배양림프종 세포에 유전자 변이를 초래하고 마찬가지로 골수세포에 염색체 이상을 초래한다.

▷ 생태독성 : 수생생물에 대한 독성은 상당히 강하고, 무지개송어의 LC_{50}(48시간)은 0.1～0.6 mg/ ℓ 이다.

▷ 환경오염 : 사람에의 노출은 먼저 공장 내에서 화학제품의 생산 시에 흡입이나 피부에의 접촉에 의하여 생긴다. 또 공장의 배기가스와 폐액에 의한 일반 환경의 aniline의 오염도 무시할 수 없다. 또 aniline은 폐기물(특히 플라스틱)의 소각에 의하여도 생성되는 것으로 알려져 있다. 또한 관련 공장의 노동자의 요(尿) 중에 0.03mg/ ℓ 검출되는 예가 알려져 있다.

▷ 규제 : ACGIH의 노동환경 대기중 허용농도는 2 ppm(7.6 mg/m^3)이다. 미국에서는 유해대기 오염물질 그리고 유해폐기물로 지정되어(예로서 뉴욕주의 일반 환경 대기중 허용농도는 0.4 μg/m^3) 있다. 일본에서는 극물 그리고 PRTR의 대상물질(제Ⅰ종)로 지정되어 있다.

관련 법규 : 수질환경보전법(수질오염물)
대기환경보전법(대기오염물질, 특정 대기유해물)
행정자치부고시(제 89-8호 유해위험물)
유해화학물질관리법(유독물질)

12. 아세트알데히드(acetaldehyde)

▸ CAS번호 : 75-07-0

▸ 계통명 : 에타날(ethanal)

▸ 화학식 : CH_3CHO

▷ 성상 : 무색의 기체 또는 휘발성 액체(비점 20℃)로서 자극취를 가지며, 물에 잘 녹는다.

▷ 용도 : 염료, 향료, 플라스틱 성분 등의 제조 원료로 이용된다. 식품의 곰팡이 방지제로 이용되고 고무・피혁・종이 펄프공업에서 용제로도 이용된다.

▷ 유독성 : 눈에 들어가면 매우 위험하고 눈동자의 혈막염을 일으킨다. 피부에 접촉하면 자극하고 피부염을 일으킨다. 증기 흡입시에는 기관지의 점막을 자극하며, 대량 흡입하면 사망할 수 있다.

▷ 급성독성 : 약간 강하다(쥐의 경구 LD_{50} = 661 mg/kg). 특히 사람이 증기를 흡입하면 코나 목이 자극되어 기침과 숨가쁨이 심하게 되어 중증에서는 폐수종이 생긴다. 또 현기증이나 의식의 혼란과 저하도 나타난다. 눈과 피부에 접촉하면 염증이나 발증이 생긴다. 동물실험에서는 흡입노출에 의하여 호흡 빈도의 감소와 혈압 상승이 관찰된다.

▷ 만성 일반독성 : 사람에서는 반복노출에 의하여 알코올 중독과 같은 증상이 나타난다. 또 눈에 대하여 회복불능의 장해를 일으키는 수가 많다. 한편 쥐와 햄스터에의 흡입노출에서는 코의 점막과 기관에 이상이 생기고, 또 빈혈과 신장의 비대가 나타난다(RfC = 9 $\mu g/m^3$).

▷ 발생독성 : 임신 쥐에의 복강 내 투여로 유산이 증가하고 태아에 안면과 골격의 기형이 생긴다. 또 신생아의 사망률도 증대한다. 마우스에 대하여도 유사한 결과가 나타난다.

▷ 면역독성 : 피부에 대하여 알레르기 증상을 일으킨다.

▷ 발암성 : 쥐에의 흡입노출로 비강에 암이 생기고, 햄스터에의 흡입노출로 후두암이 생긴다. IARC는 그룹 2B로 지정하고, 또 EPA는 그룹 B2로 지정하고 흡입단위 리스크를 0.0000022(실질 안전 대기중 농도는 0.5 $\mu g/m^3$)로 산정한다.

▷ 변이원성 : *Salmonella*균과 초파라의 유전자 변이를 일으키고 효모, 황국균, 사람의 배양림프구, 햄스터의 배양 난소세포, 복강 내 투여 후의 마우스의 골수세포 등에 염색체 이상을 초래한다. 또 대장균과 쥐의 배양 간세프의 DNA를 손상한다.

▷ 환경오염 : 사람에의 노출은 우선 화학산업의 공장 등에서 흡입이나 접촉에 의하여 생긴다. 미국에서는 이와 같은 가능성이 있는 노동자가 총 20만 명을 넘는 것으로 추산하고 있다. 또 이들 사업장의 배기가스나 폐액에 함유된 acetaldehyde가

주변의 일반 환경을 오염시킨다. 또 자동차의 배기가스에도 본 물질이 함유되어 있어 오염을 증가시킨다.

이 때문에 도시의 대기중에는 보통 2～20 ㎍/m^3의 acetaldehyde가 검출되고 있으나 이것은 실질 안전농도의 4～40배에 이르고, 한편 옥내의 대기중 농도는 이보다 수배 높은 경우가 자주 나타난다.

▷ 규제 : ACGIH의 노동환경 대기중 허용농도는 25 ppm(45 mg/m^3)이다. 미국에서는 유해대기 오염물질 그리고 유해폐기물로 지정되어(예로서 미시간주의 일반 환경 대기중 허용농도는 0.4 ㎍/m^3) 있다. 또 EPA는 음료수 중 허용농도를 2.5 mg/ℓ로 설정하고 있다. 일본에서는 실내 대기중 농도 지침치(48 ㎍/m^3)를 설정하고, 또한 PRTR의 대상물질(제 I 종)로 지정되어 있다.

관련 법규 : 수질환경보전법(수질오염물)
대기환경보전법(대기오염물질, 특정 대기유해물)
행정자치부고시(제 89-8호 유해위험물)
산업안전기준에 관한 규칙(인화성 물질, 특정 화학물질)
고압가스안전관리법(자연성 가스, 독성 가스)

13. 아크롤레인(acrolein)

- CAS번호 : 107-02-8
- 계통명 : 2-프로펜알(2-propenal)
- 별명 : 아크릴알데히드(acrylaldehyde)
- 화학식 : CH_2=CHCHO

▷ 성상 : 무색 또는 황색의 휘발성 액체(비점 53℃)로서 불쾌한 자극취를 가지며 물에 잘 녹는다.

▷ 용도 : 플라스틱의 성분(특히 아크릴산)의 합성에 이용되고 의약품, 농약, 향수 등의 제조 원료, 관개용수로의 제초제로도 이용된다. 한편, 제1차 세계대전에서는 최루성 독가스로도 사용되었다.

▷ 유독성 : 맹독성 물질이며 증기는 눈이나 호흡기를 자극하고 눈물이 난다. 액체가 피부에 접촉하면 심한 염증과 홍반 등의 약상이 나타난다. 증기를 흡입하면 치명적이며 점막을 자극하고 호흡곤란, 기관지염을 일으킨다.

▷ 급성독성 : 아주 강하다(쥐의 경구 LD_{50} = 46 mg/kg). 사람이 증기를 흡입하면

코나 목이 자극되어 기침이나 숨가쁨이 심해진다. 또 두통, 현기증, 구역질 등과 함께 중증에서는 폐수종과 신염이 생기고, 의식이 혼란 또는 소실하여 죽음을 초래하는 수도 있다.

▷ 만성 일반독성 : 사람이나 동물실험에서도 급성증상과 마찬가지로 호흡기계의 장해(폐나 기관의 충혈 등)가 눈에 뜨인다. 또 눈이나 피부에 대한 자극작용도 강하고 심한 염증과 살갗이 갈라짐을 일으킨다[(RfC = 0.02 μg/m^3) ; 잠정 RfD = 0.02mg/kg/day].

▷ 발생독성 : 임신 쥐에의 자궁 내 1회 투여로 유산이 증가하여 태아에 기형(수두증, 소악증, 구개열, 사지와 꼬리의 이상 등)이 생긴다. 또 임신한 토끼에의 정맥내 투여로도 유산이 증가한다.

▷ 발암성 : 쥐(암컷)에의 경구투여로 부신피질에 종양을 일으킨다(EPA는 그룹 C로 지정).

▷ 변이원성 : *Salmonella*균과 초파리의 유전자 변이를 초래하고, 사람의 배양림프구와 햄스터의 배양 난소세포에 염색체 이상을 초래한다. 또 대장균의 DNA를 손상한다.

▷ 생태독성 : 수생생물에 대한 독성은 아주 강하다(어류의 LC_{50} 값은 0.02 mg/ ℓ 전후).

▷ 환경오염 : 사람에의 독성은 우선 본 물질을 취급하는 공장 등의 증기 흡입이나 피부에의 접촉에 의하여 생긴다. 또 본 물질은 이들 공장의 배기가스 이외에도 화력발전소나 자동차(특히 트럭)의 배기가스에도 함유되어 일반 환경을 널리 오염시킨다. 이 때문에 도시의 대기중에는 보통 1～20 μg/m^{3}의 acrolein이 검출되고 있으나 이것은 RfC 값의 50～1,000배에 이른다.

▷ 규제 : OSHA의 노동환경 대기중 허용농도는 0.1 ppm(0.23 mg/m^3)이다. 미국에서는 유해대기, 수질 오염물질 그리고 유해폐기물로 지정되어(예로서 플로리다주에서는 음료수 중 허용농도를 0.11 mg/ ℓ로 설정) 있다. 일본에서는 극물 그리고 PRTR의 대상물질(제Ⅰ종)로 지정되어 있다.

관련 법규 : 수질환경보전법(수질오염물)
대기환경보전법(대기오염물질, 특정 대기유해물)
행정자치부고시(제 89-8호 유해위험물)
산업안전기준에 관한 규칙(인화성 물질, 특정 화학물질)

고압가스안전관리법(자연성 가스, 독성 가스)

14. 염화메틸(methyl chloride)

- CAS번호 : 74-87-3
- 계통명 : 클로메탄(chloromethane)
- 화학식 : CH_3Cl

▷ 성상 : 무색의 기체(비점 -24℃)로서 에테르 같은 감미로운 냄새가 있고, 물에 녹는다.

▷ 용도 : 메틸화제(의약품, 농약, 실리콘수지 등의 합성)로 이용되고 스프레이 분사제, 플라스틱의 발포제로도 이용된다. 가압하여 액화한 것은 저온용 용제로서 부틸고무의 제조나 유지의 추출에도 이용된다.

▷ 급성독성 : 상당히 강하다(쥐의 LC_{50} = 5,300 mg/m^3). 사람에서는 약간 다량으로 흡입하면 현기증, 구역질, 시야의 혼탁, 피로감, 수족의 떨림, 의식소실, 혼수상태, 경련 등의 중추신경 장해를 일으켜 죽음을 초래하는 수도 있다. 또 폐수종이 생기고 호흡이 빨라진다. 실험동물에서는 신경장해 외에 간장, 신장, 비장 등의 장해도 나타난다.

▷ 만성 일반독성 : 흡입에 의한 장해의 양상은 거의 급성독성의 경우와 같으나 사람에서는 특히 두통, 기억력 감퇴, 언어 불명료, 수면장해, 우울증 등의 증상이 더해진다.

▷ 발생독성 : 임신 마우스에의 흡입노출로 신생아에 심장의 기형이 생긴다(캘리포니아주의 발생 독성물질 리스트에 수록).

▷ 발암성 : 마우스(수컷)에 신장암을 일으킨다(EPA는 그룹 C로 지정).

▷ 변이원성 : 사람의 배양세포나 자주 닭의장풀에 염색체 이상을 초래한다.

▷ 환경오염 : 노출(흡입 등)은 주로 공장의 작업장에서 나타나고, 일반 환경도 공장 배기가스・폐액에 의하여 오염된다. 예로서 도시의 대기중에는 1～10 ㎍/m^{3}의 염화메틸이 함유되어 있다.

▷ 규제 : ACGIH의 노동환경 대기중 허용농도는 50 ppm(105 mg/m^3)이다. 미국에서는 유해대기, 수질・음료수 오염물질 그리고 유해폐기물로 지정되어(예로서 미시간주의 일반 환경 대기중 허용농도는 1.6 ㎍/m^3, 또 캔자스주의 음료수 중 허용농

도는 0.19 ㎍/ ℓ) 있다. 일본에서는 극물 그리고 PRTR의 대상믈질(제Ⅰ종)로 지정되어 있다.

▷ 관련물질 : Ethyl chloride(CAS번호 : 75-00-3)도 유사한 목적으로 사용되는 무색의 기체로서 역시 중추신경계, 간장, 신장 등에 대하여 상당히 강한 독성을 나타낸다(RfC = 10.0 mg/m^3). 계통명은 chloroethane(화학식 CH_3CH_2Cl)이고, 만성적인 흡입노출에 의하여 마우스(암컷)에 자궁암과 간장암을 일으키는 것도 주목되고 있다. 미국에서는 유해대기, 수질・음료수 오염물질, 그리고 일본에서는 극물 그리고 PRTR의 대상물질(제Ⅰ종)로 지정되어 있다.

15. 염화벤질(benzyl chloride)

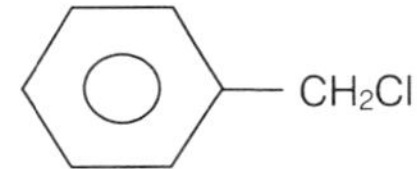

Benzyl chloride

- CAS번호 : 100-44-7
- 별명 : 알파-클로로톨루엔(α -chlorotoluene)

▷ 성상 : 무색의 액체(비점 179℃)로서 강한 자극취가 있다.

▷ 용도 : 염료, 의약품, 향료, 가소제, 윤활유 등의 제조 원료로 이용되고, 사진 현상약, 가솔린의 중합 방지제로도 이용된다.

▷ 급성독성 : 경구투여에서는 그다지 강하지 않다(쥐의 경구 LD_{50} = 1,150～1,660 mg/kg), 사람이 증기를 흡입하면 코나 목의 점막이 강하게 자극되어 기침이나 숨가쁨이 심하게 되어 폐수종이 생긴다. 또 두통, 현기증, 탈력감, 불면 등의 중추신경 장해도 나타난다. 또한 증기가 피부나 눈에 접촉하면 염증이 생기고 강한 최루작용을 일으킨다.

▷ 만성 일반독성 : 급성증상과 마찬가지로 신경장해(의식 저하, 수족의 떨림 등)가 눈에 뜨이고 간장 장해나 백혈구의 감소도 관찰된다. 경그투여의 동물실험에서는 특히 위와 심장에 장해가 나타난다.

▷ 발생독성 : 임신 쥐에의 경구투여로 태아의 발육이 저하하고 사망률이 증대한다. 특히 늑골이나 두개골의 이상이 나타난다.

▷ 발암성 : 마우스에의 경구투여로 간장, 전위 그리고 폐에 종양이 생기고 쥐(암컷)에의 경구투여에서는 갑상선에 종양이 생긴다. 또한 본 물질의 생산에 오래 종사한 노동자에 폐암이 다발하는 경향이 발견된다. IARC는 그룹 2A로 지정하고, 또 EPA는 그룹 B2로 지정하고 발암강도인자를 0.17, 또한 실질 안전 음료수 중 농도를 0.2 ㎍/ℓ로 산정한다. 한편 캘리포니아주에서는 독자적으로 흡입단위 리스크를 0.000049(실질 안전 대기중 농도는 0.02 ㎍/m^3)로 산정한다.

▷ 변이원성 : *Salmonella*균, 초파리, 햄스터의 배양 배세포 등에서 유전자 변이를 초래하고, 사람의 배양림프구에 염색체 이상을 초래한다. 또 대장균과 고초균의 DNA를 손상한다.

▷ 환경오염 : 사람에의 노출은 우선 본 물질을 사용하는 공장 등에서 흡입과 피부에의 접촉에 의하여 생긴다. 또 본 물질은 이들 공장의 배기가스 외에도 폐기물의 소각로에서 배기가스에 함유되어 일반 환경을 널리 오염한다. 또한 마루 등의 폴리염화비닐제 타일(가소제로서 프탈산부틸벤질을 함유한 것)에서의 휘발이 확인되고 있고, 미국에서는 옥내 대기중에 30 ㎍/m^3의 고농도 오염이 검출되는 예가 알려져 있다.

▷ 규제 : NIOSH의 노동환경 대기중 허용농도는 1 ppm(5 mg/m^3)이다. 미국에서는 유해대기 오염물질 그리고 유해폐기물로 지정되어(예로서 로드아일랜드주의 일반 환경 대기중 허용농도는 0.01 ㎍/m^3) 있다. 또 플로리다주에서는 음료수 중 허용농도를 0.5 ㎍/ℓ로 설정하고, 일본에서는 PRTR의 대상물질(제 I 종)로 지정되어 있다.

16. 오르토-아니시딘(*o*-anisidine)

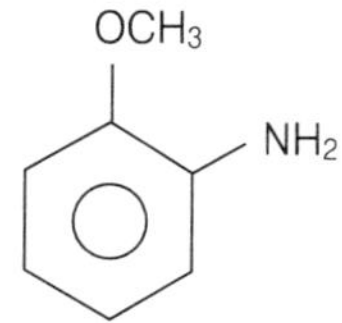

o-Anisidine

- CAS번호 : 90-04-0
- 별명 : 2-메톡시아닐린(2-methoxyaniline)

▷ 성상 : 무색 또는 담적색의 액체(융점 5℃ ; 비점 286℃)토서 물에 조금 녹는다.

▷ 용도 : 주로 염료의 제조 원료로 이용되고 이외에 의약품이나 향료의 제조에 이용된다.

▷ 급성독성 : 그다지 강하지 않다(쥐의 경구 LD_{50} = 1,150 mg/kg). 사람이 약간 다량의 증기를 흡입하면 코나 목이 자극되고 동시에 혈중 헤모글로빈의 산소 운반 능력이 저하하고 두통, 현기증, 피로감, 피부와 입술의 청변(靑変 ; thianose)이 생긴다. 중증에서는 호흡곤란, 허탈상태 등을 거쳐 사망하는 수가 있다. 또 피부에 접촉하면 발진과 염증을 일으킨다.

▷ 만성 일반독성 : 직장에서 6개월간의 흡입노출을 받은 노동자에 두통, 현기증, 그리고 상기의 혈액 이상과 청변(thianose)이 많이 나타난다는 보고가 있다. 동물실험에서는 경피투여에 의하여 빈혈을 일으킨다.

▷ 면역독성 : 피부에 알레르기 증상을 일으킨다.

▷ 발암성 : 쥐 또는 마우스에의 염산염의 경구투여로 방광암이 생긴다. 쥐에 있어서는 신장의 골반과 갑상선에도 종양의 생성이 나타난다(IARC는 그룹 2B로 지정).

▷ 변이원성 : *Salmonella*균과 마우스의 배양림프구에 유전자 변이를 초래하고, 햄스터의 배양 난소세포에 염색체 이상을 초래한다. 또 대장균의 DNA를 손상한다.

▷ 환경오염 : 사람에의 노출은 주로 본 물질을 사용하는 원료제조 공장 등에서 흡입과 피부에의 접촉에 의하여 생긴다. 또 담배연기에도 약간이기는 하나 함유되어 있고, 옥내 대기를 오염한다.

▷ 규제 : NIOSH의 노동환경 대기중 허용농도는 0.1 ppm(0.5 mg/m^3)이다. 미국에서는 유해대기 오염물질로 지정되어(예로서 코네티컷주의 일반 환경 대기중 허용농도는 anisidine류에 대하여 0.5 $\mu g/m^3$) 있다. 일본에서는 PRTR의 대상물질(제 I 종)로 지정되어 있다.

▷ 관련물질 : 메톡시(methoxy, $-OCH_3$)基가 *ortho*(*o*) 위치가 아니고 *para*(*p*) 위치에 결합한 이성체로서 *p*-anisidine(4-methoxyaniline ; CAS번호 : 104-94-9)이 알려져 있고, 역시 염료의 합성에 사용된다. 이것은 결정성의 고체이나 *o*-anisidine과 마찬가지로 사람에 대하여 티아노제(thianose, 청변)나 피부의 알레르기 증상을 야기한다. 일본에서는 PRTR의 대상물질(제 II 종)로 지정되어 있다.

o-Anisidine의 2분자가 서로 *p*(파라) 위치에서 결합한 것으로 생각되는 dianisidine(CAS번호: 119-90-4)도 오직 염료의 합성에 사용된다. 이 화합물은 3,3'-dimethoxybenzidine이라고도 하며, 쥐에의 경구투여로 간장암, 유방암, 구강암, 자궁암 등을 일으킨다(IARC는 그룹 2B로 지정하고, EPA도 그룹 B2로 지정하여 실질 안전 음료수 중 농도를 2.5 ㎍/ℓ로 산정). 미국에서는 유해대기 오염물질 그리고 유해폐기물로 지정되어(뉴욕주의 일반 환경 대기중 허용농도는 0.2 ㎍/m^3) 있다. 일본에서는 노동안전위생법의 특정 화학물질(제Ⅰ류)로 지정되어 있다.

17. 오르토-톨루이딘(*o*-toluidine)

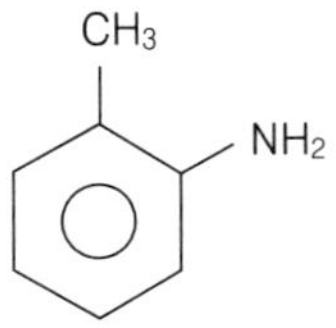

CH_3
NH_2

o-Toluidine

- CAS번호: 95-53-4
- 계통명: 1-아미노-2-메틸벤젠(1-amino-2-methylbenzene)
- 별명: 2-메틸아닐린(2-methylaniline), 2-아미노톨루엔(2-aminotoluene)

▷ 성상: 무색 또는 담황색의 액체(비점 200℃)로서 순한 기분이 좋은 냄새를 가지며, 물에 약간 녹는다.

▷ 용도: 염료, 고무의 가황촉진제, 의약품(특히 최면제와 마취제), 농약 등의 제조 원료로 이용된다.

▷ 유독성: 맹독성 물질로서 눈에 들어가면 염증을 일으키고 피부로 흡수되면 중독증상이 나타난다. 증기를 흡수하면 두통, 기침, 졸음, 혼수, 의식불명이 나타난다.

▷ 급성독성: 상당히 강하다(쥐의 경구 LD_{50} = 670 mg/kg ; 고양이 경구 LD_{50} = 300 mg/kg). 사람이 증기를 흡입하면 코나 목이 자극되고 동시에 혈중 헤모글로빈이 산화되어 산소 운반능력이 저하하고 두통, 현기증, 피로감, 피부와 입술의 청변(靑変 ; thianose) 등이 생긴다. 중증에서는 호흡곤란, 허탈상태 등을 거쳐 사망하는 수도 있다. 또 피부나 눈에 접촉하면 강하게 자극하여 회복불능의 심한 염증을 일으킨다.

▷ 만성 일반독성: 직장에서 장기간 노출을 받은 노동자에 중추신경 장해(두통,

구역질, 이명, 의식의 저하와 혼란, 탈력감 등), 빈혈, 식욕부진, 티아노제(thianose, 청변), 피부염 등이 많이 나타난다. 또 쥐에의 경구투여에서는 유사한 타입의 혈액 이상과 함께 간장이나 방광의 장해도 관찰된다.

▷ 발생독성 : 임신 마우스에의 피하투여로 신생아에 폐암이 생긴다.

▷ 면역독성 : 쥐에의 만성 경구투여로 비장에 장해가 나타난다.

▷ 발암성 : 쥐에의 염산염의 경구투여로 비장, 방광 그리고 유선에 종양이 생긴다. 복강에는 특히 중피종(中皮腫)의 생성이 나타난다. 한편 마우스의 마찬가지 실험에서는 간장과 각종 혈관에 종양이 생긴다. IARC는 그룹 2A로 지정하고, 또 EPA는 그룹 B2로 지정하고 발암강도인자를 0.24로 산정한다.

▷ 변이원성 : *Salmonella*균, 효모, 쥐의 배양 배세포 등에 유전자 변이를 초래하고 사람의 배양 림프구, 햄스터의 배양 난소세포, 복강 내 투여 후의 마우스의 골수세포 등에 염색체 이상을 일으킨다. 또 대장균의 DNA를 손상한다.

▷ 환경오염 : 사람에의 노출은 우선 본 물질을 생산 또는 사용하는 고장에서 증기의 흡입이나 접촉에 의하여 생긴다. 미국에서는 이와 같은 가능성이 있는 노동자가 모두 3만 명에 이르는 것으로 추산하고 있다. 또한 영국에서는 이와 같은 노동자의 노출량(1일 섭취량)이 평균 0.2 mg/kg/day로 추산하고 있다.

한편, 이들 공장에서 배출되는 폐액이나 폐기물에 함유되는 *p*-toluidine은 주변의 일반 환경을 오염한다. 일본에서나 구미에서 하천이나 지하수의 오염 예가 알려져 있다. 또 양배추, 당근, 샐러리, 완두 등의 식품 중에 0.2～1 ppm의 오염이 검출되고 있다.

▷ 규제 : ACGIH의 노동환경 대기중 허용농도는 2 ppm(8.8 mg/m^3)이다. 또 NIOSH는 가능한 한 저농도가 바람직하다고 권고하고 있다. 미국에서는 유해대기오염물질 그리고 유해폐기물로 지정되어 있고, 또 플로리다즈에서는 음료수 중 허용농도를 0.05 mg/ℓ로 설정되어 있다. 일본에서는 극물, 노동안전위생법의 특정화학물질(제 I 류) 그리고 PRTR의 대상물질(제 I 종)로 지정되어 있다.

관련 법규 : 수질환경보전법(수질오염물)
대기환경보전법(대기오염물질, 특정 대기유해물)
산업안전기준에 관한 규칙(인화성 물질, 특정 화학물질)
유해화학물질관리(유독물질)

18. 히드로퀴논(hydroquinone)

HO — (benzene ring) — OH

Hydroquinone

▸ CAS번호 : 123-31-9

▸ 계통명 : 1,4-벤젠디올(1,4-benzenediol)

▸ 별명 : 히드로퀴논, 파라-디히드록시벤젠(ρ -dihydroxybenzene)

▷ 성상 : 백색의 결정성 고체(융점 172℃)로서 승화성이 있다. 물에 제법 녹는다.

▷ 용도 : 사진의 현상에 이용되고, 중합방지제(안정제)로서 니스, 페인트, 잉크, 가솔린 등에 첨가한다. 고무의 산화방지제나 염료의 합성에도 이용된다.

▷ 급성독성 : 상당히 강하다(쥐의 경구 LD_{50} = 320～370 mg/kg). 사람이 경구 섭취하면 두통, 현기증, 이명, 위 점막의 미란(糜爛 ; 문들어짐), 호흡곤란, 경련, 허탈상태 등이 나타난다. 또 피부에 접촉하면 자극작용을 나타내고 염증을 일으킨다.

▷ 만성 일반독성 : 미세분말로 장기간 접촉하면 눈의 결막이나 각막이 변질하여 시력장해가 생긴다. 또 경구섭취에서는 설사나 위경련이 자주 나타난다. 경구투여의 동물실험에서도 위나 전위의 장해가 눈에 뜨이고, 이외에 간장과 신장의 장해, 빈혈, 경련 등의 증상이 보고되고 있다(잠정 RfD = 0.04 mg/kg/day).

▷ 생식독성 : 쥐에의 경구투여로 임신율의 저하와 유산의 증가가 관찰된다.

▷ 발암성 : 경구투여로 수컷의 쥐에 신장의 종양, 암컷의 쥐에 백혈병, 그리고 암컷의 마우스에 간장암을 일으킨다(IARC는 그룹 3으로 지정).

▷ 변이원성 : 사람의 배양림프구에 염색체 이상을 일으킨다.

▷ 환경오염 : 사람에의 노출은 주로 본 물질을 사용하는 사업소 등에서 미세분말의 흡입 또는 피부에의 접촉에 의하여 생긴다. 미국에서는 이와 같은 가능성이 있는 노동자가 총 40만 명에 이르는 것으로 추산하고 있다.

▷ 규제 : ACGIH의 노동환경 대기중 허용농도는 2 mg/m^3이다. 미국에서는 유해대기 오염물질로 지정되어(예로서 뉴욕주의 일반 환경 대기중 허용농도는 6.67 ㎍/m^3) 있다. 또 플로리다주에서는 음료수 중 허용농도를 0.28 mg/ ℓ 로 설정되어 있고, 일본에서는 PRTR의 대상물질(제Ⅰ종)로 지정되어 있다.

19. BHA

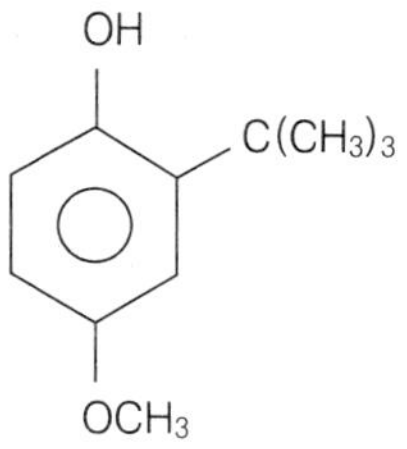

OH
C(CH3)3
OCH3
BHA

▸ CAS번호 : 25013-16-5

▸ 계통명 : 2-*t*-부틸-4-메톡시페놀(2-*t*-butyl-4-methoxyphenol)

▸ 별명 : 부틸히드록시아니솔(butylated hydroxyanisole)

▷ 성상 : 백색 또는 담황색의 결정성 고체(융점 64℃)로서 약간의 특유한 냄새가 있다.

▷ 용도 : 산화방지제(식품, 가축사료, 화장품 등에 첨가)로 이용된다. 우리나라에서 식품 첨가물로서 사용하는 경우는 유지성분의 산화에 의한 변질을 방지하기 위하여 어패냉동품에 1,000 ppm까지 첨가가 인정되고 또 버터, 마가린, 튀김기름, 샐러드기름, 어패건조품, 어패염장품 등에 200 ppm까지의 첨가가 인정되고 있다.

▷ 급성독성 : 그다지 강하지 않다(마우스의 경구 LD_{50} = 1,100 mg/kg). 쥐나 원숭이에의 다량 경구투여로 간장이 비대한다.

▷ 만성 일반독성 : 쥐에의 경구투여로 뇌의 위축과 심장의 비대가 나타난다. 또 개에의 경구투여로· 간장에 장해가 초래된다(ADI = 0.5 mg/kg/day).

▷ 생식독성 : 쥐에의 2세대 경구투여로 신생아의 정자가 감소한다.

▷ 발생독성 : 임신 쥐에의 경구투여로 태아의 골에 기형(파상의 늑골)이 생긴다. 또 신생아의 발육이 저하하고 사망률이 증대한다.

▷ 면역독성 : 피부에 대하여 알레르기 증상(접촉피부염)을 야기한다.

▷ 행동독성 : 쥐에의 임신 그리고 수유기간의 경구투여로 신생아의 자극에 대한 반사행동이 억제된다. 또 마우스에의 마찬가지 투여로도 신생아에 대하여 학습능력의 저하나 환경변화에 대한 적응력의 억제가 나타난다.

▷ 내분비계 장애 : 무지개송어의 간장에서 분리한 estrogen receptor에 정상 호르

몬이 결합하는 것을 방해한다. 또 사람의 estrogen receptopr의 유전자를 조합한 효모에 대하여 estrogen 같이 작용한다. 한편, 쥐에의 아만성 경구투여에 의하여 부신의 증대와 혈중 thyroxine 농도의 저하가 관찰되고 있다(OSF의 내분비계 장애물질 리스트에 수록).

▷ 발암성 : 쥐에의 경구투여로 전위에 종양(편평상피암 등)이 생긴다. 마우스나 햄스터에도 마찬가지 결과가 나타나고 있다(IARC는 그룹 2B로 지정).

▷ 변이원성 : 햄스터의 배양 난소세포에 염색체 이상을 초래한다. 또 쥐의 배양간세포의 DNA를 손상한다.

▷ 환경오염 : 사람에의 노출은 무엇보다도 본제가 첨가된 식품의 섭취나 동 화장품의 사용에 의하여 생긴다. 식품에서의 섭취량은 미국에서는 0.1 mg/kg/day 전후로 보고 있다. 또 본제를 취급하는 식품산업 등의 사업장에서 노동자가 노출을 받을 가능성도 높다.

▷ 규제 : 일본에서는 1982년에 후생성이 안전상의 이유로 식품에 본제의 사용을 원칙적으로 금지하는 방침을 결정하였으나, 해외에서 여기에 동조하는 나라가 없었으므로 규제 실시 직전의 1983년 2월에 금지가 연기되어 현재에 이르고 있다.

20. PCB

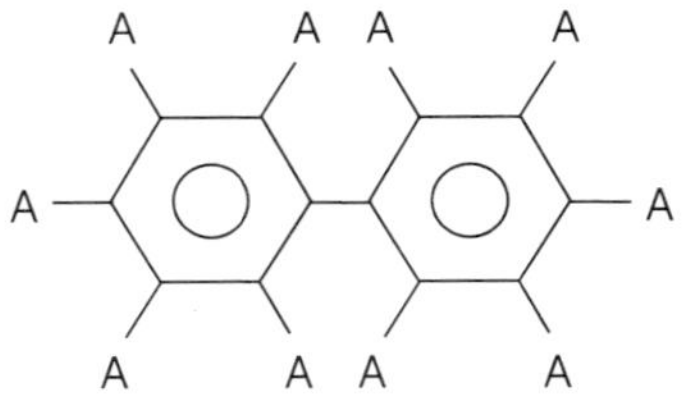

A A A A
A A
A A A A

PCB(A = Cl 또는 H)

- CAS번호 : 1336-36-3
- 화학식 : 폴리염소화비페닐(polychlorinated biphenyl)
- 별명 : 아로클로르(aroclor), 카네클로르(어느 것이나 상품명)

▷ 특성 : PCBs는 두 개의 페닐기에 결합되어 있는 수소원자가 염소원자로 치환된 209종의 화합물이다. 염소와 비페닐을 반응시켜 만드는 매우 안정한 유기화합물로 물에는 녹지 않지만 기름이나 유기용매에는 녹는다. 산, 알칼리 및 고온(650℃)

에 매우 안정하고 불연성이며, 비전도체로서 증기압이 낮아 1930년대부터 공업용으로 널리 이용되었다. 절연성이나 열 보존성이 높아 변압기, 자동차의 자동변속기의 전기절연체 및 각종 테이프, 도료, 인쇄잉크 등에도 쓰였다.

1930년, 1940년대를 거치며 공업용으로 널리 사용되었으나 1970년대 중반 이후 이들 화학약품이 생명체에 해롭다는 사실이 밝혀지면서 생산과 이용이 제한되었다. 1977년까지 전 세계적으로 약 60만 톤이 생산되어 유통되다가 생산이 중단되었으나 분해가 잘 되지 않는 특성으로 인해 지금까지도 식품에 잔류되고 있다.

▷ 화학구조 : 그림에 나타낸 biphenyl 골격의 10개의 결합부위(A)에 임의의 개수의 염소원자가 도입된 화합물(전부로 209종)의 총칭이다(시판품의 대부분은 염소수가 3～6개의 화합물을 많이 함유하는 혼합물).

▷ 성상 : 무색 내지 담황색의 액체(유상) 또는 고체로서 화학적으로 안정하여 연소하기 어렵다.

▷ 용도 : 전기제품의 콘덴서나 트랜스(변압기)의 절연유, 열매체, 윤활유, 가소제(可塑劑), 감압지의 잉크 용제 등에 사용되었으나 환경오염이 심하여 각국에서 1980년부터 생산과 사용이 거의 금지되었다. 그러나 현재에도 폐기물의 소각로에서 약간 생성되어 역시 환경을 오염시키고 있다.

▷ 급성독성 : 그다지게 강하지 않으나(쥐의 경구 LD_{50} = 1～4 g/kg), 사람이 다량을 경구섭취하면 클로르아크네라는 특유의 피부장해가 생긴다. 즉 얼굴에 여드름과 같은 것이 나타나고 피부와 손톱이 흑색으로 변한다. 또 두통, 복통, 피로감, 수족의 떨림, 기관지염, 간장 장해 등이 야기된다.

이들은 1968년에 일본 일대에서 발생한 PCB중독(Kanemi 유증) 사건에서 발견된 증상이다. 이 사건은 식용유의 제조공정에서 열매체로서 사용된 PCB가 파이프의 구멍에서 누출하여 식용유를 오염하여 이것을 먹은 다수의 시민이 피해를 입은 것이다. 한편 경구투여의 동물실험에서도 간장, 신장 그리고 중추신경계에의 악영향이 눈에 뜨인다.

▷ 만성 일반독성 : 직업적으로 흡입노출을 받은 노동자에 호흡기 장해(기침, 흉통 등), 소화기 장해(식욕저하, 구역질, 복통 등), 클로르아크네, 체중 감소 등이 나타난다. 경구투여의 동물실험에서도 간장과 위장의 장해, 빈혈, 피부장해 등이 관찰되고 있다(RfD = 0.02 μg/kg/day).

▷ 생식독성 : 유증(油症) 환자에 월경이상이 나타나고 직업적으로 노출을 받은 여성 노동자에 미숙아의 출산이 많은 것으로 알려져 있다. 드 쥐, 마우스 그리고 원

숭이에의 경구투여로 임신율이 저하하고, 특히 쥐에서는 정자의 감소, 또 원숭이에서는 월경이상(기간의 연장)도 나타난다.

▷ 발생독성 : 원숭이에의 임신기간의 경구투여로 태아의 사망률이 증대한다. 쥐와 토끼의 마찬가지 실험에서는 신생아에 간장 장해가 나타난다. 한편 행동독성의 난에도 관련 사항이 기재되어 있다(캘리포니아주의 발생 독성물질 리스트에 수록).

▷ 면역독성 : PCB로 오염된 고기를 다식한 사람의 혈액에 대하여는 어느 종의 면역담당세포의 감소가 나타난다. 또 쥐와 토끼에의 경구투여로 흉선이 위축하고 원숭이에의 경구투여로 항체생산 능력이 저하한다. 또한 실험동물에의 임신기간 전후의 경구투여에 의하여 신생아의 면역기능에도 악영향이 미친다.

▷ 행동독성 : PCB로 오염된 고기를 임신 중에 다식한 모친에서 태어난 아이에도 지능(인식능력과 기억능력)과 운동능력의 저하가 인정된다. 예로서 그림 2-6에 나타낸 것과 같이 미국의 미시간 호의 오염된 고기를 임신 중에 다식하여 혈중 PCB 함량이 증대하는 것과 신생아의 기억능력이 저하하는 것으로 알려져 있다. 또 쥐, 마우스 그리고 원숭이에 대하여도 임신기간 전후의 경구투여에 의하여 신생아에 학습능력의 저하와 각종 행동이상이 나타난다.

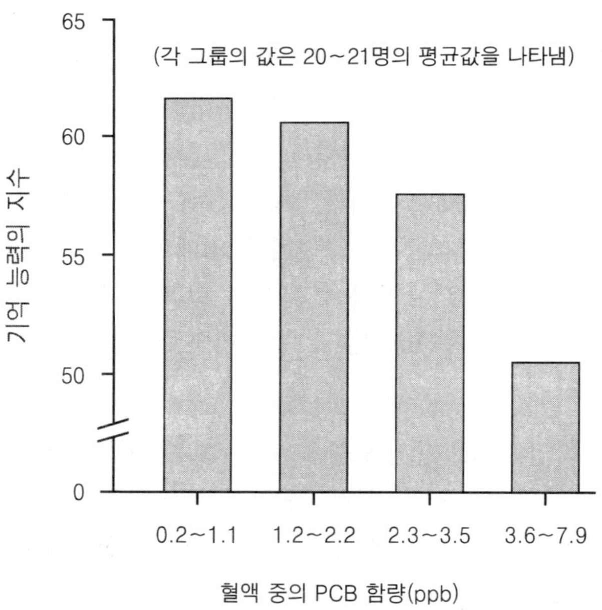

그림 2-6. 임신 중에 미시간 호의 PCB 오염된 고기를 다식한 모친에서 태어난 아이(7개월 아이)의 지능(기억능력)의 저하

▷ 내분비계 장애 : 사람의 배양 유방암세포(MCF-7)의 증식을 촉진하고 estrogen 같은 작용을 나타낸다. 또 어린 쥐에의 복강 내 투여로 자궁의 중량을 증가시킨다. 또한 쥐에의 아급성 경구투여에 의하여 혈중 thyroxine 함량이 저하하고, 임신 전후의 경구투여에서는 신생아(수컷)의 혈중 testosterone 함량도 저하한다(OSF와 환경성의 내분비계 장애물질 리스트에 수록).

▷ 발암성 : 쥐에의 경구투여로 간장암, 담관암 그리고 갑상선암이 생긴다. 간장암은 마우스에서도 확인되고 있다. 한편, 전기의 유증(油症)사건의 피해자(특히 남자)에 간장암과 폐암이 다발하였다. IARC는 그룹 2A로 지정하고, 또 EPA는 그룹 B2로 지정하고 흡입단위 리스크를 0.0001(실질 안전 대기중 농도는 0.01 ㎍/m^3), 발암강도인자를 0.4, 또 실질 안전 음료수 중 농도를 0.1 ㎍/ℓ로 산정한다. 또한 분자 중에 염소원자를 많이 포함할수록 발암성이 강하다.

▷ 변이원성 : 쥐의 배양 간세포의 DNA를 손상한다.

▷ 환경오염 : 지금까지 세계 전체에서 약 40만 톤의 PCB가 함유되는 제품의 사용・폐기 시에 환경으로 방출되어 그 대부분이 분해되지 아니하고 하천이나 토양을 오염시키고 있다. 특히 생물농축이 현저하고, 어류에서는 1만～100만 배에 이른다(전형적인 환경오염은 하천・호소(湖沼)의 저니(底泥)에서 0.1～1 ppm, 어패류에서 0.05～0.5ppm 그리고 바다에서 서식하는 포유류의 지방조직에서 5～50 ppm).

이 때문에 사람은 1일에 주로 식품에서 0.005～0.05 ㎍/kg의 PCB를 섭취하고 있는 것으로 본다. 또 모유에는 평균 10 ㎍/ℓ(음료수의 안전농드의 100배)의 PCB가 함유되어 있다. 또 일본에서는 전기제품에 함유되는 3만 톤 이상의 PCB가 미회수 또는 미처리 상태이므로 이들에서 유래되는 새로운 오염의 가능성도 우려되고 있다.

▷ 규제 : NIOSH의 노동환경 대기중 허용농도는 1 ㎍/m^{3}이다. 미국에서는 유해대기, 수질 오염물질로 지정되어(예로서 캔자스주의 일반 환경 대기중 허용농도는 8.3 ng/m^3) 있다. 또 애리조나주에서는 음료수 중 허용농도를 8 ng/ℓ로 설정하고 있다. 스톡홀름 조약과 바젤 조약의 대상물질이다.

일본에서는 극물, 화심법(化審法)의 제Ⅰ종 특정 화학물질, 노동안전위생법의 특정 화학물질(제Ⅰ류) 그리고 PRTR의 대상물질(제Ⅰ종)로 지정되어 있다. 또 건강보호를 위하여 수질환경기준(검출되지 않을 것), 배수기준(3 ㎍/ℓ) 그리고 식품의 잠정 허용기준[내해어(內海魚)가 3 ppm, 원양어(遠洋魚)・육류가 0.5 ppm, 알이 0.2 ppm 등]을 설정하고 있다.

▷ 우리나라의 규제 : 토양환경보전법(시행령 및 시행규칙)에서 토양 중의 PBC의

허용기준은 농경지에서 5 mg/kg 이하로 그리고 공장, 산업지역에서 12 mg/kg 이하로 규정되어 있다.

▷ 위해성 및 건강영향 : PCBs의 인체 영향은 증상이 아주 다양하고 복잡하여 어떤 메커니즘에 의해 독성이 발현되는지 알기 어렵다. PCBs는 어류와 무척추동물에게 특히 유독하며 PCB에 노출된 사람은 간기능 장해·피부염·현기증 등이 유발된다. 다이옥신과 마찬가지로 체내에서 강력한 발암작용과 기형아 출산을 유발하는 것으로 알려졌으며 자연환경과 인체에 축적된다. 특히 체내에 흡수되지 않고 접촉만 해도 안질, 손·발톱 변색 등을 유발한다.

▷ 중독 사례 : 1963년 일본에서 PCBs에 의한 중독사고가 발생하였다. 미강유의 탈취공정에 사용했던 PCBs가 새어나와 PCBs에 오염된 미강유를 먹은 사람 1만 4천 명 정도에서 독성영향이 나타났다. 성장지연 또는 신경장해 환자를 발생시켰고, 선진국에서는 1970년대에 제조와 사용이 금지됐으며, 1983년 이후에는 국내 수입도 금지되어 있다.

▷ 국내외 관리동향 : 1997년에는 세계자연보호기금(WWF)에 의해 농약류 43종, 페놀 등 유해화학 물질 42종과 함께 환경호르몬(내분비계 장애물질)으로 지정되었다. 1966년 S. Jensen이 물고기와 독수리에 PCBs가 잔류하고 있음을 보고한 이후 PCBs의 강한 독성과 잔류성이 확인되면서 1979년 미국을 시작으로 세계 각국에서 제조·사용을 금지하였다. 우리나라는 1966년 이후 PCBs의 제조·수입·사용을 금지하였고, PCBs가 2 ppm 이상 함유된 폐기물은 지정폐기물로 처리토록 하고 있다.

부 록

부록 I. 우리나라 유해물질 관련법

부록 II. 환경관련 법규 대기편

부록 III. 우리나라 부처별 화학물질 관련법

부록 IV. 일본 부처별 화학물질 관련법

부록 V. 미국 환경관련 법률

부록 VI. 우리나라 유해물질 관련 홈페이지

부록 VII. 유해화학물질의 주요한 독성과 규제내용의 일람

부록 I. 우리나라 유해물질 관련법

- 원자력법에 의한 방사성 물질
- 약사법에 의한 의약품 · 의약부외품 및 화장품
- 마약법에 의한 마약
- 향정신성의 약품관리법에 의한 향정신성 의약품
- 농약관리법에 의한 농약
- 비료관리법에 의한 비료
- 식품위생법에 의한 식품 및 식품첨가물
- 사료관리법에 의한 사료
- 총포 · 도검화학류 등 단속법에 의한 화학류
- 고압가스안전관리에 의한 독성가스

부록 II. 환경관련 법규 대기편

- 대기환경보전법
  - 시행령
  - 시행규칙
- 소음 · 진동규제법
  - 시행령
  - 시행규칙
- 유해화학물질관리법
  - 시행령
  - 시행규칙
- 환경기술개발 및 지원에 관한 법률
  - 시행령
  - 시행규칙
- 다중이용시설 등의 실내 공기질관리법
  - 시행령
  - 시행규칙
- 수질환경보전법
  - 시행령
  - 시행규칙
- 오수 · 분뇨 및 축산폐수처리에 관한 법률
  - 시행령
  - 시행규칙
- 먹는 물 관리법
  - 시행령
  - 시행규칙
- 산수원관리
  - 시행령
  - 시행규칙
- 습지보전법
  - 시행령
  - 시행규칙
- 토양환경보전법
  - 시행령
  - 시행규칙

부록 III. 우리나라 부처별 화학물질 관련법

• 노동부 산업안전보건법 • 환경부 · 유해화학물질관리법 · 대기환경보전법 · 수질환경보전법 · 먹는 물 관리법	• 보건복지부 식품위생법 • 농림부 · 농약관리법 · 토양환경보전법

부록 IV. 일본 부처별 화학물질 관련법

• 환경성 · 공해대책기본법 · 대기오염방지법 · 수질오염방지법 · 악취방지법 · 폐기물처리 및 청소에 관한 법률 · 하수도법 • 후생성 · 독물 및 극물 취체법 · 화학물질을 함유하는 가정용품 규제에 관한 법률 · 식품위생법 · 약사법 · 사료의 안전성 확보 및 품질개선에 관한 법률 · 마약 취체법 · 각성제 취체법 · 대마 취체법 · 아편법 · 수도법	• 통상성 화학물질의 검색 및 제조 등의 규제에 관한 법률 • 해양성 해양오염 및 해상재해의 방지에 관한 법률 • 농림성 농약 취체법 • 노동성 노동안전위생법

부록 V. 미국 환경관련 법률

	법 률	목 적	대상물질
EPA	유해물질규제법(TSCA)	인간건강 및 환경보호	FIFRA, FDA 등의 타법에서 관리되지 않는 산업용 화학물질
	연방살충·살균·살서제법 FIFRA	인강건강 및 환경보호	농약
	대기청정법(CAA)	인강건강 및 환경보호	유해대기오염물질
	수질청정법(CWA)	인강건강 및 환경보호	유해수질오염물질
	자원보전회수법(RCRA)	인간건강	유해폐기물, 고형폐기물
	해양보전보호구역법(MPRSA)	해양오염방지	해양투기
	CERCLA	환경오염방지	유해물질
	안전음용수법(SDWA)	공중위생향산	음용수 오염물질
FDA	연방식품의약품(FDA)	인체건강보호	식품의약품, 화장품법
	화장품법(FDCA)	인체건강보호	식품의약품, 화장품법
	연방유류조사법	인체건강보호	식품·사료색소
OSHA	노동안전보건법(OSHA)	노동안전 및 건강보호	작업장 노출 유해물질
	유해물질포장방지법(PPPA)	공중위생 환경향상	유해가정용품포장
	연방유해물질법(FHSA)	인간건강보호	가정용 유해물질
	소비자제품안전법(CPSA)	인간건강보호	유해성 소비자제품
	납·기초페인트 중독예방법	인간건강보호	정부지원 주택의 납성분 페인트사용(가구류, 음료기구 등)

ACGIH : American Conference of Governmental Industrial Hygienists(산업위생전문가회의)
CAA : Clean Air Act(대기정화법)
CERCLA : Comprehensive Environment al Response, Compensation and Liahility Act
CPSA : Consumer Product Safety Act
CPSC : The Consumer Product Safety Commion
CWA : Clean Water Act(수질정화법)
EPA : Environmental Protection Agency(환경보호청)
FDA : The Food and Dray Admistration
FDCA : Federal Food Drug and Cosmetic Act
FHSA : Federal Hazardous Substance Act
FIFRA : Federal Insectcide Fungicide and Rodenticide
MPRSA : Marine Protection Research and Sanctuaries Act
NIOSH : National Institute of Occupational Safety and Health(미국국립노동안전위생연구소)
OSHA : The Occupation Safety and Heart Administration(노동안전위생국)
PPPA : Poison Prevention Act
RCRA : Resource Convervation and Recory Act(자원보전회수법)
SDWA : Safe Drinking Water Act(음료수안전법)
TSCA : Toxic Substance Control Act

부록 VI. 우리나라 유해물질 관련 홈페이지

조 직	전화번호	홈페이지
농림부	02-2110-4000	www.maf.go.kr
농촌진흥청	031-299-2200	www.rda.go.kr
농업과학기술원	031-290-0114	www.niast.go.kr
국립농산물품질관리원	031-446-0124	www.naqs.go.kr
국립수의과학검역원	031-467-1700	www.nvrqs.go.kr
국립식물검역소	031-449-0521	www.npqs.go.kr
식품의약품안전청	02-380-1800	www.kfda.go.kr
질병관리본부	02-380-1404	www.cdc.go.kr
WHO(세계보건기구)		www.who.int
FAO(국제식량농업기구)		www.fao.org
CODEX(국제식품규격위원회)	031-440-9115	codex.mohw.go.kr
OIE(국제수역사무국)		www.oie.int

부록 VII. 유해화학물질의 주요한 독성과 규제내용의 일람

유해화학물질	생식독성	발생독성	면역독성	내분비계장애	발암성	IARC	EPA	변이원성	미국의 지정				일본의 지정・기준				
									대기오염	수질오염	음료수오염	유해폐기물	독물・극물	어독성	대기의 기준	수질의 기준	PRTR
	①	②	③	④	⑤	⑥	⑦	⑧	⑨	⑩	⑪	⑫	⑬	⑭	⑮	⑯	⑰
구리		○	○					○		○		○	○				○
납	○	○		○	○	2B	B2	○	○	○		○	○			○	○
니켈	○	○	○		○	1	A	○	○	○		○			△	△	○
망간	○	○						○	○		○	○				△	○
몰리브덴	○			○				○			○					△	○
바나듐	○	○	○					○			○	○					
바륨												○	○				○
베릴륨		○	○	○	○	1	B1	○	○	○		○					○
붕소	○	○									○					○	○
비소	○	○		○	○	1	A	○	○	○		○	◎			○	○
셀렌	○	○			○	3	B2	○	○	○		○	◎			○	○
수은	○	○	○	○				○	○	○		○	◎		△	○	○
아연	○	○						○		○	○	○	○				○
안티몬	○	○			○	2B		○	○	○		○	○			△	○
알루미늄	○	○						○			○	○					
은		○								○		○	○				○
주석	○	○		○		1		○					○				
카드뮴	○	○	○	○	○	1	B1	○	○	○		○	○			○	○
코발트	○	○	○	○	○	2B		○	○			○					○
크롬	○	○	○		○	1	A	○	○	○		○	○			○	○
탈륨	○	○						○		○		○	○				△
과산화수소					○	3		○					○				
과염소산암모늄		○		○													
1,1-디메틸히드라진	○				○	2B	B2	○	○			○					△
1,2-디메틸히드라진	○	○			○	2A	B2	○				○					
메틸히드라진		○			○			○	○			○					△
불화수소	○	○						○	○			○	◎			○	○
시안화칼륨				○				○	○	○		○	◎			○	○
아스베스트		○			○	1	A	○	○	○							○
암모니아		○											○				
염소		○	○		○			○	○		○		○				
오존		○			○			○							○		
이산화질소		○	○					○				○			○		

유해화학물질	①	②	③	④	⑤	⑥	⑦	⑧	⑨	⑩	⑪	⑫	⑬	⑭	⑮	⑯	⑰
이산화황	○	○			○	3		○							○		
이황화탄소	○	○						○	○			○	○				○
일산화탄소		○													○		
취소산칼륨(브롬산칼륨)					○	2B		○									
포스겐			○						○			○					○
황린	○								○	○			◎				
황화수소												○					
황화카르보닐									○								
히드라진	○	○	○		○	2B	B2	○	○			○					○
다이아지논	○	○	○					○						B	△	△	○
디메토에이트	○	○	○					○				○		B			○
디엘드린	○	○	○	○	○	3	B2	○		○		○	○	C			
1,2-디클로로프로판					○	3	B2	○	○	○	○	○		B		△	○
1,3-디클로로프로펜					○	2B	B2	○	○	○		○		B		○	○
리누론	○	○	○	○	○		C	○						A		△	○
마네브	○	○	○	○	○	3	B2	○						B			○
만제브	○	○		○	○		B2	○						B			○
말라톤	○	○	○	○	○	3		○						B	△	△	○
메토밀	○		○					○			○	○	○	B			
메톨라클로르	○		○				C	○			○			B			○
메트리부진		○		○				○			○			A			
모노크로토포스	○							○					○	A		△	○
몰리네이트	○		○	○	○		C	○				○		B		△	○
베노밀	○	○	○	○	○		C	○				○		B			○
벤조에핀	○	○	○	○				○		○		○	◎	D			○
빈크로졸린	○	○		○	○		C	○						A			
시아나진	○	○		○	○		C	○			○			A			△
시페르메트린	○	○	○		○			○					○	C			○
아미트라즈	○	○	○	○	○		C							B			○
아세페이트	○				○		C	○						A		△	
아슐람	○			○	○		C				○			A		△	
아트라진		○	○	○	○	3	B2	○						A			○
알라클로르		○	○	○	○		B2	○						B			○
에틸티오메톤	○	○						○				○	◎	B			○
이프로디온	○	○		○	○		B2							A		△	
지네브	○	○	○	○	○	3	B2	○						A			○
지람	○	○	○	○	○	3		○						C			○
취화메틸(브롬화메틸)	○	○			○	3		○	○	○	○	○		A			○
캅탄	○	○	○		○	3	B2	○	○					C		△	
켈탄	○	○		○	○	3	C	○						B			○

유해화학물질	①	②	③	④	⑤	⑥	⑦	⑧	⑨	⑩	⑪	⑫	⑬	⑭	⑮	⑯	⑰
클로르피리포스	○	○	○	○				○					○	C	△	△	○
튜람	○	○	○					○						C		○	○
트리플루랄린	○	○	○	○	○	3	C	○	○		○			B			○
파라쿼트	○	○	○		○		C	○					◎	A			○
페르메트린			○	○	○	3	C	○						C		△	○
펜발레레이트	○		○	○				○					○	C			○
프로시미돈		○		○	○		B2	○						A		△	
포로피자미드		○		○	○		B2					○		A		△	○
CAT	○	○		○	○		C	○						A		○	○
CVP	○	○						○					○	C			○
DDT	○	○		○	○	2B	B2	○		○		○	○	C			○
DDVP	○	○	○		○	2B	B2	○	○					B		△	○
DEP	○	○	○					○					○	B		△	○
DMTP	○		○		○		C	○					○	B			○
EPN		○	○	○									◎	B		△	
MCP	○	○			○	2B		○						A		△	○
MEP		○	○	○				○						B	△	△	○
MPP	○	○	○	○				○					○	B			○
NAC	○	○	○	○				○	○				○	B		△	○
2,4-PA		○		○	○	2B		○	○			○		B		△	○
PCNB		○	○		○	3	C	○				○		A			○
PHC		○			○		B2	○	○			○	○	B			○
PMP		○			○		C	○					○	B			
TPN		○	○		○	2B	B2	○						C		△	○
글루타르알데히드		○	○					○									○
나프탈렌		○	○		○	2B	C	○	○	○	○	○					
β-나프톨													○				
4-니트로페놀		○	○					○	○	○		○					○
2,4-디니트로페놀		○							○	○	○	○					○
p-디클로로벤젠	○	○	○		○	2B	C	○	○	○		○			△	△	○
비페닐		○	○					○	○								
산화트리부틸주석	○	○	○	○	○			○					○				○
에틸렌옥시드	○	○			○	1	B1	○	○			○	○				○
염화벤잘코늄		○	○					○									
요오드화메틸					○	3	C	○	○			○	○				
퀴논								○	○			○					
크레졸	○		○		○		C		○			○	○				○
클로르단	○	○	○	○	○	2B	B2	○	○	○		○					
클로르헥시딘	○		○					○									
트리클로로산		○	○					○									

유해화학물질	①	②	③	④	⑤	⑥	⑦	⑧	⑨	⑩	⑪	⑫	⑬	⑭	⑮	⑯	⑰
티아벤다졸	○	○						○									
파라벤	○		○	○				○									
펜타클로로페놀	○	○		○	○	2B	B2	○	○	○		○	○				○
β-프로피오락톤					○	2B	B2	○	○								
프로필렌		○			○	2A	B2		○			○					○
플루오로초산 나트륨	○											○	◎				
헥사클로로벤젠		○	○	○	○	2B	B2		○			○					
OPP	○	○	○		○	2B		○									
p-노닐페놀		○		○													○
데카브로모디페닐에테르		○		○	○	3	C					○					○
디부틸주석 디라우레이트		○	○					○					○				○
메타크릴산에틸		○	○					○	○			○					○
4,4′-메틸렌비스 (2-클로로아닐린)					○	2A	B2	○	○			○					○
4,4′-메틸렌 디아닐린			○	○	○	2B		○	○								○
무수말레산	○		○					○	○			○					○
무수프탈산		○							○			○					○
부타디엔	○	○			○	2A	B2	○	○								○
비스페놀 A	○	○	○	○				○									○
스티렌	○	○	○	○	○	2B	C	○	○						△		○
아디프산(2-에틸헥실)	○	○		○	○	3	C	○									○
아크릴로니트릴	○	○			○	2B	B1	○	○	○	○	○	○		△		○
아크릴산	○		○						○			○	○				○
아크릴산 에틸		○	○		○	2B		○	○			○					○
아크릴아미드	○	○			○	2A	B2	○	○			○					○
에틸렌 티오요소		○		○	○	3	B2	○	○		○	○					
에피클로로히드린	○		○		○	2A	B2	○	○			○	○			△	○
에틸렌 글리콜	○	○							○								○
에틸렌이민	○	○	○		○			○	○			○					○
염화비닐	○	○			○	1	A	○	○	○		○			△	△	○
염화비닐리덴		○			○	3	C	○	○	○		○				○	○
p-t-옥틸페놀		○		○													○
우레탄		○	○		○	2B		○	○								
이소프렌	○	○			○	2B		○	○								○
초산비닐	○	○			○	2B		○	○	○							○
취화비닐(브롬화비닐)			○		○	2A	B2	○	○								
클로로프렌	○	○	○		○	2B		○	○								
테트라브로모비스페놀 A		○	○	○													
티오요소	○	○	○	○	○	3	B2	○				○					○
페놀	○	○			○			○	○	○		○	○				○

유해화학물질	①	②	③	④	⑤	⑥	⑦	⑧	⑨	⑩	⑪	⑫	⑬	⑭	⑮	⑯	⑰
p-페닐렌디아민			○					○	○				○				○
포름알데히드		○	○		○	1	B1	○	○			○	○		△	○	○
프탈산 디(2-에틸헥실)	○	○	○	○	○	3	B2	○	○	○		○			△	△	○
프탈산부틸벤질		○		○	○	3	C			○							○
BHT	○	○	○	○	○	3		○									
PBB	○	○	○	○	○	2B	B2					○					
2,4-TDI			○		○	2B			○			○					
2-니트로프로판		○			○	2B	B2	○	○			○					
N,N-디메틸 포름아미드	○	○							○								○
1,4-디옥산					○	2B	B2	○	○			○				○	○
1,2-디클로로에탄	○		○		○	2B	B2	○	○	○		○				○	○
메탄올		○		○					○			○					
메틸 *t*-부틸에테르	○	○			○	3	C	○	○		○					△	
메틸에틸케톤		○						○	○		○	○	○				
메틸이소부틸케톤		○							○		○	○					
벤젠	○	○	○		○	1	A	○	○	○		○			○	○	○
2-브로모프로판	○							○									
사염화탄소	○	○			○	2B	B2		○	○		○	○			○	○
아세토니트릴		○						○	○			○	○				○
아세토페논									○			○					
에틸렌글리콜 모노에틸에테르	○	○							○								○
에틸벤젠		○			○	2B		○	○	○					△		○
염화메틸렌		○			○	2B	B2	○	○	○		○			○	○	○
직쇄 알킬벤젠설폰산염	○	○															○
퀴놀린					○		C	○	○								
크실렌	○	○							○				○		△	△	○
클로로벤젠	○							○	○			○					○
클로로포름	○	○			○	2B	B2	○	○	○	○	○	○			○	○
테트라클로로에틸렌	○	○			○	2A	B2	○	○	○		○			○	○	○
톨루엔	○	○						○	○	○		○	○		△	△	○
트리클로로에틸렌	○	○	○		○	2A	B2	○	○	○		○			○	○	○
포름아미드	○	○						○									
푸란	○		○		○	2B		○				○					○
헥사클로로부타디엔		○			○	3	C		○	○	○	○					
헥산	○								○								
N-니트로소디메틸아민	○	○	○		○	2A	B2	○	○	○		○					
1-니트로피렌																	
다이옥신	○	○	○	○	○	1	A	○	○	○					○	○	○
2,4-디니트로톨루엔	○	○			○		B2	○	○	○	○	○	○				○

유해화학물질	①	②	③	④	⑤	⑥	⑦	⑧	⑨	⑩	⑪	⑫	⑬	⑭	⑮	⑯	⑰
디아니시딘					○	2B	B2		○			○					
2,4-디아미노톨루엔	○	○			○	2B	B2	○	○			○	○				○
메틸수은	○	○		○	○	2B	C	○								○	
벤조페논				○													
벤조(*a*)피렌	○	○	○	○	○	2A	B2	○		○		○					
벤지딘	○		○		○	1	A	○	○	○		○					
비스(클로로메틸)에테르					○	1	A	○	○			○					
아닐린	○	○	○		○	3	B2	○	○			○	○				○
아세트알데히드		○	○		○	2B	B2	○	○			○			△		○
아크롤레인		○			○		C	○	○	○		○	○				○
염화메틸		○			○		C	○	○	○	○	○	○				○
염화벤질		○			○	2A	B2	○	○			○					○
오르토-아니시딘			○		○	2B		○	○								○
오르토-톨루이딘		○	○		○	2A	B2	○	○			○	○				○
히드로퀴논	○				○	3		○	○								○
BHA	○	○	○	○	○	2B		○									
PCB	○	○	○	○	○	2A	B2	○	○	○			○			○	○

①~⑤ ⑧……○은 각 독성이 인정되는 것을 나타낸다.

⑨~⑫……○은 유해대기・수질・음료수 오염물질 또는 유해폐기물로 지정되어 있는 것을 나타낸다.

⑬……◎은 독물, 또 ○은 극물을 나타낸다.

⑮ ⑯……○은 환경기준(수질에 대하여는 건강보호에 관한 것) 또는 건강에 관한 수도 수질기준, 또 △은 어떤 지침치가 설정되어 있는 것을 나타낸다.

⑰……○은 PRTR의 제 I 종의 대상물질, 또 △은 같은 제 II 종의 대상물질을 나타낸다.

참고문헌

1) 식품의약품안전청, 「식품공전」, 식품의약안전청, 2005.

2) 오백균, 「위험물 안전관리」, 신광문화사, 2000, 2006.

3) 유해화학물질관리협회, 「화학물질목록」, 유해화학물질관리협회, 2000.

4) 정동효, 「식품의 독성」, 현대과학신서, 1982.

5) 한국작물보호협회, 「농약사용지침서」, 한국작물보호협회, 2006.

6) C. D. Klaassen(ed.), *Casarett & Doull's Toxicology*(5th ed.), McGraw-Hill, 1996.

7) F. C. Lu, *Basic Toxicology*(3rd ed.), Taylor & Francis, 1996.

8) Government Institutes, *Book of Lists for Regulated Hazardous Substances* (10th ed.), ABS Consulting, 2001.

9) *IARC Monographs on the Evaluation of Carcinogenic Risks to Humans*, Vol. 1～82, IARC Press, 1972～2002.

10) International Programme on Chemical Safety(IPCS), *Environmental Health Criteria*, No. 1～227, WHO, 1976～2002.

11) IPCS, *Concise International Chemical Assessment Document*, No. 1～56, WHO, 1998～2003.

12) J. Descotes, *An Introduction to Immunotoxicology*, Taylor & Francis, 1999.

13) K. S. Korach(ed.), *Reproductive and Developmental Toxicology*, Marcel Dekker, 1998.

14) L. J. Guillette *et al*(eds.), *Environmental Endocrine Disrupters*, Taylor & Francis, 2000.

15) M. A. Kamrin(ed.), *Pesticide Profiles*, Lewis Publishers, 1997.

16) P. Nicolopoulou-Stamati *et al*(eds.), *Endocrine Disrupters*, Kluwer Academic Publishers, 2001.

17) R. A. Lewis, *Lewis' Dictionary of Toxicology*, Lewis Publishers, 1998.

18) R. J. M. Niesink *et al*(eds.), *Introduction to Neurobehavioral Toxicology*, CRC Press, 1999.

19) R. P. Pohanish, *Rapid Guide to Hazardous Chemicals in the Environment*, Van Nostrand Reinhold, 1997.

20) R. P. Pohanish(ed.), *Sittig's Handbook of Toxic and Hazardous Chemicals and Carcinogens* (4th ed.), Noyes Publications, 2002.

21) T. Colborn *et al.*, *Our Stolen Future*, Dutton, 1996.

22) 국립위생시험소 화학물질정보부(감수), 「국제화학물질 안전성 카드(ICSC) 일어판」, 화학공업일본사, 1992.

23) 도이쿠니타케(土井邦佳), 「독성학」, 카와시마서점, 1993.

24) 이즈미 쿠니히코(泉 邦彦), 「발암물질사전」, 합동출판, 1992.

25) 이즈미 쿠니히코(泉 邦彦), 「유해물질소사전」, 연구사(研究社), 2004.

26) 화학공업일본사, 「화학품별적용법규총람」, 화학공업일본사, 1994.

27) 화학공업일본사, 「1996의 화학상품」, 화학공업일본사, 1996.

데이터 베이스

1) 위험물정보관리시스템 : http://hazmat.nema.go.kr

2) 유독물정보 : http://riskmap.nier.go.kr

3) 케미칼네트웍 : http://chem.net.co.kr

4) 한국산업안전공단 : http://www.kosha.net

5) Developmental and Reproductive Toxicology Database(DART).

6) Genetic Toxicology(GENE-TOX ; EPA 제공).

7) Hazardous Substances Data Bank(HSDB ; 미국국립의학도서관 제공).

8) Integrated Risk Information System(IRIS ; EPA 제공).

9) Registry of Toxic Effects of Chemical Substances(RTECS ; NIOSH 제공). DIALOG(http://www.dialogweb.com)에서 이용 가능.

10) Right to Know Hazardous Substance Fact Sheets(미국 뉴저지주 제공, http://state.nj.us/health/eoh/rtkweb/rtkhsfs.htm).

11) Technology Transfer Network Air Toxics Website(EPA 제공, http://www.epa.gov/ttn/atw/hlthef).

12) Toxicology Literature Online(TOXLINE). 이상 5종은 http://toxnet.nih.gov)에서 이용 가능.

13) Widespread Pollutants with Endocrine-disrupting Effects(OSF의 제자에서 제공, http://www.ourstolenfuture.org/Basics/chemlist.htm).

찾아보기

ㅅ

Index

C

D

E

F

G

N

O

P

T

U

V

W

X

Y

Z

α

β

o

ρ

1

2

3

4

저자 : **이즈미 쿠니히코(泉 邦彦)**

- 경도대학(京都大學) 이학부 화학과 졸업. 이학박사
- 원경도공예섬유대학(元京都工藝纖維大學) 공예학부 물질공학과 교수
- 전공 : 화학독성학・환경화학・생화학
- 현재 : 지구환경과 대기오염을 생각하는 전국 시민회의(CASA) 대표이사
  일본환경학회 간사
  しイチェ・カーソン일본협회 이사
- 저서 : 「發ガん物質事典」(合同出版)
  「化學汚染-しのびよる健康障害」(新日本出版社)
  「化學結合と物質のしくみ」(大月書店)
  「化學のことば」(講談社)
  「総合有機化學-有機物質と生命の化學」(培風館)
  「恐るべきフロンガス汚染」(合同出版)
  「地球汚染を考える」(かもガわ出版)
  「地球温暖化とオゾン層破壊」(新日本出版社)

역자 : **정동효(鄭東孝)**

- 서울대학교 농과대학 졸업
- 중앙대학교 농대학장, 산업대학장, 교무처장, 부총장 역임
- 한국산업미생물학회장 역임
- 한국식품과학회장 역임
- 보사부 식품위생심의위원회 위원 역임
- 농림부 전통식품관리분과위원회 위원 역임
- 공업표준심의회 위원 역임
- 현재 : 중앙대학교 명예교수
- 저서 및 논문 : 학술논문 120편, 전공저서 100여 권

생활속의

유해물질사전

2007년 12월 5일 초판 인쇄
2007년 12월 10일 초판 발행

역 자 : 정동효
펴낸이 : 천승배
펴낸곳 : 도서출판 유한문화사

주소 : (157-801) 서울시 강서구 가양동 146-63
전화 : 2668-2055~6
팩스 : 2668-2565
http://www.yuhansa.com
E-mail : yuhansa@paran.com
등록 : 제 5-31호. 1979. 3. 6.

값 35,000 원

ISBN : 978-89-7722-115-4 91430